2018 版安徽省建设工程计价依据

安徽省安装工程计价定额

（第一册）

机械设备安装工程

主编部门：安徽省建设工程造价管理总站

批准部门：安徽省住房和城乡建设厅

施行日期：2018 年 1 月 1 日

中国建材工业出版社

图书在版编目（CIP）数据

安徽省安装工程计价定额．第一册，机械设备安装工程/安徽省建设工程造价管理总站编．—北京：中国建材工业出版社，2018.1

（2018版安徽省建设工程计价依据）

ISBN 978-7-5160-2066-1

Ⅰ.①安…　Ⅱ.①安…　Ⅲ.①建筑安装—工程造价—安徽②机械设备—设备安装—工程造价—安徽　Ⅳ.①TU723.34

中国版本图书馆CIP数据核字（2017）第264869号

安徽省安装工程计价定额（第一册）机械设备安装工程
安徽省建设工程造价管理总站　编

出版发行：中国建材工业出版社
地　　址：北京市海淀区三里河路1号
邮　　编：100044
经　　销：全国各地新华书店
印　　刷：北京雁林吉兆印刷有限公司
开　　本：787mm×1092mm　　1/16
印　　张：34.5
字　　数：840千字
版　　次：2018年1月第1版
印　　次：2018年1月第1次
定　　价：138.00元

本社网址：www.jccbs.com　　微信公众号：zgjcgycbs
本书如出现印装质量问题，由我社市场营销部负责调换。联系电话：(010)88386906

安徽省住房和城乡建设厅发布

建标〔2017〕191 号

安徽省住房和城乡建设厅关于发布 2018 版安徽省建设工程计价依据的通知

各市住房城乡建设委（城乡建设委、城乡规划建设委），广德、宿松县住房城乡建设委（局），省直有关单位：

为适应安徽省建筑市场发展需要，规范建设工程造价计价行为，合理确定工程造价，根据国家有关规范、标准，结合我省实际，我厅组织编制了 2018 版安徽省建设工程计价依据（以下简称 2018 版计价依据），现予以发布，并将有关事项通知如下：

一、2018 版计价依据包括：《安徽省建设工程工程量清单计价办法》《安徽省建设工程费用定额》《安徽省建设工程施工机械台班费用编制规则》《安徽省建设工程计价定额（共用册）》《安徽省建筑工程计价定额》《安徽省装饰装修工程计价定额》《安徽省安装工程计价定额》《安徽省市政工程计价定额》《安徽省园林绿化工程计价定额》《安徽省仿古建筑工程计价定额》。

二、2018 版计价依据自 2018 年 1 月 1 日起施行。凡 2018 年 1 月 1 日前已签订施工合同的工程，其计价依据仍按原合同执行。

三、原省建设厅建定〔2005〕101 号、建定〔2005〕102 号、建定〔2008〕259 号文件发布的计价依据，自 2018 年 1 月 1 日起同时废止。

四、2018 版计价依据由安徽省建设工程造价管理总站负责管理与解释。在执行过程中，如有问题和意见，请及时向安徽省建设工程造价管理总站反馈。

安徽省住房和城乡建设厅

2017 年 9 月 26 日

编制委员会

主　　任　宋直刚

成　　员　王晓魁　王胜波　王成球　杨　博
　　　　　江　冰　李　萍　史劲松

主　　审　王成球

主　　编　姜　峰

副 主 编　陈昭言

参　　编（排名不分先后）

　　　　　王宪莉　刘安俊　许道合　秦合川
　　　　　李海洋　郑圣军　康永军　王金林
　　　　　袁玉海　陆　戎　何　钢　荣豫宁
　　　　　管必武　洪云生　赵兰利　苏鸿志
　　　　　张国栋　石秋霞　王　林　卢　冲
　　　　　严　艳

参　　审　朱　军　陆厚龙　宫　华　李志群

总 说 明

一、《安徽省安装工程计价定额》以下简称"本安装定额",是依据国家现行有关工程建设标准、规范及相关定额,并结合近几年我省出现的新工艺、新技术、新材料的应用情况,及安装工程设计与施工特点编制的。

二、本安装定额共分为十一册,包括:

第一册　机械设备安装工程

第二册　热力设备安装工程

第三册　静置设备与工艺金属结构制作安装工程(上、下)

第四册　电气设备安装工程

第五册　建筑智能化工程

第六册　自动化控制仪表安装工程

第七册　通风空调工程

第八册　工业管道工程

第九册　消防工程

第十册　给排水、采暖、燃气工程

第十一册　刷油、防腐蚀、绝热工程

三、本安装定额适用于我省境内工业与民用建筑的新建、扩建、改建工程中的给排水、采暖、燃气、通风空调、消防、电气照明、通信、智能化系统等设备、管线的安装工程和一般机械设备工程。

四、本安装定额的作用

1. 是编审设计概算、最高投标限价、施工图预算的依据;

2. 是调解处理工程造价纠纷的依据;

3. 是工程成本评审,工程造价鉴定的依据;

4. 是施工企业编制企业定额、投标报价、拨付工程价款、竣工结算的参考依据。

五、本安装定额是按照正常的施工条件,大多数施工企业采用的施工方法、机械化装备程度、合理的施工工期、施工工艺、劳动组织编制的,反映当前社会平均消耗量水平。

六、本安装定额中人工工日以"综合工日"表示,不分工种、技术等级。内容包括:基本用工、辅助用工、超运距用工及人工幅度差。

七、本安装定额中的材料:

1. 本安装定额中的材料包括主要材料、辅助材料和其他材料。

2. 本安装定额中的材料消耗量包括净用量和损耗量。损耗量包括:从工地仓库、现场集中堆放地点或现场加工地点至操作或安装地点的现场运输损耗、施工操作损耗、施工现场堆放损耗。凡能计量的材料、成品、半成品均逐一列出消耗量,难以计量的材料以"其他材料费占材料费"百分比形式表示。

3．本安装定额中消耗量用括号"（ ）"表示的为该子目的未计价材料用量，基价中不包括其价格。

八、本安装定额中的机械及仪器仪表：

1．本安装定额的机械台班及仪器仪表消耗量是按正常合理的配备、施工工效测算确定的，已包括幅度差。

2．本安装定额中仅列主要施工机械及仪器仪表消耗量。凡单位价值2000元以内，使用年限在一年以内，不构成固定资产的施工机械及仪器仪表，定额中未列消耗量，企业管理费中考虑其使用费，其燃料动力消耗在材料费中计取。难以计量的机械台班是以"其他机械费占机械费"百分比形式表示。

九、本安装定额关于水平和垂直运输：

1．设备：包括自安装现场指定堆放地点运至安装地点的水平和垂直运输。

2．材料、成品、半成品：包括自施工单位现场仓库或现场指定堆放地点运至安装地点的水平和垂直运输。

3．垂直运输基准面：室内以室内地平面为基准面，室外以安装现场地平面为基准面。

十、本安装定额未考虑施工与生产同时进行、有害身体健康的环境中施工时降效增加费，实际发生时另行计算。

十一、本安装定额中凡注有"××以内"或"××以下"者，均包括"××"本身；凡注有"××以外"或"××以上"者，则不包括"××"本身。

十二、本安装定额授权安徽省建设工程造价总站负责解释和管理。

十三、著作权所有，未经授权，严禁使用本书内容及数据制作各类出版物和软件，违者必究。

册 说 明

一、第一册《机械设备安装工程》以下简称"本册定额"，适用于通用机械设备的安装工程。

二、本册定额编制的主要技术依据有：

1.《通用安装工程工程量计算规范》GB 50856-2013；

2.《输送设备安装工程施工及验收规范》GB 50270-2010；

3.《金属切削机床安装工程施工及验收规范》GB 50271-2009；

4.《锻压设备安装工程施工及验收规范》GB 50272-2009；

5.《制冷设备、空气分离设备安装工程施工及验收规范》GB 50274-2010；

6.《风机、压缩机、泵安装工程施工及验收规范》GB 50275-2010；

7.《铸造设备安装工程施工及验收规范》GB 50277-2010；

8.《起重设备安装工程施工及验收规范》GB 50278-2010；

9.《机械设备安装工程施工及验收通用规范》GB 50231-2009；

10.《全国统一安装工程预算定额》第一册《机械设备安装工程》GYD-2000；

11.《全国统一安装工程基础定额》GJD-2006；

12.《建设工程劳动定额》LD／T-2008；

13.《建设工程施工机械台班费用编制规则》（2015 年）；

14. 相关标准图集和技术手册。

三、本册定额除各章另有说明外，均包括下列工作内容：

1. 安装主要工序。

整体安装：施工准备，设备、材料及工、机具水平搬运，设备开箱检验、配合基础验收、垫铁设置，地脚螺栓安放，设备吊装就位安装、连接，设备调平找正，垫铁点焊，配合基础灌浆，设备精平对中找正，与机械本体联接的附属设备、冷却系统、润滑系统及支架防护罩等附件部件的安装，机组油、水系统管线的清洗，配合检查验收。

解体安装：施工准备，设备、材料及工、机具水平搬运，设备开箱检验、配合基础验收、垫铁设置，地脚螺栓安放，设备吊装就位、组对安装，各部间隙的测量、检查、刮研和调整，设备调平找正，垫铁点焊，配合基础灌浆，设备精平对中找正，与机械本体联接的附属设备、冷却系统、润滑系统及支架防护罩等附件部件的安装，机组油、水系统管线的清洗，配合检查验收。

解体检查：施工准备，设备本体、部件及第一个阀门以内管道的拆卸，清洗检查，换油，组装复原，间隙调整，找平找正，记录，配合检查验收。

2. 施工及验收规范中规定的调整、试验及空负荷试运转。

3. 与设备本体联体的平台、梯子、栏杆、支架、屏盘、电机、安全罩以及设备本体第一个法兰以内的成品管道等安装。

4. 工种间交叉配合的停歇时间，临时移动水、电源时间，以及配合质量检查、交工验收等工作。

5. 配合检查验收。

四、本册定额不包括下列内容：

1. 设备场外运输。

2. 因场地狭小、有障碍物等造成设备不能一次就位所引起设备、材料增加的二次搬运、装拆工作。

3. 设备基础的铲磨，地脚螺栓孔的修整、预压，以及在木砖地层上安装设备所需增加的费用。

4. 地脚螺栓孔和基础灌浆。

5. 设备、构件、零部件、附件、管道、阀门、基础、基础盖板等的制作、加工、修理、保温、刷漆及测量、检测、试验等工作。

6. 设备试运转所用的水、电、气、油、燃料等。

7. 联合试运转、生产准备试运转。

8. 专用垫铁、特殊垫铁（如螺栓调整垫铁、球型垫铁、钩头垫铁等）、地脚螺栓和设备基础的灌浆。

9. 脚手架塔设与拆除。

10. 电气系统、仪表系统、通风系统、设备本体第一个法兰以外的管道系统等的安装、调试工作；非与设备本体联体的附属设备或附件（如平台、梯子、栏杆、支架、容器、屏盘等）的制作、安装、刷油、防腐、保温等工作。

五、下列费用可按系数分别计取：

1. 本册定额第四章"起重设备安装"、第五章"起重机轨道安装"脚手架搭拆费按定额人工费的8%计算，其费用中人工费占35%。

2. 操作高度增加费，设备底座的安装标高，如超过地平面±10m时，超过部分工程量按定额人工、机械费乘以下列系数。

设备底座正或负标高（m）	≤20	≤30	≤40	≤50
系　　数	1.15	1.20	1.30	1.50

六、定额中设备地脚螺栓和连接设备各部件的螺栓、销钉、垫片及传动部分的润滑油料等按随设备配套供货考虑。

七、制冷站（库）、空气压缩站、乙炔发生站、水压机蓄势站、制氧站、煤气站等工程的系统调整费，按各站工艺系统内全部安装工程人工费的15%计算，其费用中人工费占35%。在计算系统调整费时，必须遵守下列规定。

1. 上述系统调整费仅限于全部采用《通用安装工程消耗量定额》中第一册《机械设备安装工程》、第三册《静置设备与工艺金属结构制作安装工程》、第八册《工业管道工程》、第十二册《刷油、防腐蚀、绝热工程》等四册内有关定额的站内工艺系统安装工程。

2. 各站内工艺系统安装工程的人工费，必须全部由上述四册中有关定额的人工费组成，如上述四册定额有缺项时，则缺项部分的人工费在计算系统调整费时应予扣除，不参加系统工程调整费的计算。

3. 系统调试费必须由施工单位为主来实施时，方可计取系统调试费。若施工单位仅配合建设单位（或制造厂）进行系统调试时，则应按实际发生的配合人工费计算。

目 录

第一章 切削设备安装

第二章 锻压设备安装

第三章 铸造设备安装

第四章 起重设备安装

第五章 起重机轨道安装

第六章 输送设备安装

第七章　风机安装

第八章　泵安装

第九章 压缩机安装

第十章 工业炉设备安装

第十一章 煤气发生设备安装

第十二章 制冷设备安装

第十三章 其他机械安装及设备灌浆

第一章 切削设备安装

说　　明

一、本章内容包括台式及仪表机床，车床，磨床，镗床，钻床，铣床，齿轮及螺纹加工机床，其他机床，超声波及电加工机床，刨、插、拉床等安装。

1. 台式及仪表机床包括：台式车床、台式刨床、台式铣床、台式磨床、台式砂轮机、台式抛光机、台式钻床、台式排钻、多轴可调台式钻床、钻孔攻丝两用台钻、钻铣机床、钻铣磨床、台式冲床、台式压力机、台式剪切机、台式攻丝机、台式刻线机、仪表车床、精密盘类办自动车床、仪表磨床、仪表抛光机、硬质合金轮修磨床、单轴纵切自动车床、仪表铣床、仪表齿轮加工机床、刨模机、宝石轴承加工机床、凸轮轴加工机床、透镜磨床、电表轴类加工机床。

2. 车床包括：单轴自动车床、多轴自动和半自动车床、六角车床、曲轴及凸轮轴车床、落地车床、普通车床、精密普通机床、仿型普通车床、马鞍车床、重型普通车床、仿型及多刀车床、联合车床、无心粗车床、轮齿、轴齿、锭齿、辊齿及铲齿车床。

3. 立式车床包括：单柱和双柱立式车床。

4. 钻床包括：深孔钻床、摇臂钻床、立式钻床、中心孔钻床、钢轨及梢轮钻床、卧式钻床。

5. 镗床包括：深孔镗床、坐标镗床、立式及卧式镗床、金刚镗床、落地镗床、镗铣床、钻镗床、镗缸机。

6. 磨床包括：外圆磨床、内圆磨床、砂轮机、珩磨机及研磨机、导轨磨床、2M 系列磨床、3M 系列磨床、专用磨床、抛光机、工具磨床、平面及端面磨床、刀具刃具磨床、曲轴、凸轮轴、花键轴、轧辊及轴承磨床。

7. 铣床、齿轮及螺纹加工机床包括：单臂及单柱铣床、龙门及双柱铣床、平面及单面铣床、仿型铣床、立式及卧式铣床、工具铣床、其他铣床、直（锥）齿轮加工机床、滚齿机、剃齿机、珩齿机、插齿机、单（双）轴花键轴铣床、齿轮磨齿机、齿轮倒角机、齿滚动检查机、套丝机、攻丝机、螺纹铣床、螺纹磨床、螺纹车床、丝杠加工机床。

8. 刨、插、拉床包括：单臂刨、龙门刨、牛头刨、龙门铣刨床、插床、拉床、刨边机、刨模机。

9. 超声波及电加工机床包括：电解加工机床、电火花加工机床、电脉冲加工机床、刻线机、超声波加工机床、阳极机械加工加床。

10. 其他机床包括：车刀切断机、砂轮切断机、矫正切断机、带锯机、圆锯机、弓锯机、气割机、管子加工机床、技术材料试验机械。

11. 木工机械包括：木工圆锯机、截锯机、细目工带锯机、普通木工带锯机、卧式木工带锯机、排锯机、篓锯机、木工刨床、木工车床、木工铣床及开榫机、木工钻床及榫槽机、木工磨光机、木工刃具修磨机。

12.跑车杠带锯机。

13.其他木工设备包括：拨撩器、踢木器、带锯防尘罩。

二、本章包括以下工作内容：

1.机体安装：底座、立柱、横梁等全套设备部件安装以及润滑装置及润滑管道安装。

2.清洗组对时结合精度检查。

3.跑车杠带锯机跑车轨道安装。

三、本章不包括以下内容工作内容：

1.设备的润滑、液压系统的管道附件加工、煨弯和阀门研磨。

2.润滑、液压的法兰及阀门连接所用的垫圈（包括紫铜垫）加工。

3.跑车木结构、轨道枕木、木保护罩的加工制作。

四、数控机床执行本章对应的机床子目。

五、本章内所列设备重量均为设备净重。

工程量计算规则

一、金属切削设备安装以"台"为计量单位。

二、气动踢木器以"台"为计量单位。

三、带锯机保护罩制作与安装以"个"为计量单位。

一、台式及仪表机床

定 额 编 号				A1-1-1	A1-1-2	A1-1-3
项 目 名 称				设备重量(t以内)		
				0.3	0.7	1.5
基 价 （元）				261.15	470.78	813.78
其中	人 工 费 （元）			143.64	287.14	571.34
	材 料 费 （元）			16.21	51.28	84.75
	机 械 费 （元）			101.30	132.36	157.69
名 称		单位	单价（元）	消 耗		量
人工	综合工日	工日	140.00	1.026	2.051	4.081
材料	低碳钢焊条	kg	6.84	—	0.210	0.210
	镀锌铁丝 φ4.0～2.8	kg	3.57	—	0.560	0.560
	黄铜板 δ0.08～0.3	kg	58.12	0.100	0.100	0.250
	黄油钙基脂	kg	5.15	0.101	0.152	0.253
	机油	kg	19.66	0.101	0.152	0.253
	煤油	kg	3.73	1.260	1.890	2.625
	木板	m³	1634.16	0.001	0.009	0.014
	平垫铁	kg	3.74	—	1.510	2.850
	热轧薄钢板 δ1.6～1.9	kg	3.93	0.200	0.200	0.450
	斜垫铁	kg	3.50	—	2.180	3.250
	其他材料费占材料费	%	—	5.000	5.000	5.000
机械	叉式起重机 5t	台班	506.51	0.200	0.250	0.300
	交流弧焊机 21kV·A	台班	57.35	—	0.100	0.100

二、车床

定 额 编 号			A1-1-4	A1-1-5	A1-1-6	A1-1-7
项 目 名 称			设备重量（t以内）			
			2.0	3.0	5.0	7.0
基 价（元）			1002.22	1386.50	2249.55	3207.10
其中	人 工 费（元）		746.06	1043.56	1504.58	1915.06
	材 料 费（元）		98.47	134.60	193.00	298.12
	机 械 费（元）		157.69	208.34	551.97	993.92
名 称	单位	单价（元）	消 耗 量			
人工	综合工日	工日	140.00	5.329	7.454	10.747	13.679
材料	道木	m³	2137.00	—	—	—	0.006
	低碳钢焊条	kg	6.84	0.210	0.210	0.210	0.420
	镀锌铁丝 φ4.0～2.8	kg	3.57	0.560	0.560	0.560	0.840
	黄铜板 δ0.08～0.3	kg	58.12	0.250	0.250	0.300	0.400
	黄油钙基脂	kg	5.15	0.202	0.202	0.303	0.404
	机油	kg	19.66	0.202	0.303	0.303	0.505
	煤油	kg	3.73	3.675	4.410	6.090	7.350
	木板	m³	1634.16	0.015	0.018	0.031	0.049
	平垫铁	kg	3.74	3.760	7.530	11.640	17.460
	汽油	kg	6.77	0.102	0.102	0.204	0.204
	热轧薄钢板 δ1.6～1.9	kg	3.93	0.450	0.450	0.650	1.000
	斜垫铁	kg	3.50	4.590	7.640	9.880	14.820
	其他材料费占材料费	%	—	5.000	5.000	5.000	5.000
机械	叉式起重机 5t	台班	506.51	0.300	0.400	—	—
	交流弧焊机 21kV·A	台班	57.35	0.100	0.100	0.100	0.200
	汽车式起重机 16t	台班	958.70	—	—	—	0.500
	汽车式起重机 8t	台班	763.67	—	—	0.500	0.300
	载重汽车 10t	台班	547.99	—	—	0.300	0.500

定 额 编 号			A1-1-8	A1-1-9	A1-1-10	A1-1-11
项 目 名 称			设备重量(t以内)			
			10	15	20	25
基 价（元）			4425.72	6360.98	7772.22	9619.62
其中	人 工 费（元）		2801.68	4202.38	5031.60	6075.16
	材 料 费（元）		477.39	545.68	745.86	881.45
	机 械 费（元）		1146.65	1612.92	1994.76	2663.01
名 称	单位	单价（元）	消 耗 量			
人工 综合工日	工日	140.00	20.012	30.017	35.940	43.394
材料 道木	m³	2137.00	0.007	0.007	0.010	0.021
低碳钢焊条	kg	6.84	0.420	0.420	0.420	0.525
镀锌铁丝 φ4.0～2.8	kg	3.57	2.670	2.670	4.000	4.500
黄铜板 δ0.08～0.3	kg	58.12	0.400	0.600	0.600	1.000
黄油钙基脂	kg	5.15	0.505	0.707	0.707	0.808
机油	kg	19.66	1.010	1.212	1.515	1.515
煤油	kg	3.73	10.500	13.650	17.850	21.000
木板	m³	1634.16	0.075	0.083	0.109	0.121
平垫铁	kg	3.74	31.050	33.870	48.640	57.240
汽油	kg	6.77	0.510	0.510	0.510	0.714
热轧薄钢板 δ1.6～1.9	kg	3.93	1.000	1.600	1.600	2.500
斜垫铁	kg	3.50	27.530	30.580	47.760	50.880
其他材料费占材料费	%	—	5.000	5.000	5.000	5.000
机械 交流弧焊机 21kV·A	台班	57.35	0.200	0.200	0.200	0.200
汽车式起重机 16t	台班	958.70	0.500			
汽车式起重机 30t	台班	1127.57	—	0.500	0.500	
汽车式起重机 50t	台班	2464.07	—	—	—	0.500
汽车式起重机 8t	台班	763.67	0.500	1.000	1.500	1.500
载重汽车 10t	台班	547.99	0.500	0.500	0.500	0.500

計量单位：台

定 额 编 号				A1-1-12	A1-1-13	A1-1-14	A1-1-15
项 目 名 称				设备重量(t以内)			
				35	50	70	100
基 价 （元）				12430.47	16980.04	22762.79	31012.56
其中	人 工 费 （元）			8100.96	10931.20	14225.40	19846.12
	材 料 费 （元）			1024.72	1342.49	2589.80	3696.37
	机 械 费 （元）			3304.79	4706.35	5947.59	7470.07
名 称		单位	单价（元）	消 耗 量			
人工	综合工日	工日	140.00	57.864	78.080	101.610	141.758
材料	道木	m³	2137.00	0.021	0.025	0.275	0.550
	低碳钢焊条	kg	6.84	0.525	0.525	0.525	0.525
	镀锌铁丝 φ4.0～2.8	kg	3.57	6.000	8.000	10.000	13.000
	黄铜板 δ0.08～0.3	kg	58.12	1.000	1.000	1.500	1.500
	黄油钙基脂	kg	5.15	1.212	1.414	1.616	1.818
	机油	kg	19.66	1.818	2.222	2.222	3.333
	煤油	kg	3.73	26.250	36.750	42.000	57.750
	木板	m³	1634.16	0.125	0.128	0.148	0.156
	平垫铁	kg	3.74	68.680	103.000	159.440	198.480
	汽油	kg	6.77	1.020	1.224	1.530	2.040
	热轧薄钢板 δ1.6～1.9	kg	3.93	2.500	2.500	3.000	3.000
	斜垫铁	kg	3.50	65.760	95.520	139.200	175.560
	重轨 38kg/m	t	3502.70	—	—	0.056	0.080
	其他材料费占材料费	%	—	5.000	5.000	5.000	5.000
机械	交流弧焊机 21kV·A	台班	57.35	0.300	0.300	0.500	0.500
	汽车式起重机 100t	台班	4651.90	—	—	0.500	0.500
	汽车式起重机 16t	台班	958.70	1.500	1.500	2.000	3.000
	汽车式起重机 30t	台班	1127.57	—	1.000	1.000	1.500
	汽车式起重机 75t	台班	3151.07	0.500	0.500	—	—
	载重汽车 10t	台班	547.99	0.500	1.000	1.000	1.000

10

定额编号			A1-1-16	A1-1-17	A1-1-18
项目名称			设备重量(t以内)		
			150	200	250
基价（元）			40717.78	51120.25	61595.95
其中	人工费（元）		27419.98	35971.46	44588.32
	材料费（元）		4961.27	5644.63	6262.79
	机械费（元）		8336.53	9504.16	10744.84
名称	单位	单价(元)	消	耗	量
人工 综合工日	工日	140.00	195.857	256.939	318.488
材料 道木	m³	2137.00	0.688	0.688	0.688
低碳钢焊条	kg	6.84	1.050	1.050	1.050
镀锌铁丝 Φ4.0~2.8	kg	3.57	19.000	19.000	25.000
黄铜板 δ0.08~0.3	kg	58.12	2.000	2.000	3.200
黄油钙基脂	kg	5.15	2.020	2.222	2.525
机油	kg	19.66	4.040	5.252	6.060
煤油	kg	3.73	73.500	89.250	105.000
木板	m³	1634.16	0.225	0.263	0.275
平垫铁	kg	3.74	273.510	328.290	363.800
汽油	kg	6.77	2.550	3.060	3.570
热轧薄钢板 δ1.6~1.9	kg	3.93	4.000	4.000	6.000
斜垫铁	kg	3.50	244.460	289.220	322.800
重轨 38kg/m	t	3502.70	0.120	0.160	0.200
其他材料费占材料费	%	—	5.000	5.000	5.000
机械 交流弧焊机 21kV·A	台班	57.35	1.000	1.000	1.500
汽车式起重机 100t	台班	4651.90	0.500	0.500	0.500
汽车式起重机 16t	台班	958.70	3.000	4.000	3.500
汽车式起重机 30t	台班	1127.57	2.000	—	1.500
汽车式起重机 50t	台班	2464.07	—	1.000	1.000
载重汽车 10t	台班	547.99	1.500	1.500	1.500

定　额　编　号			A1-1-19	A1-1-20
项　目　名　称			设备重量(t以内)	
			350	450
基　　　价　（元）			83114.06	104157.70
其中	人　工　费（元）		61485.20	77832.30
	材　料　费（元）		7376.16	8485.38
	机　械　费（元）		14252.70	17840.02
名　　称		单位	单价(元)	消　耗　量
人工	综合工日	工日	140.00	439.180	555.945
材料	道木	m³	2137.00	0.825	0.963
	低碳钢焊条	kg	6.84	1.050	1.050
	镀锌铁丝 φ4.0～2.8	kg	3.57	35.000	35.000
	黄铜板 δ0.08～0.3	kg	58.12	3.200	4.000
	黄油钙基脂	kg	5.15	3.535	4.545
	机油	kg	19.66	8.080	11.110
	煤油	kg	3.73	147.000	183.750
	木板	m³	1634.16	0.313	0.338
	平垫铁	kg	3.74	392.200	419.590
	汽油	kg	6.77	4.080	4.590
	热轧薄钢板 δ1.6～1.9	kg	3.93	6.000	8.000
	斜垫铁	kg	3.50	345.180	367.560
	重轨 38kg/m	t	3502.70	0.280	0.360
	其他材料费占材料费	%	—	5.000	5.000
机械	交流弧焊机 21kV·A	台班	57.35	1.500	2.000
	汽车式起重机 100t	台班	4651.90	0.500	1.000
	汽车式起重机 16t	台班	958.70	5.000	6.000
	汽车式起重机 30t	台班	1127.57	2.000	2.000
	汽车式起重机 50t	台班	2464.07	1.500	1.500
	载重汽车 10t	台班	547.99	2.000	2.500

三、立式车床

定 额 编 号				A1-1-21	A1-1-22	A1-1-23	A1-1-24
项 目 名 称				设备重量(t以内)			
				7	10	15	20
基 价（元）				3697.70	4473.24	5994.24	8153.72
其中	人 工 费（元）			2474.08	3019.38	3908.94	4956.84
	材 料 费（元）			229.70	307.21	472.38	638.34
	机 械 费（元）			993.92	1146.65	1612.92	2558.54
名 称		单位	单价（元）	消 耗 量			
人工	综合工日	工日	140.00	17.672	21.567	27.921	35.406
材料	道木	m³	2137.00	0.004	0.007	0.007	0.010
	低碳钢焊条	kg	6.84	0.420	0.420	0.420	0.420
	镀锌铁丝 φ4.0～2.8	kg	3.57	0.840	2.670	4.000	4.000
	黄铜板 δ0.08～0.3	kg	58.12	0.400	0.400	0.600	0.600
	黄油钙基脂	kg	5.15	0.202	0.404	0.404	0.505
	机油	kg	19.66	0.505	0.808	1.010	1.515
	煤油	kg	3.73	11.550	12.600	18.900	21.000
	木板	m³	1634.16	0.036	0.056	0.083	0.109
	平垫铁	kg	3.74	9.700	11.640	20.700	34.320
	汽油	kg	6.77	0.306	0.510	1.020	1.020
	热轧薄钢板 δ1.6～1.9	kg	3.93	1.000	1.000	1.600	1.600
	斜垫铁	kg	3.50	7.410	9.880	18.350	29.760
	其他材料费占材料费	%	—	5.000	5.000	5.000	5.000
机械	交流弧焊机 21kV·A	台班	57.35	0.200	0.200	0.200	0.200
	汽车式起重机 16t	台班	958.70	0.500	0.500	—	—
	汽车式起重机 30t	台班	1127.57	—	—	0.500	1.000
	汽车式起重机 8t	台班	763.67	0.300	0.500	1.000	1.500
	载重汽车 10t	台班	547.99	0.500	0.500	0.500	0.500

定　额　编　号			A1-1-25	A1-1-26	A1-1-27	A1-1-28
项　目　名　称			设备重量(t以内)			
			25	35	50	70
基　　　　　价（元）			9685.85	12644.47	18094.23	24229.78
其中	人　工　费（元）		5955.46	7999.32	11104.80	14990.78
	材　料　费（元）		790.01	1052.75	1355.76	1986.94
	机　械　费（元）		2940.38	3592.40	5633.67	7252.06
名　　　称	单位	单价（元）	消　　耗　　量			
人工	综合工日	工日	140.00	42.539	57.138	79.320	107.077
材料	道木	m³	2137.00	0.014	0.014	0.028	0.275
	低碳钢焊条	kg	6.84	0.420	0.525	0.525	0.525
	镀锌铁丝 φ4.0～2.8	kg	3.57	4.500	6.000	8.000	10.000
	黄铜板 δ0.08～0.3	kg	58.12	1.000	1.000	1.000	1.500
	黄油钙基脂	kg	5.15	0.606	0.808	1.212	1.515
	机油	kg	19.66	1.818	2.222	2.828	3.535
	煤油	kg	3.73	26.250	36.750	47.250	57.750
	木板	m³	1634.16	0.128	0.203	0.253	0.150
	平垫铁	kg	3.74	40.040	51.480	62.920	85.840
	汽油	kg	6.77	1.224	1.836	2.346	3.060
	热轧薄钢板 δ1.6～1.9	kg	3.93	2.500	2.500	2.500	3.000
	石棉橡胶板	kg	9.40	0.150	0.200	0.300	0.300
	铜焊粉	kg	29.00	—	—	0.600	0.060
	斜垫铁	kg	3.50	37.200	44.640	59.520	80.640
	其他材料费占材料费	%	—	5.000	5.000	5.000	5.000
机械	交流弧焊机 21kV·A	台班	57.35	0.200	0.300	0.300	0.500
	汽车式起重机 16t	台班	958.70	—	1.800	2.000	2.500
	汽车式起重机 30t	台班	1127.57	1.000	—	—	1.000
	汽车式起重机 75t	台班	3151.07	—	0.500	1.000	1.000
	汽车式起重机 8t	台班	763.67	2.000	—	—	—
	载重汽车 10t	台班	547.99	0.500	0.500	1.000	1.000

定 额 编 号				A1-1-29	A1-1-30	A1-1-31	A1-1-32
项 目 名 称				设备重量(t以内)			
				100	150	200	250
基 价 （元）				32389.43	45451.09	55075.08	65229.10
其中	人 工 费（元）			21329.00	30752.26	38118.50	45922.10
	材 料 费（元）			2837.01	3982.67	4529.03	5108.64
	机 械 费（元）			8223.42	10716.16	12427.55	14198.36
名 称		单位	单价(元)	消 耗 量			
人工	综合工日	工日	140.00	152.350	219.659	272.275	328.015
材料	道木	m³	2137.00	0.550	0.688	0.688	0.688
	低碳钢焊条	kg	6.84	0.525	1.050	1.050	1.050
	镀锌铁丝 φ4.0～2.8	kg	3.57	13.000	19.000	19.000	25.000
	黄铜板 δ0.08～0.3	kg	58.12	1.500	2.000	2.000	3.200
	黄油钙基脂	kg	5.15	1.818	2.424	3.030	4.040
	机油	kg	19.66	4.545	7.070	8.080	10.100
	煤油	kg	3.73	73.500	105.000	126.000	157.500
	木板	m³	1634.16	0.156	0.200	0.219	0.231
	平垫铁	kg	3.74	103.000	177.460	230.850	267.370
	汽油	kg	6.77	3.570	5.100	6.120	8.160
	热轧薄钢板 δ1.6～1.9	kg	3.93	3.000	4.000	4.000	6.000
	石棉橡胶板	kg	9.40	0.400	0.500	0.600	0.800
	铜焊粉	kg	29.00	0.080	0.120	0.160	0.200
	斜垫铁	kg	3.50	95.520	154.120	205.350	238.930
	其他材料费占材料费	%	—	5.000	5.000	5.000	5.000
机械	交流弧焊机 21kV·A	台班	57.35	0.500	1.000	1.000	1.500
	汽车式起重机 100t	台班	4651.90	0.500	0.500	0.500	1.000
	汽车式起重机 16t	台班	958.70	3.500	3.500	4.000	3.500
	汽车式起重机 30t	台班	1127.57	1.500	1.500	1.500	2.500
	汽车式起重机 50t	台班	2464.07	—	1.000	1.500	1.000
	载重汽车 10t	台班	547.99	1.500	1.500	1.500	1.500

定　额　编　号			A1-1-33	A1-1-34	A1-1-35
项　目　名　称			设备重量(t以内)		
			300	400	500
基　　　　价（元）			74373.78	97689.59	120750.04
其中	人　工　费（元）		53634.00	70062.30	84378.14
	材　料　费（元）		5498.29	6473.95	7465.77
	机　械　费（元）		15241.49	21153.34	28906.13
名　　称		单位	单价（元）	消　　耗　　量	
人工	综合工日	工日	140.00	383.100	500.445	602.701
材料	道木	m³	2137.00	0.688	0.825	0.963
	低碳钢焊条	kg	6.84	1.050	1.050	1.050
	镀锌铁丝 φ4.0～2.8	kg	3.57	25.000	35.000	35.000
	黄铜板 δ0.08～0.3	kg	58.12	3.200	3.200	4.000
	黄油钙基脂	kg	5.15	5.050	7.070	9.090
	机油	kg	19.66	12.120	15.150	18.180
	煤油	kg	3.73	189.000	231.000	273.000
	木板	m³	1634.16	0.250	0.338	0.363
	平垫铁	kg	3.74	291.840	321.440	364.320
	汽油	kg	6.77	10.200	13.260	16.320
	热轧薄钢板 δ1.6～1.9	kg	3.93	6.000	6.000	8.000
	石棉橡胶板	kg	9.40	1.000	1.200	1.400
	铜焊粉	kg	29.00	0.240	0.320	0.400
	斜垫铁	kg	3.50	258.720	285.770	326.500
	其他材料费占材料费	%	—	5.000	5.000	5.000
机械	交流弧焊机 21kV·A	台班	57.35	1.500	1.500	2.000
	汽车式起重机 100t	台班	4651.90	1.000	1.000	1.000
	汽车式起重机 16t	台班	958.70	4.000	4.000	5.000
	汽车式起重机 30t	台班	1127.57	3.000	8.000	14.000
	汽车式起重机 50t	台班	2464.07	1.000	1.000	1.000
	载重汽车 10t	台班	547.99	1.500	2.000	2.000

定 额 编 号			A1-1-36	A1-1-37	A1-1-38
项 目 名 称			设备重量(t以内)		
			600	700	800
基 价（元）			144251.75	162852.73	181937.65
其中	人 工 费（元）		99887.06	113594.88	125317.22
	材 料 费（元）		8517.86	9991.58	11687.64
	机 械 费（元）		35846.83	39266.27	44932.79
名 称	单位	单价（元）	消 耗 量		
人工 综合工日	工日	140.00	713.479	811.392	895.123
材料 道木	m³	2137.00	1.100	1.320	1.584
低碳钢焊条	kg	6.84	1.050	1.260	1.512
镀锌铁丝 φ4.0～2.8	kg	3.57	45.000	54.000	64.800
黄铜板 δ0.08～0.3	kg	58.12	4.000	4.800	5.760
黄油钙基脂	kg	5.15	11.110	13.332	15.998
机油	kg	19.66	21.210	25.452	30.542
煤油	kg	3.73	315.000	378.000	453.600
木板	m³	1634.16	0.363	0.436	0.523
平垫铁	kg	3.74	426.340	476.520	545.270
汽油	kg	6.77	19.380	23.256	27.907
热轧薄钢板 δ1.6～1.9	kg	3.93	8.000	9.600	11.520
石棉橡胶板	kg	9.40	1.600	1.920	2.304
铜焊粉	kg	29.00	0.480	0.576	0.691
斜垫铁	kg	3.50	380.790	431.710	464.280
其他材料费占材料费	%	—	5.000	5.000	5.000
机械 交流弧焊机 21kV·A	台班	57.35	2.000	2.500	3.000
汽车式起重机 100t	台班	4651.90	1.500	1.500	1.500
汽车式起重机 16t	台班	958.70	5.000	6.000	6.000
汽车式起重机 30t	台班	1127.57	17.000	18.000	23.000
汽车式起重机 50t	台班	2464.07	1.500	—	—
汽车式起重机 75t	台班	3151.07	—	1.500	1.500
载重汽车 10t	台班	547.99	2.000	2.500	2.500

四、钻床

定　额　编　号				A1-1-39	A1-1-40	A1-1-41	A1-1-42
项　目　名　称				设备重量(t以内)			
				1	2	3	5
基　　　价（元）				632.16	986.73	1387.01	2186.88
其中	人　工　费（元）			457.94	737.10	1052.24	1453.76
	材　料　费（元）			67.18	91.94	126.43	181.15
	机　械　费（元）			107.04	157.69	208.34	551.97
名　　称		单位	单价（元）	消　　耗　　量			
人工	综合工日	工日	140.00	3.271	5.265	7.516	10.384
材料	低碳钢焊条	kg	6.84	0.210	0.210	0.210	0.210
	镀锌铁丝 φ4.0～2.8	kg	3.57	0.560	0.560	0.560	0.560
	黄铜板 δ0.08～0.3	kg	58.12	0.100	0.250	0.250	0.300
	黄油钙基脂	kg	5.15	0.101	0.101	0.101	0.152
	机油	kg	19.66	0.152	0.152	0.152	0.202
	煤油	kg	3.73	2.100	2.520	3.150	3.990
	木板	m³	1634.16	0.013	0.015	0.026	0.031
	平垫铁	kg	3.74	2.820	3.760	5.640	11.640
	汽油	kg	6.77	0.020	0.041	0.061	0.102
	热轧薄钢板 δ1.6～1.9	kg	3.93	0.200	0.450	0.450	0.650
	斜垫铁	kg	3.50	3.050	4.590	6.120	9.880
	其他材料费占材料费	%	—	5.000	5.000	5.000	5.000
机械	叉式起重机 5t	台班	506.51	0.200	0.300	0.400	—
	交流弧焊机 21kV·A	台班	57.35	0.100	0.100	0.100	0.100
	汽车式起重机 8t	台班	763.67	—	—	—	0.500
	载重汽车 10t	台班	547.99				0.300

定 额 编 号			A1-1-43	A1-1-44	A1-1-45	A1-1-46
项 目 名 称			设备重量（t以内）			
			7	10	15	20
基 价（元）			3014.33	4246.68	5917.16	7355.57
其中	人 工 费（元）		1740.62	2471.56	3789.80	4109.00
	材 料 费（元）		279.79	399.37	514.44	688.03
	机 械 费（元）		993.92	1375.75	1612.92	2558.54
名 称	单位	单价（元）	消 耗 量			
人工	综合工日	工日	140.00	12.433	17.654	27.070	29.350
材料	道木	m³	2137.00	0.006	0.006	0.007	0.010
	低碳钢焊条	kg	6.84	0.420	0.420	0.420	0.420
	镀锌铁丝 φ4.0～2.8	kg	3.57	0.840	2.670	2.670	4.000
	黄铜板 δ0.08～0.3	kg	58.12	0.400	0.400	0.600	0.600
	黄油钙基脂	kg	5.15	0.152	0.202	0.253	0.253
	机油	kg	19.66	0.202	0.253	0.303	0.303
	煤油	kg	3.73	4.725	7.350	9.450	12.600
	木板	m³	1634.16	0.049	0.075	0.083	0.121
	平垫铁	kg	3.74	17.460	24.150	34.500	44.840
	汽油	kg	6.77	0.143	0.204	0.306	0.408
	热轧薄钢板 δ1.6～1.9	kg	3.93	1.000	1.000	1.600	1.600
	斜垫铁	kg	3.50	14.820	22.930	32.050	43.750
	其他材料费占材料费	%	—	5.000	5.000	5.000	5.000
机械	交流弧焊机 21kV·A	台班	57.35	0.200	0.200	0.200	0.200
	汽车式起重机 16t	台班	958.70	0.500	0.500	—	—
	汽车式起重机 30t	台班	1127.57	—	—	0.500	1.000
	汽车式起重机 8t	台班	763.67	0.300	0.800	1.000	1.500
	载重汽车 10t	台班	547.99	0.500	0.500	0.500	0.500

定　额　编　号			A1-1-47	A1-1-48	A1-1-49
项　目　名　称			设备重量(t以内)		
			25	30	35
基　　　　　价（元）			8740.07	10159.47	12413.80
其中	人　工　费（元）		5175.66	6187.72	7007.14
	材　料　费（元）		895.67	1010.46	1213.34
	机　械　费（元）		2668.74	2961.29	4193.32
名　　　　称	单位	单价（元）	消　　耗　　量		
人工	综合工日	工日	140.00	36.969	44.198	50.051
材料	道木	m³	2137.00	0.021	0.021	0.025
	低碳钢焊条	kg	6.84	0.525	0.525	0.525
	镀锌铁丝 φ4.0～2.8	kg	3.57	4.500	6.000	6.000
	黄铜板 δ0.08～0.3	kg	58.12	1.000	1.000	1.000
	黄油钙基脂	kg	5.15	0.303	0.404	0.455
	机油	kg	19.66	0.354	0.505	0.556
	煤油	kg	3.73	14.700	17.850	19.950
	木板	m³	1634.16	0.134	0.159	0.225
	平垫铁	kg	3.74	61.660	67.270	78.480
	汽油	kg	6.77	0.510	0.714	0.755
	热轧薄钢板 δ1.6～1.9	kg	3.93	2.500	2.500	2.500
	斜垫铁	kg	3.50	58.330	65.620	72.910
	其他材料费占材料费	%	—	5.000	5.000	5.000
机械	交流弧焊机 21kV·A	台班	57.35	0.300	0.300	0.300
	汽车式起重机 16t	台班	958.70	—	1.500	1.500
	汽车式起重机 50t	台班	2464.07	0.500	0.500	1.000
	汽车式起重机 8t	台班	763.67	1.500	—	—
	载重汽车 10t	台班	547.99	0.500	0.500	0.500

定 额 编 号			A1-1-50	A1-1-51	A1-1-52
项 目 名 称			设备重量(t以内)		
			40	50	60
基 价（元）			14403.95	16638.37	20653.55
其中	人 工 费（元）		7872.48	8950.48	10687.46
	材 料 费（元）		1377.15	1574.87	2313.42
	机 械 费（元）		5154.32	6113.02	7652.67
名 称	单位	单价(元)	消 耗 量		
人工	综合工日	工日	140.00	56.232	63.932	76.339

	名 称	单位	单价(元)			
材料	道木	m³	2137.00	0.025	0.028	0.275
	低碳钢焊条	kg	6.84	0.525	0.525	0.525
	镀锌铁丝 φ4.0~2.8	kg	3.57	8.000	8.000	10.000
	黄铜板 δ0.08~0.3	kg	58.12	1.000	1.000	1.500
	黄油钙基脂	kg	5.15	0.505	0.606	0.707
	机油	kg	19.66	0.606	0.707	0.808
	煤油	kg	3.73	23.100	28.350	34.650
	木板	m³	1634.16	0.238	0.278	0.304
	平垫铁	kg	3.74	95.300	106.510	117.720
	汽油	kg	6.77	0.857	1.071	1.285
	热轧薄钢板 δ1.6~1.9	kg	3.93	2.500	2.500	3.000
	斜垫铁	kg	3.50	87.490	102.080	109.370
	其他材料费占材料费	%	—	5.000	5.000	5.000
机械	交流弧焊机 21kV·A	台班	57.35	0.300	0.300	0.400
	汽车式起重机 16t	台班	958.70	1.500	2.500	4.100
	汽车式起重机 75t	台班	3151.07	1.000	1.000	1.000
	载重汽车 10t	台班	547.99	1.000	1.000	1.000

五、镗床

定 额 编 号				A1-1-53	A1-1-54	A1-1-55	A1-1-56
项 目 名 称				设备重量(t以内)			
				1	3	5	7
基 价（元）				675.44	1491.63	2508.85	3680.45
其中	人 工 费（元）			507.08	1203.86	1771.00	2347.80
	材 料 费（元）			61.32	130.08	185.88	262.37
	机 械 费（元）			107.04	157.69	551.97	1070.28
名 称		单位	单价（元）	消 耗 量			
人工	综合工日	工日	140.00	3.622	8.599	12.650	16.770
材料	道木	m³	2137.00	—	—	—	0.006
	低碳钢焊条	kg	6.84	0.095	0.210	0.210	0.420
	镀锌铁丝 φ4.0～2.8	kg	3.57	0.252	0.560	0.560	0.840
	黄铜板 δ0.08～0.3	kg	58.12	0.113	0.250	0.300	0.400
	黄油钙基脂	kg	5.15	0.068	0.152	0.202	0.202
	机油	kg	19.66	0.091	0.202	0.303	0.303
	煤油	kg	3.73	1.654	3.675	4.410	5.775
	木板	m³	1634.16	0.012	0.026	0.031	0.049
	平垫铁	kg	3.74	2.820	5.640	11.640	13.580
	汽油	kg	6.77	0.046	0.102	0.204	0.204
	热轧薄钢板 δ1.6～1.9	kg	3.93	0.203	0.450	0.650	1.000
	斜垫铁	kg	3.50	3.060	6.120	9.880	12.350
	其他材料费占材料费	%	—	5.000	5.000	5.000	5.000
机械	叉式起重机 5t	台班	506.51	0.200	0.300	—	—
	交流弧焊机 21kV·A	台班	57.35	0.100	0.100	0.100	0.200
	汽车式起重机 16t	台班	958.70	—	—	—	0.500
	汽车式起重机 8t	台班	763.67	—	—	0.500	0.400
	载重汽车 10t	台班	547.99	—	—	0.300	0.500

定　额　编　号			A1-1-57	A1-1-58	A1-1-59	A1-1-60
项　目　名　称			设备重量（t以内）			
			10	15	20	25
基　　　　价（元）			4995.60	7048.30	8881.72	10600.86
其中	人　工　费（元）		3345.86	4844.42	6178.34	7093.10
	材　料　费（元）		426.72	514.59	632.26	768.39
	机　械　费（元）		1223.02	1689.29	2071.12	2739.37
名　　称	单位	单价（元）	消　　耗　　量			
人工 综合工日	工日	140.00	23.899	34.603	44.131	50.665
材料 道木	m³	2137.00	0.007	0.007	0.010	0.021
低碳钢焊条	kg	6.84	0.420	0.420	0.420	0.525
镀锌铁丝 φ4.0～2.8	kg	3.57	2.670	2.670	4.000	4.500
黄铜板 δ0.08～0.3	kg	58.12	0.400	0.600	0.600	1.000
黄油钙基脂	kg	5.15	0.303	0.404	0.404	0.505
机油	kg	19.66	0.404	0.505	0.505	0.606
煤油	kg	3.73	12.600	15.750	19.950	23.100
木板	m³	1634.16	0.075	0.083	0.121	0.134
平垫铁	kg	3.74	24.190	31.050	36.630	39.230
汽油	kg	6.77	0.306	0.408	0.408	0.510
热轧薄钢板 δ1.6～1.9	kg	3.93	1.000	1.600	1.600	2.500
石棉橡胶板	kg	9.40	—	—	—	0.200
斜垫铁	kg	3.50	22.930	27.510	28.160	36.460
其他材料费占材料费	%	—	5.000	5.000	5.000	5.000
机械 交流弧焊机 21kV·A	台班	57.35	0.200	0.200	0.200	0.200
汽车式起重机 16t	台班	958.70	0.500	—	—	—
汽车式起重机 30t	台班	1127.57	—	0.500	0.500	—
汽车式起重机 50t	台班	2464.07	—	—	—	0.500
汽车式起重机 8t	台班	763.67	0.600	1.100	1.600	1.600
载重汽车 10t	台班	547.99	0.500	0.500	0.500	0.500

定 额 编 号			A1-1-61	A1-1-62	A1-1-63	A1-1-64
项 目 名 称			设备重量(t以内)			
			30	35	40	50
基 价（元）			12152.49	13152.68	15530.40	18631.84
其中	人 工 费（元）		8181.60	8723.54	9437.26	11567.64
	材 料 费（元）		913.73	1028.48	1223.57	1427.67
	机 械 费（元）		3057.16	3400.66	4869.57	5636.53
名 称	单位	单价（元）	消 耗 量			
人工	综合工日	工日	140.00	58.440	62.311	67.409	82.626
材料	道木	m³	2137.00	0.021	0.021	0.021	0.028
	低碳钢焊条	kg	6.84	0.525	0.525	0.525	0.525
	镀锌铁丝 φ4.0~2.8	kg	3.57	6.000	6.000	8.000	8.000
	黄铜板 δ0.08~0.3	kg	58.12	1.000	1.000	1.000	1.000
	黄油钙基脂	kg	5.15	0.505	0.606	0.606	0.808
	机油	kg	19.66	0.808	1.010	1.313	1.515
	煤油	kg	3.73	26.250	29.400	34.650	42.000
	木板	m³	1634.16	0.159	0.171	0.215	0.238
	平垫铁	kg	3.74	53.160	62.010	72.320	90.400
	汽油	kg	6.77	0.510	0.714	0.714	1.020
	热轧薄钢板 δ1.6~1.9	kg	3.93	2.500	2.500	2.500	2.500
	石棉橡胶板	kg	9.40	0.200	0.300	0.300	0.400
	斜垫铁	kg	3.50	43.430	54.290	66.480	77.560
	其他材料费占材料费	%	—	5.000	5.000	5.000	5.000
机械	交流弧焊机 21kV·A	台班	57.35	0.300	0.300	0.350	0.350
	汽车式起重机 16t	台班	958.70	1.600	1.600	1.200	2.000
	汽车式起重机 50t	台班	2464.07	0.500	—	—	—
	汽车式起重机 75t	台班	3151.07	—	0.500	1.000	1.000
	载重汽车 10t	台班	547.99	0.500	0.500	1.000	1.000

定 额 编 号			A1-1-65	A1-1-66	A1-1-67	A1-1-68
项 目 名 称			设备重量(t以内)			
			60	70	100	150
基 价（元）			22492.57	25206.20	34741.40	48196.77
其中	人 工 费（元）		13649.44	15625.54	21777.84	31907.40
	材 料 费（元）		2247.90	2415.91	2967.22	3707.34
	机 械 费（元）		6595.23	7164.75	9996.34	12582.03
名 称	单位	单价（元）	消 耗 量			
人工 综合工日	工日	140.00	97.496	111.611	155.556	227.910
材料 道木	m³	2137.00	0.275	0.275	0.550	0.688
低碳钢焊条	kg	6.84	0.525	0.525	0.525	1.050
镀锌铁丝 φ4.0～2.8	kg	3.57	10.000	10.000	13.000	19.000
黄铜板 δ0.08～0.3	kg	58.12	1.500	1.500	1.500	2.000
黄油钙基脂	kg	5.15	0.808	1.010	1.010	1.515
机油	kg	19.66	2.020	2.020	2.525	2.525
煤油	kg	3.73	50.400	58.800	84.000	126.000
木板	m³	1634.16	0.300	0.330	0.156	0.194
平垫铁	kg	3.74	99.440	108.480	126.560	141.750
汽油	kg	6.77	1.020	1.530	1.530	2.040
热轧薄钢板 δ1.6～1.9	kg	3.93	3.000	3.000	3.000	4.000
石棉橡胶板	kg	9.40	0.400	0.500	0.500	0.600
铜焊粉	kg	29.00	—	0.056	0.080	0.120
斜垫铁	kg	3.50	88.640	99.720	110.800	130.300
其他材料费占材料费	%	—	5.000	5.000	5.000	5.000
机械 交流弧焊机 21kV·A	台班	57.35	0.350	0.450	0.450	0.800
汽车式起重机 100t	台班	4651.90	—	—	0.500	0.500
汽车式起重机 16t	台班	958.70	3.000	3.000	3.000	4.500
汽车式起重机 30t	台班	1127.57	—	0.500	3.500	4.500
汽车式起重机 75t	台班	3151.07	1.000	1.000	—	—
载重汽车 10t	台班	547.99	1.000	1.000	1.500	1.500

定　额　编　号			A1-1-69	A1-1-70	A1-1-71
项　目　名　称			设备重量(t以内)		
			200	250	300
基　　　价（元）			61275.68	72248.61	82882.64
其中	人　工　费（元）		41799.10	51350.46	60898.32
	材　料　费（元）		4035.56	4486.96	4614.43
	机　械　费（元）		15441.02	16411.19	17369.89
名　　　称		单位	单价(元)	消　耗　量		
人工	综合工日	工日	140.00	298.565	366.789	434.988
材料	道木	m³	2137.00	0.688	0.688	0.688
	低碳钢焊条	kg	6.84	1.050	1.050	1.050
	镀锌铁丝 φ4.0～2.8	kg	3.57	19.000	25.000	25.000
	黄铜板 δ0.08～0.3	kg	58.12	2.000	3.200	3.200
	黄油钙基脂	kg	5.15	1.515	2.020	2.020
	机油	kg	19.66	3.030	3.535	4.040
	煤油	kg	3.73	168.000	210.000	220.500
	木板	m³	1634.16	0.219	0.250	0.250
	平垫铁	kg	3.74	159.390	177.180	186.040
	汽油	kg	6.77	2.040	2.550	2.550
	热轧薄钢板 δ1.6～1.9	kg	3.93	4.000	6.000	6.000
	石棉橡胶板	kg	9.40	0.600	0.800	0.800
	铜焊粉	kg	29.00	0.160	0.200	0.240
	斜垫铁	kg	3.50	141.160	152.020	162.880
	其他材料费占材料费	%	—	5.000	5.000	5.000
机械	交流弧焊机 21kV·A	台班	57.35	0.800	1.000	1.000
	汽车式起重机 100t	台班	4651.90	0.500	0.500	0.500
	汽车式起重机 16t	台班	958.70	5.500	6.500	7.500
	汽车式起重机 30t	台班	1127.57	4.000	4.000	4.000
	汽车式起重机 50t	台班	2464.07	1.000	1.000	1.000
	载重汽车 10t	台班	547.99	1.500	1.500	1.500

六、磨床

定 额 编 号				A1-1-72	A1-1-73	A1-1-74	A1-1-75
项 目 名 称				设备重量(t以内)			
				1	2	3	5
基 价（元）				733.43	1076.39	1503.54	2368.77
其中	人 工 费（元）			558.60	850.22	1181.18	1606.64
	材 料 费（元）			67.79	93.81	114.02	210.16
	机 械 费（元）			107.04	132.36	208.34	551.97
	名 称	单位	单价（元）	消 耗 量			
人工	综合工日	工日	140.00	3.990	6.073	8.437	11.476
材 料	道木	m³	2137.00	—	—	—	0.006
	低碳钢焊条	kg	6.84	0.210	0.210	0.210	0.210
	镀锌铁丝 φ4.0～2.8	kg	3.57	0.560	0.560	0.560	0.560
	黄铜板 δ0.08～0.3	kg	58.12	0.100	0.250	0.250	0.300
	黄油钙基脂	kg	5.15	0.101	0.101	0.101	0.101
	机油	kg	19.66	0.152	0.202	0.202	0.202
	煤油	kg	3.73	2.100	2.625	3.150	3.675
	木板	m³	1634.16	0.013	0.015	0.018	0.031
	平垫铁	kg	3.74	2.820	3.760	5.640	13.580
	汽油	kg	6.77	0.102	0.102	0.102	0.153
	热轧薄钢板 δ1.6～1.9	kg	3.93	0.200	0.450	0.450	0.650
	斜垫铁	kg	3.50	3.060	4.590	6.120	12.350
	其他材料费占材料费	%	—	5.000	5.000	5.000	5.000
机 械	叉式起重机 5t	台班	506.51	0.200	0.250	0.400	—
	交流弧焊机 21kV·A	台班	57.35	0.100	0.100	0.100	0.100
	汽车式起重机 8t	台班	763.67	—	—	—	0.500
	载重汽车 10t	台班	547.99	—	—	—	0.300

定 额 编 号			A1-1-76	A1-1-77	A1-1-78	A1-1-79
项 目 名 称			设备重量(t以内)			
			7	10	15	20
基 价（元）			3385.63	4657.83	6099.79	8185.72
其中	人 工 费（元）		2120.72	3013.78	4204.06	4894.40
	材 料 费（元）		270.99	497.40	588.28	961.88
	机 械 费（元）		993.92	1146.65	1307.45	2329.44
名 称	单位	单价（元）	消 耗 量			
人工	综合工日	工日	140.00	15.148	21.527	30.029	34.960
材料	道木	m³	2137.00	0.007	0.007	0.007	0.010
	低碳钢焊条	kg	6.84	0.420	0.420	0.420	0.420
	镀锌铁丝 φ4.0～2.8	kg	3.57	2.670	2.670	2.670	4.000
	黄铜板 δ0.08～0.3	kg	58.12	0.400	0.400	0.600	0.600
	黄油钙基脂	kg	5.15	0.202	0.404	0.505	0.505
	机油	kg	19.66	0.303	0.606	0.808	1.010
	煤油	kg	3.73	5.250	10.500	13.650	16.800
	木板	m³	1634.16	0.036	0.075	0.083	0.121
	平垫铁	kg	3.74	17.460	34.500	41.400	78.480
	汽油	kg	6.77	0.153	0.306	0.510	0.714
	热轧薄钢板 δ1.6～1.9	kg	3.93	1.000	1.000	1.600	1.600
	斜垫铁	kg	3.50	14.800	32.100	36.690	72.910
	其他材料费占材料费	%	—	5.000	5.000	5.000	5.000
机械	交流弧焊机 21kV·A	台班	57.35	0.200	0.200	0.200	0.200
	汽车式起重机 16t	台班	958.70	0.500	0.500	—	—
	汽车式起重机 30t	台班	1127.57	—	—	0.500	1.000
	汽车式起重机 8t	台班	763.67	0.300	0.500	0.600	1.200
	载重汽车 10t	台班	547.99	0.500	0.500	0.500	0.500

定　额　编　号			A1-1-80	A1-1-81	A1-1-82
项　目　名　称			设备重量(t以内)		
			25	30	35
基　　价（元）			10513.90	12116.29	14332.66
其中	人　工　费（元）		5664.82	6609.54	7287.28
	材　料　费（元）		1183.14	1319.16	1414.01
	机　械　费（元）		3665.94	4187.59	5631.37
名　　称	单位	单价（元）	消　　耗　　量		
人工	综合工日	工日	140.00	40.463	47.211	52.052

	名　　称	单位	单价（元）			
材料	道木	m³	2137.00	0.021	0.021	0.021
	低碳钢焊条	kg	6.84	0.525	0.525	0.525
	镀锌铁丝 φ4.0～2.8	kg	3.57	4.500	6.000	6.000
	黄铜板 δ0.08～0.3	kg	58.12	1.000	1.000	1.000
	黄油钙基脂	kg	5.15	0.707	0.707	0.909
	机油	kg	19.66	1.212	1.515	2.020
	煤油	kg	3.73	21.000	23.100	26.250
	木板	m³	1634.16	0.134	0.159	0.171
	平垫铁	kg	3.74	95.300	106.510	112.120
	汽油	kg	6.77	1.020	1.326	1.326
	热轧薄钢板 δ1.6～1.9	kg	3.93	2.500	2.500	2.500
	斜垫铁	kg	3.50	87.490	94.790	102.510
	其他材料费占材料费	%	—	5.000	5.000	5.000
机械	交流弧焊机 21kV·A	台班	57.35	0.200	0.200	0.300
	汽车式起重机 16t	台班	958.70	—	1.500	3.000
	汽车式起重机 50t	台班	2464.07	1.000	1.000	1.000
	汽车式起重机 8t	台班	763.67	1.200	—	—
	载重汽车 10t	台班	547.99	0.500	0.500	0.500

定 额 编 号			A1-1-83	A1-1-84	A1-1-85
项 目 名 称			设备重量(t以内)		
			40	50	60
基 价（元）			16530.61	18535.58	23189.92
其中	人 工 费（元）		8359.96	10027.36	11857.30
	材 料 费（元）		1578.28	1662.55	2416.60
	机 械 费（元）		6592.37	6845.67	8916.02
名 称	单位	单价（元）	消 耗 量		
人工	综合工日	工日	140.00	59.714	71.624	84.695

	名 称	单位	单价（元）			
材料	道木	m³	2137.00	0.021	0.025	0.275
	低碳钢焊条	kg	6.84	0.525	0.525	0.525
	镀锌铁丝 φ4.0～2.8	kg	3.57	8.000	8.000	10.000
	黄铜板 δ0.08～0.3	kg	58.12	1.000	1.000	1.500
	黄油钙基脂	kg	5.15	1.212	1.212	1.515
	机油	kg	19.66	2.525	3.030	3.535
	煤油	kg	3.73	31.500	37.800	50.400
	木板	m³	1634.16	0.215	0.210	0.220
	平垫铁	kg	3.74	117.720	123.320	134.530
	汽油	kg	6.77	1.530	1.530	2.040
	热轧薄钢板 δ1.6～1.9	kg	3.93	2.500	2.500	3.000
	斜垫铁	kg	3.50	109.370	116.660	123.950
	其他材料费占材料费	%	—	5.000	5.000	5.000
机械	交流弧焊机 21kV·A	台班	57.35	0.300	0.300	0.400
	汽车式起重机 100t	台班	4651.90	—	—	1.000
	汽车式起重机 16t	台班	958.70	3.000	1.500	1.500
	汽车式起重机 30t	台班	1127.57	—	1.500	2.000
	汽车式起重机 75t	台班	3151.07	1.000	1.000	—
	载重汽车 10t	台班	547.99	1.000	1.000	1.000

定 额 编 号			A1-1-86	A1-1-87	A1-1-88
项 目 名 称			设备重量（t以内）		
			70	100	150
基 价（元）			25410.49	35413.55	47066.31
其中	人 工 费（元）		12911.64	18453.40	27269.62
	材 料 费（元）		2533.96	3420.07	4141.67
	机 械 费（元）		9964.89	13540.08	15655.02
名 称	单位	单价（元）	消 耗 量		
人工 综合工日	工日	140.00	92.226	131.810	194.783
材料 道木	m³	2137.00	0.275	0.550	0.688
低碳钢焊条	kg	6.84	0.525	0.525	1.050
镀锌铁丝 φ4.0～2.8	kg	3.57	10.000	13.000	19.000
黄铜板 δ0.08～0.3	kg	58.12	1.500	1.500	2.000
黄油钙基脂	kg	5.15	2.020	2.525	3.535
机油	kg	19.66	4.040	4.848	5.858
煤油	kg	3.73	58.800	84.000	126.000
木板	m³	1634.16	0.230	0.240	0.260
平垫铁	kg	3.74	140.140	156.960	173.770
汽油	kg	6.77	2.550	2.856	3.570
热轧薄钢板 δ1.6～1.9	kg	3.93	3.000	3.000	4.000
铜焊粉	kg	29.00	0.056	0.080	0.120
斜垫铁	kg	3.50	131.240	145.820	160.410
其他材料费占材料费	%	—	5.000	5.000	5.000
机械 交流弧焊机 21kV·A	台班	57.35	0.500	0.500	1.000
汽车式起重机 100t	台班	4651.90	1.000	1.000	1.000
汽车式起重机 16t	台班	958.70	2.000	1.000	2.000
汽车式起重机 30t	台班	1127.57	2.500	3.000	4.000
汽车式起重机 50t	台班	2464.07	—	1.500	1.500
载重汽车 10t	台班	547.99	1.000	1.500	1.500

七、铣床及齿轮、螺纹加工机床

计量单位：台

定 额 编 号				A1-1-89	A1-1-90	A1-1-91	A1-1-92
项 目 名 称				设备重量(t以内)			
				1	3	5	7
基 价（元）				671.56	1379.84	2138.35	3504.90
其中	人 工 费（元）			493.64	1107.40	1439.34	2015.02
	材 料 费（元）			70.88	114.75	147.04	245.71
	机 械 费（元）			107.04	157.69	551.97	1244.17
名 称	单位	单价（元）		消 耗 量			
人工	综合工日	工日	140.00	3.526	7.910	10.281	14.393
材料	道木	m³	2137.00	—	—	—	0.006
	低碳钢焊条	kg	6.84	0.210	0.210	0.210	0.420
	镀锌铁丝 φ4.0~2.8	kg	3.57	0.560	0.560	0.560	0.840
	黄铜板 δ0.08~0.3	kg	58.12	0.100	0.250	0.300	0.400
	黄油钙基脂	kg	5.15	0.101	0.101	0.152	0.202
	机油	kg	19.66	0.202	0.202	0.303	0.404
	煤油	kg	3.73	2.625	3.150	4.200	5.250
	木板	m³	1634.16	0.013	0.026	0.031	0.049
	平垫铁	kg	3.74	2.820	3.760	5.640	11.640
	汽油	kg	6.77	0.102	0.102	0.153	0.204
	热轧薄钢板 δ1.6~1.9	kg	3.93	0.200	0.450	0.650	1.000
	斜垫铁	kg	3.50	3.060	4.590	6.120	9.880
	其他材料费占材料费	%	—	5.000	5.000	5.000	5.000
机械	叉式起重机 5t	台班	506.51	0.200	0.300	—	—
	交流弧焊机 21kV·A	台班	57.35	0.100	0.100	0.100	0.200
	汽车式起重机 16t	台班	958.70	—	—	—	1.000
	汽车式起重机 8t	台班	763.67	—	—	0.500	—
	载重汽车 10t	台班	547.99	—	—	0.300	0.500

定 额 编 号				A1-1-93	A1-1-94	A1-1-95	A1-1-96
项 目 名 称				设备重量（t以内）			
				10	15	20	25
基 价 （元）				5442.38	6163.24	7702.45	9290.06
其中	人 工 费 （元）			2828.98	3957.66	4650.38	5325.60
	材 料 费 （元）			410.53	592.66	875.36	1024.08
	机 械 费 （元）			2202.87	1612.92	2176.71	2940.38
名 称		单位	单价（元）	消 耗 量			
人工	综合工日	工日	140.00	20.207	28.269	33.217	38.040
材料	道木	m³	2137.00	0.007	0.007	0.010	0.021
	低碳钢焊条	kg	6.84	0.420	0.420	0.420	0.525
	镀锌铁丝 φ4.0～2.8	kg	3.57	2.670	2.670	4.000	4.500
	黄铜板 δ0.08～0.3	kg	58.12	0.400	0.600	0.600	1.000
	黄油钙基脂	kg	5.15	0.303	0.404	0.606	0.808
	机油	kg	19.66	0.505	0.707	1.010	1.313
	煤油	kg	3.73	15.750	18.900	22.050	25.200
	木板	m³	1634.16	0.075	0.083	0.128	0.140
	平垫铁	kg	3.74	20.700	37.950	61.660	67.270
	汽油	kg	6.77	0.306	0.510	0.714	1.020
	热轧薄钢板 δ1.6～1.9	kg	3.93	1.000	1.600	1.600	2.500
	石棉橡胶板	kg	9.40	—	—	—	0.200
	斜垫铁	kg	3.50	18.330	36.690	58.330	65.630
	其他材料费占材料费	%	—	5.000	5.000	5.000	5.000
机械	交流弧焊机 21kV·A	台班	57.35	0.200	0.200	0.200	0.200
	汽车式起重机 16t	台班	958.70	2.000	—	—	—
	汽车式起重机 30t	台班	1127.57	—	0.500	1.000	1.000
	汽车式起重机 8t	台班	763.67	—	1.000	1.000	2.000
	载重汽车 10t	台班	547.99	0.500	0.500	0.500	0.500

定　额　编　号			A1-1-97	A1-1-98	A1-1-99	A1-1-100
项　目　名　称			设备重量（t以内）			
			30	35	50	70
基　　　价（元）			12016.26	13740.82	17874.65	24033.52
其中	人　工　费（元）		6199.20	7062.58	9738.82	13337.52
	材　料　费（元）		1144.39	1318.57	1543.46	2111.98
	机　械　费（元）		4672.67	5359.67	6592.37	8584.02
名　　　称	单位	单价（元）	消　　耗　　量			
人工	综合工日	工日	140.00	44.280	50.447	69.563	95.268
材料	道木	m³	2137.00	0.021	0.021	0.025	0.275
	低碳钢焊条	kg	6.84	0.525	0.525	0.525	0.525
	镀锌铁丝　φ4.0～2.8	kg	3.57	6.000	6.000	8.000	10.000
	黄铜板　δ0.08～0.3	kg	58.12	1.000	1.000	1.000	1.500
	黄油钙基脂	kg	5.15	0.808	1.010	1.212	1.515
	机油	kg	19.66	1.515	1.818	2.626	3.535
	煤油	kg	3.73	29.400	35.700	47.250	58.800
	木板	m³	1634.16	0.153	0.206	0.253	0.150
	平垫铁	kg	3.74	78.480	84.080	91.520	102.960
	汽油	kg	6.77	1.020	1.224	1.530	2.040
	热轧薄钢板　δ1.6～1.9	kg	3.93	2.500	2.500	2.500	3.000
	石棉橡胶板	kg	9.40	0.300	0.400	0.400	0.500
	铜焊粉	kg	29.00	—	—	—	0.056
	斜垫铁	kg	3.50	72.910	80.200	89.280	96.720
	其他材料费占材料费	%	—	5.000	5.000	5.000	5.000
机械	交流弧焊机 21kV·A	台班	57.35	0.300	0.300	0.300	0.500
	汽车式起重机 100t	台班	4651.90	—	—	—	1.000
	汽车式起重机 16t	台班	958.70	2.000	2.000	3.000	3.500
	汽车式起重机 50t	台班	2464.07	1.000	—	—	—
	汽车式起重机 75t	台班	3151.07	—	1.000	1.000	—
	载重汽车 10t	台班	547.99	0.500	0.500	1.000	1.000

定　额　编　号			A1-1-101	A1-1-102	A1-1-103	A1-1-104
项　目　名　称			设备重量(t以内)			
			100	150	200	250
基　　　　　价（元）			31630.11	44009.85	53842.70	62300.06
其中	人　工　费（元）		17917.76	26855.50	34603.80	41567.82
	材　料　费（元）		2909.68	3568.48	3857.21	4194.31
	机　械　费（元）		10802.67	13585.87	15381.69	16537.93
名　　称	单位	单价（元）	消　　耗　　量			
人工	综合工日	工日	140.00	127.984	191.825	247.170	296.913
材料	道木	m³	2137.00	0.550	0.688	0.688	0.688
	低碳钢焊条	kg	6.84	0.525	1.050	1.050	1.050
	镀锌铁丝 φ4.0～2.8	kg	3.57	13.000	16.000	19.000	25.000
	黄铜板 δ0.08～0.3	kg	58.12	1.500	2.000	2.000	3.200
	黄油钙基脂	kg	5.15	1.717	2.525	3.030	3.030
	机油	kg	19.66	4.545	5.050	5.555	6.060
	煤油	kg	3.73	73.500	105.000	126.000	157.500
	木板	m³	1634.16	0.156	0.188	0.219	0.250
	平垫铁	kg	3.74	114.400	125.840	143.000	154.440
	汽油	kg	6.77	2.550	3.060	3.570	3.570
	热轧薄钢板 δ1.6～1.9	kg	3.93	3.000	4.000	4.000	6.000
	石棉橡胶板	kg	9.40	0.800	1.000	1.200	1.200
	铜焊粉	kg	29.00	0.080	0.120	0.160	0.200
	斜垫铁	kg	3.50	104.160	119.040	133.920	133.920
	其他材料费占材料费	%	—	5.000	5.000	5.000	5.000
机械	交流弧焊机 21kV·A	台班	57.35	0.500	1.000	1.000	1.500
	汽车式起重机 100t	台班	4651.90	1.000	1.000	1.000	1.000
	汽车式起重机 16t	台班	958.70	2.000	3.000	3.000	3.000
	汽车式起重机 30t	台班	1127.57	3.000	3.500	4.000	5.000
	汽车式起重机 50t	台班	2464.07	—	0.500	1.000	1.000
	载重汽车 10t	台班	547.99	1.500	1.500	1.500	1.500

定 额 编 号				A1-1-105	A1-1-106	A1-1-107
项 目 名 称				设备重量(t以内)		
				300	400	500
基 价（元）				71655.44	89773.88	111008.00
其中	人 工 费（元）			48654.20	62384.56	78056.16
	材 料 费（元）			4377.04	5108.41	5753.52
	机 械 费（元）			18624.20	22280.91	27198.32
名 称		单位	单价（元）	消 耗 量		
人工	综合工日	工日	140.00	347.530	445.604	557.544
材料	道木	m³	2137.00	0.688	0.825	0.963
	低碳钢焊条	kg	6.84	1.050	1.050	1.050
	镀锌铁丝 φ4.0～2.8	kg	3.57	25.000	35.000	35.000
	黄铜板 δ0.08～0.3	kg	58.12	3.200	3.200	4.000
	黄油钙基脂	kg	5.15	3.535	4.040	4.545
	机油	kg	19.66	6.060	6.565	7.070
	煤油	kg	3.73	189.000	231.000	273.000
	木板	m³	1634.16	0.250	0.338	0.363
	平垫铁	kg	3.74	160.160	165.880	171.600
	汽油	kg	6.77	4.080	4.590	5.100
	热轧薄钢板 δ1.6～1.9	kg	3.93	6.000	6.000	8.000
	石棉橡胶板	kg	9.40	1.400	1.600	1.800
	铜焊粉	kg	29.00	0.240	0.320	0.400
	斜垫铁	kg	3.50	141.360	148.800	156.240
	其他材料费占材料费	%	—	5.000	5.000	5.000
机械	交流弧焊机 21kV·A	台班	57.35	1.500	1.500	2.000
	汽车式起重机 100t	台班	4651.90	1.000	1.000	1.000
	汽车式起重机 16t	台班	958.70	4.000	4.000	4.000
	汽车式起重机 30t	台班	1127.57	6.000	9.000	12.000
	汽车式起重机 50t	台班	2464.07	1.000	1.000	1.500
	载重汽车 10t	台班	547.99	1.500	2.000	2.500

八、刨床、插床、拉床

定 额 编 号				A1-1-108	A1-1-109	A1-1-110	A1-1-111
项 目 名 称				设备重量(t以内)			
				1	3	5	7
基 价（元）				586.24	1267.98	2105.32	2933.84
其中	人 工 费（元）			411.04	1001.98	1513.26	1922.62
	材 料 费（元）			68.16	108.31	154.64	246.40
	机 械 费（元）			107.04	157.69	437.42	764.82
名 称		单位	单价（元）	消 耗 量			
人工	综合工日	工日	140.00	2.936	7.157	10.809	13.733
材料	道木	m³	2137.00	—	—	—	0.004
	低碳钢焊条	kg	6.84	0.210	0.210	0.210	0.420
	镀锌铁丝 φ4.0～2.8	kg	3.57	0.560	0.560	0.560	0.840
	黄铜板 δ0.08～0.3	kg	58.12	0.100	0.250	0.300	0.400
	黄油钙基脂	kg	5.15	0.101	0.152	0.152	0.202
	机油	kg	19.66	0.152	0.152	0.202	0.505
	煤油	kg	3.73	2.100	2.625	3.150	11.550
	木板	m³	1634.16	0.013	0.018	0.031	0.036
	平垫铁	kg	3.74	2.820	5.820	7.760	11.640
	汽油	kg	6.77	0.153	0.204	0.255	0.306
	热轧薄钢板 δ1.6～1.9	kg	3.93	0.200	0.450	0.650	1.000
	斜垫铁	kg	3.50	3.060	4.940	7.410	9.880
	其他材料费占材料费	%	—	5.000	5.000	5.000	5.000
机械	叉式起重机 5t	台班	506.51	0.200	0.300	—	—
	交流弧焊机 21kV·A	台班	57.35	0.100	0.100	0.100	0.200
	汽车式起重机 16t	台班	958.70	—	—	—	0.500
	汽车式起重机 8t	台班	763.67	—	—	0.350	—
	载重汽车 10t	台班	547.99	—	—	0.300	0.500

定 额 编 号				A1-1-112	A1-1-113	A1-1-114	A1-1-115
项 目 名 称				设备重量(t以内)			
				10	15	20	25
基 价（元）				4042.65	5851.98	7923.55	10145.28
其中	人 工 费（元）			2737.98	4001.20	4731.58	5444.74
	材 料 费（元）			348.11	522.18	633.43	805.50
	机 械 费（元）			956.56	1328.60	2558.54	3895.04
名 称		单位	单价（元）	消 耗 量			
人工	综合工日	工日	140.00	19.557	28.580	33.797	38.891
材料	道木	m³	2137.00	0.007	0.007	0.010	0.014
	低碳钢焊条	kg	6.84	0.420	0.420	0.420	0.525
	镀锌铁丝 φ4.0～2.8	kg	3.57	2.640	4.000	4.000	4.500
	黄铜板 δ0.08～0.3	kg	58.12	0.400	0.600	0.600	1.000
	黄油钙基脂	kg	5.15	0.404	0.404	0.505	0.606
	机油	kg	19.66	0.808	1.010	1.515	1.818
	煤油	kg	3.73	12.600	18.900	21.000	26.250
	木板	m³	1634.16	0.056	0.095	0.109	0.140
	平垫铁	kg	3.74	17.460	23.850	33.630	39.240
	汽油	kg	6.77	0.510	1.020	1.020	1.224
	热轧薄钢板 δ1.6～1.9	kg	3.93	1.000	1.600	1.600	2.500
	石棉橡胶板	kg	9.40	—	—	—	0.150
	斜垫铁	kg	3.50	14.820	22.930	29.160	36.460
	其他材料费占材料费	%	—	5.000	5.000	5.000	5.000
机械	交流弧焊机 21kV·A	台班	57.35	0.200	0.200	0.200	0.200
	汽车式起重机 16t	台班	958.70	0.700	0.500	—	—
	汽车式起重机 30t	台班	1127.57	—	0.500	1.000	—
	汽车式起重机 50t	台班	2464.07	—	—	—	1.000
	汽车式起重机 8t	台班	763.67	—	—	1.500	1.500
	载重汽车 10t	台班	547.99	0.500	0.500	0.500	0.500

定　额　编　号			A1-1-116	A1-1-117	A1-1-118	A1-1-119
项　目　名　称			设备重量(t以内)			
			35	50	70	100
基　　　价（元）			12990.84	16494.42	22740.71	30891.42
其中	人　工　费（元）		6998.74	9573.06	13032.46	18434.64
	材　料　费（元）		1045.43	1287.69	1826.06	2626.44
	机　械　费（元）		4946.67	5633.67	7882.19	9830.34
名　　　称	单位	单价（元）	消　　耗　　量			
人工 综合工日	工日	140.00	49.991	68.379	93.089	131.676
材料 道木	m³	2137.00	0.014	0.028	0.275	0.550
低碳钢焊条	kg	6.84	0.525	0.525	0.525	0.525
镀锌铁丝 φ4.0～2.8	kg	3.57	6.000	8.000	10.000	13.000
黄铜板 δ0.08～0.3	kg	58.12	1.000	1.000	1.500	1.500
黄油钙基脂	kg	5.15	0.808	1.212	1.515	1.818
机油	kg	19.66	2.222	2.828	3.535	4.545
煤油	kg	3.73	36.750	47.250	57.750	73.500
木板	m³	1634.16	0.203	0.253	0.154	0.160
平垫铁	kg	3.74	50.450	57.200	62.920	74.360
汽油	kg	6.77	1.836	2.346	3.060	3.570
热轧薄钢板 δ1.6～1.9	kg	3.93	2.500	2.500	3.000	3.000
石棉橡胶板	kg	9.40	0.200	0.300	0.300	0.400
铜焊粉	kg	29.00	—	—	0.056	0.080
斜垫铁	kg	3.50	43.750	52.080	59.520	66.960
其他材料费占材料费	%	—	5.000	5.000	5.000	5.000
机械 交流弧焊机 21kV·A	台班	57.35	0.300	0.300	0.500	0.500
汽车式起重机 100t	台班	4651.90	—	—	—	0.500
汽车式起重机 16t	台班	958.70	2.000	2.000	3.000	4.000
汽车式起重机 30t	台班	1127.57	—	—	1.500	2.500
汽车式起重机 50t	台班	2464.07	1.000	—	1.000	—
汽车式起重机 75t	台班	3151.07	—	1.000	—	—
载重汽车 10t	台班	547.99	1.000	1.000	1.500	1.500

定　额　编　号			A1-1-120	A1-1-121	A1-1-122
项　目　名　称			设备重量(t以内)		
			150	200	250
基　　　价（元）			41717.02	52540.26	64656.68
其中	人　工　费（元）		27427.54	35106.54	42340.34
	材　料　费（元）		3302.90	3757.02	3953.43
	机　械　费（元）		10986.58	13676.70	18362.91
名　　　称	单位	单价（元）	消　　耗　　量		
人工	综合工日	工日	140.00	195.911	250.761	302.431
材料	道木	m³	2137.00	0.688	0.688	0.723
	低碳钢焊条	kg	6.84	1.050	1.050	1.100
	镀锌铁丝 φ4.0～2.8	kg	3.57	16.000	19.000	19.950
	黄铜板 δ0.08～0.3	kg	58.12	2.000	2.000	2.100
	黄油钙基脂	kg	5.15	2.424	3.030	3.182
	机油	kg	19.66	7.070	8.080	8.485
	煤油	kg	3.73	105.000	126.000	132.300
	木板	m³	1634.16	0.204	0.223	0.235
	平垫铁	kg	3.74	80.080	120.120	125.840
	汽油	kg	6.77	5.100	6.120	6.430
	热轧薄钢板 δ1.6～1.9	kg	3.93	4.000	4.000	4.200
	石棉橡胶板	kg	9.40	0.500	0.650	0.683
	铜焊粉	kg	29.00	0.120	0.160	0.168
	斜垫铁	kg	3.50	74.400	111.600	119.040
	其他材料费占材料费	%	—	5.000	5.000	5.000
机械	交流弧焊机 21kV·A	台班	57.35	1.000	1.000	1.000
	汽车式起重机 100t	台班	4651.90	0.500	0.500	1.000
	汽车式起重机 16t	台班	958.70	4.000	6.000	7.000
	汽车式起重机 30t	台班	1127.57	3.500	2.000	3.000
	汽车式起重机 50t	台班	2464.07	—	1.000	1.000
	载重汽车 10t	台班	547.99	1.500	1.500	2.000

定 额 编 号			A1-1-123	A1-1-124	A1-1-125
项 目 名 称			设备重量(t以内)		
			300	350	400
基 价（元）			74759.30	83767.29	95473.93
其中	人 工 费（元）		49670.18	55567.54	63040.74
	材 料 费（元）		4216.35	4656.23	5125.67
	机 械 费（元）		20872.77	23543.52	27307.52
名 称		单位	单价（元）	消 耗 量	
人工	综合工日	工日	140.00	354.787	396.911	450.291
材料	道木	m³	2137.00	0.757	0.833	0.916
	低碳钢焊条	kg	6.84	1.155	1.271	1.398
	镀锌铁丝 φ4.0~2.8	kg	3.57	20.900	22.990	25.289
	黄铜板 δ0.08~0.3	kg	58.12	2.200	2.420	2.662
	黄油钙基脂	kg	5.15	3.333	3.666	4.033
	机油	kg	19.66	8.888	9.777	10.755
	煤油	kg	3.73	138.600	152.460	167.706
	木板	m³	1634.16	0.245	0.270	0.297
	平垫铁	kg	3.74	143.000	160.160	177.320
	汽油	kg	6.77	6.732	7.405	8.146
	热轧薄钢板 δ1.6~1.9	kg	3.93	4.400	4.840	5.324
	石棉橡胶板	kg	9.40	0.715	0.787	0.865
	铜焊粉	kg	29.00	0.176	0.194	0.213
	斜垫铁	kg	3.50	133.920	148.800	163.680
	其他材料费占材料费	%	—	5.000	5.000	5.000
机械	交流弧焊机 21kV·A	台班	57.35	1.500	1.500	1.500
	汽车式起重机 100t	台班	4651.90	1.000	1.000	1.500
	汽车式起重机 16t	台班	958.70	9.000	11.500	13.000
	汽车式起重机 30t	台班	1127.57	3.500	3.500	3.500
	汽车式起重机 50t	台班	2464.07	1.000	1.000	1.000
	载重汽车 10t	台班	547.99	2.000	2.500	2.500

九、超声波加工及电加工机床

定 额 编 号				A1-1-126	A1-1-127	A1-1-128
项 目 名 称				设备重量（t以内）		
				0.5	1	2
基 价（元）				258.67	460.29	784.74
其中	人 工 费（元）			160.02	294.70	549.22
	材 料 费（元）			42.26	58.55	77.83
	机 械 费（元）			56.39	107.04	157.69
名 称		单位	单价（元）	消 耗 量		
人工	综合工日	工日	140.00	1.143	2.105	3.923
材料	低碳钢焊条	kg	6.84	0.158	0.210	0.210
	镀锌铁丝 φ4.0～2.8	kg	3.57	0.420	0.560	0.560
	黄铜板 δ0.08～0.3	kg	58.12	0.075	0.100	0.100
	黄油钙基脂	kg	5.15	0.076	0.101	0.101
	机油	kg	19.66	0.076	0.101	0.152
	煤油	kg	3.73	1.181	1.575	2.100
	木板	m³	1634.16	0.007	0.009	0.013
	平垫铁	kg	3.74	1.524	2.820	3.760
	汽油	kg	6.77	0.153	0.204	0.204
	热轧薄钢板 δ1.6～1.9	kg	3.93	0.150	0.200	0.200
	斜垫铁	kg	3.50	2.358	3.060	4.590
	其他材料费占材料费	%	—	5.000	5.000	5.000
机械	叉式起重机 5t	台班	506.51	0.100	0.200	0.300
	交流弧焊机 21kV·A	台班	57.35	0.100	0.100	0.100

定　额　编　号			A1-1-129	A1-1-130	A1-1-131
项　目　名　称			设备重量(t以内)		
			3	5	8
基　　　价（元）			1097.32	1878.87	2953.43
其中	人　工　费（元）		807.52	1168.58	1696.66
	材　料　费（元）		106.79	158.32	224.67
	机　械　费（元）		183.01	551.97	1032.10
名　　称		单位	单价（元）	消　　耗　　量	
人工	综合工日	工日	140.00	5.768	8.347	12.119
材料	低碳钢焊条	kg	6.84	0.210	0.210	0.420
	镀锌铁丝 φ4.0～2.8	kg	3.57	0.560	0.840	0.840
	黄铜板 δ0.08～0.3	kg	58.12	0.250	0.300	0.400
	黄油钙基脂	kg	5.15	0.152	0.202	0.202
	机油	kg	19.66	0.152	0.202	0.303
	煤油	kg	3.73	2.625	3.675	4.725
	木板	m³	1634.16	0.015	0.031	0.036
	平垫铁	kg	3.74	5.640	7.530	13.580
	汽油	kg	6.77	0.204	0.306	0.510
	热轧薄钢板 δ1.6～1.9	kg	3.93	0.450	0.650	1.000
	斜垫铁	kg	3.50	6.120	7.640	12.350
	其他材料费占材料费	%	—	5.000	5.000	5.000
机械	叉式起重机 5t	台班	506.51	0.350	—	—
	交流弧焊机 21kV·A	台班	57.35	0.100	0.100	0.200
	汽车式起重机 16t	台班	958.70	—	—	0.500
	汽车式起重机 8t	台班	763.67	—	0.500	0.350
	载重汽车 10t	台班	547.99	—	0.300	0.500

十、其他机床及金属材料试验机械

定 额 编 号			A1-1-132	A1-1-133	A1-1-134	A1-1-135
项 目 名 称			设备重量（t以内）			
			1	3	5	7
基 价（元）			662.99	1167.81	1891.52	2767.91
其中	人 工 费（元）		488.74	898.24	1184.68	1512.28
	材 料 费（元）		67.21	111.88	154.87	223.53
	机 械 费（元）		107.04	157.69	551.97	1032.10
名 称	单位	单价（元）	消 耗 量			
人工	综合工日	工日	140.00	3.491	6.416	8.462	10.802
材料	低碳钢焊条	kg	6.84	0.210	0.210	0.210	0.420
	镀锌铁丝 φ4.0～2.8	kg	3.57	0.560	0.560	0.840	0.840
	黄铜板 δ0.08～0.3	kg	58.12	0.100	0.250	0.300	0.400
	黄油钙基脂	kg	5.15	0.101	0.101	0.202	0.202
	机油	kg	19.66	0.152	0.152	0.202	0.202
	煤油	kg	3.73	2.100	2.940	3.150	4.200
	木板	m³	1634.16	0.013	0.018	0.031	0.049
	平垫铁	kg	3.74	2.820	5.640	7.760	11.640
	汽油	kg	6.77	0.020	0.061	0.102	0.143
	热轧薄钢板 δ1.6～1.9	kg	3.93	0.200	0.450	0.650	1.000
	斜垫铁	kg	3.50	3.060	6.120	7.410	9.880
	其他材料费占材料费	%	—	5.000	5.000	5.000	5.000
机械	叉式起重机 5t	台班	506.51	0.200	0.300	—	—
	交流弧焊机 21kV·A	台班	57.35	0.100	0.100	0.100	0.200
	汽车式起重机 16t	台班	958.70	—	—	—	0.500
	汽车式起重机 8t	台班	763.67	—	—	0.500	0.350
	载重汽车 10t	台班	547.99	—	—	0.300	0.500

定　额　编　号			A1-1-136	A1-1-137	A1-1-138
项　目　名　称			设备重量(t以内)		
			9	12	15
基　　　　价（元）			3638.26	4744.53	5888.70
其中	人　工　费（元）		2070.32	2737.00	3393.04
	材　料　费（元）		256.89	394.61	500.90
	机　械　费（元）		1311.05	1612.92	1994.76
名　　称	单位	单价（元）	消　　耗　　量		
人工 综合工日	工日	140.00	14.788	19.550	24.236
材料 道木	m³	2137.00	—	0.004	0.007
低碳钢焊条	kg	6.84	0.420	0.420	0.420
镀锌铁丝 φ4.0～2.8	kg	3.57	1.120	1.800	2.400
黄铜板 δ0.08～0.3	kg	58.12	0.400	0.600	0.600
黄油钙基脂	kg	5.15	0.303	0.303	0.404
机油	kg	19.66	0.303	0.303	0.404
煤油	kg	3.73	5.250	6.825	8.400
木板	m³	1634.16	0.054	0.086	0.094
平垫铁	kg	3.74	13.580	20.700	31.050
汽油	kg	6.77	0.184	0.245	0.306
热轧薄钢板 δ1.6～1.9	kg	3.93	1.000	1.600	1.600
斜垫铁	kg	3.50	12.350	18.350	27.520
其他材料费占材料费	%	—	5.000	5.000	5.000
机械 交流弧焊机 21kV·A	台班	57.35	0.200	0.200	0.200
汽车式起重机 16t	台班	958.70	0.500	—	—
汽车式起重机 30t	台班	1127.57	—	0.500	0.500
汽车式起重机 8t	台班	763.67	0.500	1.000	1.500
载重汽车 10t	台班	547.99	0.800	0.500	0.500

定　额　编　号			A1-1-139	A1-1-140	A1-1-141
项　目　名　称			设备重量(t以内)		
			20	25	30
基　　　价（元）			7755.73	9422.35	11771.01
其中	人　工　费（元）		4102.84	5085.92	6065.22
	材　料　费（元）		608.05	909.75	1038.85
	机　械　费（元）		3044.84	3426.68	4666.94
名　　　称	单位	单价（元）	消　　耗　　量		
人工 综合工日	工日	140.00	29.306	36.328	43.323
材料 道木	m³	2137.00	0.010	0.021	0.021
低碳钢焊条	kg	6.84	0.420	0.525	0.525
镀锌铁丝 φ4.0～2.8	kg	3.57	4.000	4.500	6.000
黄铜板 δ0.08～0.3	kg	58.12	0.600	1.000	1.000
黄油钙基脂	kg	5.15	0.505	0.606	0.707
机油	kg	19.66	0.404	0.505	0.505
煤油	kg	3.73	12.600	14.700	17.850
木板	m³	1634.16	0.121	0.134	0.159
平垫铁	kg	3.74	34.500	62.920	72.200
汽油	kg	6.77	0.408	0.510	0.714
热轧薄钢板 δ1.6～1.9	kg	3.93	1.600	2.500	2.500
斜垫铁	kg	3.50	32.100	59.520	67.630
其他材料费占材料费	%	—	5.000	5.000	5.000
机械 交流弧焊机 21kV·A	台班	57.35	0.200	0.200	0.200
汽车式起重机 16t	台班	958.70	—	—	2.000
汽车式起重机 50t	台班	2464.07	0.500	0.500	1.000
汽车式起重机 8t	台班	763.67	2.000	2.500	—
载重汽车 10t	台班	547.99	0.500	0.500	0.500

定 额 编 号			A1-1-142	A1-1-143	A1-1-144
项 目 名 称			设备重量(t以内)		
			35	40	45
基 价（元）			13643.41	15391.68	16942.26
其中	人 工 费（元）		6983.48	7948.92	8855.70
	材 料 费（元）		1233.91	1329.74	1494.19
	机 械 费（元）		5426.02	6113.02	6592.37
名 称	单位	单价（元）	消 耗 量		
人工 综合工日	工日	140.00	49.882	56.778	63.255
材料 道木	m³	2137.00	0.025	0.025	0.028
低碳钢焊条	kg	6.84	0.525	0.525	0.525
镀锌铁丝 φ4.0～2.8	kg	3.57	6.000	8.000	8.000
黄铜板 δ0.08～0.3	kg	58.12	1.000	1.000	1.000
黄油钙基脂	kg	5.15	0.808	0.909	1.010
机油	kg	19.66	0.606	0.707	0.808
煤油	kg	3.73	19.950	23.100	26.250
木板	m³	1634.16	0.225	0.238	0.278
平垫铁	kg	3.74	80.880	86.660	98.210
汽油	kg	6.77	0.755	0.857	1.020
热轧薄钢板 δ1.6～1.9	kg	3.93	2.500	2.500	2.500
斜垫铁	kg	3.50	75.140	82.660	90.170
其他材料费占材料费	%	—	5.000	5.000	5.000
机械 交流弧焊机 21kV·A	台班	57.35	0.300	0.300	0.300
汽车式起重机 16t	台班	958.70	2.500	2.500	3.000
汽车式起重机 50t	台班	2464.07	1.000	—	—
汽车式起重机 75t	台班	3151.07	—	1.000	1.000
载重汽车 10t	台班	547.99	1.000	1.000	1.000

十一、木工机械

定 额 编 号			A1-1-145	A1-1-146	A1-1-147
项 目 名 称			设备重量(t以内)		
			0.5	1	3
基 价（元）			292.52	537.26	1465.09
其中	人 工 费（元）		185.92	362.88	1069.88
	材 料 费（元）		50.21	67.34	136.22
	机 械 费（元）		56.39	107.04	258.99
名 称	单位	单价(元)	消 耗		量
人工	综合工日	工日	140.00	1.328	2.592	7.642
材料	低碳钢焊条	kg	6.84	0.158	0.210	0.210
	镀锌铁丝 φ4.0～2.8	kg	3.57	0.420	0.560	0.560
	黄铜板 δ0.08～0.3	kg	58.12	0.075	0.100	0.250
	黄油钙基脂	kg	5.15	0.114	0.152	0.202
	机油	kg	19.66	0.114	0.152	0.202
	煤油	kg	3.73	1.969	2.625	5.250
	木板	m³	1634.16	0.010	0.013	0.018
	平垫铁	kg	3.74	1.580	2.032	7.760
	汽油	kg	6.77	0.077	0.102	0.153
	热轧薄钢板 δ1.6～1.9	kg	3.93	0.150	0.200	0.450
	斜垫铁	kg	3.50	2.100	3.144	7.410
	其他材料费占材料费	%	—	5.000	5.000	5.000
机械	叉式起重机 5t	台班	506.51	0.100	0.200	0.500
	交流弧焊机 21kV·A	台班	57.35	0.100	0.100	0.100

48

定 额 编 号			A1-1-148	A1-1-149	A1-1-150
项 目 名 称			设备重量(t以内)		
			5	7	10
基 价 （元）			2277.33	3167.28	4187.29
其中	人 工 费 （元）		1382.22	1920.52	2685.62
	材 料 费 （元）		197.69	242.27	353.37
	机 械 费 （元）		697.42	1004.49	1148.30
名 称		单位	单价(元)	消 耗 量	
人工	综合工日	工日	140.00	9.873	13.718	19.183
材料	道木	m³	2137.00	—	—	0.007
	低碳钢焊条	kg	6.84	0.210	0.420	0.420
	镀锌铁丝 φ4.0～2.8	kg	3.57	0.840	0.840	1.800
	黄铜板 δ0.08～0.3	kg	58.12	0.300	0.400	0.400
	黄油钙基脂	kg	5.15	0.253	0.303	0.404
	机油	kg	19.66	0.253	0.303	0.404
	煤油	kg	3.73	7.350	9.450	11.550
	木板	m³	1634.16	0.031	0.036	0.069
	平垫铁	kg	3.74	11.640	13.580	17.460
	汽油	kg	6.77	0.204	0.306	0.306
	热轧薄钢板 δ1.6～1.9	kg	3.93	0.650	1.000	1.000
	斜垫铁	kg	3.50	9.880	12.350	14.820
	其他材料费占材料费	%	—	5.000	5.000	5.000
机械	交流弧焊机 21kV·A	台班	57.35	0.100	0.200	0.200
	汽车式起重机 16t	台班	958.70	0.550	0.750	0.900
	载重汽车 10t	台班	547.99	0.300	0.500	0.500

十二、跑车带锯机

计量单位：台

定 额 编 号				A1-1-151	A1-1-152	A1-1-153
项 目 名 称				设备重量(t以内)		
				3	5	7
基 价 （元）				1922.39	3388.74	4361.47
其中	人 工 费 （元）			1631.84	2547.02	3236.80
	材 料 费 （元）			132.86	192.24	359.85
	机 械 费 （元）			157.69	649.48	764.82
名 称		单位	单价(元)	消 耗 量		
人工	综合工日	工日	140.00	11.656	18.193	23.120
材料	低碳钢焊条	kg	6.84	0.210	0.210	0.420
	镀锌铁丝 φ4.0～2.8	kg	3.57	0.560	0.840	2.670
	黄铜板 δ0.08～0.3	kg	58.12	0.250	0.300	0.400
	黄油钙基脂	kg	5.15	0.152	0.202	0.303
	机油	kg	19.66	0.202	0.202	0.303
	煤油	kg	3.73	4.200	6.300	8.400
	木板	m³	1634.16	0.026	0.031	0.051
	平垫铁	kg	3.74	5.640	11.640	26.110
	汽油	kg	6.77	0.204	0.204	0.510
	热轧薄钢板 δ1.6～1.9	kg	3.93	0.450	0.650	1.000
	斜垫铁	kg	3.50	6.120	9.880	22.810
	其他材料费占材料费	%	—	5.000	5.000	5.000
机械	叉式起重机 5t	台班	506.51	0.300	—	—
	交流弧焊机 21kV·A	台班	57.35	0.100	0.100	0.200
	汽车式起重机 16t	台班	958.70	—	0.500	0.500
	载重汽车 10t	台班	547.99	—	0.300	0.500

50

定 额 编 号			A1-1-154	A1-1-155	A1-1-156
项 目 名 称			设备重量（t以内）		
			10	15	20
基 价 （元）			6015.47	8541.18	11217.31
其中	人 工 费 （元）		4419.24	6477.94	8421.42
	材 料 费 （元）		495.87	734.64	968.77
	机 械 费 （元）		1100.36	1328.60	1827.12
名 称	单位	单价（元）	消 耗 量		
人工 综合工日	工日	140.00	31.566	46.271	60.153
材料 道木	m³	2137.00	0.007	0.010	0.013
低碳钢焊条	kg	6.84	0.420	0.420	0.546
镀锌铁丝 φ4.0～2.8	kg	3.57	3.000	4.000	5.200
黄铜板 δ0.08～0.3	kg	58.12	0.400	0.600	0.780
黄油钙基脂	kg	5.15	0.303	0.505	0.657
机油	kg	19.66	0.303	0.505	0.657
煤油	kg	3.73	10.500	12.600	16.380
木板	m³	1634.16	0.069	0.094	0.122
平垫铁	kg	3.74	37.320	57.120	76.160
汽油	kg	6.77	0.510	0.714	0.928
热轧薄钢板 δ1.6～1.9	kg	3.93	1.000	1.600	2.080
斜垫铁	kg	3.50	32.590	53.820	71.760
其他材料费占材料费	%	—	5.000	5.000	5.000
机械 交流弧焊机 21kV·A	台班	57.35	0.200	0.200	0.200
汽车式起重机 16t	台班	958.70	0.850	0.500	1.020
汽车式起重机 30t	台班	1127.57	—	0.500	0.500
载重汽车 10t	台班	547.99	0.500	0.500	0.500

十三、其他木工机械

定　额　编　号			A1-1-157	A1-1-158	A1-1-159
项　目　名　称			气动拨料器	气动踢木器	
			0.1t以内	单面卸木	双面卸木
基　　　　价（元）			512.60	841.48	1023.26
其中	人　工　费（元）		403.06	678.58	863.10
	材　料　费（元）		8.24	61.60	58.86
	机　械　费（元）		101.30	101.30	101.30
名　　称	单位	单价（元）	消　　耗　　量		
人工	综合工日	工日	140.00	2.879	4.847	6.165
材料	镀锌铁丝 φ4.0～2.8	kg	3.57	—	0.560	0.560
	钢板垫板	kg	5.13	—	7.000	7.000
	黄油钙基脂	kg	5.15	0.100	0.150	0.150
	机油	kg	19.66	0.100	0.150	0.150
	煤油	kg	3.73	1.000	1.500	0.800
	木板	m³	1634.16	0.001	0.007	0.007
	其他材料费占材料费	%	—	5.000	5.000	5.000
机械	叉式起重机 5t	台班	506.51	0.200	0.200	0.200

十四、带锯机保护罩制作与安装

计量单位：个

定　额　编　号				A1-1-160	A1-1-161
项　目　名　称				规格铁架圆形	
				42英寸	48英寸
基　　　　价　（元）				1197.50	1370.49
其中	人　工　费（元）			359.94	431.62
	材　料　费（元）			811.80	905.67
	机　械　费（元）			25.76	33.20
名　　　称		单位	单价（元）	消　耗　　量	
人工	综合工日	工日	140.00	2.571	3.083
材料	扁钢	kg	3.40	33.500	36.000
	低碳钢焊条	kg	6.84	1.350	1.620
	合页 75以内	个	0.72	4.000	4.000
	角钢 60	kg	3.61	90.000	100.000
	六角螺栓带螺母 M12×75	10套	8.55	2.000	2.000
	木板	m³	1634.16	0.167	0.190
	木螺钉 M6×100以下	10个	1.79	18.000	21.000
	其他材料费占材料费	%	—	5.000	5.000
机械	交流弧焊机 21kV·A	台班	57.35	0.300	0.400
	立式钻床 25mm	台班	6.58	1.300	1.560

第二章 锻压设备安装

说　　明

一、本章内容包括机械压力机，液压机，自动锻压机及锻压操作机，自由锻锤及蒸汽锤，模锻锤水压机。剪切机和弯曲校正机等安装。

1.机械压力机包括：固定台压力机、可倾压力机、传动开式压力机、闭式单（双）点压力机、闭式侧滑块压力机、单动（双动）机械压力机、切变压力机、切边机、拉伸压力机、摩擦压力机、精压机、模锻曲轴压力机、热模锻压力机、金属挤压机、冷挤压机、冲模回转头压力机、数控冲模回转压力机。

2.液压机包括：薄板液压机、万能液压机、上移式液压机、校正压装液压机、校直液压机、手动液压机、粉末制品液压机、塑料制品液压机、金属打包液压机、粉末热压机、轮轴压装液压机、轮轴压桩机、单臂油压机、电缆包覆液压机、油压机、电极挤压机、油压装配机、热切边液压机、拉伸矫正机、冷拔管机、金属挤压机。

3.自动锻压机及锻压操作机包括：自动冷（热）镦机、自动切边机、自动搓丝机、滚丝机、滚圆机、自动冷成型机、自动卷簧机、多工位自动压力机、自动制钉机、平锻机、辊锻机、锻管机、扩孔机、锻轴机、镦轴机、镦机及镦机组、辊压机、多工位自动锻造机、锻造操作机、无轨操作机。

4.模锻锤包括：模锻锤，蒸汽、空气两用模锻锤，无砧模锻锤，液压模锻锤。

5.自由锻锤及蒸汽锤包括：蒸汽空气两用自由锻锤、单臂自由锻锤、气动薄板落锤。

6.剪切机和弯曲校正机包括：剪板机、剪切机、联合冲剪机、剪断机、切割机、拉剪机、热锯机、热剪机、滚板机、弯板机、弯曲机、弯管机、校直机、校正机、校平机、校正弯曲压力机、切断机、折边机、滚坡纹机、折弯压力机、扩口机、卷圆机、滚圆机、整形机、扭拧机、轮缘焊渣切割机。

二、本章包括以下工作内容：

1.机械压力机、液压机、水压机的拉近螺栓及立柱的热装。

2.液压机及水压机液压系统钢管的酸洗。

3.水压机本体安装包括：底座、立柱、横梁等全部设备部件安装，润滑装置和润滑管道安装，缓冲器、充液罐等附属设备安装，分配阀、充液阀、接力电机操纵台装置安装，梯子、栏杆、基础盖板安装，立柱、横梁等主要部件安装前的精度预检，活动横梁导套的检查和刮研，分配器、充液阀、安全阀等主要阀件的试压和研磨，机体补漆，操纵台、梯子、栏杆、盖板、支撑梁、立式液罐和低压缓冲器表面刷漆。

4.水压机本体管道安装包括：设备本体至第一个法兰以内的高低压水管、压缩空气管等本体管道安装、试压、刷漆；高压阀门试压、高压管道焊口预热和应力消除，高低压管道的酸洗，公称直径 70mm 以内的管道煨弯。

5.锻锤砧座周围敷设油毡、沥青、沙子等防腐层以及垫木排找正时表面精修。

三、本章不包括以下工作内容，应执行其他章节有关定额或规定。

1.机械压力机、液压机、水压机拉紧大螺栓及立柱如需热装时所需的加热材料（如硅碳棒、电阻丝、石棉布、石棉绳等）。

2.除水压机、液压机外，其他设备的管道酸洗。

3.锻锤试运转中，锤头和锤杆的加热以及试冲击所需的枕木。

4.水压机工作缸、高压阀等的垫料、填料。

5.设备所需灌注的冷却液、液压轴、乳化液等。

6.蓄势站安装及水压机与蓄势站的联动试运转。

7.锻锤砧座垫木排的制作、防腐、干燥等。

8.设备润滑、液压和空气压缩管理系统的管子和管路附件的加工、焊接、煨弯和阀门的研磨。

9.设备和管路的保温。

10.水压机管道安装中的支架、法兰、紫铜垫圈、密封垫圈等管路附件的制作，管子和焊口无损检测和机械强度试验。

工程量计算规则

一、空气锤、模锻锤、自由锻锤及蒸汽锤以"台"为计量单位。

二、锻造水压机以"台"为计量单位。

一、机械压力机

定 额 编 号			A1-2-1	A1-2-2	A1-2-3
项 目 名 称			设备重量(t以内)		
			1	3	5
基 价（元）			769.08	1654.46	2630.87
其中	人 工 费（元）		518.00	1023.82	1613.64
	材 料 费（元）		90.81	132.11	201.11
	机 械 费（元）		160.27	498.53	816.12
名 称	单位	单价（元）	消 耗 量		
人工 综合工日	工日	140.00	3.700	7.313	11.526
材料 低碳钢焊条	kg	6.84	0.263	0.263	0.263
镀锌铁丝 φ4.0～2.8	kg	3.57	0.650	0.800	0.800
黄油钙基脂	kg	5.15	0.152	0.202	0.202
机油	kg	19.66	0.505	0.505	0.505
煤油	kg	3.73	2.100	2.625	3.150
木板	m³	1634.16	0.013	0.020	0.029
平垫铁	kg	3.74	6.240	10.400	17.805
汽油	kg	6.77	0.102	0.153	0.153
斜垫铁	kg	3.50	5.300	7.940	14.040
其他材料费占材料费	%	—	5.000	5.000	5.000
机械 叉式起重机 5t	台班	506.51	0.300	0.400	0.500
交流弧焊机 32kV·A	台班	83.14	0.100	0.100	0.200
汽车式起重机 16t	台班	958.70	—	0.300	—
汽车式起重机 8t	台班	763.67	—	—	0.500
载重汽车 10t	台班	547.99	—	—	0.300

定　额　编　号				A1-2-4	A1-2-5	A1-2-6
项　目　名　称				设备重量（t以内）		
				7	10	15
基　　　　价（元）				3691.92	4702.98	6656.41
其中	人　工　费（元）			2063.60	2840.18	4142.18
	材　料　费（元）			298.19	329.16	519.39
	机　械　费（元）			1330.13	1533.64	1994.84
名　　　　称		单位	单价（元）	消　　耗　　量		
人工	综合工日	工日	140.00	14.740	20.287	29.587
材料	道木	m³	2137.00	0.021	0.021	0.041
	低碳钢焊条	kg	6.84	0.263	0.263	0.525
	镀锌铁丝 φ4.0～2.8	kg	3.57	2.000	2.000	3.000
	黄油钙基脂	kg	5.15	0.253	0.253	0.303
	机油	kg	19.66	0.808	0.808	1.010
	煤油	kg	3.73	3.675	4.725	5.250
	木板	m³	1634.16	0.043	0.048	0.063
	平垫铁	kg	3.74	19.040	21.880	35.760
	汽油	kg	6.77	0.204	0.204	0.255
	石棉橡胶板	kg	9.40	—	—	0.200
	斜垫铁	kg	3.50	16.120	18.060	31.840
	其他材料费占材料费	%	—	5.000	5.000	5.000
机械	交流弧焊机 32kV·A	台班	83.14	0.200	0.200	0.400
	汽车式起重机 12t	台班	857.15	0.500	—	—
	汽车式起重机 16t	台班	958.70	—	0.500	—
	汽车式起重机 25t	台班	1084.16	—	—	0.500
	汽车式起重机 8t	台班	763.67	0.800	1.000	1.500
	载重汽车 10t	台班	547.99	0.500	0.500	0.500

定　额　编　号				A1-2-7	A1-2-8	A1-2-9
项　目　名　称				设备重量(t以内)		
				20	30	40
基　　　　价（元）				8063.31	11933.04	14258.10
其中	人　工　费（元）			4669.70	7008.68	7757.96
	材　料　费（元）			813.28	1007.53	1321.46
	机　械　费（元）			2580.33	3916.83	5178.68
名　　　称		单位	单价（元）	消　　耗　　量		
人工	综合工日	工日	140.00	33.355	50.062	55.414
材料	道木	m³	2137.00	0.069	0.069	0.138
	低碳钢焊条	kg	6.84	0.525	0.525	0.525
	镀锌铁丝 φ4.0～2.8	kg	3.57	3.000	4.500	4.500
	红钢纸 0.2～0.5	kg	21.10	0.500	1.000	1.000
	黄油钙基脂	kg	5.15	0.404	0.606	1.010
	机油	kg	19.66	1.515	2.020	3.030
	煤油	kg	3.73	8.400	11.550	14.700
	木板	m³	1634.16	0.089	0.125	0.150
	平垫铁	kg	3.74	58.080	69.040	78.080
	汽油	kg	6.77	0.306	0.510	1.020
	石棉橡胶板	kg	9.40	0.300	0.400	0.500
	斜垫铁	kg	3.50	49.000	61.640	72.720
	其他材料费占材料费	%	—	5.000	5.000	5.000
机械	交流弧焊机 32kV·A	台班	83.14	0.400	0.400	0.500
	汽车式起重机 16t	台班	958.70	—	—	1.500
	汽车式起重机 30t	台班	1127.57	1.000	—	—
	汽车式起重机 50t	台班	2464.07	—	1.000	—
	汽车式起重机 75t	台班	3151.07	—	—	1.000
	汽车式起重机 8t	台班	763.67	1.500	1.500	—
	载重汽车 10t	台班	547.99	0.500	0.500	1.000

定 额 编 号			A1-2-10	A1-2-11	A1-2-12
项 目 名 称			设备重量（t以内）		
			50	70	100
基 价（元）			16702.69	22499.58	30953.74
其中	人 工 费（元）		9512.30	12724.46	17174.08
	材 料 费（元）		1532.36	1715.25	2195.47
	机 械 费（元）		5658.03	8059.87	11584.19
名 称	单位	单价（元）	消 耗 量		
人工	综合工日	工日	140.00	67.945	90.889	122.672
材料	道木	m³	2137.00	0.172	0.241	0.344
	低碳钢焊条	kg	6.84	0.525	0.525	0.840
	镀锌铁丝 φ4.0～2.8	kg	3.57	4.500	4.500	5.000
	红钢纸 0.2～0.5	kg	21.10	1.200	1.200	1.500
	黄油钙基脂	kg	5.15	1.515	2.020	3.030
	机油	kg	19.66	3.030	4.040	5.050
	煤油	kg	3.73	16.800	21.000	26.250
	木板	m³	1634.16	0.188	0.079	0.094
	平垫铁	kg	3.74	87.320	109.600	135.560
	汽油	kg	6.77	1.530	2.040	2.550
	石棉橡胶板	kg	9.40	0.500	0.700	1.000
	铜焊粉	kg	29.00	—	0.056	0.080
	斜垫铁	kg	3.50	76.560	98.400	113.760
	其他材料费占材料费	%	—	5.000	5.000	5.000
机械	交流弧焊机 32kV·A	台班	83.14	0.500	1.000	1.000
	汽车式起重机 16t	台班	958.70	2.000	3.000	5.500
	汽车式起重机 30t	台班	1127.57	—	1.000	2.000
	汽车式起重机 75t	台班	3151.07	1.000	1.000	1.000
	载重汽车 10t	台班	547.99	1.000	1.500	1.500

定 额 编 号			A1-2-13	A1-2-14	A1-2-15
项 目 名 称			设备重量(t以内)		
			150	200	250
基 价（元）			41538.14	52447.94	64192.60
其中	人 工 费（元）		24366.58	32280.78	40241.46
	材 料 费（元）		2826.59	3316.55	3971.12
	机 械 费（元）		14344.97	16850.61	19980.02
名 称	单位	单价（元）	消 耗 量		
人工 综合工日	工日	140.00	174.047	230.577	287.439
材料 道木	m³	2137.00	0.516	0.688	0.859
低碳钢焊条	kg	6.84	0.840	0.840	0.840
镀锌铁丝 φ4.0～2.8	kg	3.57	5.000	5.000	5.000
红钢纸 0.2～0.5	kg	21.10	1.500	1.500	2.200
黄油钙基脂	kg	5.15	4.040	5.050	6.565
机油	kg	19.66	8.080	8.080	11.615
煤油	kg	3.73	37.800	42.000	57.225
木板	m³	1634.16	0.118	0.125	0.133
平垫铁	kg	3.74	145.570	154.660	164.130
汽油	kg	6.77	3.060	4.080	5.100
石棉橡胶板	kg	9.40	1.200	1.200	1.800
铜焊粉	kg	29.00	0.120	0.160	0.200
斜垫铁	kg	3.50	125.904	132.960	146.364
其他材料费占材料费	%	—	5.000	5.000	5.000
机械 交流弧焊机 32kV·A	台班	83.14	1.000	1.500	1.500
汽车式起重机 100t	台班	4651.90	1.000	1.000	1.000
汽车式起重机 16t	台班	958.70	3.000	3.000	4.500
汽车式起重机 30t	台班	1127.57	5.000	5.000	6.500
汽车式起重机 50t	台班	2464.07	—	1.000	1.000
载重汽车 10t	台班	547.99	2.000	2.000	2.000

定　额　编　号				A1-2-16	A1-2-17	A1-2-18
项　目　名　称				设备重量(t以内)		
				300	350	450
基　　　价（元）				71637.08	78121.29	95860.37
其中	人　工　费（元）			45944.64	48377.84	61680.78
	材　料　费（元）			5025.42	5673.03	6895.33
	机　械　费（元）			20667.02	24070.42	27284.26
名　　　称		单位	单价（元）	消　　耗　　量		
人工	综合工日	工日	140.00	328.176	345.556	440.577
材料	道木	m³	2137.00	1.031	1.203	1.547
	低碳钢焊条	kg	6.84	1.050	1.050	1.050
	镀锌铁丝 φ4.0～2.8	kg	3.57	5.500	5.500	5.500
	红钢纸 0.2～0.5	kg	21.10	2.500	3.000	3.800
	黄油钙基脂	kg	5.15	7.777	9.191	11.716
	机油	kg	19.66	13.130	15.756	19.998
	煤油	kg	3.73	66.150	78.540	100.170
	木板	m³	1634.16	0.164	0.164	0.194
	平垫铁	kg	3.74	229.790	250.980	270.080
	汽油	kg	6.77	6.120	7.140	9.180
	石棉橡胶板	kg	9.40	2.100	2.500	3.200
	铜焊粉	kg	29.00	0.240	0.280	0.360
	斜垫铁	kg	3.50	217.950	230.080	256.320
	其他材料费占材料费	%	—	5.000	5.000	5.000
机械	交流弧焊机 32kV·A	台班	83.14	1.500	1.500	1.500
	汽车式起重机 100t	台班	4651.90	1.000	1.000	1.000
	汽车式起重机 16t	台班	958.70	4.500	6.000	7.000
	汽车式起重机 30t	台班	1127.57	6.500	8.000	10.000
	汽车式起重机 75t	台班	3151.07	1.000	1.000	1.000
	载重汽车 10t	台班	547.99	2.000	2.500	2.500

定 额 编 号			A1-2-19	A1-2-20	A1-2-21
项 目 名 称			设备重量(t以内)		
			550	650	750
基 价（元）			112178.11	127827.04	149468.33
其中	人 工 费（元）		75049.80	85344.98	97595.12
	材 料 费（元）		8107.04	9518.38	11004.38
	机 械 费（元）		29021.27	32963.68	40868.83
名 称	单位	单价（元）	消 耗 量		
人工	综合工日	工日	140.00	536.070	609.607	697.108

名 称	单位	单价（元）	消 耗 量		
人工 综合工日	工日	140.00	536.070	609.607	697.108
材料 道木	m³	2137.00	1.891	2.234	2.578
低碳钢焊条	kg	6.84	1.575	1.575	1.575
镀锌铁丝 φ4.0～2.8	kg	3.57	6.000	6.000	6.000
红钢纸 0.2～0.5	kg	21.10	4.700	5.500	6.400
黄油钙基脂	kg	5.15	14.342	16.968	19.594
机油	kg	19.66	24.644	28.987	33.532
煤油	kg	3.73	122.850	145.005	167.370
木板	m³	1634.16	0.231	0.231	0.269
平垫铁	kg	3.74	283.400	339.550	395.700
汽油	kg	6.77	11.220	13.260	15.300
石棉橡胶板	kg	9.40	3.900	4.600	5.300
铜焊粉	kg	29.00	0.440	0.520	0.600
斜垫铁	kg	3.50	276.910	328.340	379.770
其他材料费占材料费	%	—	5.000	5.000	5.000
机械 交流弧焊机 32kV·A	台班	83.14	1.500	2.000	2.000
汽车式起重机 100t	台班	4651.90	1.000	1.000	1.500
汽车式起重机 16t	台班	958.70	6.000	7.000	10.000
汽车式起重机 30t	台班	1127.57	13.000	15.000	16.000
汽车式起重机 50t	台班	2464.07	1.000	—	—
汽车式起重机 75t	台班	3151.07	—	1.000	1.500
载重汽车 10t	台班	547.99	2.500	2.500	2.500

67

定 额 编 号			A1-2-22	A1-2-23
项 目 名 称			设备重量(t以内)	
			850	950
基 价（元）			165119.42	183142.95
其中	人 工 费（元）		109977.98	121905.00
	材 料 费（元）		12186.34	13253.79
	机 械 费（元）		42955.10	47984.16
名 称	单位	单价（元）	消 耗 量	
人工	综合工日	工日	140.00	785.557	870.750
材料	道木	m³	2137.00	2.922	3.266
	低碳钢焊条	kg	6.84	2.100	2.100
	镀锌铁丝 φ4.0～2.8	kg	3.57	6.500	6.500
	红钢纸 0.2～0.5	kg	21.10	7.200	8.000
	黄油钙基脂	kg	5.15	22.220	24.745
	机油	kg	19.66	37.976	42.420
	煤油	kg	3.73	189.630	211.995
	木板	m³	1634.16	0.344	0.344
	平垫铁	kg	3.74	401.530	409.720
	汽油	kg	6.77	17.340	19.380
	石棉橡胶板	kg	9.40	6.000	6.700
	铜焊粉	kg	29.00	0.680	0.760
	斜垫铁	kg	3.50	384.710	392.560
	其他材料费占材料费	%	—	5.000	5.000
机械	交流弧焊机 32kV·A	台班	83.14	2.000	2.000
	汽车式起重机 100t	台班	4651.90	1.500	2.000
	汽车式起重机 16t	台班	958.70	11.000	11.000
	汽车式起重机 30t	台班	1127.57	17.000	18.000
	汽车式起重机 75t	台班	3151.07	1.500	2.000
	载重汽车 10t	台班	547.99	2.500	2.500

二、液压机

定 额 编 号			A1-2-24	A1-2-25	A1-2-26
项 目 名 称			设备重量(t以内)		
			1	3	5
基 价（元）			763.72	1671.04	2654.06
其中	人 工 费（元）		560.84	1029.98	1623.16
	材 料 费（元）		93.26	142.53	214.78
	机 械 费（元）		109.62	498.53	816.12
名 称	单位	单价（元）	消 耗 量		
人工	综合工日	工日	140.00	4.006	7.357	11.594
材料	低碳钢焊条	kg	6.84	0.263	0.263	0.525
	镀锌铁丝 φ4.0～2.8	kg	3.57	0.650	0.800	0.800
	黄油钙基脂	kg	5.15	0.202	0.303	0.404
	机油	kg	19.66	0.505	1.010	1.515
	煤油	kg	3.73	2.100	2.625	3.150
	木板	m³	1634.16	0.013	0.020	0.031
	平垫铁	kg	3.74	6.240	8.320	14.410
	汽油	kg	6.77	0.408	1.224	1.530
	斜垫铁	kg	3.50	5.300	7.940	11.308
	其他材料费占材料费	%	—	5.000	5.000	5.000
机械	叉式起重机 5t	台班	506.51	0.200	0.400	0.500
	交流弧焊机 32kV·A	台班	83.14	0.100	0.100	0.200
	汽车式起重机 16t	台班	958.70	—	0.300	
	汽车式起重机 8t	台班	763.67	—		0.500
	载重汽车 10t	台班	547.99			0.300

定　额　编　号			A1-2-27	A1-2-28	A1-2-29
项　目　名　称			设备重量（t以内）		
			7	10	15
基　　　价（元）			3615.52	4721.77	6833.66
其中	人　工　费（元）		1972.04	2794.68	3954.72
	材　料　费（元）		313.35	393.45	731.37
	机　械　费（元）		1330.13	1533.64	2147.57
名　　　称	单位	单价（元）	消　　耗　　量		
人工	综合工日	工日	140.00	14.086	19.962	28.248
材料	道木	m³	2137.00	0.007	0.007	0.007
	低碳钢焊条	kg	6.84	0.525	0.525	1.050
	镀锌铁丝 φ4.0～2.8	kg	3.57	2.000	2.000	3.500
	焊接钢管 DN15	m	3.44	—	—	0.350
	红钢纸 0.2～0.5	kg	21.10	—	—	0.300
	黄油钙基脂	kg	5.15	0.505	0.606	0.808
	机油	kg	19.66	2.020	3.030	8.080
	螺纹球阀 DN15	个	5.56	—	—	0.300
	煤油	kg	3.73	3.675	5.250	9.450
	木板	m³	1634.16	0.043	0.048	0.069
	平垫铁	kg	3.74	19.990	25.200	28.410
	汽油	kg	6.77	1.836	2.040	3.060
	石棉橡胶板	kg	9.40	—	—	0.350
	斜垫铁	kg	3.50	16.930	22.930	24.950
	盐酸	kg	12.41	—	—	10.000
	其他材料费占材料费	%	—	5.000	5.000	5.000
机械	交流弧焊机 32kV·A	台班	83.14	0.200	0.200	0.400
	汽车式起重机 12t	台班	857.15	0.500	—	—
	汽车式起重机 16t	台班	958.70	—	0.500	—
	汽车式起重机 25t	台班	1084.16	—	—	0.500
	汽车式起重机 8t	台班	763.67	0.800	1.000	1.700
	载重汽车 10t	台班	547.99	0.500	0.500	0.500

定 额 编 号			A1-2-30	A1-2-31	A1-2-32
项 目 名 称			设备重量(t以内)		
			20	30	40
基 价（元）			9679.58	13261.71	17175.72
其中	人 工 费（元）		5229.28	7407.26	9138.64
	材 料 费（元）		1144.41	1453.34	2666.66
	机 械 费（元）		3305.89	4401.11	5370.42
名 称	单位	单价（元）	消 耗 量		
人工 综合工日	工日	140.00	37.352	52.909	65.276
材 料	道木	m³	2137.00	0.069	0.069	0.138
	低碳钢焊条	kg	6.84	1.050	1.050	1.050
	镀锌铁丝 φ4.0～2.8	kg	3.57	3.600	5.100	5.200
	焊接钢管 DN15	m	3.44	0.350	—	0.630
	红钢纸 0.2～0.5	kg	21.10	0.400	0.600	0.800
	黄油钙基脂	kg	5.15	0.808	1.010	1.212
	机油	kg	19.66	10.100	12.120	14.140
	六角螺栓带螺母 M12×75	10套	8.55	—	—	0.500
	螺纹球阀 DN15	个	5.56	0.300	0.500	—
	螺纹球阀 DN20	个	7.69	—	—	0.500
	煤油	kg	3.73	12.600	16.800	21.000
	木板	m³	1634.16	0.088	0.125	0.250
	平垫铁	kg	3.74	44.350	69.430	88.410
	汽油	kg	6.77	3.570	5.100	8.160
	热轧厚钢板 δ21～30	kg	3.20	—	—	150.000
	石棉橡胶板	kg	9.40	0.450	0.550	0.700
	斜垫铁	kg	3.50	39.190	57.120	80.390
	盐酸	kg	12.41	15.000	15.000	18.000
	氧气	m³	3.63	—	—	6.120
	乙炔气	kg	10.45	—	—	2.040
	其他材料费占材料费	%	—	5.000	5.000	5.000
机 械	交流弧焊机 32kV·A	台班	83.14	0.400	0.400	0.500
	汽车式起重机 16t	台班	958.70	—	1.700	1.700
	汽车式起重机 50t	台班	2464.07	1.000	1.000	—
	汽车式起重机 75t	台班	3151.07	—	—	1.000
	汽车式起重机 8t	台班	763.67	0.700	—	—
	载重汽车 10t	台班	547.99	0.500	0.500	1.000

定 额 编 号			A1-2-33	A1-2-34	A1-2-35
项 目 名 称			设备重量(t以内)		
			50	70	100
基 价（元）			20503.98	28086.93	38312.67
其中	人 工 费 （元）		11308.08	15047.48	19422.62
	材 料 费 （元）		3072.13	3609.09	4762.18
	机 械 费 （元）		6123.77	9430.36	14127.87
名 称	单位	单价（元）	消 耗 量		
人工 综合工日	工日	140.00	80.772	107.482	138.733
材料 道木	m³	2137.00	0.275	0.241	0.344
低碳钢焊条	kg	6.84	1.050	1.575	2.100
镀锌铁丝 φ4.0～2.8	kg	3.57	6.700	8.300	8.900
焊接钢管 DN15	m	3.44	1.300	1.300	—
焊接钢管 DN20	m	4.46	—	1.630	2.000
红钢纸 0.2～0.5	kg	21.10	0.900	1.200	1.300
黄油钙基脂	kg	5.15	1.515	2.020	2.828
机油	kg	19.66	15.150	18.180	24.240
六角螺栓带螺母 M12×75	10套	8.55	0.600	1.000	1.400
螺纹球阀 DN20	个	7.69	0.500	0.500	0.800
煤油	kg	3.73	25.200	33.600	47.250
木板	m³	1634.16	0.181	0.075	0.090
平垫铁	kg	3.74	107.390	116.890	120.920
汽油	kg	6.77	10.200	15.300	24.480
热轧厚钢板 δ21～30	kg	3.20	160.000	250.000	380.000
石棉橡胶板	kg	9.40	0.800	1.060	1.400
铜焊粉	kg	29.00	—	0.056	0.080
斜垫铁	kg	3.50	92.020	103.660	108.950
型钢	kg	3.70	—	52.770	75.380
盐酸	kg	12.41	18.000	20.000	25.000
氧气	m³	3.63	6.120	8.160	9.180
乙炔气	kg	10.45	2.040	2.720	3.060
其他材料费占材料费	%	—	5.000	5.000	5.000
机械 交流弧焊机 32kV·A	台班	83.14	0.500	1.000	1.000
汽车式起重机 16t	台班	958.70	2.200	2.100	4.000
汽车式起重机 25t	台班	1084.16	—	3.100	5.500
汽车式起重机 75t	台班	3151.07	1.000	1.000	1.000
载重汽车 10t	台班	547.99	1.500	1.500	2.000

定 额 编 号			A1-2-36	A1-2-37	A1-2-38
项 目 名 称			设备重量(t以内)		
			150	200	250
基 价（元）			51398.90	65115.45	75092.85
其中	人 工 费（元）		28973.28	37628.92	46328.10
	材 料 费（元）		6254.84	8810.11	9129.63
	机 械 费（元）		16170.78	18676.42	19635.12
名 称	单位	单价（元）	消 耗 量		
人工	综合工日	工日	140.00	206.952	268.778	330.915
材料	道木	m³	2137.00	0.516	0.688	0.859
	低碳钢焊条	kg	6.84	2.100	2.100	2.625
	镀锌铁丝 φ4.0～2.8	kg	3.57	9.000	9.700	10.400
	焊接钢管 DN20	m	4.46	2.000	2.500	2.500
	红钢纸 0.2～0.5	kg	21.10	2.210	2.800	3.580
	黄油钙基脂	kg	5.15	4.282	5.686	7.121
	机油	kg	19.66	37.421	49.328	61.964
	六角螺栓带螺母 M12×75	10套	8.55	1.400	1.800	1.800
	螺纹球阀 DN20	个	7.69	0.800	1.000	1.000
	煤油	kg	3.73	71.337	94.868	118.713
	木板	m³	1634.16	0.113	0.120	0.128
	平垫铁	kg	3.74	145.360	173.840	202.680
	汽油	kg	6.77	34.823	47.654	59.109
	热轧厚钢板 δ21～30	kg	3.20	400.000	400.000	420.000
	石棉橡胶板	kg	9.40	2.170	2.860	3.590
	铜焊粉	kg	29.00	0.120	0.160	0.200
	斜垫铁	kg	3.50	126.920	150.190	173.460
	型钢	kg	3.70	113.080	450.770	188.460
	盐酸	kg	12.41	39.700	51.760	65.330
	氧气	m³	3.63	12.240	15.300	18.360
	乙炔气	kg	10.45	4.080	5.100	6.120
	其他材料费占材料费	%	—	5.000	5.000	5.000
机械	交流弧焊机 32kV·A	台班	83.14	1.000	1.500	1.500
	汽车式起重机 100t	台班	4651.90	1.000	1.000	1.000
	汽车式起重机 16t	台班	958.70	4.000	4.000	5.000
	汽车式起重机 25t	台班	1084.16	6.000	6.000	6.000
	汽车式起重机 50t	台班	2464.07	—	1.000	1.000
	载重汽车 10t	台班	547.99	2.000	2.000	2.000

定 额 编 号				A1-2-39	A1-2-40
项 目 名 称				设备重量(t以内)	
				350	500
基 价（元）				100263.98	131317.38
其中	人 工 费（元）			62384.70	86167.76
	材 料 费（元）			11761.37	15649.00
	机 械 费（元）			26117.91	29500.62
名 称		单位	单价（元）	消 耗 量	
人工	综合工日	工日	140.00	445.605	615.484
材料	道木	m³	2137.00	1.203	1.719
	低碳钢焊条	kg	6.84	2.625	2.625
	镀锌铁丝 φ4.0～2.8	kg	3.57	11.100	12.000
	焊接钢管 DN20	m	4.46	3.000	3.000
	红钢纸 0.2～0.5	kg	21.10	4.960	7.120
	黄油钙基脂	kg	5.15	9.959	14.231
	机油	kg	19.66	86.557	123.765
	六角螺栓带螺母 M12×75	10套	8.55	2.200	2.200
	螺纹球阀 DN20	个	7.69	1.500	1.500
	煤油	kg	3.73	166.110	237.353
	木板	m³	1634.16	0.158	0.188
	平垫铁	kg	3.74	230.790	249.770
	汽油	kg	6.77	83.038	118.453
	热轧厚钢板 δ21～30	kg	3.20	420.000	450.000
	石棉橡胶板	kg	9.40	5.020	7.170
	铜焊粉	kg	29.00	0.280	0.400
	斜垫铁	kg	3.50	196.730	220.000
	型钢	kg	3.70	263.850	376.920
	盐酸	kg	12.41	91.070	130.330
	氧气	m³	3.63	24.480	33.660
	乙炔气	kg	10.45	8.160	11.220
	其他材料费占材料费	%	—	5.000	5.000
机械	交流弧焊机 32kV·A	台班	83.14	1.500	1.500
	汽车式起重机 100t	台班	4651.90	1.000	1.000
	汽车式起重机 16t	台班	958.70	6.500	6.500
	汽车式起重机 30t	台班	1127.57	10.000	13.000
	汽车式起重机 50t	台班	2464.07	1.000	1.000
	载重汽车 10t	台班	547.99	2.500	2.500

定　额　编　号			A1-2-41	A1-2-42
项　目　名　称			设备重量(t以内)	
			700	950
基　　　　价（元）			175804.04	226312.72
其中	人　工　费（元）		117500.88	153910.12
	材　料　费（元）		20895.23	27294.54
	机　械　费（元）		37407.93	45108.06
名　　　称	单位	单价（元）	消　　耗　　量	
人工	综合工日	工日	140.00	839.292	1099.358
材料	道木	m³	2137.00	2.406	3.266
	低碳钢焊条	kg	6.84	3.150	3.150
	镀锌铁丝　φ4.0～2.8	kg	3.57	14.400	18.000
	焊接钢管 DN20	m	4.46	3.500	3.500
	红钢纸 0.2～0.5	kg	21.10	9.950	13.510
	黄油钙基脂	kg	5.15	19.917	27.038
	机油	kg	19.66	173.205	235.098
	六角螺栓带螺母 M12×75	10套	8.55	2.600	2.600
	螺纹球阀 DN20	个	7.69	2.000	2.000
	煤油	kg	3.73	332.262	451.259
	木板	m³	1634.16	0.263	0.338
	平垫铁	kg	3.74	284.480	319.200
	汽油	kg	6.77	165.934	225.134
	热轧厚钢板　δ21～30	kg	3.20	480.000	500.000
	石棉橡胶板	kg	9.40	10.040	13.620
	铜焊粉	kg	29.00	0.560	0.760
	斜垫铁	kg	3.50	248.560	277.030
	型钢	kg	3.70	527.690	716.150
	盐酸	kg	12.41	182.330	247.520
	氧气	m³	3.63	45.900	61.200
	乙炔气	kg	10.45	15.300	20.400
	其他材料费占材料费	%	—	5.000	5.000
机械	交流弧焊机 32kV·A	台班	83.14	2.000	2.000
	汽车式起重机 100t	台班	4651.90	2.000	2.000
	汽车式起重机 16t	台班	958.70	7.500	8.000
	汽车式起重机 30t	台班	1127.57	15.000	18.000
	汽车式起重机 50t	台班	2464.07	1.000	—
	汽车式起重机 75t	台班	3151.07	—	2.000
	载重汽车 10t	台班	547.99	2.500	2.500

三、自动锻压机及锻机操作机

定 额 编 号			A1-2-43	A1-2-44	A1-2-45	A1-2-46
项 目 名 称			设备重量(t以内)			
			1	3	5	7
基 价（元）			654.21	1311.71	1995.01	3295.10
其中	人 工 费（元）		452.06	948.36	1359.68	1663.76
	材 料 费（元）		92.53	152.43	209.36	301.21
	机 械 费（元）		109.62	210.92	425.97	1330.13
名 称	单位	单价（元）	消 耗 量			
人工	综合工日	工日	140.00	3.229	6.774	9.712	11.884
材料	道木	m³	2137.00	—	—	—	0.006
	低碳钢焊条	kg	6.84	0.263	0.263	0.263	0.525
	镀锌铁丝 φ4.0~2.8	kg	3.57	0.650	0.800	0.800	2.000
	黄油钙基脂	kg	5.15	0.152	0.152	0.202	0.253
	机油	kg	19.66	0.505	0.505	0.505	0.808
	煤油	kg	3.73	2.100	2.100	3.150	3.675
	木板	m³	1634.16	0.014	0.030	0.035	0.058
	平垫铁	kg	3.74	6.240	10.560	16.630	19.660
	汽油	kg	6.77	0.102	0.102	0.153	0.153
	斜垫铁	kg	3.50	5.300	9.360	14.740	18.020
	其他材料费占材料费	%	—	5.000	5.000	5.000	5.000
机械	叉式起重机 5t	台班	506.51	0.200	0.400	0.500	—
	交流弧焊机 32kV·A	台班	83.14	0.100	0.100	0.100	0.200
	汽车式起重机 12t	台班	857.15	—	—	—	0.500
	汽车式起重机 8t	台班	763.67	—	—	—	0.800
	载重汽车 10t	台班	547.99	—	—	0.300	0.500

定 额 编 号				A1-2-47	A1-2-48	A1-2-49	A1-2-50
项 目 名 称				设备重量(t以内)			
				10	15	20	25
基 价（元）				4366.66	6062.23	8003.34	9944.09
其中	人 工 费（元）			2318.96	3470.32	4623.50	5537.98
	材 料 费（元）			514.06	597.07	799.51	871.12
	机 械 费（元）			1533.64	1994.84	2580.33	3534.99
名 称		单位	单价（元）	消 耗 量			
人工	综合工日	工日	140.00	16.564	24.788	33.025	39.557
材料	道木	m³	2137.00	0.006	0.006	0.011	0.011
	低碳钢焊条	kg	6.84	0.840	0.840	0.840	1.050
	镀锌铁丝 φ4.0～2.8	kg	3.57	2.000	3.000	3.000	3.000
	黄油钙基脂	kg	5.15	0.404	0.505	0.505	0.707
	机油	kg	19.66	1.010	1.010	1.515	1.515
	煤油	kg	3.73	6.300	7.350	9.450	10.500
	木板	m³	1634.16	0.080	0.093	0.143	0.155
	平垫铁	kg	3.74	42.270	48.280	63.190	69.430
	汽油	kg	6.77	0.255	0.306	0.357	0.408
	斜垫铁	kg	3.50	36.540	44.250	51.830	57.120
	其他材料费占材料费	%	—	5.000	5.000	5.000	5.000
机械	交流弧焊机 32kV·A	台班	83.14	0.200	0.400	0.400	0.400
	汽车式起重机 16t	台班	958.70	0.500	—	—	—
	汽车式起重机 25t	台班	1084.16	—	0.500	—	—
	汽车式起重机 30t	台班	1127.57	—	—	1.000	—
	汽车式起重机 50t	台班	2464.07	—	—	—	1.000
	汽车式起重机 8t	台班	763.67	1.000	1.500	1.500	1.000
	载重汽车 10t	台班	547.99	0.500	0.500	0.500	0.500

定　额　编　号			A1-2-51	A1-2-52	A1-2-53
项　目　名　称			设备重量(t以内)		
			35	50	70
基　　　　价（元）			14342.73	18148.15	25056.65
其中	人　工　费（元）		7514.92	10030.58	13861.40
	材　料　费（元）		1178.09	1500.84	2154.51
	机　械　费（元）		5649.72	6616.73	9040.74
名　　称		单位	单价（元）	消　　耗　　量	
人工	综合工日	工日	140.00	53.678	71.647	99.010
材料	道木	m³	2137.00	0.011	0.012	0.241
	低碳钢焊条	kg	6.84	1.050	1.050	1.050
	镀锌铁丝 φ4.0～2.8	kg	3.57	4.500	6.500	8.900
	黄油钙基脂	kg	5.15	0.909	1.515	2.525
	机油	kg	19.66	2.020	3.030	4.040
	煤油	kg	3.73	12.600	16.800	23.100
	木板	m³	1634.16	0.225	0.315	0.225
	平垫铁	kg	3.74	88.410	107.020	137.110
	汽油	kg	6.77	0.612	0.918	1.224
	铜焊粉	kg	29.00	—	—	0.056
	斜垫铁	kg	3.50	80.390	92.020	122.560
	其他材料费占材料费	%	—	5.000	5.000	5.000
机械	交流弧焊机 32kV·A	台班	83.14	0.400	0.500	0.500
	汽车式起重机 16t	台班	958.70	2.000	3.000	2.000
	汽车式起重机 30t	台班	1127.57	—	—	3.000
	汽车式起重机 75t	台班	3151.07	1.000	1.000	1.000
	载重汽车 10t	台班	547.99	1.000	1.000	1.000

定　额　编　号				A1-2-54	A1-2-55	A1-2-56
项　目　名　称				设备重量（t以内）		
				100	150	200
基　　　　　　价（元）				31122.21	42210.99	52289.58
其中	人　工　费（元）			17856.16	24489.64	31629.08
	材　料　费（元）			2908.18	3502.38	4313.69
	机　械　费（元）			10357.87	14218.97	16346.81
名　　称		单位	单价（元）	消　　耗　　量		
人工	综合工日	工日	140.00	127.544	174.926	225.922
材料	道木	m³	2137.00	0.344	0.516	0.688
	低碳钢焊条	kg	6.84	1.050	1.313	1.890
	镀锌铁丝 φ4.0～2.8	kg	3.57	12.600	18.900	25.200
	黄油钙基脂	kg	5.15	3.535	4.040	6.060
	机油	kg	19.66	5.050	6.060	8.888
	煤油	kg	3.73	31.500	42.000	58.800
	木板	m³	1634.16	0.285	0.300	0.338
	平垫铁	kg	3.74	184.630	195.835	224.200
	汽油	kg	6.77	1.428	2.040	2.856
	铜焊粉	kg	29.00	0.080	0.120	0.160
	斜垫铁	kg	3.50	165.480	177.110	198.580
	其他材料费占材料费	%	—	5.000	5.000	5.000
机械	交流弧焊机 32kV·A	台班	83.14	0.500	0.500	1.000
	汽车式起重机 100t	台班	4651.90	—	1.000	1.000
	汽车式起重机 16t	台班	958.70	2.500	3.500	4.500
	汽车式起重机 30t	台班	1127.57	3.500	4.500	5.500
	汽车式起重机 75t	台班	3151.07	1.000	—	—
	载重汽车 10t	台班	547.99	1.500	2.000	2.000

四、空气锤

定 额 编 号			A1-2-57	A1-2-58	A1-2-59
项 目 名 称			落锤重量(kg以内)		
			150	250	400
基 价（元）			4031.48	5406.94	8203.21
其中	人 工 费（元）		2423.40	3220.42	5182.38
	材 料 费（元）		484.54	559.88	996.53
	机 械 费（元）		1123.54	1626.64	2024.30
名 称	单位	单价（元）	消 耗 量		
人工 综合工日	工日	140.00	17.310	23.003	37.017
材料 道木	m³	2137.00	0.004	0.004	0.006
低碳钢焊条	kg	6.84	0.630	0.630	0.735
镀锌铁丝 φ4.0～2.8	kg	3.57	2.000	2.670	3.000
红钢纸 0.2～0.5	kg	21.10	0.130	0.160	0.180
黄油钙基脂	kg	5.15	2.020	2.525	3.030
机油	kg	19.66	4.040	4.545	6.565
煤油	kg	3.73	7.350	8.925	12.600
木板	m³	1634.16	0.045	0.051	0.078
平垫铁	kg	3.74	28.410	35.740	68.665
汽缸油	kg	2.81	1.300	1.500	2.000
汽油	kg	6.77	2.040	2.550	4.080
石棉绳	kg	3.50	1.400	1.600	2.200
石棉橡胶板	kg	9.40	2.500	3.000	6.000
斜垫铁	kg	3.50	24.950	25.518	65.668
圆钢 φ10～14	kg	3.40	2.500	3.000	4.000
其他材料费占材料费	%	—	5.000	5.000	5.000
机械 交流弧焊机 32kV·A	台班	83.14	0.400	0.400	0.500
汽车式起重机 16t	台班	958.70	0.500	0.500	0.500
汽车式起重机 25t	台班	1084.16	—	—	0.500
汽车式起重机 8t	台班	763.67	0.800	1.100	0.900
载重汽车 10t	台班	547.99	—	0.500	0.500

定 额 编 号				A1-2-60	A1-2-61
项 目 名 称				落锤重量(kg以内)	
				560	750
基 价（元）				10343.64	13206.38
其中	人 工 费（元）			6385.96	7614.04
	材 料 费（元）			1233.34	1416.95
	机 械 费（元）			2724.34	4175.39
名 称		单位	单价（元）	消 耗 量	
人工	综合工日	工日	140.00	45.614	54.386
材料	道木	m³	2137.00	0.006	0.006
	低碳钢焊条	kg	6.84	0.840	0.840
	镀锌铁丝 φ4.0～2.8	kg	3.57	6.000	8.000
	红钢纸 0.2～0.5	kg	21.10	0.200	0.250
	黄油钙基脂	kg	5.15	3.030	3.535
	机油	kg	19.66	7.575	8.585
	煤油	kg	3.73	16.800	21.000
	木板	m³	1634.16	0.093	0.128
	平垫铁	kg	3.74	88.770	95.460
	汽缸油	kg	2.81	2.000	2.500
	汽油	kg	6.77	4.590	6.120
	石棉绳	kg	3.50	2.500	3.000
	石棉橡胶板	kg	9.40	8.000	8.000
	斜垫铁	kg	3.50	80.940	89.830
	圆钢 φ10～14	kg	3.40	4.500	5.000
	其他材料费占材料费	%	—	5.000	5.000
机械	交流弧焊机 32kV·A	台班	83.14	0.500	0.500
	汽车式起重机 16t	台班	958.70	0.500	0.500
	汽车式起重机 30t	台班	1127.57	1.000	—
	汽车式起重机 50t	台班	2464.07	—	1.000
	汽车式起重机 8t	台班	763.67	1.050	1.200
	载重汽车 10t	台班	547.99	0.500	0.500

五、模锻锤

定 额 编 号				A1-2-62	A1-2-63	A1-2-64
项 目 名 称				落锤重量（t以内）		
				1	2	3
基 价（元）				12289.25	20431.17	27853.89
其中	人 工 费（元）			7643.16	12515.58	16627.94
	材 料 费（元）			990.21	1289.10	2165.96
	机 械 费（元）			3655.88	6626.49	9059.99
名 称		单位	单价（元）	消 耗 量		
人工	综合工日	工日	140.00	54.594	89.397	118.771
材料	道木	m³	2137.00	0.012	0.015	0.275
	红钢纸 0.2～0.5	kg	21.10	0.380	0.640	0.770
	黄油钙基脂	kg	5.15	3.030	5.050	8.080
	机油	kg	19.66	2.020	3.030	4.040
	煤焦油	kg	0.96	30.000	45.000	50.000
	煤油	kg	3.73	21.000	26.250	31.500
	木板	m³	1634.16	0.050	0.065	0.073
	汽缸油	kg	2.81	2.200	2.400	3.000
	汽油	kg	6.77	8.160	10.200	12.240
	石棉绳	kg	3.50	3.000	3.400	3.600
	石棉橡胶板	kg	9.40	5.000	6.350	7.060
	石油沥青 10号	kg	2.74	150.000	200.000	240.000
	石油沥青油毡 350号	m²	2.70	10.000	15.000	20.000
	油浸石棉盘根	kg	10.09	2.000	2.500	3.000
	中(粗)砂	t	87.00	1.013	1.013	1.620
	其他材料费占材料费	%	—	5.000	5.000	5.000
机械	汽车式起重机 16t	台班	958.70	—	1.500	2.000
	汽车式起重机 25t	台班	1084.16	1.000	—	—
	汽车式起重机 30t	台班	1127.57	—	1.000	—
	汽车式起重机 50t	台班	2464.07	—	—	1.000
	汽车式起重机 8t	台班	763.67	2.650	4.600	5.050
	载重汽车 10t	台班	547.99	1.000	1.000	1.500

定 额 编 号			A1-2-65	A1-2-66	A1-2-67
项 目 名 称			落锤重量(t以内)		
			5	10	16
基 价（元）			41769.70	60192.87	85840.49
其中	人 工 费（元）		28550.62	43440.32	62939.52
	材 料 费（元）		3083.24	4839.12	6338.73
	机 械 费（元）		10135.84	11913.43	16562.24
名 称	单位	单价（元）	消 耗 量		
人工 综合工日	工日	140.00	203.933	310.288	449.568
材料 道木	m³	2137.00	0.540	1.073	1.455
红钢纸 0.2~0.5	kg	21.10	0.900	1.790	3.000
黄油钙基脂	kg	5.15	10.100	12.120	15.150
机油	kg	19.66	5.050	6.565	8.080
煤焦油	kg	0.96	65.000	85.000	120.000
煤油	kg	3.73	39.900	57.750	73.500
木板	m³	1634.16	0.118	0.164	0.194
汽缸油	kg	2.81	3.500	4.500	6.000
汽油	kg	6.77	15.300	18.360	25.500
石棉绳	kg	3.50	4.400	5.800	8.000
石棉橡胶板	kg	9.40	8.470	10.580	14.000
石油沥青 10号	kg	2.74	280.000	350.000	450.000
石油沥青油毡 350号	m²	2.70	20.000	25.000	25.000
铜焊粉	kg	29.00	0.250	0.400	0.500
油浸石棉盘根	kg	10.09	3.000	5.000	8.000
中(粗)砂	t	87.00	1.620	2.025	2.025
其他材料费占材料费	%	—	5.000	5.000	5.000
机械 平板拖车组 15t	台班	981.46	—	—	0.500
汽车式起重机 16t	台班	958.70	2.000	2.500	3.000
汽车式起重机 50t	台班	2464.07	1.000	1.000	—
汽车式起重机 75t	台班	3151.07	—	—	1.000
汽车式起重机 8t	台班	763.67	6.100	7.800	11.000
载重汽车 10t	台班	547.99	2.000	2.000	3.000

六、自由锻锤及蒸汽锤

计量单位：台

定 额 编 号				A1-2-68	A1-2-69	A1-2-70	A1-2-71
项 目 名 称				落锤重量（t以内）			
				1	2	3	5
基 价（元）				10689.18	19717.02	28140.77	41735.37
其中	人 工 费（元）			6337.10	10944.36	16326.94	25120.20
	材 料 费（元）			1240.33	1806.70	2292.67	3310.38
	机 械 费（元）			3111.75	6965.96	9521.16	13304.79
名 称		单位	单价（元）	消 耗 量			
人工	综合工日	工日	140.00	45.265	78.174	116.621	179.430
材料	道木	m³	2137.00	0.096	0.199	0.275	0.527
	镀锌铁丝 φ4.0～2.8	kg	3.57	0.500	0.600	0.800	0.900
	红钢纸 0.2～0.5	kg	21.10	0.260	0.510	0.640	0.960
	黄油钙基脂	kg	5.15	3.030	5.050	8.080	10.100
	机油	kg	19.66	2.020	3.030	4.040	5.050
	煤焦油	kg	0.96	25.000	34.000	45.000	60.000
	煤油	kg	3.73	21.000	26.250	31.500	39.900
	木板	m³	1634.16	0.063	0.070	0.078	0.116
	汽缸油	kg	2.81	2.200	2.400	3.000	3.500
	汽油	kg	6.77	7.650	11.220	15.300	28.560
	石棉绳	kg	3.50	2.800	3.200	3.400	4.000
	石棉橡胶板	kg	9.40	4.230	5.620	6.350	7.760
	石油沥青 10号	kg	2.74	150.000	200.000	240.000	280.000
	石油沥青油毡 350号	m²	2.70	10.000	15.000	20.000	20.000
	铜焊粉	kg	29.00	—	0.048	0.064	0.112
	油浸石棉盘根	kg	10.09	2.000	2.500	3.000	3.000
	圆钢 φ10～14	kg	3.40	16.000	30.000	30.000	50.000
	中(粗)砂	t	87.00	1.013	1.013	1.620	1.620
	其他材料费占材料费	%	—	5.000	5.000	5.000	5.000
机械	汽车式起重机 100t	台班	4651.90	—	—	0.500	1.000
	汽车式起重机 16t	台班	958.70	0.500	0.500	0.500	0.500
	汽车式起重机 30t	台班	1127.57	0.500	—	—	—
	汽车式起重机 50t	台班	2464.07	—	0.500	1.000	1.000
	汽车式起重机 75t	台班	3151.07	—	0.500	—	—
	汽车式起重机 8t	台班	763.67	2.350	4.100	4.850	6.400
	载重汽车 10t	台班	547.99	0.500	1.000	1.000	1.500

七、剪切机及弯曲校正机

定 额 编 号			A1-2-72	A1-2-73	A1-2-74	A1-2-75
项 目 名 称			设备重量(t以内)			
			1	3	5	7
基 价（元）			661.41	1404.79	2407.20	3539.40
其中	人 工 费（元）		460.60	1044.12	1403.64	1705.48
	材 料 费（元）		82.88	166.76	211.60	283.65
	机 械 费（元）		117.93	193.91	791.96	1550.27
名 称	单位	单价（元）	消 耗 量			
人工	综合工日	工日	140.00	3.290	7.458	10.026	12.182
材料	道木	m³	2137.00	—	—	—	0.007
	低碳钢焊条	kg	6.84	0.263	0.263	0.263	0.263
	镀锌铁丝 φ4.0～2.8	kg	3.57	0.650	0.800	0.800	2.000
	黄油钙基脂	kg	5.15	0.101	0.152	0.152	0.202
	机油	kg	19.66	0.152	0.152	0.202	0.253
	煤油	kg	3.73	2.100	2.100	3.150	3.150
	木板	m³	1634.16	0.013	0.026	0.031	0.050
	平垫铁	kg	3.74	6.240	14.360	19.158	21.120
	汽油	kg	6.77	0.051	0.102	0.102	0.153
	斜垫铁	kg	3.50	5.300	13.050	16.390	19.070
	其他材料费占材料费	%	—	5.000	5.000	5.000	5.000
机械	叉式起重机 5t	台班	506.51	0.200	0.350	—	—
	交流弧焊机 32kV·A	台班	83.14	0.200	0.200	0.200	0.400
	汽车式起重机 16t	台班	958.70	—	—	—	0.500
	汽车式起重机 8t	台班	763.67	—	—	0.800	1.000
	载重汽车 10t	台班	547.99	—	—	0.300	0.500

定　额　编　号				A1-2-76	A1-2-77	A1-2-78	A1-2-79
项　目　名　称				设备重量(t以内)			
				10	12	15	20
基　　　　　价　（元）				4536.47	5244.83	6212.23	7879.08
其中	人　工　费（元）			2281.72	2651.46	3403.82	4112.78
	材　料　费（元）			322.64	377.60	401.72	691.36
	机　械　费（元）			1932.11	2215.77	2406.69	3074.94
名　　　称		单位	单价(元)	消　　耗　　量			
人工	综合工日	工日	140.00	16.298	18.939	24.313	29.377
材料	道木	m³	2137.00	0.007	0.009	0.007	0.069
	低碳钢焊条	kg	6.84	0.263	0.329	0.525	0.525
	镀锌铁丝 φ4.0～2.8	kg	3.57	2.000	2.500	3.000	3.000
	黄油钙基脂	kg	5.15	0.253	0.316	0.253	0.455
	机油	kg	19.66	0.303	0.379	0.404	0.606
	煤油	kg	3.73	4.200	5.250	5.250	6.300
	木板	m³	1634.16	0.055	0.069	0.075	0.125
	平垫铁	kg	3.74	24.480	26.930	28.920	36.560
	汽油	kg	6.77	0.153	0.191	0.204	0.255
	斜垫铁	kg	3.50	22.280	24.510	26.400	33.200
	其他材料费占材料费	%	—	5.000	5.000	5.000	5.000
机械	交流弧焊机 32kV·A	台班	83.14	0.400	0.500	0.500	0.500
	汽车式起重机 16t	台班	958.70	0.500	—	—	—
	汽车式起重机 30t	台班	1127.57	—	0.500	0.500	—
	汽车式起重机 50t	台班	2464.07	—	—	—	0.500
	汽车式起重机 8t	台班	763.67	1.500	1.750	2.000	2.000
	载重汽车 10t	台班	547.99	0.500	0.500	0.500	0.500

定　额　编　号				A1-2-80	A1-2-81	A1-2-82	A1-2-83
项　目　名　称				设备重量（t以内）			
				30	40	50	70
基　　　　价（元）				11820.60	15324.51	17855.63	22364.41
其中	人　工　费（元）			6167.56	7988.82	9757.86	13626.48
	材　料　费（元）			914.43	1156.74	1439.47	1600.28
	机　械　费（元）			4738.61	6178.95	6658.30	7137.65
名　　　称		单位	单价（元）	消　　耗　　量			
人工	综合工日	工日	140.00	44.054	57.063	69.699	97.332
材料	道木	m³	2137.00	0.069	0.138	0.172	0.241
	低碳钢焊条	kg	6.84	0.525	0.525	0.525	0.525
	镀锌铁丝 φ4.0～2.8	kg	3.57	4.500	4.500	5.500	5.500
	黄油钙基脂	kg	5.15	0.707	1.010	1.515	2.020
	机油	kg	19.66	0.808	1.010	1.515	2.020
	煤油	kg	3.73	10.500	13.650	15.750	19.950
	木板	m³	1634.16	0.188	0.213	0.288	0.229
	平垫铁	kg	3.74	48.280	52.440	58.440	70.460
	汽油	kg	6.77	0.306	0.357	0.408	0.408
	铜焊粉	kg	29.00	—	—	—	0.056
	斜垫铁	kg	3.50	44.350	47.000	54.810	62.620
	其他材料费占材料费	%	—	5.000	5.000	5.000	5.000
机械	交流弧焊机 32kV·A	台班	83.14	1.000	1.000	1.000	1.000
	汽车式起重机 16t	台班	958.70	2.000	2.500	3.000	3.500
	汽车式起重机 50t	台班	2464.07	1.000	—	—	—
	汽车式起重机 75t	台班	3151.07	—	1.000	1.000	1.000
	载重汽车 10t	台班	547.99	0.500	1.000	1.000	1.000

定　额　编　号			A1-2-84	A1-2-85	A1-2-86
项　目　名　称			设备重量(t以内)		
			100	140	180
基　　　　价（元）			32106.10	41942.52	46119.01
其中	人　工　费（元）		18231.78	25389.28	28353.08
	材　料　费（元）		2129.29	2680.37	2937.84
	机　械　费（元）		11745.03	13872.87	14828.09
名　　称	单位	单价（元）	消　　耗　　量		
人工 综合工日	工日	140.00	130.227	181.352	202.522
材料 道木	m³	2137.00	0.344	0.481	0.550
低碳钢焊条	kg	6.84	0.840	0.840	0.840
镀锌铁丝 φ4.0～2.8	kg	3.57	7.000	7.000	8.500
黄油钙基脂	kg	5.15	3.030	4.040	4.040
机油	kg	19.66	4.040	6.060	6.060
煤油	kg	3.73	25.200	33.600	37.800
木板	m³	1634.16	0.289	0.305	0.305
平垫铁	kg	3.74	86.330	107.390	116.890
汽油	kg	6.77	0.510	0.510	0.510
铜焊粉	kg	29.00	0.080	0.112	0.128
斜垫铁	kg	3.50	77.740	92.020	103.660
其他材料费占材料费	%	—	5.000	5.000	5.000
机械 交流弧焊机 32kV·A	台班	83.14	1.000	1.500	1.500
汽车式起重机 100t	台班	4651.90	0.500	0.500	1.000
汽车式起重机 16t	台班	958.70	3.000	4.000	—
汽车式起重机 30t	台班	1127.57	5.000	6.000	6.000
汽车式起重机 50t	台班	2464.07	—	—	1.000
载重汽车 10t	台班	547.99	1.500	1.500	1.500

定 额 编 号				A1-2-87	A1-2-88	A1-2-89
项 目 名 称				设备重量（t以内）		
				200	250	300
基 价（元）				50943.61	62438.87	69333.81
其中	人 工 费（元）			31431.68	39032.56	43926.54
	材 料 费（元）			3556.27	4258.99	5132.38
	机 械 费（元）			15955.66	19147.32	20274.89
名 称		单位	单价（元）	消 耗 量		
人工	综合工日	工日	140.00	224.512	278.804	313.761
材料	道木	m³	2137.00	0.688	0.859	1.074
	低碳钢焊条	kg	6.84	1.050	1.313	1.641
	镀锌铁丝 φ4.0~2.8	kg	3.57	10.625	13.281	16.602
	黄油钙基脂	kg	5.15	5.050	6.313	7.891
	机油	kg	19.66	7.575	9.469	11.836
	聚酯乙烯泡沫塑料	kg	26.50	—	0.859	1.074
	煤油	kg	3.73	47.250	59.063	73.828
	木板	m³	1634.16	0.381	0.477	0.596
	平垫铁	kg	3.74	129.870	135.870	142.660
	汽油	kg	6.77	0.638	0.797	0.996
	铜焊粉	kg	29.00	0.160	0.200	0.250
	斜垫铁	kg	3.50	115.170	115.290	121.050
	其他材料费占材料费	%	—	5.000	5.000	5.000
机械	交流弧焊机 32kV·A	台班	83.14	1.500	2.000	2.000
	汽车式起重机 100t	台班	4651.90	1.000	1.000	1.000
	汽车式起重机 16t	台班	958.70	—	3.000	3.000
	汽车式起重机 30t	台班	1127.57	7.000	7.000	8.000
	汽车式起重机 50t	台班	2464.07	1.000	1.000	1.000
	载重汽车 10t	台班	547.99	1.500	2.000	2.000

定　额　编　号			A1-2-90	A1-2-91	A1-2-92
项　目　名　称			设备重量（t以内）		
			350	400	450
基　　　价（元）			77476.32	84903.81	90813.95
其中	人　工　费（元）		48212.50	51895.20	53883.48
	材　料　费（元）		6215.66	7558.61	9225.33
	机　械　费（元）		23048.16	25450.00	27705.14
名　　称	单位	单价（元）	消　　　耗　　　量		
人工	综合工日	工日	140.00	344.375	370.680	384.882
材料	道木	m³	2137.00	1.343	1.679	2.098
	低碳钢焊条	kg	6.84	2.051	2.564	3.204
	镀锌铁丝 φ4.0～2.8	kg	3.57	20.752	25.940	32.425
	黄油钙基脂	kg	5.15	9.863	12.329	15.411
	机油	kg	19.66	14.795	18.494	23.117
	聚酯乙烯泡沫塑料	kg	26.50	1.343	1.679	2.098
	煤油	kg	3.73	92.285	115.357	144.196
	木板	m³	1634.16	0.745	0.931	1.164
	平垫铁	kg	3.74	149.800	157.290	165.150
	汽油	kg	6.77	1.245	1.556	1.946
	铜焊粉	kg	29.00	0.313	0.391	0.488
	斜垫铁	kg	3.50	127.110	133.460	140.140
	其他材料费占材料费	%	—	5.000	5.000	5.000
机械	交流弧焊机 32kV·A	台班	83.14	2.000	2.500	2.500
	汽车式起重机 100t	台班	4651.90	1.000	1.000	1.000
	汽车式起重机 16t	台班	958.70	4.000	5.000	5.000
	汽车式起重机 30t	台班	1127.57	9.000	10.000	12.000
	汽车式起重机 75t	台班	3151.07	1.000	1.000	1.000
	载重汽车 10t	台班	547.99	2.000	2.500	2.500

八、锻造水压机

定 额 编 号			A1-2-93	A1-2-94	A1-2-95
项 目 名 称			公称压力(t以内)		
			500	800	1600
基 价 （元）			64192.14	81838.81	146749.07
其中	人 工 费 （元）		34238.26	42214.76	86424.80
	材 料 费 （元）		14632.22	20486.68	28320.84
	机 械 费 （元）		15321.66	19137.37	32003.43
名 称	单位	单价(元)	消 耗 量		
人工	综合工日	工日	140.00	244.559	301.534	617.320
材料	道木	m³	2137.00	0.880	1.265	1.650
	低碳钢焊条	kg	6.84	78.750	126.000	204.750
	镀锌铁丝 φ4.0～2.8	kg	3.57	60.000	75.000	100.000
	防锈漆	kg	5.62	12.000	15.000	20.000
	钢板 δ4.5～7	kg	3.18	10.000	15.000	15.000
	钢板垫板	kg	5.13	400.000	700.000	1100.000
	硅酸盐膨胀水泥	kg	0.48	—	181.395	362.790
	焊接钢管 DN20	m	4.46	3.000	4.000	8.000
	红钢纸 0.2～0.5	kg	21.10	1.500	2.000	3.000
	红砖 240×115×53	千块	410.00	0.050	0.060	0.080
	黄铜板 δ0.08～0.3	kg	58.12	1.500	2.000	2.500
	黄油钙基脂	kg	5.15	18.180	25.250	35.350
	机油	kg	19.66	30.300	45.450	60.600
	焦炭	kg	1.42	500.000	800.000	1000.000
	锯条（各种规格）	根	0.62	35.000	40.000	45.000
	六角螺栓带螺母 M8×75	10套	4.27	9.400	11.800	15.300
	螺纹球阀 DN50	个	37.26	1.000	2.000	3.000
	煤油	kg	3.73	73.500	89.250	126.000
	木板	m³	1634.16	0.306	0.375	0.856
	木柴	kg	0.18	180.000	200.000	250.000
	平垫铁	kg	3.74	412.310	431.020	454.150
	骑马钉 20×2	kg	6.84	10.000	10.000	15.000
	汽油	kg	6.77	12.240	15.300	22.440
	铅油(厚漆)	kg	6.45	2.000	2.500	3.000
	热轧薄钢板 δ1.6～1.9	kg	3.93	5.000	5.000	5.000
	热轧厚钢板 δ21～30	kg	3.20	40.000	60.000	75.000
	热轧厚钢板 δ31 以外	kg	3.20	85.000	120.000	180.000
	热轧厚钢板 δ8.0～20	kg	3.20	15.000	20.000	25.000
	溶剂汽油 200号	kg	5.64	4.000	6.000	8.000
	石棉橡胶板	kg	9.40	8.000	10.000	15.000
	石墨粉高碳	kg	2.01	3.000	3.000	8.000

定　额　编　号			A1-2-93	A1-2-94	A1-2-95
项　目　名　称			公称压力(t以内)		
			500	800	1600
名　称	单位	单价(元)	消　　耗　　量		
材料	水	t	7.96	—	0.600	1.000
	碳钢气焊条	kg	9.06	12.000	15.000	20.000
	碳酸钠(纯碱)	kg	1.30	15.090	18.000	20.000
	调和漆	kg	6.00	13.000	32.500	50.000
	铁砂布	张	0.85	40.000	50.000	60.000
	铜焊粉	kg	29.00	0.100	0.156	0.384
	乌洛托品	kg	7.09	1.500	2.000	2.100
	无缝钢管 φ42.5×3.5	m	18.58	6.000	8.000	12.000
	无缝钢管 φ57×4	m	28.46	1.500	2.000	3.000
	橡胶板	kg	2.91	15.000	18.000	30.000
	斜垫铁	kg	3.50	396.700	422.420	448.130
	型钢	kg	3.70	60.000	200.000	300.000
	亚硝酸钠	kg	3.07	65.000	70.000	80.000
	研磨膏	盒	0.85	2.000	2.000	3.000
	盐酸	kg	12.41	70.000	80.000	100.000
	氧气	m³	3.63	122.400	153.000	204.000
	乙炔气	kg	10.45	40.800	51.000	68.000
	银粉漆	kg	11.11	1.000	1.500	2.000
	圆钢 φ10~14	kg	3.40	100.000	150.000	200.000
	紫铜电焊条 T107 φ3.2	kg	61.54	1.000	1.000	2.000
	其他材料费占材料费	%	—	5.000	5.000	5.000
机械	电动空气压缩机 6m³/min	台班	206.73	6.000	8.000	14.000
	鼓风机 18m³/min	台班	40.40	3.000	5.000	10.000
	交流弧焊机 32kV·A	台班	83.14	26.000	31.000	62.000
	汽车式起重机 100t	台班	4651.90			0.500
	汽车式起重机 16t	台班	958.70	8.295	10.675	15.960
	汽车式起重机 30t	台班	1127.57	0.500	1.500	1.500
	汽车式起重机 50t	台班	2464.07	1.000	—	1.000
	汽车式起重机 75t	台班	3151.07	—	0.500	—
	试压泵 60MPa	台班	24.08	6.000	8.000	14.000
	摇臂钻床 50mm	台班	20.95	6.000	9.000	16.000
	载重汽车 10t	台班	547.99	1.000	1.500	2.000

定 额 编 号			A1-2-96	A1-2-97	A1-2-98
项 目 名 称			公称压力(t以内)		
			2000	2500	3150
基 价 （元）			180073.98	210141.58	287715.13
其中	人 工 费（元）		103786.34	120527.82	180620.58
	材 料 费（元）		36183.68	43584.49	51236.14
	机 械 费（元）		40103.96	46029.27	55858.41
名 称	单位	单价（元）	消 耗 量		
人工	综合工日	工日	140.00	741.331	860.913	1290.147
材料	道木	m³	2137.00	2.035	2.420	2.833
	低碳钢焊条	kg	6.84	294.000	378.000	472.500
	镀锌铁丝 φ4.0～2.8	kg	3.57	120.000	140.000	150.000
	防锈漆	kg	5.62	25.000	30.000	40.000
	钢板 δ4.5～7	kg	3.18	20.000	20.000	25.000
	钢板垫板	kg	5.13	1200.000	1400.000	1600.000
	硅酸盐膨胀水泥	kg	0.48	483.720	483.720	604.650
	焊接钢管 DN20	m	4.46	8.000	10.000	10.000
	红钢纸 0.2～0.5	kg	21.10	3.000	3.600	4.000
	红砖 240×115×53	千块	410.00	0.090	0.100	0.100
	黄铜板 δ0.08～0.3	kg	58.12	2.500	3.000	3.000
	黄油钙基脂	kg	5.15	40.400	60.600	85.850
	机油	kg	19.66	101.000	121.200	141.400
	焦炭	kg	1.42	1200.000	1500.000	2000.000
	锯条(各种规格)	根	0.62	75.000	80.000	80.000
	六角螺栓带螺母 M8×75	10套	4.27	18.800	21.200	23.500
	螺纹球阀 DN50	个	37.26	4.000	4.000	5.000
	煤油	kg	3.73	189.000	252.000	294.000
	木板	m³	1634.16	1.031	1.156	1.348
	木柴	kg	0.18	380.000	480.000	500.000
	平垫铁	kg	3.74	535.220	617.240	629.160
	骑马钉 20×2	kg	6.84	20.000	25.000	40.000
	汽油	kg	6.77	30.600	36.720	40.800
	铅油(厚漆)	kg	6.45	5.000	6.000	6.000
	热轧薄钢板 δ1.6～1.9	kg	3.93	10.000	10.000	15.000
	热轧厚钢板 δ21～30	kg	3.20	85.000	100.000	130.000
	热轧厚钢板 δ31 以外	kg	3.20	300.000	400.000	480.000
	热轧厚钢板 δ8.0～20	kg	3.20	30.000	35.000	40.000
	溶剂汽油 200号	kg	5.64	9.000	12.000	15.000
	石棉橡胶板	kg	9.40	22.000	26.000	28.000
	石墨粉高碳	kg	2.01	8.000	10.000	10.000
	水	t	7.96	1.200	1.400	1.600

续前

定 额 编 号				A1-2-96	A1-2-97	A1-2-98
项 目 名 称				公称压力(t以内)		
				2000	2500	3150
名 称		单位	单价(元)	消	耗	量
材 料	碳钢气焊条	kg	9.06	30.000	35.000	40.000
	碳酸钠(纯碱)	kg	1.30	30.000	36.000	40.000
	调和漆	kg	6.00	70.000	80.000	99.000
	铁砂布	张	0.85	80.000	100.000	120.000
	铜焊粉	kg	29.00	0.570	0.700	0.870
	乌洛托品	kg	7.09	3.200	4.000	4.000
	无缝钢管 φ42.5×3.5	m	18.58	15.000	18.000	20.000
	无缝钢管 φ57×4	m	28.46	4.500	5.000	5.000
	橡胶板	kg	2.91	40.000	40.000	45.000
	斜垫铁	kg	3.50	528.490	608.150	615.500
	型钢	kg	3.70	500.000	600.000	700.000
	亚硝酸钠	kg	3.07	120.000	145.000	160.000
	研磨膏	盒	0.85	3.000	4.000	4.000
	盐酸	kg	12.41	150.000	180.000	200.000
	氧气	m³	3.63	255.000	357.000	459.000
	乙炔气	kg	10.45	85.000	119.000	153.000
	银粉漆	kg	11.11	2.500	3.000	3.500
	圆钢 φ10~14	kg	3.40	250.000	300.000	450.000
	紫铜电焊条 T107 φ3.2	kg	61.54	2.500	3.000	3.500
	其他材料费占材料费	%	—	5.000	5.000	5.000
机 械	电动空气压缩机 6m³/min	台班	206.73	18.000	20.000	27.000
	鼓风机 18m³/min	台班	40.40	12.000	14.000	18.000
	交流弧焊机 32kV·A	台班	83.14	69.000	81.000	110.000
	汽车式起重机 100t	台班	4651.90	1.000	1.000	1.500
	汽车式起重机 16t	台班	958.70	19.670	22.300	25.000
	汽车式起重机 30t	台班	1127.57	1.500	1.500	2.000
	汽车式起重机 50t	台班	2464.07	1.000	1.500	—
	汽车式起重机 75t	台班	3151.07	—	—	1.000
	试压泵 60MPa	台班	24.08	18.000	20.000	26.000
	摇臂钻床 50mm	台班	20.95	20.000	24.000	—
	摇臂钻床 63mm	台班	41.15	—	—	30.000
	载重汽车 10t	台班	547.99	3.000	4.000	4.000

定 额 编 号			A1-2-99	A1-2-100
项 目 名 称			公称压力（t以内）	
			6000	8000
基 价（元）			533445.48	635641.33
其中	人 工 费（元）		385480.06	445195.52
	材 料 费（元）		65303.27	83807.99
	机 械 费（元）		82662.15	106637.82
名 称	单位	单价（元）	消 耗 量	
人工	综合工日	工日	140.00	2753.429	3179.968
材料	道木	m³	2137.00	3.683	4.788
	低碳钢焊条	kg	6.84	614.250	798.525
	镀锌铁丝 φ4.0～2.8	kg	3.57	195.000	253.500
	防锈漆	kg	5.62	52.000	67.600
	钢板 δ4.5～7	kg	3.18	32.500	42.250
	钢板垫板	kg	5.13	2080.000	2704.000
	硅酸盐膨胀水泥	kg	0.48	786.045	1021.859
	焊接钢管 DN20	m	4.46	13.000	16.900
	红钢纸 0.2～0.5	kg	21.10	5.200	6.760
	红砖 240×115×53	千块	410.00	0.130	0.169
	黄铜板 δ0.08～0.3	kg	58.12	3.900	5.070
	黄油钙基脂	kg	5.15	111.605	145.087
	机油	kg	19.66	183.820	238.966
	焦炭	kg	1.42	2600.000	3380.000
	锯条(各种规格)	根	0.62	104.000	135.200
	六角螺栓带螺母 M8×75	10套	4.27	30.550	39.715
	螺纹球阀 DN50	个	37.26	6.500	8.450
	煤油	kg	3.73	382.200	496.860
	木板	m³	1634.16	1.752	2.278
	木柴	kg	0.18	650.000	845.000
	平垫铁	kg	3.74	645.270	672.830
	骑马钉 20×2	kg	6.84	52.000	67.600
	汽油	kg	6.77	53.040	68.952
	铅油(厚漆)	kg	6.45	7.800	10.140
	热轧薄钢板 δ1.6～1.9	kg	3.93	19.500	25.350
	热轧厚钢板 δ21～30	kg	3.20	169.000	219.700
	热轧厚钢板 δ31 以外	kg	3.20	624.000	811.200
	热轧厚钢板 δ8.0～20	kg	3.20	52.000	67.600
	溶剂汽油 200号	kg	5.64	19.500	25.350
	石棉橡胶板	kg	9.40	36.400	47.320

定 额 编 号			A1-2-99	A1-2-100
项 目 名 称			公称压力（t以内）	
			6000	8000
名 称	单位	单价(元)	消 耗	量
石墨粉高碳	kg	2.01	13.000	16.900
水	t	7.96	2.080	2.704
碳钢气焊条	kg	9.06	52.000	67.600
碳酸钠(纯碱)	kg	1.30	52.000	67.600
调和漆	kg	6.00	128.700	167.310
铁砂布	张	0.85	156.000	202.800
铜焊粉	kg	29.00	1.131	1.470
乌洛托品	kg	7.09	5.200	6.760
无缝钢管 φ42.5×3.5	m	18.58	26.000	33.800
无缝钢管 φ57×4	m	28.46	6.500	8.450
橡胶板	kg	2.91	58.500	76.050
斜垫铁	kg	3.50	630.000	700.580
型钢	kg	3.70	910.000	1183.000
亚硝酸钠	kg	3.07	208.000	270.400
研磨膏	盒	0.85	5.200	6.760
盐酸	kg	12.41	260.000	338.000
氧气	m³	3.63	596.700	775.710
乙炔气	kg	10.45	198.900	258.570
银粉漆	kg	11.11	4.550	5.915
圆钢 φ10～14	kg	3.40	585.000	760.500
紫铜电焊条 T107 φ3.2	kg	61.54	4.550	5.915
其他材料费占材料费	%	—	5.000	5.000
电动空气压缩机 6m³/min	台班	206.73	72.657	94.454
鼓风机 18m³/min	台班	40.40	48.438	62.969
交流弧焊机 32kV·A	台班	83.14	296.010	384.813
汽车式起重机 100t	台班	4651.90	4.037	5.248
汽车式起重机 30t	台班	1127.57	5.382	6.997
汽车式起重机 75t	台班	3151.07	2.691	3.498
试压泵 60MPa	台班	24.08	69.966	90.956
摇臂钻床 63mm	台班	41.15	80.730	104.949
载重汽车 10t	台班	547.99	5.000	5.000

材料、机械分类标记：材、料、机、械

第三章 铸造设备安装

第三章 特征及分类

说　　明

一、本章内容包括砂处理设备，造型及造芯设备，落砂及清理设备，抛丸清理室，金属型铸造等设备安装。

1. 砂处理设备包括：混砂机、碾砂机、松砂机、筛砂机等。

2. 造型及造芯设备包括：震压式造型机、震实式造型机、震实式制芯机、吹芯机、射芯机等。

3. 落砂及清理设备包括：震动落砂机、型芯落砂机、圆型清理滚筒、喷砂机、喷丸器、喷丸清理转台、抛丸机等。

4. 抛丸清理室包括：室体组焊、电动台车及旋转台安装、抛丸喷丸器安装、铁丸分配、输送及回收装置安装、悬挂链轨道及吊钩安装、除尘风管和铁丸输送管敷设、平台、梯子、栏杆等安装、设备单机试运转。

5. 金属型铸造设备包括：卧式冷室压铸机、立式冷室压铸机、卧式离心铸造机等。

6. 材料准备设备包括：C246 及 C246A 球磨机、碾沙机、蜡模成型机械、生铁裂断机、涂料搅拌机等。

二、本章不包括以下工作内容：

1. 地轨安装。

2. 垫木排制作、防腐。

3. 抛丸清理室安装定额单位为"室"，是指除设备基础等土建工程及电气箱、开关、敷设电气管线等电气工程外，成套供应的抛丸机、回转台、斗式提升机、螺旋输送机、电动小车等设备以及框架、平台、梯子、栏杆、漏斗、漏管等金属结构件安装。设备重量是指上述全套设备加金属结构件的总重量。

工程量计算规则

一、抛丸清理室的安装，以"室"为计量单位，以室所含设备重量"t"分列定额项目。

二、铸铁平台安装，以"t"为计量单位，按方形平台或铸梁式平台的安装方式（安装在基础上或支架上）及安装时灌浆与不灌浆分列定额项目。

一、砂处理设备

定 额 编 号			A1-3-1	A1-3-2	A1-3-3	A1-3-4
项 目 名 称			设备重量(t以内)			
			2	4	6	8
基 价 （元）			835.42	1515.91	2126.29	2803.43
其中	人 工 费 （元）		634.20	907.06	1238.16	1511.72
	材 料 费 （元）		74.59	117.42	189.16	264.48
	机 械 费 （元）		126.63	491.43	698.97	1027.23
名 称	单位	单价（元）	消 耗 量			
人工	综合工日	工日	140.00	4.530	6.479	8.844	10.798

名 称	单位	单价（元）	消 耗 量			
人工 综合工日	工日	140.00	4.530	6.479	8.844	10.798
材料 镀锌铁丝 φ4.0~2.8	kg	3.57	0.616	0.616	0.924	0.924
黄油钙基脂	kg	5.15	0.089	0.167	0.167	0.222
机油	kg	19.66	0.144	0.222	0.222	0.333
煤油	kg	3.73	2.137	3.003	3.465	3.511
木板	m³	1634.16	0.012	0.020	0.022	0.054
平垫铁	kg	3.74	4.700	7.530	17.460	19.400
热轧薄钢板 δ1.6~1.9	kg	3.93	1.100	1.430	1.430	1.650
斜垫铁	kg	3.50	4.590	7.640	14.810	17.290
其他材料费占材料费	%	—	5.000	5.000	5.000	5.000
机械 叉式起重机 5t	台班	506.51	0.250	—	—	—
汽车式起重机 16t	台班	958.70	—	—	—	0.900
汽车式起重机 8t	台班	763.67	—	0.500	0.700	—
载重汽车 10t	台班	547.99	—	0.200	0.300	0.300

定 额 编 号				A1-3-5	A1-3-6	A1-3-7	A1-3-8
项 目 名 称				设备重量（t以内）			
				10	12	15	20
基 价 （元）				3614.27	4175.20	5150.70	6455.98
其中	人 工 费（元）			1886.64	2235.38	2772.00	3659.32
	材 料 费（元）			320.21	469.67	701.02	813.37
	机 械 费（元）			1407.42	1470.15	1677.68	1983.29
名 称		单位	单价（元）	消 耗 量			
人工	综合工日	工日	140.00	13.476	15.967	19.800	26.138
材料	道木	m³	2137.00	—	—	0.062	0.069
	镀锌铁丝 φ4.0～2.8	kg	3.57	1.232	1.515	2.400	3.000
	黄油钙基脂	kg	5.15	0.333	0.410	0.354	0.354
	机油	kg	19.66	0.333	0.410	0.707	0.707
	煤油	kg	3.73	4.620	5.683	6.825	7.350
	木板	m³	1634.16	0.059	0.073	0.083	0.090
	平垫铁	kg	3.74	25.230	41.400	48.290	59.840
	热轧薄钢板 δ1.6～1.9	kg	3.93	1.650	2.030	2.200	2.500
	斜垫铁	kg	3.50	22.230	36.690	45.860	55.040
	其他材料费占材料费	%	—	5.000	5.000	5.000	5.000
机械	汽车式起重机 16t	台班	958.70	0.500	—	—	—
	汽车式起重机 25t	台班	1084.16	—	0.500	0.500	—
	汽车式起重机 30t	台班	1127.57	—	—	—	0.500
	汽车式起重机 8t	台班	763.67	1.000	1.000	1.200	1.500
	载重汽车 10t	台班	547.99	0.300	0.300	0.400	0.500

二、造型及造芯设备

定 额 编 号			A1-3-9	A1-3-10	A1-3-11
项 目 名 称			设备重量(t以内)		
			1	2	4
基 价（元）			702.50	1220.61	2334.74
其中	人 工 费（元）		506.38	957.46	1587.04
	材 料 费（元）		94.82	136.52	256.27
	机 械 费（元）		101.30	126.63	491.43
名 称	单位	单价（元）	消 耗 量		
人工	综合工日	工日	140.00	3.617	6.839	11.336
材料	镀锌铁丝 φ4.0～2.8	kg	3.57	0.420	0.560	0.720
	黄油钙基脂	kg	5.15	0.152	0.202	0.273
	机油	kg	19.66	0.152	0.202	0.273
	煤油	kg	3.73	2.756	3.675	4.253
	木板	m³	1634.16	0.020	0.026	0.028
	平垫铁	kg	3.74	2.820	5.820	20.700
	汽油	kg	6.77	0.383	0.510	0.459
	热轧薄钢板 δ1.6～1.9	kg	3.93	0.750	1.000	1.260
	橡胶板	kg	2.91	5.250	7.000	8.100
	斜垫铁	kg	3.50	3.060	4.940	18.300
	其他材料费占材料费	%	—	5.000	5.000	5.000
机械	叉式起重机 5t	台班	506.51	0.200	0.250	—
	汽车式起重机 8t	台班	763.67	—	—	0.500
	载重汽车 10t	台班	547.99	—	—	0.200

定　额　编　号			A1-3-12	A1-3-13	A1-3-14
项　目　名　称			设备重量(t以内)		
			6	8	10
基　　　价（元）			3441.00	4430.21	5358.96
其中	人　工　费（元）		2372.86	3091.48	3525.20
	材　料　费（元）		335.94	377.43	601.06
	机　械　费（元）		732.20	961.30	1232.70
名　　称	单位	单价（元）	消　　耗　　量		
人工	综合工日	工日	140.00	16.949	22.082	25.180
材料	道木	m³	2137.00	—	—	0.062
	镀锌铁丝 φ4.0～2.8	kg	3.57	1.320	1.200	2.400
	黄油钙基脂	kg	5.15	0.333	0.404	0.404
	机油	kg	19.66	0.333	0.404	0.606
	煤油	kg	3.73	6.930	8.400	10.500
	木板	m³	1634.16	0.054	0.054	0.075
	平垫铁	kg	3.74	27.600	31.050	34.790
	汽油	kg	6.77	0.561	1.020	1.020
	热轧薄钢板 δ1.6～1.9	kg	3.93	1.540	1.600	1.600
	斜垫铁	kg	3.50	22.800	27.500	32.100
	其他材料费占材料费	%	—	5.000	5.000	5.000
机械	汽车式起重机 16t	台班	958.70	—	—	1.000
	汽车式起重机 8t	台班	763.67	0.600	0.900	—
	载重汽车 10t	台班	547.99	0.500	0.500	0.500

定　额　编　号			A1-3-15	A1-3-16	A1-3-17
项　目　名　称			设备重量（t以内）		
			15	20	25
基　　　价（元）			7053.27	8434.51	9968.92
其中	人　工　费（元）		4978.40	5891.20	7127.68
	材　料　费（元）		650.43	768.53	874.72
	机　械　费（元）		1424.44	1774.78	1966.52
名　　称	单位	单价（元）	消　　耗　　量		
人工	综合工日	工日	140.00	35.560	42.080	50.912
材料	道木	m³	2137.00	0.062	0.069	0.069
	镀锌铁丝 φ4.0～2.8	kg	3.57	2.400	3.600	3.600
	黄油钙基脂	kg	5.15	0.505	0.505	0.505
	机油	kg	19.66	0.808	1.010	1.010
	煤油	kg	3.73	10.500	12.600	17.850
	木板	m³	1634.16	0.083	0.103	0.134
	平垫铁	kg	3.74	37.950	44.840	48.290
	汽油	kg	6.77	1.020	2.040	2.040
	热轧薄钢板 δ1.6～1.9	kg	3.93	2.000	2.000	2.500
	斜垫铁	kg	3.50	36.690	41.280	45.860
	其他材料费占材料费	%	—	5.000	5.000	5.000
机械	汽车式起重机 16t	台班	958.70	1.200	1.000	1.200
	汽车式起重机 25t	台班	1084.16	—	0.500	0.500
	载重汽车 10t	台班	547.99	0.500	0.500	0.500

三、落砂及清理设备

计量单位：台

定　额　编　号				A1-3-18	A1-3-19	A1-3-20
项　目　名　称				设备重量(t以内)		
				0.5	1	3
基　　　　价（元）				325.83	509.39	1480.92
其中	人　工　费（元）			173.60	279.44	805.98
	材　料　费（元）			50.93	78.00	192.58
	机　械　费（元）			101.30	151.95	482.36
名　　称		单位	单价（元）	消　　耗　　量		
人工	综合工日	工日	140.00	1.240	1.996	5.757
材料	镀锌铁丝 φ4.0～2.8	kg	3.57	0.420	0.560	0.560
	黄油钙基脂	kg	5.15	0.076	0.101	0.152
	机油	kg	19.66	0.076	0.101	0.202
	煤油	kg	3.73	0.788	1.050	2.100
	木板	m³	1634.16	0.011	0.014	0.018
	平垫铁	kg	3.74	2.820	5.820	19.400
	热轧薄钢板 δ1.6～1.9	kg	3.93	0.750	1.000	1.300
	斜垫铁	kg	3.50	3.060	4.940	17.640
	其他材料费占材料费	%	—	5.000	5.000	5.000
机械	叉式起重机 5t	台班	506.51	0.200	0.300	0.500
	汽车式起重机 8t	台班	763.67	—	—	0.300

定　额　编　号			A1-3-21	A1-3-22	A1-3-23
项　目　名　称			设备重量(t以内)		
			5	8	12
基　　　　价（元）			2314.83	3376.43	4728.22
其中	人　工　费（元）		1169.28	1860.46	2766.26
	材　料　费（元）		260.62	380.79	444.94
	机　械　费（元）		884.93	1135.18	1517.02
名　　称	单位	单价（元）	消　　耗　　量		
人工	综合工日	工日	140.00	8.352	13.289	19.759
材料	道木	m³	2137.00	—	—	0.004
	镀锌铁丝 φ4.0～2.8	kg	3.57	0.840	1.120	1.800
	黄油钙基脂	kg	5.15	0.303	0.404	0.606
	机油	kg	19.66	0.202	0.505	0.808
	煤油	kg	3.73	3.150	6.300	8.400
	木板	m³	1634.16	0.031	0.054	0.063
	平垫铁	kg	3.74	25.230	32.300	35.120
	热轧薄钢板 δ1.6～1.9	kg	3.93	1.300	1.800	3.000
	斜垫铁	kg	3.50	22.230	30.580	32.100
	其他材料费占材料费	%	—	5.000	5.000	5.000
机械	汽车式起重机 16t	台班	958.70	—	0.500	0.500
	汽车式起重机 8t	台班	763.67	0.800	0.500	1.000
	载重汽车 10t	台班	547.99	0.500	0.500	0.500

四、抛丸清理室

定 额 编 号			A1-3-24	A1-3-25	A1-3-26	A1-3-27
项 目 名 称			设备重量(t以内)			
			5	10	15	20
基 价（元）			4994.13	9254.98	12636.42	16492.79
其中	人 工 费（元）		3423.98	6451.62	9216.48	12619.88
	材 料 费（元）		468.50	749.43	1020.42	1143.38
	机 械 费（元）		1101.65	2053.93	2399.52	2729.53
名 称	单位	单价（元）	消 耗 量			
人工 综合工日	工日	140.00	24.457	46.083	65.832	90.142
材料 道木	m³	2137.00	0.007	0.005	0.007	0.007
低碳钢焊条	kg	6.84	22.050	41.160	58.800	60.900
镀锌铁丝 φ4.0～2.8	kg	3.57	2.000	2.100	3.000	3.000
凡士林	kg	6.56	0.500	0.490	0.700	0.800
防锈漆	kg	5.62	0.300	0.350	0.500	0.600
黑铅粉	kg	5.13	0.500	0.700	1.000	1.200
黄油钙基脂	kg	5.15	0.404	0.354	0.505	0.505
机油	kg	19.66	1.010	1.061	1.515	1.515
角钢 60	kg	3.61	2.000	2.800	4.000	5.000
煤油	kg	3.73	3.150	3.675	5.250	6.300
木板	m³	1634.16	0.020	0.034	0.048	0.061
平垫铁	kg	3.74	10.530	21.060	23.850	27.220
汽油	kg	6.77	1.530	2.142	3.060	3.570
铅油（厚漆）	kg	6.45	1.000	1.400	2.000	2.200
热轧薄钢板 δ1.6～1.9	kg	3.93	2.000	2.800	4.000	5.000
热轧厚钢板 δ8.0～20	kg	3.20	4.000	7.000	10.000	10.000
石棉松绳 φ13～19	kg	11.11	1.100	1.400	2.000	2.500
石棉橡胶板	kg	9.40	2.000	1.540	2.200	3.400
调和漆	kg	6.00	0.300	0.350	0.500	0.600
橡胶板	kg	2.91	1.500	1.820	2.600	4.600
斜垫铁	kg	3.50	9.880	19.750	21.576	25.200
氧气	m³	3.63	6.120	8.568	12.240	14.280
乙炔气	kg	10.45	2.040	2.856	4.080	4.760
其他材料费占材料费	%	—	5.000	5.000	5.000	5.000
机械 交流弧焊机 21kV·A	台班	57.35	5.000	6.500	8.000	8.500
汽车式起重机 16t	台班	958.70	0.850	1.300	1.500	1.700
汽车式起重机 25t	台班	1084.16	—	0.300	—	—
汽车式起重机 30t	台班	1127.57	—	—	0.300	0.300
载重汽车 10t	台班	547.99	—	0.200	0.300	0.500

定 额 编 号			A1-3-28	A1-3-29	A1-3-30
项 目 名 称			设备重量(t以内)		
			35	40	50
基 价（元）			28426.73	32075.57	39993.90
其中	人 工 费（元）		21406.42	23671.48	27789.58
	材 料 费（元）		1458.10	1875.83	2017.38
	机 械 费（元）		5562.21	6528.26	10186.94
名 称	单位	单价（元）	消 耗 量		
人工	综合工日	工日	140.00	152.903	169.082	198.497
材料	道木	m³	2137.00	0.007	0.007	0.007
	低碳钢焊条	kg	6.84	65.100	73.500	76.650
	镀锌铁丝 φ4.0～2.8	kg	3.57	5.000	8.500	10.000
	凡士林	kg	6.56	1.000	1.200	1.200
	防锈漆	kg	5.62	0.750	1.000	1.200
	黑铅粉	kg	5.13	1.500	1.600	1.600
	黄油钙基脂	kg	5.15	0.808	1.212	1.616
	机油	kg	19.66	2.020	3.535	4.040
	角钢 60	kg	3.61	6.000	10.000	12.000
	煤油	kg	3.73	8.400	21.000	23.100
	木板	m³	1634.16	0.121	0.169	0.169
	平垫铁	kg	3.74	29.700	35.640	39.600
	汽油	kg	6.77	4.080	6.120	8.160
	铅油（厚漆）	kg	6.45	2.500	3.000	3.000
	热轧薄钢板 δ1.6～1.9	kg	3.93	7.000	14.000	16.000
	热轧厚钢板 δ8.0～20	kg	3.20	16.000	24.000	28.000
	石棉松绳 φ13～19	kg	11.11	3.500	4.400	4.600
	石棉橡胶板	kg	9.40	5.500	7.000	7.300
	调和漆	kg	6.00	0.750	1.000	1.200
	橡胶板	kg	2.91	6.700	8.200	8.500
	斜垫铁	kg	3.50	27.720	30.240	32.760
	氧气	m³	3.63	21.420	24.480	26.520
	乙炔气	kg	10.45	7.140	8.160	8.840
	其他材料费占材料费	%	—	5.000	5.000	5.000
机械	交流弧焊机 21kV·A	台班	57.35	11.500	14.000	16.000
	汽车式起重机 100t	台班	4651.90	—	—	0.600
	汽车式起重机 16t	台班	958.70	3.800	4.200	6.300
	汽车式起重机 50t	台班	2464.07	0.400	—	—
	汽车式起重机 75t	台班	3151.07	—	0.400	—
	载重汽车 10t	台班	547.99	0.500	0.800	0.800

五、金属型铸造设备

定　额　编　号				A1-3-31	A1-3-32	A1-3-33	A1-3-34
项　目　名　称				设备重量(t以内)			
				1	3	5	7
基　　　　价（元）				803.93	1861.60	2858.36	3687.77
其中	人　工　费（元）			514.36	1422.12	1959.86	2609.18
	材　料　费（元）			137.62	236.88	305.53	434.84
	机　械　费（元）			151.95	202.60	592.97	643.75
名　　　称		单位	单价（元）	消　　耗　　量			
人工	综合工日	工日	140.00	3.674	10.158	13.999	18.637
材料	镀锌铁丝 φ4.0～2.8	kg	3.57	0.560	0.874	0.840	1.260
	黄油钙基脂	kg	5.15	0.101	0.158	0.202	0.303
	机油	kg	19.66	0.152	0.237	0.202	0.303
	煤油	kg	3.73	2.310	3.604	3.150	4.725
	木板	m³	1634.16	0.015	0.023	0.031	0.047
	平垫铁	kg	3.74	2.820	7.760	11.640	13.580
	汽油	kg	6.77	0.102	0.159	0.306	0.459
	热轧厚钢板 δ31 以外	kg	3.20	20.000	31.200	40.000	60.000
	橡胶板	kg	2.91	0.200	0.312	0.200	0.300
	斜垫铁	kg	3.50	3.060	7.410	9.880	12.350
	紫铜板(综合)	kg	58.97	0.100	0.156	0.200	0.300
	其他材料费占材料费	%	—	5.000	5.000	5.000	5.000
机械	叉式起重机 5t	台班	506.51	0.300	0.400	—	—
	汽车式起重机 12t	台班	857.15	—	—	0.500	—
	汽车式起重机 16t	台班	958.70	—	—	—	0.500
	载重汽车 10t	台班	547.99	—	—	0.300	0.300

定 额 编 号				A1-3-35	A1-3-36	A1-3-37	A1-3-38
项 目 名 称				设备重量(t以内)			
				9	12	15	20
基 价（元）				4417.22	5934.92	7195.62	9103.37
其中	人 工 费（元）			3183.46	4222.82	5241.88	6337.94
	材 料 费（元）			439.34	534.20	658.31	968.95
	机 械 费（元）			794.42	1177.90	1295.43	1796.48
名 称		单位	单价(元)	消 耗 量			
人工	综合工日	工日	140.00	22.739	30.163	37.442	45.271
材料	道木	m³	2137.00	—	—	0.021	0.021
	镀锌铁丝 φ4.0～2.8	kg	3.57	0.840	1.800	2.400	3.600
	黄油钙基脂	kg	5.15	0.202	0.202	0.303	0.303
	机油	kg	19.66	0.303	0.303	0.404	0.505
	煤油	kg	3.73	5.250	6.300	8.400	10.500
	木板	m³	1634.16	0.053	0.075	0.083	0.121
	平垫铁	kg	3.74	20.690	24.150	31.050	56.060
	汽油	kg	6.77	0.714	1.020	1.020	1.020
	热轧厚钢板 δ31 以外	kg	3.20	45.000	50.000	50.000	60.000
	斜垫铁	kg	3.50	18.350	22.930	27.520	51.040
	紫铜板(综合)	kg	58.97	0.200	0.200	0.300	0.500
	其他材料费占材料费	%	—	5.000	5.000	5.000	5.000
机械	汽车式起重机 16t	台班	958.70	0.600	1.000	0.500	1.000
	汽车式起重机 25t	台班	1084.16	—	—	0.500	—
	汽车式起重机 30t	台班	1127.57	—	—	—	0.500
	载重汽车 10t	台班	547.99	0.400	0.400	0.500	0.500

定 额 编 号			A1-3-39	A1-3-40	A1-3-41
项 目 名 称			设备重量（t以内）		
			25	30	40
基 价（元）			11220.72	13503.00	17949.06
其中	人 工 费（元）		7861.00	9068.78	12087.32
	材 料 费（元）		1083.89	1243.73	1505.71
	机 械 费（元）		2275.83	3190.49	4356.03
名 称	单位	单价（元）	消 耗 量		
人工 综合工日	工日	140.00	56.150	64.777	86.338
材料 道木	m³	2137.00	0.021	0.028	0.069
镀锌铁丝 φ4.0～2.8	kg	3.57	3.600	4.000	5.000
黄油钙基脂	kg	5.15	0.404	0.404	0.606
机油	kg	19.66	0.707	1.010	1.212
煤油	kg	3.73	15.750	21.000	26.250
木板	m³	1634.16	0.134	0.156	0.163
平垫铁	kg	3.74	61.660	72.870	78.480
汽油	kg	6.77	1.020	2.040	2.040
热轧厚钢板 δ31 以外	kg	3.20	60.000	60.000	80.000
斜垫铁	kg	3.50	58.330	65.620	72.910
紫铜板（综合）	kg	58.97	0.800	0.800	1.000
其他材料费占材料费	%	—	5.000	5.000	5.000
机械 汽车式起重机 16t	台班	958.70	1.500	1.500	2.000
汽车式起重机 30t	台班	1127.57	0.500	—	—
汽车式起重机 50t	台班	2464.07	—	0.600	—
汽车式起重机 75t	台班	3151.07	—	—	0.600
载重汽车 10t	台班	547.99	0.500	0.500	1.000

定　额　编　号				A1-3-42	A1-3-43	A1-3-44
项　目　名　称				设备重量(t以内)		
				45	50	55
基　　　价（元）				20141.97	22120.50	23832.77
其中	人　工　费（元）			13105.68	14464.66	15938.16
	材　料　费（元）			1721.56	1861.76	1707.70
	机　械　费（元）			5314.73	5794.08	6186.91
名　　称		单位	单价（元）	消　　耗　　量		
人工	综合工日	工日	140.00	93.612	103.319	113.844
材料	道木	m³	2137.00	0.083	0.091	0.069
	镀锌铁丝 φ4.0～2.8	kg	3.57	6.000	6.600	6.000
	黄油钙基脂	kg	5.15	0.727	0.800	0.909
	机油	kg	19.66	1.454	1.600	1.515
	煤油	kg	3.73	31.500	34.650	31.500
	木板	m³	1634.16	0.196	0.215	0.188
	平垫铁	kg	3.74	82.400	86.520	95.300
	汽油	kg	6.77	2.448	2.693	3.060
	热轧厚钢板 δ31 以外	kg	3.20	96.000	105.600	80.000
	斜垫铁	kg	3.50	76.560	80.380	87.490
	紫铜板(综合)	kg	58.97	1.200	1.320	1.000
	其他材料费占材料费	%	—	5.000	5.000	5.000
机械	汽车式起重机 100t	台班	4651.90	—	—	0.800
	汽车式起重机 16t	台班	958.70	3.000	3.500	2.000
	汽车式起重机 75t	台班	3151.07	0.600	0.600	—
	载重汽车 10t	台班	547.99	1.000	1.000	1.000

六、材料准备设备

定　额　编　号				A1-3-45	A1-3-46	A1-3-47
项　目　名　称				设备重量(t以内)		
				1	2	3
基　　　价　（元）				1012.71	1584.97	2267.58
其中	人　工　费（元）			760.48	1210.16	1771.84
	材　料　费（元）			139.46	205.65	270.20
	机　械　费（元）			112.77	169.16	225.54
名　　　称		单位	单价（元）	消　　耗　　量		
人工	综合工日	工日	140.00	5.432	8.644	12.656
材料	低碳钢焊条	kg	6.84	0.210	0.210	0.263
	镀锌铁丝 φ4.0～2.8	kg	3.57	1.500	2.000	2.500
	黄油钙基脂	kg	5.15	0.505	0.505	0.707
	机油	kg	19.66	0.505	1.010	1.010
	煤油	kg	3.73	3.150	4.200	5.250
	木板	m³	1634.16	0.001	0.015	0.018
	平垫铁	kg	3.74	5.640	5.920	11.640
	热轧厚钢板 δ8.0～20	kg	3.20	18.000	25.000	30.000
	斜垫铁	kg	3.50	6.120	6.430	9.880
	其他材料费占材料费	%	—	5.000	5.000	5.000
机械	叉式起重机 5t	台班	506.51	0.200	0.300	0.400
	交流弧焊机 21kV·A	台班	57.35	0.200	0.300	0.400

定 额 编 号				A1-3-48	A1-3-49
项 目 名 称				设备重量(t以内)	
				5	8
基 价（元）				3489.43	4822.32
其中	人 工 费（元）			2631.86	3568.88
	材 料 费（元）			369.15	522.19
	机 械 费（元）			488.42	731.25
名 称		单位	单价（元）	消 耗 量	
人工	综合工日	工日	140.00	18.799	25.492
材料	低碳钢焊条	kg	6.84	0.263	0.315
	镀锌铁丝 φ4.0～2.8	kg	3.57	3.000	3.000
	黄油钙基脂	kg	5.15	1.010	1.010
	机油	kg	19.66	1.010	1.212
	煤油	kg	3.73	6.300	7.350
	木板	m³	1634.16	0.031	0.036
	平垫铁	kg	3.74	17.280	31.990
	热轧厚钢板 δ8.0～20	kg	3.20	35.000	40.000
	斜垫铁	kg	3.50	15.990	30.580
	氧气	m³	3.63	1.020	2.040
	乙炔气	kg	10.45	0.340	0.680
	其他材料费占材料费	%	—	5.000	5.000
机械	叉式起重机 5t	台班	506.51	0.400	—
	交流弧焊机 21kV·A	台班	57.35	0.500	0.500
	汽车式起重机 12t	台班	857.15	0.300	0.500
	载重汽车 10t	台班	547.99	—	0.500

七、铸铁平台

定　额　编　号				A1-3-50	A1-3-51	A1-3-52
项　目　名　称				方型平台		
				基础上灌浆	基础上不灌浆	支架上
基　　　　价（元）				4378.12	2651.85	2552.74
其中	人　工　费（元）			3212.72	1875.72	1492.12
	材　料　费（元）			488.00	153.53	197.26
	机　械　费（元）			677.40	622.60	863.36
名　　称		单位	单价（元）	消　　耗　　量		
人工	综合工日	工日	140.00	22.948	13.398	10.658
材料	道木 250×200×2500	根	214.00	—	—	0.280
	机油	kg	19.66	0.500	0.340	0.350
	煤油	kg	3.73	2.360	2.360	1.790
	木板	m³	1634.16	0.273	0.080	0.070
	其他材料费占材料费	%	—	5.000	5.000	5.000
机械	汽车式起重机 8t	台班	763.67	0.600	0.600	0.700
	载重汽车 10t	台班	547.99	0.400	0.300	0.600

定　额　编　号				A1-3-53	A1-3-54
项　目　名　称				铸梁式平台	
				基础上灌浆	基础上不灌浆
基　　　价（元）				10739.11	6525.55
其中	人　工　费（元）			7293.86	4302.48
	材　料　费（元）			2286.32	1414.51
	机　械　费（元）			1158.93	808.56
名　　　称		单位	单价（元）	消　　耗　　量	
人工	综合工日	工日	140.00	52.099	30.732
材料	机油	kg	19.66	0.160	0.160
	煤油	kg	3.73	1.320	1.320
	木板	m³	1634.16	1.106	0.465
	平垫铁	kg	3.74	50.000	80.000
	斜垫铁	kg	3.50	50.000	80.000
	其他材料费占材料费	%	—	5.000	5.000
机械	汽车式起重机 8t	台班	763.67	0.800	0.700
	载重汽车 10t	台班	547.99	1.000	0.500

第四章 起重设备安装

第四章　词重音和文法

说　　明

一、本章内容包括工业用的起重设备安装，起重量为 0.5～400t，不同结构、不同用途的电动（手动）起重机安装。

二、本章包括以下工作内容：

1.起重机静负荷、动负荷及超负荷试运转。

2.必需的端梁铆接。

3.解体供货的起重机现场组装。

三、本章不包括试运转所需重物的供应和搬运。

四、起重机安装按照型号规格选用子目，以"台"为计量单位，同时又主副钩时以主钩额定起重量为准。

一、桥式起重机

1.电动双梁桥式起重机

计量单位：台

定　额　编　号			A1-4-1	A1-4-2	A1-4-3	A1-4-4
项　目　名　称			起重量(t以内)			
			5		10	
			跨距(m以内)			
			19.5	31.5	19.5	31.5
基　　　价（元）			9003.20	10480.83	9688.29	12824.27
其中	人　工　费（元）		6017.62	6819.96	6582.52	7622.86
	材　料　费（元）		816.72	887.20	874.18	940.04
	机　械　费（元）		2168.86	2773.67	2231.59	4261.37
名　　　称	单位	单价（元）	消　　耗　　量			
人工 综合工日	工日	140.00	42.983	48.714	47.018	54.449
材料 道木	m³	2137.00	0.258	0.258	0.258	0.258
低碳钢焊条	kg	6.84	4.988	5.513	5.985	6.615
钢板 δ4.5~7	kg	3.18	0.460	0.460	0.575	0.575
黄油钙基脂	kg	5.15	4.861	5.214	6.186	6.451
机油	kg	19.66	2.644	2.922	3.699	4.089
煤油	kg	3.73	7.875	8.676	11.223	12.416
木板	m³	1634.16	0.048	0.080	0.053	0.080
氧气	m³	3.63	2.978	3.295	3.029	3.315
乙炔气	kg	10.45	0.992	1.099	1.010	1.105
其他材料费占材料费	%	—	3.000	3.000	3.000	3.000
机械 电动单筒慢速卷扬机 50kN	台班	215.57	1.000	1.000	1.000	1.500
交流弧焊机 21kV·A	台班	57.35	1.250	1.250	1.250	1.250
平板拖车组 10t	台班	887.11	0.500	0.500	0.500	0.500
汽车式起重机 16t	台班	958.70	1.500	1.000	1.000	1.000
汽车式起重机 25t	台班	1084.16	—	1.000	0.500	—
汽车式起重机 50t	台班	2464.07	—	—	—	1.000

定　额　编　号				A1-4-5	A1-4-6	A1-4-7	A1-4-8
项　目　名　称				起重量（t以内）			
				15/3		20/5	
				跨距（m以内）			
				19.5	31.5	19.5	31.5
基　　　价（元）				10493.41	14184.12	10453.20	16591.24
其中	人　工　费（元）			7049.28	8262.24	7427.84	8791.30
	材　料　费（元）			976.89	1044.70	1028.87	1117.17
	机　械　费（元）			2467.24	4877.18	1996.49	6682.77
名　　称		单位	单价（元）	消　　耗　　量			
人工	综合工日	工日	140.00	50.352	59.016	53.056	62.795
材料	道木	m³	2137.00	0.258	0.258	0.258	0.258
	低碳钢焊条	kg	6.84	7.329	7.802	8.022	8.075
	钢板 δ4.5～7	kg	3.18	0.575	0.575	0.690	0.690
	黄油钙基脂	kg	5.15	8.131	8.838	9.721	10.252
	机油	kg	19.66	5.278	5.833	6.333	6.999
	煤油	kg	3.73	15.724	17.194	17.444	18.638
	木板	m³	1634.16	0.071	0.080	0.075	0.113
	氧气	m³	3.63	3.488	7.405	3.978	4.396
	乙炔气	kg	10.45	1.163	2.468	1.326	1.466
	其他材料费占材料费	%	—	3.000	3.000	3.000	3.000
机械	电动单筒慢速卷扬机 50kN	台班	215.57	2.000	2.000	2.000	2.000
	交流弧焊机 21kV·A	台班	57.35	1.600	1.750	1.750	1.750
	平板拖车组 10t	台班	887.11	0.500	0.500	0.500	—
	平板拖车组 20t	台班	1081.33	—	—	—	0.500
	汽车式起重机 100t	台班	4651.90	—	—	—	1.000
	汽车式起重机 16t	台班	958.70	1.000	1.500	0.500	1.000
	汽车式起重机 25t	台班	1084.16	0.500	—	0.500	—
	汽车式起重机 50t	台班	2464.07	—	1.000	—	—

定 额 编 号				A1-4-9	A1-4-10	A1-4-11	A1-4-12
项 目 名 称				起重量(t以内)			
				30/5		50/10	
				跨距(m以内)			
				19.5	31.5	19.5	31.5
基 价 （元）				13970.66	17651.05	19436.64	21118.76
其中	人 工 费（元）			7904.12	9633.82	9842.42	12366.34
	材 料 费（元）			1102.64	1209.00	1822.75	1929.85
	机 械 费（元）			4963.90	6808.23	7771.47	6822.57
名 称		单位	单价（元）	消 耗 量			
人工	综合工日	工日	140.00	56.458	68.813	70.303	88.331
材料	道木	m³	2137.00	0.258	0.258	0.516	0.516
	低碳钢焊条	kg	6.84	9.083	9.324	9.482	10.479
	钢板 δ4.5~7	kg	3.18	0.920	0.920	1.495	1.495
	黄油钙基脂	kg	5.15	10.605	11.754	12.373	12.991
	机油	kg	19.66	7.389	8.166	9.500	10.500
	煤油	kg	3.73	18.993	20.685	29.610	32.734
	木板	m³	1634.16	0.093	0.138	0.125	0.163
	氧气	m³	3.63	4.417	4.498	4.519	4.600
	乙炔气	kg	10.45	1.472	1.499	1.507	1.533
	其他材料费占材料费	%	—	3.000	3.000	3.000	3.000
机械	电动单筒慢速卷扬机 50kN	台班	215.57	2.000	2.000	2.000	2.000
	交流弧焊机 21kV·A	台班	57.35	1.750	1.750	1.750	2.000
	平板拖车组 20t	台班	1081.33	0.500	0.500	0.500	0.500
	汽车式起重机 100t	台班	4651.90	—	1.000	—	1.000
	汽车式起重机 25t	台班	1084.16	1.000	1.000	1.000	1.000
	汽车式起重机 50t	台班	2464.07	0.500	—	1.000	—
	汽车式起重机 75t	台班	3151.07	0.500	—	1.000	—

定　额　编　号				A1-4-13	A1-4-14	A1-4-15	A1-4-16
项　目　名　称				起重量(t以内)			
				75/20		100/20	
				跨距(m以内)			
				19.5	31.5	22	31
基　　　　价（元）				25111.71	29979.02	32036.59	40220.61
其中	人　工　费（元）			15273.30	17496.64	19826.10	21868.28
	材　料　费（元）			2046.29	2175.65	2969.00	3119.12
	机　械　费（元）			7792.12	10306.73	9241.49	15233.21
名　　　称		单位	单价（元）	消　　耗　　量			
人工	综合工日	工日	140.00	109.095	124.976	141.615	156.202
材料	道木	m³	2137.00	0.516	0.516	0.773	0.773
	低碳钢焊条	kg	6.84	11.498	12.212	13.472	13.881
	钢板 δ4.5～7	kg	3.18	1.955	1.955	2.070	2.070
	黄油钙基脂	kg	5.15	16.791	17.675	19.796	20.326
	机油	kg	19.66	11.855	12.587	15.554	16.020
	煤油	kg	3.73	40.294	44.954	49.875	51.765
	木板	m³	1634.16	0.175	0.225	0.288	0.363
	氧气	m³	3.63	6.089	6.467	9.486	9.690
	乙炔气	kg	10.45	2.030	2.155	3.162	3.230
	其他材料费占材料费	%	—	3.000	3.000	3.000	3.000
机械	电动单筒慢速卷扬机 50kN	台班	215.57	2.000	2.500	2.500	3.000
	交流弧焊机 21kV·A	台班	57.35	2.500	2.500	3.000	3.000
	平板拖车组 20t	台班	1081.33	0.500	—	—	—
	平板拖车组 30t	台班	1243.07	—	0.500	0.500	0.500
	汽车式起重机 100t	台班	4651.90	1.000	1.500	1.000	2.000
	汽车式起重机 25t	台班	1084.16	0.500	0.500	0.500	0.500
	汽车式起重机 50t	台班	2464.07	0.500	0.500	1.000	1.500
	载重汽车 8t	台班	501.85	0.500	0.500	0.500	0.500

定 额 编 号				A1-4-17	A1-4-18
项 目 名 称				起重量(t以内)	
				150/30	
				跨距(m以内)	
				22	31
基 价 （元）				48588.62	57456.18
其中	人 工 费 （元）			30458.96	34281.38
	材 料 费 （元）			3340.16	3517.83
	机 械 费 （元）			14789.50	19656.97
名 称		单位	单价（元）	消 耗 量	
人工	综合工日	工日	140.00	217.564	244.867
材料	道木	m³	2137.00	0.773	0.773
	低碳钢焊条	kg	6.84	15.089	15.330
	钢板 δ4.5~7	kg	3.18	2.530	2.530
	黄油钙基脂	kg	5.15	30.048	30.931
	机油	kg	19.66	18.887	19.454
	煤油	kg	3.73	56.110	57.790
	木板	m³	1634.16	0.400	0.488
	氧气	m³	3.63	12.750	13.464
	乙炔气	kg	10.45	4.250	4.488
	其他材料费占材料费	%	—	3.000	3.000
机械	电动单筒慢速卷扬机 50kN	台班	215.57	3.000	4.000
	交流弧焊机 21kV·A	台班	57.35	3.500	3.500
	平板拖车组 30t	台班	1243.07	1.000	1.000
	汽车式起重机 100t	台班	4651.90	1.500	2.500
	汽车式起重机 25t	台班	1084.16	0.500	0.500
	汽车式起重机 50t	台班	2464.07	2.000	2.000
	载重汽车 8t	台班	501.85	0.500	0.500

定 额 编 号				A1-4-19	A1-4-20
项 目 名 称				起重量(t以内)	
				200/30	
				跨距(m以内)	
				22	31
基 价 （元）				61308.51	70736.32
其中	人 工 费（元）			36780.38	40567.10
	材 料 费（元）			3604.54	3826.32
	机 械 费（元）			20923.59	26342.90
名 称		单位	单价(元)	消 耗 量	
人工	综合工日	工日	140.00	262.717	289.765
材料	道木	m³	2137.00	0.773	0.773
	低碳钢焊条	kg	6.84	16.706	17.210
	钢板 δ4.5～7	kg	3.18	2.530	2.530
	黄油钙基脂	kg	5.15	33.583	38.001
	机油	kg	19.66	22.220	22.887
	煤油	kg	3.73	62.344	64.221
	木板	m³	1634.16	0.425	0.525
	木柴	kg	0.18	14.000	14.000
	氧气	m³	3.63	26.143	26.928
	乙炔气	kg	10.45	8.714	8.976
	其他材料费占材料费	%	—	3.000	3.000
机械	电动单筒慢速卷扬机 50kN	台班	215.57	4.000	5.000
	交流弧焊机 21kV·A	台班	57.35	4.000	4.000
	平板拖车组 40t	台班	1446.84	1.000	1.000
	汽车式起重机 100t	台班	4651.90	2.000	3.500
	汽车式起重机 25t	台班	1084.16	2.000	1.500
	汽车式起重机 50t	台班	2464.07	2.500	2.000
	载重汽车 8t	台班	501.85	1.500	1.500

定　额　编　号			A1-4-21	A1-4-22
项　目　名　称			起重量(t以内)	
			250/30	
			跨距(m以内)	
			22	31
基　　　　　价　（元）			77575.82	85976.68
其中	人　工　费（元）		46584.58	52016.72
	材　料　费（元）		4465.20	4713.77
	机　械　费（元）		26526.04	29246.19
名　　　称	单位	单价(元)	消　耗　量	
人工 综合工日	工日	140.00	332.747	371.548
材料 道木	m³	2137.00	1.031	1.031
低碳钢焊条	kg	6.84	18.323	18.869
钢板 δ4.5～7	kg	3.18	2.645	2.645
黄油钙基脂	kg	5.15	42.420	43.304
机油	kg	19.66	25.553	26.320
煤油	kg	3.73	68.579	70.639
木板	m³	1634.16	0.500	0.625
木柴	kg	0.18	20.000	20.000
氧气	m³	3.63	28.234	29.080
乙炔气	kg	10.45	9.412	9.693
其他材料费占材料费	%	—	3.000	3.000
机械 电动单筒慢速卷扬机 50kN	台班	215.57	6.000	6.000
交流弧焊机 21kV·A	台班	57.35	4.500	4.500
平板拖车组 15t	台班	981.46	0.500	0.500
平板拖车组 40t	台班	1446.84	1.000	1.000
汽车式起重机 100t	台班	4651.90	3.000	3.500
汽车式起重机 25t	台班	1084.16	2.000	3.500
汽车式起重机 50t	台班	2464.07	2.500	2.000
载重汽车 8t	台班	501.85	1.500	1.500

計量单位：台

定　额　编　号				A1-4-23	A1-4-24
项　目　名　称				起重量(t以内)	
				300/50	
				跨距(m以内)	
				22	31
基　　　价（元）				87536.04	98217.53
其中	人　工　费（元）			51698.64	58749.18
	材　料　费（元）			4729.37	4888.07
	机　械　费（元）			31108.03	34580.28
名　　称		单位	单价（元）	消　耗　量	
人工	综合工日	工日	140.00	369.276	419.637
材料	道木	m³	2137.00	1.031	1.031
	低碳钢焊条	kg	6.84	20.475	21.945
	钢板 δ4.5～7	kg	3.18	3.450	3.450
	黄油钙基脂	kg	5.15	54.793	56.560
	机油	kg	19.66	27.775	28.609
	煤油	kg	3.73	74.118	77.058
	木板	m³	1634.16	0.563	0.625
	木柴	kg	0.18	24.000	24.000
	氧气	m³	3.63	29.284	30.161
	乙炔气	kg	10.45	9.761	10.054
	其他材料费占材料费	%	—	3.000	3.000
机械	电动单筒慢速卷扬机 50kN	台班	215.57	7.000	7.000
	交流弧焊机 21kV·A	台班	57.35	5.000	5.500
	平板拖车组 15t	台班	981.46	0.500	0.500
	平板拖车组 40t	台班	1446.84	1.000	1.500
	汽车式起重机 100t	台班	4651.90	3.500	4.000
	汽车式起重机 25t	台班	1084.16	2.000	3.500
	汽车式起重机 50t	台班	2464.07	3.000	2.500
	载重汽车 15t	台班	779.76	1.000	1.000
	载重汽车 8t	台班	501.85	1.500	1.500

130

定 额 编 号	A1-4-25
	起重量(t以内)
	400/80
项 目 名 称	跨距(m以内)
	31
基 价（元）	117373.56

其中	人 工 费（元）	69180.16
	材 料 费（元）	6668.44
	机 械 费（元）	41524.96

	名 称	单位	单价（元）	消 耗 量
人工	综合工日	工日	140.00	494.144
材料	道木	m³	2137.00	1.388
	低碳钢焊条	kg	6.84	26.780
	钢板 δ4.5～7	kg	3.18	5.750
	黄油钙基脂	kg	5.15	91.910
	机油	kg	19.66	33.330
	煤油	kg	3.73	81.375
	木板	m³	1634.16	1.000
	木柴	kg	0.18	25.000
	氧气	m³	3.63	33.150
	乙炔气	kg	10.45	11.050
	其他材料费占材料费	%	—	3.000
机械	电动单筒慢速卷扬机 50kN	台班	215.57	8.000
	交流弧焊机 21kV·A	台班	57.35	9.300
	平板拖车组 15t	台班	981.46	1.000
	平板拖车组 40t	台班	1446.84	2.000
	汽车式起重机 100t	台班	4651.90	5.000
	汽车式起重机 25t	台班	1084.16	5.000
	汽车式起重机 50t	台班	2464.07	2.000
	载重汽车 15t	台班	779.76	1.000
	载重汽车 8t	台班	501.85	2.000

2.吊钩抓斗电磁铁三用桥式起重机

计量单位：台

定 额 编 号				A1-4-26	A1-4-27	A1-4-28	A1-4-29
项 目 名 称				起重量(t以内)			
				5		10	
				跨距(m以内)			
				19.5	31.5	19.5	31.5
基 价 （元）				9322.37	11489.60	11320.94	12644.26
其中	人 工 费 （元）			6561.80	7737.80	7544.18	8565.90
	材 料 费 （元）			898.59	992.46	988.75	1074.78
	机 械 费 （元）			1861.98	2759.34	2788.01	3003.58
名 称		单位	单价(元)	消 耗 量			
人工	综合工日	工日	140.00	46.870	55.270	53.887	61.185
材料	道木	m³	2137.00	0.258	0.258	0.258	0.258
	低碳钢焊条	kg	6.84	4.494	4.967	5.492	6.017
	钢板 δ4.5~7	kg	3.18	0.978	0.978	1.150	1.150
	黄油钙基脂	kg	5.15	7.132	7.892	9.659	9.713
	机油	kg	19.66	4.333	4.777	5.278	5.833
	煤油	kg	3.73	11.039	12.206	12.968	14.333
	木板	m³	1634.16	0.063	0.105	0.088	0.125
	氧气	m³	3.63	2.978	3.295	3.050	3.499
	乙炔气	kg	10.45	0.992	1.099	1.017	1.166
	其他材料费占材料费	%	—	3.000	3.000	3.000	3.000
机械	电动单筒慢速卷扬机 50kN	台班	215.57	1.000	1.000	1.000	2.000
	交流弧焊机 21kV·A	台班	57.35	1.000	1.000	1.500	1.500
	平板拖车组 10t	台班	887.11	0.500	0.500	0.500	0.500
	汽车式起重机 16t	台班	958.70	—	1.000	1.000	1.000
	汽车式起重机 25t	台班	1084.16	—	1.000	1.000	1.000
	汽车式起重机 8t	台班	763.67	1.500	—	—	—

定　额　编　号				A1-4-30	A1-4-31	A1-4-32	A1-4-33
项　目　名　称				起重量（t以内）			
				15		20	
				跨距（m以内）			
				19.5	31.5	19.5	31.5
基　　　　价（元）				12607.38	16012.69	17787.86	19291.24
其中	人　工　费（元）			8432.62	10211.04	9964.36	12101.46
	材　料　费（元）			1074.07	1195.59	1150.53	1246.85
	机　械　费（元）			3100.69	4606.06	6672.97	5942.93
名　　称		单位	单价（元）	消　　耗　　量			
人工	综合工日	工日	140.00	60.233	72.936	71.174	86.439
材料	道木	m³	2137.00	0.258	0.258	0.258	0.258
	低碳钢焊条	kg	6.84	6.027	6.615	6.720	6.825
	钢板 δ4.5～7	kg	3.18	1.265	1.265	1.265	1.265
	黄油钙基脂	kg	5.15	10.915	12.064	11.312	12.196
	机油	kg	19.66	5.866	6.422	6.444	6.666
	煤油	kg	3.73	14.583	16.131	16.144	16.144
	木板	m³	1634.16	0.120	0.175	0.150	0.200
	氧气	m³	3.63	3.397	3.601	3.570	3.876
	乙炔气	kg	10.45	1.132	1.201	1.190	1.292
	其他材料费占材料费	%	—	3.000	3.000	3.000	3.000
机械	电动单筒慢速卷扬机 50kN	台班	215.57	2.000	2.000	2.000	2.500
	交流弧焊机 21kV·A	台班	57.35	1.500	1.500	1.500	1.500
	平板拖车组 20t	台班	1081.33	0.500	0.500	0.500	0.500
	汽车式起重机 16t	台班	958.70	1.000	—	—	—
	汽车式起重机 25t	台班	1084.16	1.000	1.000	—	1.500
	汽车式起重机 50t	台班	2464.07	—	1.000	1.000	—
	汽车式起重机 75t	台班	3151.07	—	—	1.000	1.000

3. 双小车吊钩桥式起重机

定 额 编 号				A1-4-34	A1-4-35	A1-4-36
项 目 名 称				\multicolumn{3}{c}{起重量(t以内)}		
				\multicolumn{2}{c}{5+5}	10+10
				\multicolumn{3}{c}{跨距(m以内)}		
				19.5	31.5	19.5
基 价（元）				10430.60	11989.12	11523.62
其中	人 工 费（元）			7069.86	7938.42	7516.60
	材 料 费（元）			892.56	892.56	968.08
	机 械 费（元）			2468.18	3158.14	3038.94
名 称	单位	单价（元）		\multicolumn{3}{c}{消 耗 量}		
人工	综合工日	工日	140.00	50.499	56.703	53.690
材料	道木	m³	2137.00	0.258	0.258	0.258
	低碳钢焊条	kg	6.84	4.494	4.494	4.967
	钢板 δ4.5～7	kg	3.18	0.920	0.920	0.920
	黄油钙基脂	kg	5.15	8.404	8.404	9.288
	机油	kg	19.66	4.755	4.755	5.255
	煤油	kg	3.73	11.235	11.235	12.416
	木板	m³	1634.16	0.050	0.050	0.080
	氧气	m³	3.63	2.978	2.978	3.295
	乙炔气	kg	10.45	0.992	0.992	1.099
	其他材料费占材料费	%	—	3.000	3.000	3.000
机械	电动单筒慢速卷扬机 50kN	台班	215.57	1.000	1.000	1.000
	交流弧焊机 21kV·A	台班	57.35	1.000	1.000	1.500
	平板拖车组 10t	台班	887.11	0.500	0.500	0.500
	汽车式起重机 16t	台班	958.70	1.000	1.000	1.000
	汽车式起重机 25t	台班	1084.16	0.500	—	1.000
	汽车式起重机 50t	台班	2464.07	—	0.500	—
	载重汽车 8t	台班	501.85	0.500	0.500	0.500

定 额 编 号				A1-4-37	A1-4-38	A1-4-39
项 目 名 称				起重量（t以内）		
				10+10	2×50/10	2×75/10
				跨距（m以内）		
				31.5	22	
基 价（元）				14503.84	32898.17	38479.98
其中	人 工 费（元）			8997.10	17379.18	18549.44
	材 料 费（元）			980.11	2216.98	2289.18
	机 械 费（元）			4526.63	13302.01	17641.36
名 称		单位	单价（元）	消 耗 量		
人工	综合工日	工日	140.00	64.265	124.137	132.496
材料	道木	m³	2137.00	0.258	0.516	0.516
	低碳钢焊条	kg	6.84	5.492	10.629	12.361
	钢板 δ4.5～7	kg	3.18	1.035	1.898	1.955
	黄油钙基脂	kg	5.15	10.075	24.887	25.629
	机油	kg	19.66	6.333	11.855	12.221
	煤油	kg	3.73	13.466	42.329	43.641
	木板	m³	1634.16	0.068	0.250	0.275
	氧气	m³	3.63	3.040	6.089	6.273
	乙炔气	kg	10.45	1.013	2.030	2.091
	其他材料费占材料费	%	—	3.000	3.000	3.000
机械	电动单筒慢速卷扬机 50kN	台班	215.57	1.500	4.000	4.000
	交流弧焊机 21kV·A	台班	57.35	1.500	2.000	2.500
	平板拖车组 10t	台班	887.11	0.500	—	—
	平板拖车组 20t	台班	1081.33	—	1.000	1.000
	汽车式起重机 100t	台班	4651.90	—	2.000	2.500
	汽车式起重机 16t	台班	958.70	1.000	1.500	1.000
	汽车式起重机 50t	台班	2464.07	1.000	—	1.000
	载重汽车 8t	台班	501.85	0.500	1.000	1.000

定 额 编 号			A1-4-40	A1-4-41	A1-4-42
项 目 名 称			起重量(t以内)		
			2×100/20	2×125/25	2×150/25
			跨距(m以内)		
			22	25	
基 价（元）			42341.31	47344.35	52871.23
其中	人 工 费（元）		23050.44	25804.94	30734.62
	材 料 费（元）		3095.07	3416.66	3505.83
	机 械 费（元）		16195.80	18122.75	18630.78
名 称	单位	单价(元)	消 耗 量		
人工	综合工日	工日	140.00	164.646	184.321	219.533
材料	道木	m³	2137.00	0.773	0.773	0.773
	低碳钢焊条	kg	6.84	14.095	14.720	15.435
	钢板 δ4.5~7	kg	3.18	2.875	3.335	4.600
	黄油钙基脂	kg	5.15	28.280	38.001	38.885
	机油	kg	19.66	15.554	19.554	19.998
	煤油	kg	3.73	49.875	57.881	59.719
	木板	m³	1634.16	0.320	0.375	0.388
	氧气	m³	3.63	12.240	20.400	25.500
	乙炔气	kg	10.45	4.080	6.800	8.500
	其他材料费占材料费	%	—	3.000	3.000	3.000
机械	电动单筒慢速卷扬机 50kN	台班	215.57	4.000	5.000	5.000
	交流弧焊机 21kV·A	台班	57.35	3.000	3.000	3.500
	平板拖车组 40t	台班	1446.84	0.500	0.500	0.500
	汽车式起重机 100t	台班	4651.90	2.000	2.000	2.000
	汽车式起重机 16t	台班	958.70	2.000	2.500	3.000
	汽车式起重机 50t	台班	2464.07	1.000	1.500	1.500
	载重汽车 8t	台班	501.85	1.500	1.500	1.500

定　额　编　号				A1-4-43	A1-4-44	A1-4-45
项　目　名　称				起重量（t以内）		
				2×200/40	2×250/40	2×300/50
				跨距（m以内）		
				25		
基　　　价（元）				60389.12	74918.62	87981.34
其中	人　工　费（元）			37328.34	47474.42	56280.84
	材　料　费（元）			3877.07	4715.95	4977.03
	机　械　费（元）			19183.71	22728.25	26723.47
名　　称		单位	单价（元）	消　　耗　　量		
人工	综合工日	工日	140.00	266.631	339.103	402.006
材料	道木	m³	2137.00	0.773	1.031	1.031
	低碳钢焊条	kg	6.84	17.125	19.005	22.050
	钢板 δ4.5～7	kg	3.18	5.175	5.405	6.325
	黄油钙基脂	kg	5.15	53.555	61.863	81.323
	机油	kg	19.66	22.998	26.331	28.886
	煤油	kg	3.73	64.706	70.875	78.449
	木板	m³	1634.16	0.500	0.563	0.588
	氧气	m³	3.63	27.030	29.172	30.600
	乙炔气	kg	10.45	9.010	9.724	10.200
	其他材料费占材料费	%	—	3.000	3.000	3.000
机械	电动单筒慢速卷扬机 50kN	台班	215.57	5.000	6.000	7.000
	交流弧焊机 21kV·A	台班	57.35	4.000	4.500	4.500
	平板拖车组 40t	台班	1446.84	0.500	1.000	1.500
	汽车式起重机 100t	台班	4651.90	2.000	2.500	3.000
	汽车式起重机 16t	台班	958.70	2.000	2.000	2.500
	汽车式起重机 50t	台班	2464.07	2.000	2.000	2.000
	载重汽车 8t	台班	501.85	2.000	2.500	3.000

4.加料及双沟挂梁桥式起重机

定 额 编 号				A1-4-46	A1-4-47	A1-4-48	A1-4-49
项 目 名 称				起重量(t以内)			
				3/10	5/20	5+5	
				跨距(m以内)			
				16.5	19	19.5	31.5
基 价（元）				27237.28	34323.59	12827.42	15578.75
其中	人 工 费（元）			16572.50	18895.10	9305.80	10434.20
	材 料 费（元）			2159.60	2271.41	893.60	1000.16
	机 械 费（元）			8505.18	13157.08	2628.02	4144.39
名 称		单位	单价（元）	消 耗 量			
人工	综合工日	工日	140.00	118.375	134.965	66.470	74.530
材料	道木	m³	2137.00	0.516	0.516	0.258	0.258
	低碳钢焊条	kg	6.84	11.498	12.600	4.410	4.935
	钢板 δ4.5～7	kg	3.18	3.795	3.910	0.920	0.920
	黄油钙基脂	kg	5.15	24.126	25.452	8.396	9.279
	机油	kg	19.66	12.221	12.665	4.666	5.222
	煤油	kg	3.73	45.150	45.281	3.413	12.311
	木板	m³	1634.16	0.200	0.250	0.070	0.100
	氧气	m³	3.63	6.120	6.528	2.958	3.264
	乙炔气	kg	10.45	2.040	2.176	0.986	1.088
	其他材料费占材料费	%	—	3.000	3.000	3.000	3.000
机械	电动单筒慢速卷扬机 50kN	台班	215.57	3.000	3.000	1.000	1.500
	交流弧焊机 21kV·A	台班	57.35	2.500	2.500	1.000	1.500
	平板拖车组 20t	台班	1081.33	—	—	0.500	0.500
	平板拖车组 30t	台班	1243.07	0.500	0.500	—	—
	汽车式起重机 100t	台班	4651.90	1.000	2.000	—	—
	汽车式起重机 16t	台班	958.70	1.000	1.000	0.500	0.500
	汽车式起重机 25t	台班	1084.16	—	—	1.000	—
	汽车式起重机 50t	台班	2464.07	0.500	0.500	—	1.000
	载重汽车 8t	台班	501.85	0.500	0.500	0.500	0.500

定 额 编 号				A1-4-50	A1-4-51
项 目 名 称				起重量（t以内）	
				20+20	
				跨距（m以内）	
				19	28
基 价 （元）				18568.64	22236.69
其中	人 工 费 （元）			13896.54	15843.10
	材 料 费 （元）			1320.48	1446.49
	机 械 费 （元）			3351.62	4947.10
名 称		单位	单价（元）	消 耗 量	
人工	综合工日	工日	140.00	99.261	113.165
材料	道木	m³	2137.00	0.258	0.258
	低碳钢焊条	kg	6.84	6.510	6.825
	钢板 δ4.5～7	kg	3.18	1.495	1.610
	黄油钙基脂	kg	5.15	12.373	13.698
	机油	kg	19.66	6.444	8.333
	煤油	kg	3.73	15.488	23.901
	木板	m³	1634.16	0.250	0.275
	氧气	m³	3.63	3.468	3.978
	乙炔气	kg	10.45	1.156	1.326
	其他材料费占材料费	%	—	3.000	3.000
机械	电动单筒慢速卷扬机 50kN	台班	215.57	2.000	3.000
	交流弧焊机 21kV·A	台班	57.35	1.500	1.500
	平板拖车组 20t	台班	1081.33	0.500	0.500
	汽车式起重机 16t	台班	958.70	1.000	1.000
	汽车式起重机 25t	台班	1084.16	1.000	—
	汽车式起重机 50t	台班	2464.07	—	1.000
	载重汽车 8t	台班	501.85	0.500	0.500

二、吊钩门式起重机

定 额 编 号				A1-4-52	A1-4-53	A1-4-54	A1-4-55
项 目 名 称				起重量(t以内)			
				5		10	
				跨距(m以内)			
				26	35	26	35
基 价（元）				17115.23	18366.81	19719.99	20871.54
其中	人 工 费（元）			12397.56	13568.10	13696.62	14759.78
	材 料 费（元）			1067.24	1148.28	1140.90	1229.29
	机 械 费（元）			3650.43	3650.43	4882.47	4882.47
名 称		单位	单价（元）	消 耗 量			
人工	综合工日	工日	140.00	88.554	96.915	97.833	105.427
材料	道木	m³	2137.00	0.258	0.258	0.258	0.258
	低碳钢焊条	kg	6.84	14.658	15.603	14.910	16.149
	钢板 δ4.5～7	kg	3.18	0.575	0.575	0.690	0.690
	黄油钙基脂	kg	5.15	8.131	8.838	9.721	10.252
	机油	kg	19.66	5.278	5.833	6.333	6.999
	煤油	kg	3.73	15.724	17.194	17.325	18.559
	木板	m³	1634.16	0.094	0.125	0.113	0.146
	氧气	m³	3.63	3.488	3.703	3.978	4.396
	乙炔气	kg	10.45	1.163	1.234	1.326	1.466
	其他材料费占材料费	%	—	3.000	3.000	3.000	3.000
机械	交流弧焊机 21kV·A	台班	57.35	3.500	3.500	3.500	3.500
	平板拖车组 10t	台班	887.11	0.500	0.500	0.500	0.500
	汽车式起重机 25t	台班	1084.16	0.500	0.500	0.500	0.500
	汽车式起重机 50t	台班	2464.07	1.000	1.000	1.500	1.500

定 额 编 号				A1-4-56	A1-4-57	A1-4-58	A1-4-59
项 目 名 称				起重量(t以内)			
				15/3		20/5	
				跨距(m以内)			
				26	35	26	35
基 价（元）				21631.39	25240.69	26162.32	31436.86
其中	人 工 费（元）			14525.28	16540.58	16929.78	19124.98
	材 料 费（元）			1245.07	1338.24	1330.01	1449.91
	机 械 费（元）			5861.04	7361.87	7902.53	10861.97
名 称		单位	单价（元）	消 耗 量			
人工	综合工日	工日	140.00	103.752	118.147	120.927	136.607
材料	道木	m³	2137.00	0.258	0.258	0.258	0.258
	低碳钢焊条	kg	6.84	17.070	18.648	18.963	20.475
	钢板 δ4.5～7	kg	3.18	0.920	0.920	1.380	1.380
	黄油钙基脂	kg	5.15	10.605	11.754	12.373	12.991
	机油	kg	19.66	7.389	8.166	8.888	9.999
	煤油	kg	3.73	21.551	21.893	24.360	28.206
	木板	m³	1634.16	0.140	0.173	0.151	0.190
	氧气	m³	3.63	4.039	4.498	4.182	4.600
	乙炔气	kg	10.45	1.346	1.499	1.394	1.533
	其他材料费占材料费	%	—	3.000	3.000	3.000	3.000
机械	交流弧焊机 21kV·A	台班	57.35	4.000	4.000	4.000	4.500
	平板拖车组 20t	台班	1081.33	0.500	0.500	1.000	1.000
	汽车式起重机 100t	台班	4651.90	—	1.000	1.000	1.500
	汽车式起重机 16t	台班	958.70	1.500	1.500	1.500	1.000
	汽车式起重机 25t	台班	1084.16	—	—	—	1.000
	汽车式起重机 75t	台班	3151.07	1.000			
	载重汽车 8t	台班	501.85	1.000	1.000	1.000	1.000

三、梁式起重机

定 额 编 号			A1-4-60	A1-4-61
项 目 名 称			电动梁式起重机	
			重量(t以内)	
			3	5
			跨距(m以内)	
			17	
基 价（元）			2565.57	3281.89
其中	人 工 费（元）		1786.54	2222.22
	材 料 费（元）		296.82	329.39
	机 械 费（元）		482.21	730.28
名 称	单位	单价（元）	消 耗 量	
人工	综合工日	工日	140.00	12.761	15.873
材料	道木	m³	2137.00	0.104	0.104
	黄油钙基脂	kg	5.15	1.944	2.651
	机油	kg	19.66	1.278	1.667
	煤油	kg	3.73	3.873	5.381
	木板	m³	1634.16	0.010	0.019
	其他材料费占材料费	%	—	3.000	3.000
机械	汽车式起重机 16t	台班	958.70	—	0.500
	汽车式起重机 8t	台班	763.67	0.500	—
	载重汽车 8t	台班	501.85	0.200	0.500

定　额　编　号				A1-4-62	A1-4-63
项　目　名　称				手动单梁起重机	
				重量(t以内)	
				3	10
				跨距(m以内)	
				14	
基　　　　价（元）				1853.67	2341.11
其中	人　工　费（元）			1084.72	1451.66
	材　料　费（元）			286.74	309.73
	机　械　费（元）			482.21	579.72
名　　　称		单位	单价（元）	消　　耗　　量	
人工	综合工日	工日	140.00	7.748	10.369
材料	道木	m³	2137.00	0.104	0.104
	黄油钙基脂	kg	5.15	1.944	2.651
	机油	kg	19.66	1.222	1.667
	煤油	kg	3.73	4.174	5.959
	木板	m³	1634.16	0.004	0.006
	其他材料费占材料费	%	—	3.000	3.000
机械	汽车式起重机 16t	台班	958.70	—	0.500
	汽车式起重机 8t	台班	763.67	0.500	—
	载重汽车 8t	台班	501.85	0.200	0.200

定　额　编　号				A1-4-64	A1-4-65
项　目　名　称				电动单梁悬挂起重机	手动单梁悬挂起重机
				重量(t以内)	
				3	
				跨距(m以内)	
				12	
基　　　价（元）				2418.47	2186.76
其中	人　工　费（元）			1649.06	1422.40
	材　料　费（元）			287.20	282.15
	机　械　费（元）			482.21	482.21
名　　称		单位	单价(元)	消　耗　量	
人工	综合工日	工日	140.00	11.779	10.160
材料	道木	m³	2137.00	0.104	0.104
	黄油钙基脂	kg	5.15	1.989	1.989
	机油	kg	19.66	0.945	0.945
	煤油	kg	3.73	3.938	3.938
	木板	m³	1634.16	0.008	0.005
	其他材料费占材料费	%	—	3.000	3.000
机械	汽车式起重机 8t	台班	763.67	0.500	0.500
	载重汽车 8t	台班	501.85	0.200	0.200

定　额　编　号				A1-4-66	A1-4-67
项　目　名　称				手动双梁起重机	
				重量(t以内)	
				10	
				跨距(m以内)	
				13	17
基　　　　价（元）				2834.59	3730.49
其中	人　工　费（元）			1676.64	1999.62
	材　料　费（元）			300.44	305.30
	机　械　费（元）			857.51	1425.57
名　　　　称		单位	单价（元）	消　　耗　　量	
人工	综合工日	工日	140.00	11.976	14.283
材料	道木	m³	2137.00	0.104	0.104
	黄油钙基脂	kg	5.15	1.061	1.149
	机油	kg	19.66	1.078	1.111
	煤油	kg	3.73	5.775	5.868
	木板	m³	1634.16	0.013	0.015
	其他材料费占材料费	%	—	3.000	3.000
机械	平板拖车组 10t	台班	887.11	0.200	0.300
	汽车式起重机 16t	台班	958.70	0.500	1.000
	载重汽车 8t	台班	501.85	0.400	0.400

定　额　编　号					A1-4-68	A1-4-69
项　目　名　称					手动双梁起重机	
					重量(t以内)	
					20	
					跨距(m以内)	
					13	17
基　　　价（元）					3885.11	4115.67
其中	人　工　费（元）				2175.88	2297.68
	材　料　费（元）				322.18	342.23
	机　械　费（元）				1387.05	1475.76
名　　　称		单位	单价（元）		消　　耗　　量	
人工	综合工日	工日	140.00		15.542	16.412
材料	道木	m³	2137.00		0.104	0.104
	黄油钙基脂	kg	5.15		1.326	1.414
	机油	kg	19.66		1.778	1.778
	煤油	kg	3.73		6.064	7.219
	木板	m³	1634.16		0.016	0.025
	其他材料费占材料费	%	—		3.000	3.000
机械	平板拖车组 10t	台班	887.11		0.200	0.300
	汽车式起重机 16t	台班	958.70		1.000	1.000
	载重汽车 8t	台班	501.85		0.500	0.500

四、电动壁行悬臂挂式起重机

定 额 编 号				A1-4-70	A1-4-71
项 目 名 称				电动壁行悬挂式起重机	
				（臂长6m以内）	
				起重量（t以内）	
				1	5
基 价（元）				2123.66	3323.20
其中	人 工 费（元）			1717.24	2500.68
	材 料 费（元）			153.32	192.61
	机 械 费（元）			253.10	629.91
名 称		单位	单价（元）	消 耗 量	
人工	综合工日	工日	140.00	12.266	17.862
材料	道木	m³	2137.00	0.041	0.041
	黄油钙基脂	kg	5.15	1.591	2.209
	机油	kg	19.66	1.111	1.333
	煤油	kg	3.73	2.231	3.426
	木板	m³	1634.16	0.014	0.030
	其他材料费占材料费	%	—	3.000	3.000
机械	汽车式起重机 16t	台班	958.70	—	0.500
	汽车式起重机 8t	台班	763.67	0.200	—
	载重汽车 8t	台班	501.85	0.200	0.300

五、旋臂壁式起重机

定 额 编 号				A1-4-72	A1-4-73	A1-4-74	A1-4-75
项 目 名 称				电动旋臂壁式起重机		手动旋臂壁式起重机	
				（臂长6m以内）			
				起重量（t以内）			
				1	5	0.5	3
基 价 （元）				1606.44	2369.36	1297.95	1624.38
其中	人 工 费（元）			1134.14	1578.50	924.84	1063.58
	材 料 费（元）			142.83	160.95	120.01	154.96
	机 械 费（元）			329.47	629.91	253.10	405.84
名 称		单位	单价（元）	消 耗 量			
人工	综合工日	工日	140.00	8.101	11.275	6.606	7.597
材料	道木	m³	2137.00	0.041	0.041	0.041	0.041
	黄油钙基脂	kg	5.15	1.856	2.209	0.972	1.768
	机油	kg	19.66	1.222	1.667	0.667	1.667
	煤油	kg	3.73	2.494	3.938	1.575	3.426
	木板	m³	1634.16	0.005	0.006	0.003	0.005
	其他材料费占材料费	%	—	3.000	3.000	3.000	3.000
机械	汽车式起重机 16t	台班	958.70	—	0.500	—	—
	汽车式起重机 8t	台班	763.67	0.300	—	0.200	0.400
	载重汽车 8t	台班	501.85	0.200	0.300	0.200	0.200

六、悬臂立柱式起重机

定 额 编 号			A1-4-76	A1-4-77	A1-4-78	A1-4-79
项 目 名 称			电动悬臂立柱式起重机		手动悬臂立柱式起重机	
			（臂长6m以内）			
			起重量（t以内）			
			1	5	0.5	3
基 价（元）			1675.85	2688.70	1368.59	2039.22
其中	人 工 费（元）		1321.74	1783.46	1042.86	1422.82
	材 料 费（元）		151.19	174.96	122.81	160.38
	机 械 费（元）		202.92	730.28	202.92	456.02
名 称	单位	单价（元）	消 耗 量			
人工	综合工日	工日	140.00	9.441	12.739	7.449	10.163
材料	道木	m³	2137.00	0.041	0.041	0.041	0.041
	黄油钙基脂	kg	5.15	2.139	2.545	1.017	1.944
	机油	kg	19.66	1.411	1.922	0.667	1.667
	煤油	kg	3.73	3.281	4.463	1.365	3.281
	木板	m³	1634.16	0.005	0.009	0.005	0.008
	其他材料费占材料费	%	—	3.000	3.000	3.000	3.000
机械	汽车式起重机 16t	台班	958.70	—	0.500	—	—
	汽车式起重机 8t	台班	763.67	0.200	—	0.200	0.400
	载重汽车 8t	台班	501.85	0.100	0.500	0.100	0.300

七、电动葫芦

计量单位：台

定　额　编　号				A1-4-80	A1-4-81
项　目　名　称				起重量(t以内)	
				2	10
基　　　　价（元）				1047.81	1893.28
其中	人　工　费（元）			515.62	1201.06
	材　料　费（元）			37.33	42.98
	机　械　费（元）			494.86	649.24
名　　　称		单位	单价（元）	消　　耗　　量	
人工	综合工日	工日	140.00	3.683	8.579
材料	黄油钙基脂	kg	5.15	1.269	1.326
	机油	kg	19.66	0.935	0.989
	煤油	kg	3.73	1.975	2.179
	木板	m³	1634.16	0.002	0.004
	其他材料费占材料费	%	—	5.000	5.000
机械	电动单筒慢速卷扬机 50kN	台班	215.57	1.000	1.000
	汽车式起重机 16t	台班	958.70	—	0.400
	汽车式起重机 8t	台班	763.67	0.300	—
	载重汽车 8t	台班	501.85	0.100	0.100

八、单轨小车

定 额 编 号				A1-4-82	A1-4-83
项 目 名 称				起重量（t以内）	
				5	10
基 价（元）				878.47	1036.95
其中	人 工 费（元）			554.54	711.34
	材 料 费（元）			36.32	38.00
	机 械 费（元）			287.61	287.61
名 称		单位	单价（元）	消 耗 量	
人工	综合工日	工日	140.00	3.961	5.081
材料	黄油钙基脂	kg	5.15	1.313	1.400
	机油	kg	19.66	0.707	0.800
	煤油	kg	3.73	1.544	1.800
	木板	m³	1634.16	0.005	0.004
	其他材料费占材料费	%	—	5.000	5.000
机械	汽车式起重机 16t	台班	958.70	0.300	0.300

第五章 起重机轨道安装

说　　明

一、本章内容包括工业用起重输送设备的轨道安装地轨安装。

二、本章包括以下工作内容：

1. 测量、下料、矫直、钻孔。

2. 钢轨切割、打磨、附件部件检查验收、组对、焊接（螺栓连接）。

3. 车挡制作安装的领料、下料、调直、吊装、组对、焊接等。

三、本章不包括以下工作内容：

1. 吊车梁调整轨道枕木干燥、加工、制作。

2. "8"字形轨道加工制作。

3. "8"字形轨道工字钢轨的立柱、吊架、支架、辅助梁等的制作与安装。

四、轨道附属的各种垫板、联接板、压板、固定板、鱼尾板、连接螺栓、垫圈、垫板、垫片等部件配件均按随钢轨定货考虑（主材）。

一、钢梁上安装轨道[钢统 1001]

计量单位：10m

定　额　编　号				A1-5-1	A1-5-2
项　目　名　称				焊接式	
				每750mm	
				焊120mm	
				□50×50	□60×60
基　　　　价（元）				579.07	600.89
其中	人　工　费（元）			332.22	349.16
	材　料　费（元）			31.78	32.54
	机　械　费（元）			215.07	219.19
名　　称		单位	单价（元）	消　耗　量	
人工	综合工日	工日	140.00	2.373	2.494
材料	钢轨	m	—	(10.800)	(10.800)
	低碳钢焊条	kg	6.84	4.000	4.000
	氧气	m³	3.63	0.408	0.510
	乙炔气	kg	10.45	0.136	0.170
	其他材料费占材料费	%	—	5.000	5.000
机械	交流弧焊机 21kV·A	台班	57.35	0.480	0.480
	摩擦压力机 3000kN	台班	412.22	0.070	0.080
	平板拖车组 10t	台班	887.11	0.060	0.060
	汽车式起重机 16t	台班	958.70	0.110	0.110

定　额　编　号			A1-5-3	A1-5-4	A1-5-5	A1-5-6
项　目　名　称			弯钩螺栓式			
			A=675			
			24kg/m	38kg/m	43kg/m	50kg/m
基　　　价（元）			528.30	611.34	630.02	663.05
其中	人　工　费（元）		326.06	381.50	395.36	410.76
	材　料　费（元）		4.84	6.37	6.75	7.89
	机　械　费（元）		197.40	223.47	227.91	244.40
名　　称	单位	单价(元)	消　　耗　　量			
人工	综合工日	工日	140.00	2.329	2.725	2.824	2.934
材料	钢轨	m	—	(10.800)	(10.800)	(10.800)	(10.800)
	低碳钢焊条	kg	6.84	0.250	0.250	0.250	0.250
	氧气	m³	3.63	0.408	0.612	0.663	0.816
	乙炔气	kg	10.45	0.136	0.204	0.221	0.272
	其他材料费占材料费	%	—	5.000	5.000	5.000	5.000
机械	交流弧焊机 21kV·A	台班	57.35	0.100	0.100	0.100	0.100
	摩擦压力机 3000kN	台班	412.22	0.080	0.120	0.120	0.160
	平板拖车组 10t	台班	887.11	0.060	0.060	0.065	0.065
	汽车式起重机 16t	台班	958.70	0.110	0.120	0.120	0.120

定　额　编　号			A1-5-7	A1-5-8	A1-5-9
项　目　名　称			压板螺栓式		
			A=600,B=220		
			38kg/m	43kg/m	QU70
基　　　价　（元）			756.39	768.39	781.07
其中	人　工　费（元）		419.86	431.48	442.26
	材　料　费（元）		60.45	60.83	62.73
	机　械　费（元）		276.08	276.08	276.08
名　　　称	单位	单价（元）	消　　耗　　量		
人工	综合工日	工日	140.00	2.999	3.082	3.159
材料	钢轨	m	—	(10.800)	(10.800)	(10.800)
	低碳钢焊条	kg	6.84	7.780	7.780	7.780
	氧气	m³	3.63	0.612	0.663	0.918
	乙炔气	kg	10.45	0.204	0.221	0.306
	其他材料费占材料费	%	—	5.000	5.000	5.000
机械	交流弧焊机 21kV·A	台班	57.35	0.940	0.940	0.940
	摩擦压力机 3000kN	台班	412.22	0.120	0.120	0.120
	平板拖车组 10t	台班	887.11	0.065	0.065	0.065
	汽车式起重机 16t	台班	958.70	0.120	0.120	0.120

定　额　编　号			A1-5-10	A1-5-11	A1-5-12
项　目　名　称			压板螺栓式		
			A=600,B=220	A=600,B=260	
			QU80	QU100	QU120
基　　　价（元）			829.64	901.26	1009.22
其中	人　工　费（元）		469.14	484.54	573.72
	材　料　费（元）		63.49	77.73	80.02
	机　械　费（元）		297.01	338.99	355.48
名　　　称		单位	单价（元）	消　　耗　　量	
人工	综合工日	工日	140.00	3.351	3.461	4.098
材料	钢轨	m	—	(10.800)	(10.800)	(10.800)
	低碳钢焊条	kg	6.84	7.780	9.550	9.550
	氧气	m³	3.63	1.020	1.224	1.530
	乙炔气	kg	10.45	0.340	0.408	0.510
	其他材料费占材料费	%	—	5.000	5.000	5.000
机械	交流弧焊机 21kV·A	台班	57.35	0.940	1.140	1.140
	摩擦压力机 3000kN	台班	412.22	0.160	0.200	0.240
	平板拖车组 10t	台班	887.11	0.070	0.075	0.075
	汽车式起重机 16t	台班	958.70	0.120	0.130	0.130

160

二、混凝土梁上安装轨道[G325]

计量单位：10m

定　额　编　号			A1-5-13	A1-5-14	A1-5-15
项　目　名　称			DGL-1、2、3		
			钢底板螺栓焊接式		
			240以内		
			□40×40	□50×50	24kg/m
基　　　价（元）			802.97	834.65	852.78
其中	人　工　费（元）		487.62	496.72	510.72
	材　料　费（元）		98.78	98.78	98.78
	机　械　费（元）		216.57	239.15	243.28
名　　　称	单位	单价（元）	消　　耗　　量		
人工 综合工日	工日	140.00	3.483	3.548	3.648
材料 钢轨	m	—	(10.800)	(10.800)	(10.800)
低碳钢焊条	kg	6.84	7.490	7.490	7.490
木板	m³	1634.16	0.020	0.020	0.020
氧气	m³	3.63	1.428	1.428	1.428
乙炔气	kg	10.45	0.476	0.476	0.476
其他材料费占材料费	%	—	5.000	5.000	5.000
机械 交流弧焊机 21kV·A	台班	57.35	0.900	0.900	0.900
摩擦压力机 3000kN	台班	412.22	0.060	0.070	0.080
平板拖车组 10t	台班	887.11	0.050	0.060	0.060
汽车式起重机 16t	台班	958.70	0.100	0.110	0.110

定　额　编　号			A1-5-16	A1-5-17
项　目　名　称			DGL-4、5、6	DGL-7、8、9、10
			压板螺栓式	
			240以内	260以内
			24kg/m	38kg/m
基　　　　　价（元）			715.41	841.24
其中	人　工　费（元）		468.30	556.92
	材　料　费（元）		48.57	52.97
	机　械　费（元）		198.54	231.35
名　　　称	单位	单价（元）	消　　耗　　量	
人工	综合工日	工日	140.00	3.345	3.978

名　　　称	单位	单价（元）	消　　耗　　量	
材料	钢轨	m	—	(10.800)	(10.800)
	低碳钢焊条	kg	6.84	0.500	0.900
	木板	m³	1634.16	0.020	0.020
	氧气	m³	3.63	1.428	1.632
	乙炔气	kg	10.45	0.476	0.544
	其他材料费占材料费	%	—	5.000	5.000
机械	交流弧焊机 21kV·A	台班	57.35	0.120	0.160
	摩擦压力机 3000kN	台班	412.22	0.080	0.120
	平板拖车组 10t	台班	887.11	0.060	0.065
	汽车式起重机 16t	台班	958.70	0.110	0.120

定　额　编　号	A1-5-18
	DGL-11、12、13、14、15
项　目　名　称	弹性(分段)垫压板螺栓式
	280以内
	38kg/m
基　　　价（元）	861.12

其中	人　工　费（元）	576.80
	材　料　费（元）	52.97
	机　械　费（元）	231.35

	名　　　称	单位	单价(元)	消　耗　量
人工	综合工日	工日	140.00	4.120
材料	钢轨	m	—	(10.800)
	低碳钢焊条	kg	6.84	0.900
	木板	m³	1634.16	0.020
	氧气	m³	3.63	1.632
	乙炔气	kg	10.45	0.544
	其他材料费占材料费	%	—	5.000
机械	交流弧焊机 21kV·A	台班	57.35	0.160
	摩擦压力机 3000kN	台班	412.22	0.120
	平板拖车组 10t	台班	887.11	0.065
	汽车式起重机 16t	台班	958.70	0.120

定 额 编 号	A1-5-19
	DGL-16、17、18
项 目 名 称	弹性(分段)垫压板螺栓式
	280以内
	43kg/m
基 价（元）	**886.66**

其中	人 工 费（元）	592.20
	材 料 费（元）	59.10
	机 械 费（元）	235.36

	名 称	单位	单价（元）	消 耗 量
人工	综合工日	工日	140.00	4.230
材料	钢轨	m	—	(10.800)
	低碳钢焊条	kg	6.84	1.700
	木板	m³	1634.16	0.020
	氧气	m³	3.63	1.683
	乙炔气	kg	10.45	0.561
	其他材料费占材料费	%	—	5.000
机械	交流弧焊机 21kV·A	台班	57.35	0.230
	摩擦压力机 3000kN	台班	412.22	0.120
	平板拖车组 10t	台班	887.11	0.065
	汽车式起重机 16t	台班	958.70	0.120

定 额 编 号	A1-5-20
	DGL-19、20、21、22、23
项 目 名 称	弹性(分段)垫压板螺栓式
	280以内
	50kg/m
基 价（元）	927.39

其中	人 工 费（元）	615.30
	材 料 费（元）	60.24
	机 械 费（元）	251.85

	名 称	单位	单价(元)	消 耗 量
人工	综合工日	工日	140.00	4.395
材料	钢轨	m	—	(10.800)
	低碳钢焊条	kg	6.84	1.700
	木板	m³	1634.16	0.020
	氧气	m³	3.63	1.836
	乙炔气	kg	10.45	0.612
	其他材料费占材料费	%	—	5.000
机械	交流弧焊机 21kV·A	台班	57.35	0.230
	摩擦压力机 3000kN	台班	412.22	0.160
	平板拖车组 10t	台班	887.11	0.065
	汽车式起重机 16t	台班	958.70	0.120

定 额 编 号			A1-5-21	A1-5-22
项 目 名 称			DGL-24、25	DGL-26、27
			弹性(分段)垫压板螺栓式	
			280以内	
			QU100	QU120
基 价 （元）			1037.63	1111.00
其中	人 工 费 （元）		687.54	742.14
	材 料 费 （元）		63.29	65.57
	机 械 费 （元）		286.80	303.29
名 称	单位	单价(元)	消 耗 量	
人工	综合工日	工日	140.00	4.911	5.301
材料	钢轨	m	—	(10.800)	(10.800)
	低碳钢焊条	kg	6.84	1.700	1.700
	木板	m³	1634.16	0.020	0.020
	氧气	m³	3.63	2.244	2.550
	乙炔气	kg	10.45	0.748	0.850
	其他材料费占材料费	%	—	5.000	5.000
机械	交流弧焊机 21kV·A	台班	57.35	0.230	0.230
	摩擦压力机 3000kN	台班	412.22	0.200	0.240
	平板拖车组 10t	台班	887.11	0.075	0.075
	汽车式起重机 16t	台班	958.70	0.130	0.130

三、GB110 鱼腹式混凝土梁上安装轨道

定　额　编　号			A1-5-23	A1-5-24
项　目　名　称			DGL-1	DGL-2
			弹性(分段)垫压板螺栓式	
			230以内	
			38kg/m	43kg/m
基　　　　价　（元）			835.48	830.85
其中	人　工　费　（元）		546.14	557.62
	材　料　费　（元）		49.38	49.76
	机　械　费　（元）		239.96	223.47
名　　称	单位	单价（元）	消　耗　　量	
人工 综合工日	工日	140.00	3.901	3.983
材料 钢轨	m	—	(10.800)	(10.800)
低碳钢焊条	kg	6.84	0.400	0.400
木板	m³	1634.16	0.020	0.020
氧气	m³	3.63	1.632	1.683
乙炔气	kg	10.45	0.544	0.561
其他材料费占材料费	%	—	5.000	5.000
机械 交流弧焊机 21kV·A	台班	57.35	0.100	0.100
摩擦压力机 3000kN	台班	412.22	0.160	0.120
平板拖车组 10t	台班	887.11	0.060	0.060
汽车式起重机 16t	台班	958.70	0.120	0.120

計量単位：10m

定　額　編　号				A1-5-25	A1-5-26
				DGL-3	DGL-4
项　目　名　称				弹性(全长)垫压板螺栓式	
				230以内	
				38kg/m	43kg/m
基　　　价（元）				820.21	845.57
其中	人　工　费（元）			542.92	558.32
	材　料　费（元）			49.38	49.76
	机　械　费（元）			227.91	237.49
名　　称		单位	单价(元)	消　耗　量	
人工	综合工日	工日	140.00	3.878	3.988
材料	钢轨	m	—	(10.800)	(10.800)
	低碳钢焊条	kg	6.84	0.400	0.400
	木板	m³	1634.16	0.020	0.020
	氧气	m³	3.63	1.632	1.683
	乙炔气	kg	10.45	0.544	0.561
	其他材料费占材料费	%	—	5.000	5.000
机械	交流弧焊机 21kV·A	台班	57.35	0.100	0.100
	摩擦压力机 3000kN	台班	412.22	0.120	0.120
	平板拖车组 10t	台班	887.11	0.065	0.065
	汽车式起重机 16t	台班	958.70	0.120	0.130

168

定 额 编 号			A1-5-27	A1-5-28
项 目 名 称			DGL-5	DGL-6
			弹性(全长)垫压板螺栓式	弹性(分段)垫压板螺栓式
			250以内	
			50kg/m	QU100
基 价 （元）			**885.60**	**986.25**
其中	人 工 费 （元）		580.72	652.96
	材 料 费 （元）		50.90	53.95
	机 械 费 （元）		253.98	279.34
名 称	单位	单价(元)	消 耗	量
人工	综合工日	工日	140.00	4.148	4.664
材料	钢轨	m	—	(10.800)	(10.800)
	低碳钢焊条	kg	6.84	0.400	0.400
	木板	m³	1634.16	0.020	0.020
	氧气	m³	3.63	1.836	2.244
	乙炔气	kg	10.45	0.612	0.748
	其他材料费占材料费	%	—	5.000	5.000
机械	交流弧焊机 21kV·A	台班	57.35	0.100	0.100
	摩擦压力机 3000kN	台班	412.22	0.160	0.200
	平板拖车组 10t	台班	887.11	0.065	0.075
	汽车式起重机 16t	台班	958.70	0.130	0.130

定　额　编　号				A1-5-29
项　目　名　称				DGL-7
				弹性(分段)垫压板螺栓式
				250以内
				QU120
基　　　价（元）				1045.55
其中	人　工　费（元）			710.64
	材　料　费（元）			39.08
	机　械　费（元）			295.83
名　　　称	单位	单价（元）	消　　耗　　量	
人工	综合工日	工日	140.00	5.076
材料	钢轨	m	—	(10.800)
	低碳钢焊条	kg	6.84	0.400
	木板	m³	1634.16	0.010
	氧气	m³	3.63	2.550
	乙炔气	kg	10.45	0.850
	其他材料费占材料费	%	—	5.000
机械	交流弧焊机 21kV·A	台班	57.35	0.100
	摩擦压力机 3000kN	台班	412.22	0.240
	平板拖车组 10t	台班	887.11	0.075
	汽车式起重机 16t	台班	958.70	0.130

四、C7221 鱼腹式混凝土梁上安装轨道[C7224]

计量单位：10m

定 额 编 号			A1-5-30	A1-5-31	A1-5-32
项 目 名 称			DGL-1、2、3	DGL-4	DGL-5、6
			弹性(分段)垫压板螺栓式		
			250以内	220以内	250以内
			38kg/m	43kg/m	50kg/m
基 价 （元）			834.46	859.78	897.43
其中	人 工 费 （元）		549.92	565.32	585.34
	材 料 费 （元）		53.19	59.10	60.24
	机 械 费 （元）		231.35	235.36	251.85
名 称	单位	单价（元）	消 耗 量		
人工 综合工日	工日	140.00	3.928	4.038	4.181
材料 钢轨	m	—	(10.800)	(10.800)	(10.800)
低碳钢焊条	kg	6.84	0.900	1.700	1.700
木板	m³	1634.16	0.020	0.020	0.020
氧气	m³	3.63	1.632	1.683	1.836
乙炔气	kg	10.45	0.564	0.561	0.612
其他材料费占材料费	%	—	5.000	5.000	5.000
机械 交流弧焊机 21kV·A	台班	57.35	0.160	0.230	0.230
摩擦压力机 3000kN	台班	412.22	0.120	0.120	0.160
平板拖车组 10t	台班	887.11	0.065	0.065	0.065
汽车式起重机 16t	台班	958.70	0.120	0.120	0.120

定　额　编　号				A1-5-33	A1-5-34	A1-5-35
项　目　名　称				DGL-7	DGL-26、27	DGL-9
				（全长）	弹性(分段)垫压板螺栓式	
					250以内	
				50kg/m	QU100	QU120
基　　　　价（元）				923.55	1005.03	1081.04
其中	人　工　费（元）			599.90	654.50	712.18
	材　料　费（元）			62.21	63.73	65.57
	机　械　费（元）			261.44	286.80	303.29
名　　　称		单位	单价（元）	消　　耗　　量		
人工	综合工日	工日	140.00	4.285	4.675	5.087
材料	钢轨	m	—	(10.800)	(10.800)	(10.800)
	低碳钢焊条	kg	6.84	1.700	1.700	1.700
	木板	m³	1634.16	0.020	0.020	0.020
	氧气	m³	3.63	2.100	2.244	2.550
	乙炔气	kg	10.45	0.700	0.788	0.850
	其他材料费占材料费	%	—	5.000	5.000	5.000
机械	交流弧焊机 21kV·A	台班	57.35	0.230	0.230	0.230
	摩擦压力机 3000kN	台班	412.22	0.160	0.200	0.240
	平板拖车组 10t	台班	887.11	0.065	0.075	0.075
	汽车式起重机 16t	台班	958.70	0.130	0.130	0.130

五、混凝土梁上安装轨道[DJ46]

定 额 编 号			A1-5-36	A1-5-37	A1-5-38
项 目 名 称			DGN-1、2	DGN-3	
			弹性(分段)垫压板螺栓式		
			240以内	260以内	
			38kg/m	43kg/m	QU70
基 价（元）			852.06	864.76	994.35
其中	人 工 费（元）		572.18	584.50	712.18
	材 料 费（元）		52.97	53.35	55.26
	机 械 费（元）		226.91	226.91	226.91
名 称	单位	单价（元）	消 耗 量		
人工	综合工日	工日	140.00	4.087	4.175	5.087
材料	钢轨	m	—	(10.800)	(10.800)	(10.800)
	低碳钢焊条	kg	6.84	0.900	0.900	0.900
	木板	m³	1634.16	0.020	0.020	0.020
	氧气	m³	3.63	1.632	1.683	1.938
	乙炔气	kg	10.45	0.544	0.561	0.646
	其他材料费占材料费	%	—	5.000	5.000	5.000
机械	交流弧焊机 21kV·A	台班	57.35	0.160	0.160	0.160
	摩擦压力机 3000kN	台班	412.22	0.120	0.120	0.120
	平板拖车组 10t	台班	887.11	0.060	0.060	0.060
	汽车式起重机 16t	台班	958.70	0.120	0.120	0.120

173

定　额　编　号			A1-5-39	A1-5-40	A1-5-41
项　目　名　称				DGN-4		DGN-5
			弹性(分段)垫压板螺栓式		
			280以内		
			50kg/m	QU80	50kg/m
基　　　　价（元）			909.01	943.47	921.55
其中	人　工　费（元）		611.38	635.18	619.22
	材　料　费（元）		54.23	56.02	54.49
	机　械　费（元）		243.40	252.27	247.84
名　　　称	单位	单价（元）	消　　耗　　量		
人工	综合工日	工日	140.00	4.367	4.537	4.423
材料	钢轨	m	—	(10.800)	(10.800)	(10.800)
	低碳钢焊条	kg	6.84	0.900	0.900	0.900
	木板	m³	1634.16	0.020	0.020	0.020
	氧气	m³	3.63	1.800	2.040	1.836
	乙炔气	kg	10.45	0.600	0.680	0.612
	其他材料费占材料费	%	—	5.000	5.000	5.000
机械	交流弧焊机 21kV·A	台班	57.35	0.160	0.160	0.160
	摩擦压力机 3000kN	台班	412.22	0.160	0.160	0.160
	平板拖车组 10t	台班	887.11	0.060	0.070	0.065
	汽车式起重机 16t	台班	958.70	0.120	0.120	0.120

定　额　编　号			A1-5-42	A1-5-43	A1-5-44
项　目　名　称			DGN-5	DGN-6	DGN-7
			弹性(分段)垫压板螺栓式		
			280以内		
			QU80	QU100	QU120
基　　　　价（元）			950.08	1021.00	1096.62
其中	人　工　费（元）		641.34	680.68	737.52
	材　料　费（元）		56.47	57.54	59.83
	机　械　费（元）		252.27	282.78	299.27
名　　称	单位	单价（元）	消　　耗　　量		
人工	综合工日	工日	140.00	4.581	4.862	5.268
材料	钢轨	m	—	(10.800)	(10.800)	(10.800)
	低碳钢焊条	kg	6.84	0.900	0.900	0.900
	木板	m³	1634.16	0.020	0.020	0.020
	氧气	m³	3.63	2.100	2.244	2.550
	乙炔气	kg	10.45	0.700	0.748	0.850
	其他材料费占材料费	%	—	5.000	5.000	5.000
机械	交流弧焊机 21kV·A	台班	57.35	0.160	0.160	0.160
	摩擦压力机 3000kN	台班	412.22	0.160	0.200	0.240
	平板拖车组 10t	台班	887.11	0.070	0.075	0.075
	汽车式起重机 16t	台班	958.70	0.120	0.130	0.130

六、电动壁行及悬臂起重机轨道安装

定 额 编 号			A1-5-45	A1-5-46
项 目 名 称			在上部钢梁上安装侧轨	
			角钢焊接螺栓式	
			□50×50	□60×60
基 价（元）			**761.49**	**816.90**
其中	人 工 费（元）		373.52	400.68
	材 料 费（元）		108.67	120.18
	机 械 费（元）		279.30	296.04
名 称		单位	单价（元）	消 耗 量	
人工	综合工日	工日	140.00	2.668	2.862
材料	钢轨	m	—	(10.800)	(10.800)
	低碳钢焊条	kg	6.84	13.300	14.850
	木板	m³	1634.16	0.005	0.005
	氧气	m³	3.63	0.612	0.663
	乙炔气	kg	10.45	0.204	0.221
	其他材料费占材料费	%	—	5.000	5.000
机械	交流弧焊机 21kV·A	台班	57.35	1.600	1.820
	摩擦压力机 3000kN	台班	412.22	0.070	0.080
	平板拖车组 10t	台班	887.11	0.060	0.060
	汽车式起重机 16t	台班	958.70	0.110	0.110

定 额 编 号				A1-5-47	A1-5-48
项 目 名 称				在下部混凝土	
				梁上安装平轨	
				Ⅱ型钢垫板焊接式	
				□50×50	□60×60
基 价 （元）				**907.76**	**960.75**
其中	人 工 费 （元）			456.82	480.76
	材 料 费 （元）			145.26	158.14
	机 械 费 （元）			305.68	321.85
名 称		单位	单价（元）	消 耗 量	
人工	综合工日	工日	140.00	3.263	3.434
材料	钢轨	m	—	(10.800)	(10.800)
	低碳钢焊条	kg	6.84	17.200	18.940
	木板	m³	1634.16	0.010	0.010
	氧气	m³	3.63	0.612	0.663
	乙炔气	kg	10.45	0.204	0.221
	其他材料费占材料费	%	—	5.000	5.000
机械	交流弧焊机 21kV·A	台班	57.35	2.060	2.270
	摩擦压力机 3000kN	台班	412.22	0.070	0.080
	平板拖车组 10t	台班	887.11	0.060	0.060
	汽车式起重机 16t	台班	958.70	0.110	0.110

定 额 编 号				A1-5-49	A1-5-50
项 目 名 称				在下部混凝土	
				梁上安装侧轨	
				钢垫板焊接式	
				□50×50	□60×60
基 价（元）				908.60	963.83
其中	人 工 费（元）			457.66	483.84
	材 料 费（元）			145.26	158.14
	机 械 费（元）			305.68	321.85
名 称		单位	单价（元）	消 耗 量	
人工	综合工日	工日	140.00	3.269	3.456
材料	钢轨	m	—	(10.800)	(10.800)
	低碳钢焊条	kg	6.84	17.200	18.940
	木板	m³	1634.16	0.010	0.010
	氧气	m³	3.63	0.612	0.663
	乙炔气	kg	10.45	0.204	0.221
	其他材料费占材料费	%	—	5.000	5.000
机械	交流弧焊机 21kV·A	台班	57.35	2.060	2.270
	摩擦压力机 3000kN	台班	412.22	0.070	0.080
	平板拖车组 10t	台班	887.11	0.060	0.060
	汽车式起重机 16t	台班	958.70	0.110	0.110

七、地平面上安装轨道

计量单位：10m

定　额　编　号			A1-5-51	A1-5-52	A1-5-53
项　目　名　称			固定型式		
			预埋钢底板焊接式		
			轨道型号		
			24kg/m	38kg/m	43kg/m
基　　　　价（元）			611.02	715.82	727.82
其中	人　工　费（元）		381.50	468.30	479.92
	材　料　费（元）		31.78	33.30	33.68
	机　械　费（元）		197.74	214.22	214.22
名　　　称	单位	单价（元）	消　　耗　　量		
人工 综合工日	工日	140.00	2.725	3.345	3.428
材料 钢轨	m	—	(10.800)	(10.800)	(10.800)
低碳钢焊条	kg	6.84	4.000	4.000	4.000
氧气	m³	3.63	0.408	0.612	0.663
乙炔气	kg	10.45	0.136	0.204	0.221
其他材料费占材料费	%	—	5.000	5.000	5.000
机械 交流弧焊机 21kV·A	台班	57.35	0.480	0.480	0.480
摩擦压力机 3000kN	台班	412.22	0.080	0.120	0.120
平板拖车组 10t	台班	887.11	0.060	0.060	0.060
汽车式起重机 8t	台班	763.67	0.110	0.110	0.110

定 额 编 号				A1-5-54	A1-5-55	A1-5-56
项 目 名 称				固定型式		
				预埋螺栓式		
				轨道型号		
				24kg/m	38kg/m	43kg/m
基 价（元）				527.04	621.21	648.47
其中	人 工 费（元）			353.78	429.94	456.82
	材 料 费（元）			3.05	4.57	4.95
	机 械 费（元）			170.21	186.70	186.70
名 称		单位	单价(元)	消 耗 量		
人工	综合工日	工日	140.00	2.527	3.071	3.263
材料	钢轨	m	—	(10.800)	(10.800)	(10.800)
	氧气	m³	3.63	0.408	0.612	0.663
	乙炔气	kg	10.45	0.136	0.204	0.221
	其他材料费占材料费	%	—	5.000	5.000	5.000
机械	摩擦压力机 3000kN	台班	412.22	0.080	0.120	0.120
	平板拖车组 10t	台班	887.11	0.060	0.060	0.060
	汽车式起重机 8t	台班	763.67	0.110	0.110	0.110

八、电动葫芦及单轨小车工字钢轨道安装

定 额 编 号			A1-5-57	A1-5-58	A1-5-59	A1-5-60
项 目 名 称			轨道型号			
			Ⅰ12.6	Ⅰ14	Ⅰ16	Ⅰ18
基 价（元）			518.19	555.73	610.80	648.24
其中	人 工 费（元）		315.28	341.46	356.86	376.88
	材 料 费（元）		31.32	35.12	40.86	47.74
	机 械 费（元）		171.59	179.15	213.08	223.62
名 称	单位	单价（元）	消 耗 量			
人工 综合工日	工日	140.00	2.252	2.439	2.549	2.692
材料 钢轨	m	—	(10.800)	(10.800)	(10.800)	(10.800)
低碳钢焊条	kg	6.84	1.320	1.690	2.410	2.670
钢板 δ4.5～7	kg	3.18	0.720	0.720	0.720	1.030
氧气	m³	3.63	2.683	2.846	2.938	3.488
乙炔气	kg	10.45	0.895	0.949	0.979	1.163
其他材料费占材料费	%	—	3.000	3.000	3.000	3.000
机械 交流弧焊机 21kV·A	台班	57.35	0.240	0.300	0.460	0.500
摩擦压力机 3000kN	台班	412.22	0.090	0.100	0.120	0.140
平板拖车组 10t	台班	887.11	0.050	0.050	0.060	0.060
汽车式起重机 8t	台班	763.67	0.100	0.100	0.110	0.110

定 额 编 号			A1-5-61	A1-5-62	A1-5-63	A1-5-64
项 目 名 称			轨道型号			
			Ⅰ20	Ⅰ22	Ⅰ25	Ⅰ28
基 价（元）			684.90	757.28	785.26	841.07
其中	人 工 费（元）		391.44	422.94	442.96	472.22
	材 料 费（元）		57.48	78.07	83.86	100.45
	机 械 费（元）		235.98	256.27	258.44	268.40
名 称	单位	单价（元）	消 耗 量			
人工	综合工日	工日	140.00	2.796	3.021	3.164	3.373
材料	钢轨	m	—	(10.800)	(10.800)	(10.800)	(10.800)
	低碳钢焊条	kg	6.84	2.810	3.920	4.550	4.950
	钢板 δ4.5～7	kg	3.18	1.030	1.030	1.030	1.540
	氧气	m³	3.63	4.682	6.426	6.610	8.262
	乙炔气	kg	10.45	1.561	2.142	2.203	2.754
	其他材料费占材料费	%	—	3.000	3.000	3.000	3.000
机械	交流弧焊机 21kV·A	台班	57.35	0.500	0.710	0.820	0.850
	摩擦压力机 3000kN	台班	412.22	0.170	0.190	0.220	0.240
	平板拖车组 10t	台班	887.11	0.060	0.060	0.050	0.050
	汽车式起重机 8t	台班	763.67	0.110	0.110	0.100	0.100

定 额 编 号			A1-5-65	A1-5-66	A1-5-67	A1-5-68
项 目 名 称			轨道型号			
			Ⅰ32	Ⅰ36	Ⅰ40	Ⅰ45
基 价（元）			973.18	1029.10	1118.58	1281.52
其中	人 工 费（元）		530.60	542.22	601.30	672.14
	材 料 费（元）		117.09	140.42	147.45	184.30
	机 械 费（元）		325.49	346.46	369.83	425.08
名 称	单位	单价（元）	消 耗 量			
人工	综合工日	工日	140.00	3.790	3.873	4.295	4.801
材料	钢轨	m	—	(10.800)	(10.800)	(10.800)	(10.800)
	低碳钢焊条	kg	6.84	7.080	7.840	8.550	11.120
	钢板 δ4.5～7	kg	3.18	1.540	2.600	2.600	3.600
	氧气	m³	3.63	8.486	10.465	10.741	12.852
	乙炔气	kg	10.45	2.828	3.488	3.580	4.284
	其他材料费占材料费	%	—	3.000	3.000	3.000	3.000
机械	交流弧焊机 21kV·A	台班	57.35	1.270	1.420	1.540	2.000
	摩擦压力机 3000kN	台班	412.22	0.280	0.310	0.350	0.380
	平板拖车组 10t	台班	887.11	0.060	0.060	0.060	0.070
	汽车式起重机 8t	台班	763.67	0.110	0.110	0.110	0.120

計量单位：10m

定　额　编　号				A1-5-69	A1-5-70	A1-5-71
项　目　名　称				轨道型号		
				Ⅰ50	Ⅰ56	Ⅰ63
基　　价（元）				1407.45	1604.30	1762.49
其中	人　工　费（元）			745.22	843.78	942.20
	材　料　费（元）			197.12	229.02	248.33
	机　械　费（元）			465.11	531.50	571.96
名　　称		单位	单价（元）	消　　耗　　量		
人工	综合工日	工日	140.00	5.323	6.027	6.730
材料	钢轨	m	—	(10.800)	(10.800)	(10.800)
	低碳钢焊条	kg	6.84	12.940	17.050	19.790
	钢板 δ4.5～7	kg	3.18	3.600	4.500	4.500
	氧气	m³	3.63	12.852	12.852	12.852
	乙炔气	kg	10.45	4.284	4.284	4.284
	其他材料费占材料费	%	—	3.000	3.000	3.000
机械	交流弧焊机 21kV·A	台班	57.35	2.200	3.070	3.560
	摩擦压力机 3000kN	台班	412.22	0.420	0.460	0.490
	平板拖车组 10t	台班	887.11	0.075	0.075	0.075
	汽车式起重机 8t	台班	763.67	0.130	0.130	0.130

184

九、悬挂工字钢轨道及"8"字型轨道安装

计量单位：10m

定 额 编 号			A1-5-72	A1-5-73	A1-5-74	A1-5-75
项 目 名 称			悬挂输送链钢轨安装			
			轨道型号			
			Ⅰ10	Ⅰ12.6	Ⅰ14	Ⅰ16
基 价（元）			567.87	583.97	622.63	675.25
其中	人 工 费（元）		376.18	384.58	407.68	422.24
	材 料 费（元）		30.64	31.93	35.80	41.65
	机 械 费（元）		161.05	167.46	179.15	211.36
名 称	单位	单价（元）	消 耗 量			
人工	综合工日	工日	140.00	2.687	2.747	2.912	3.016
材料	钢轨	m	—	(10.800)	(10.800)	(10.800)	(10.800)
	低碳钢焊条	kg	6.84	1.140	1.320	1.690	2.410
	钢板 δ4.5～7	kg	3.18	0.720	0.720	0.720	0.720
	氧气	m³	3.63	2.683	2.683	2.846	2.938
	乙炔气	kg	10.45	0.895	0.895	0.949	0.979
	其他材料费占材料费	%	—	5.000	5.000	5.000	5.000
机械	交流弧焊机 21kV·A	台班	57.35	0.200	0.240	0.300	0.430
	摩擦压力机 3000kN	台班	412.22	0.070	0.080	0.100	0.120
	平板拖车组 10t	台班	887.11	0.050	0.050	0.050	0.060
	汽车式起重机 8t	台班	763.67	0.100	0.100	0.100	0.110

定 额 编 号				A1-5-76	A1-5-77	A1-5-78	A1-5-79
项 目 名 称				单梁悬挂起重机钢轨安装			
				轨道型号			
				Ⅰ16	Ⅰ18	Ⅰ20	Ⅰ22
基 价（元）				572.21	616.52	647.65	721.35
其中	人 工 费（元）			319.20	345.38	353.08	388.36
	材 料 费（元）			41.65	48.67	58.59	79.59
	机 械 费（元）			211.36	222.47	235.98	253.40
名 称		单位	单价(元)	消 耗 量			
人工	综合工日	工日	140.00	2.280	2.467	2.522	2.774
材料	钢轨	m	—	(10.800)	(10.800)	(10.800)	(10.800)
	低碳钢焊条	kg	6.84	2.410	2.670	2.810	3.920
	钢板 δ4.5～7	kg	3.18	0.720	1.030	1.030	1.030
	氧气	m³	3.63	2.938	3.488	4.682	6.426
	乙炔气	kg	10.45	0.979	1.163	1.561	2.142
	其他材料费占材料费	%	—	5.000	5.000	5.000	5.000
机械	交流弧焊机 21kV·A	台班	57.35	0.430	0.480	0.500	0.660
	摩擦压力机 3000kN	台班	412.22	0.120	0.140	0.170	0.190
	平板拖车组 10t	台班	887.11	0.060	0.060	0.060	0.060
	汽车式起重机 8t	台班	763.67	0.110	0.110	0.110	0.110

定 额 编 号			A1-5-80	A1-5-81	A1-5-82	A1-5-83
项 目 名 称			单梁悬挂起重机钢轨安装			
			轨道型号			
			Ⅰ25	Ⅰ28	Ⅰ32	Ⅰ36
基 价（元）			783.26	849.26	960.65	1029.20
其中	人 工 费（元）		410.76	447.58	503.72	527.52
	材 料 费（元）		85.48	102.40	119.37	143.15
	机 械 费（元）		287.02	299.28	337.56	358.53
名 称	单位	单价（元）	消 耗 量			
人工	综合工日	工日	140.00	2.934	3.197	3.598	3.768
材料	钢轨	m	—	(10.800)	(10.800)	(10.800)	(10.800)
	低碳钢焊条	kg	6.84	4.550	4.950	7.080	7.840
	钢板 δ4.5~7	kg	3.18	1.030	1.540	1.540	2.600
	氧气	m³	3.63	6.610	8.262	8.486	10.465
	乙炔气	kg	10.45	2.203	2.754	2.828	3.488
	其他材料费占材料费	%	—	5.000	5.000	5.000	5.000
机械	交流弧焊机 21kV·A	台班	57.35	0.820	0.890	1.270	1.420
	摩擦压力机 3000kN	台班	412.22	0.220	0.240	0.280	0.310
	平板拖车组 10t	台班	887.11	0.065	0.065	0.065	0.065
	汽车式起重机 8t	台班	763.67	0.120	0.120	0.120	0.120

定 额 编 号				A1-5-84	A1-5-85
项 目 名 称				单梁悬挂起重机钢轨安装	
				轨道型号	
				Ⅰ40	Ⅰ45
基 价（元）				1121.14	1276.50
其中	人 工 费（元）			584.50	672.14
	材 料 费（元）			150.31	187.88
	机 械 费（元）			386.33	416.48
名 称		单位	单价（元）	消 耗 量	
人工	综合工日	工日	140.00	4.175	4.801
材料	钢轨	m	—	(10.800)	(10.800)
	低碳钢焊条	kg	6.84	8.550	11.120
	钢板 δ4.5～7	kg	3.18	2.600	3.600
	氧气	m³	3.63	10.741	12.852
	乙炔气	kg	10.45	3.580	4.284
	其他材料费占材料费	%	—	5.000	5.000
机械	交流弧焊机 21kV·A	台班	57.35	1.540	1.850
	摩擦压力机 3000kN	台班	412.22	0.350	0.380
	平板拖车组 10t	台班	887.11	0.070	0.070
	汽车式起重机 8t	台班	763.67	0.120	0.120

定 额 编 号				A1-5-86	A1-5-87
项 目 名 称				浇铸"8"字型轨道安装	
				轨道型号	
				单排	双排
基 价（元）				439.38	583.20
其中	人 工 费（元）			275.38	409.08
	材 料 费（元）			7.39	14.65
	机 械 费（元）			156.61	159.47
名 称		单位	单价（元）	消 耗 量	
人工	综合工日	工日	140.00	1.967	2.922
材料	钢轨	m	—	(10.800)	(10.800)
	低碳钢焊条	kg	6.84	0.160	0.320
	钢板 δ4.5～7	kg	3.18	0.520	1.030
	氧气	m³	3.63	0.602	1.193
	乙炔气	kg	10.45	0.201	0.398
	其他材料费占材料费	%	—	5.000	5.000
机械	交流弧焊机 21kV·A	台班	57.35	0.050	0.100
	平板拖车组 10t	台班	887.11	0.070	0.070
	汽车式起重机 8t	台班	763.67	0.120	0.120

十、车挡制作与安装

定　额　编　号			A1-5-88	A1-5-89	A1-5-90
项　目　名　称			车挡安装每组4个		
			每个单重(t)		
			0.1	0.25	0.65
基　　　价（元）			721.82	914.18	1136.71
其中	人　工　费（元）		586.04	778.40	955.22
	材　料　费（元）		34.32	34.32	34.32
	机　械　费（元）		101.46	101.46	147.17
名　　称	单位	单价（元）	消　　耗　　量		
人工	综合工日	工日	140.00	4.186	5.560	6.823
材料	木板	m³	1634.16	0.020	0.020	0.020
	其他材料费占材料费	%	—	5.000	5.000	5.000
机械	汽车式起重机 8t	台班	763.67	0.100	0.100	0.150
	载重汽车 8t	台班	501.85	0.050	0.050	0.065

定　额　编　号				A1-5-91	A1-5-92
项　目　名　称				车挡安装每组4个	
				每个单重(t)	
				1	1.5
基　　　价（元）				1328.31	1573.64
其中	人　工　费（元）			1103.62	1298.22
	材　料　费（元）			34.32	34.32
	机　械　费（元）			190.37	241.10
名　　称		单位	单价（元）	消　　耗　　量	
人工	综合工日	工日	140.00	7.883	9.273
材料	木板	m³	1634.16	0.020	0.020
	其他材料费占材料费	%	—	5.000	5.000
机械	汽车式起重机 8t	台班	763.67	0.200	0.250
	载重汽车 8t	台班	501.85	0.075	0.100

定 额 编 号		A1-5-93
项 目 名 称		车挡制作
基 价（元）		2300.56
其中	人 工 费（元）	1730.40
	材 料 费（元）	311.61
	机 械 费（元）	258.55
名 称	单位	单价（元）	消 耗 量
---	---	---	---
人工	综合工日	工日	140.00	12.360
材料	钢材	kg	—	(1100.000)
	低碳钢焊条	kg	6.84	19.810
	橡胶板	kg	2.91	41.580
	氧气	m³	3.63	5.661
	乙炔气	kg	10.45	1.887
	其他材料费占材料费	%	—	5.000
机械	剪板机 20×2000mm	台班	316.68	0.060
	交流弧焊机 21kV·A	台班	57.35	4.020
	立式钻床 35mm	台班	10.59	0.850

第六章 输送设备安装

说　　明

一、本章内容包括斗式提升机安装，刮板输送机安装，板（裙）式输送机安装，螺旋输送机安装，悬挂输送机安装，固定式胶带输送机安装。

二、本章包括以下工作内容：

设备本体（机头、机尾、机架、漏斗）、外壳、轨道、托辊、拉紧装置、传动装置、制动装置、附属平台梯栏杆等的组对安装、敷设及接头。

三、本章不包括以下工作内容：

1.钢制外壳、刮板、漏斗制作。

2.平台、梯子、栏杆制作。

3.输送带接头的疲劳性试验、震动频率检测试验、滚筒无损检测、安全保护装置灵敏可靠性试验等特殊试验。

工程量计算规则

　　输送设备安装按型号规格以"台"为计量单位；刮板输送机定额单位是按一组驱动装置计算的。超过一组时，按输送长度除以驱动装置组数（即 M/组），以所得 M/组数来选用相应子目。

　　例如：某刮板输送机，宽为 420mm，输送长度为 250m，其中共有四组驱动装置，则其 M/组为 250m 除以 4 组等于 62.5m/组，应选用定额"420mm 宽以内；80m/组以内"的子目，现该有四组驱动装置，因此将该子目的定额乘以 4.0，即得该台刮板输送机的费用。

一、斗式提升机

定　额　编　号			A1-6-1	A1-6-2	A1-6-3
项　目　名　称			胶带式（D160、D250）		
			公称高度（m以内）		
			12	22	32
基　　　　价（元）			2789.22	3894.36	5223.06
其中	人　工　费（元）		2274.58	3167.50	4107.60
	材　料　费（元）		105.96	118.14	159.48
	机　械　费（元）		408.68	608.72	955.98
名　　　称	单位	单价（元）	消　　耗　　量		
人工 综合工日	工日	140.00	16.247	22.625	29.340
材料 道木	m³	2137.00	0.005	0.005	0.005
低碳钢焊条	kg	6.84	0.672	0.777	0.882
黄油钙基脂	kg	5.15	1.348	1.439	1.630
机油	kg	19.66	0.619	0.774	0.866
煤油	kg	3.73	4.810	5.601	6.392
木板	m³	1634.16	0.010	0.011	0.014
平垫铁	kg	3.74	3.920	4.560	8.480
热轧薄钢板 δ0.5～0.65	kg	3.93	0.500	0.600	0.700
斜垫铁	kg	3.50	4.460	4.460	8.160
其他材料费占材料费	%	—	5.000	5.000	5.000
机械 叉式起重机 5t	台班	506.51	0.400	0.600	0.700
交流弧焊机 21kV·A	台班	57.35	0.250	0.300	0.300
汽车式起重机 16t	台班	958.70	0.200	0.300	—
汽车式起重机 25t	台班	1084.16	—	—	0.400
载重汽车 8t	台班	501.85	—	—	0.300

定　额　编　号			A1-6-4	A1-6-5	A1-6-6
项　目　名　称			胶带式(D350、D450)		
			公称高度(m以内)		
			12	22	32
基　　　价（元）			3502.19	4990.01	6736.03
其中	人　工　费（元）		2863.42	3982.58	5415.90
	材　料　费（元）		131.35	149.42	199.81
	机　械　费（元）		507.42	858.01	1120.32
名　　称	单位	单价（元）	消　　耗　　量		
人工 综合工日	工日	140.00	20.453	28.447	38.685
材料 道木	m³	2137.00	0.005	0.005	0.005
低碳钢焊条	kg	6.84	0.777	0.882	0.987
黄油钙基脂	kg	5.15	1.685	1.888	2.192
机油	kg	19.66	0.928	1.039	1.175
煤油	kg	3.73	6.325	6.945	7.907
木板	m³	1634.16	0.016	0.021	0.028
平垫铁	kg	3.74	3.920	4.560	8.480
热轧薄钢板 δ0.5～0.65	kg	3.93	0.550	0.650	0.750
斜垫铁	kg	3.50	4.460	4.460	8.160
其他材料费占材料费	%	—	5.000	5.000	5.000
机械 叉式起重机 5t	台班	506.51	0.400	0.600	0.700
交流弧焊机 21kV·A	台班	57.35	0.300	0.350	0.400
汽车式起重机 16t	台班	958.70	0.300	0.400	—
汽车式起重机 25t	台班	1084.16	—	—	0.500
载重汽车 8t	台班	501.85	—	0.300	0.400

定 额 编 号			A1-6-7	A1-6-8	A1-6-9
项 目 名 称			链式（ZL25、ZL35）		
			公称高度（m以内）		
			12	22	32
基 价（元）			3185.96	4395.18	6046.31
其中	人 工 费（元）		2876.86	3956.26	5159.42
	材 料 费（元）		103.02	136.97	179.92
	机 械 费（元）		206.08	301.95	706.97
名 称	单位	单价（元）	消 耗 量		
人工	综合工日	工日	140.00	20.549	28.259	36.853
材料	道木	m³	2137.00	0.005	0.005	0.005
	低碳钢焊条	kg	6.84	0.735	0.840	0.924
	黄油钙基脂	kg	5.15	1.630	1.855	2.135
	机油	kg	19.66	0.742	0.836	0.990
	煤油	kg	3.73	5.535	6.325	7.116
	木板	m³	1634.16	0.004	0.018	0.021
	平垫铁	kg	3.74	3.920	4.560	8.480
	热轧薄钢板 δ0.5～0.65	kg	3.93	0.500	0.600	0.700
	斜垫铁	kg	3.50	4.460	4.460	8.160
	其他材料费占材料费	%	—	5.000	5.000	5.000
机械	交流弧焊机 21kV·A	台班	57.35	0.250	0.250	0.250
	汽车式起重机 16t	台班	958.70	0.200	0.300	—
	汽车式起重机 25t	台班	1084.16	—	—	0.500
	载重汽车 8t	台班	501.85	—	—	0.300

定 额 编 号				A1-6-10	A1-6-11	A1-6-12
项 目 名 称				链式(ZL45、ZL60)		
				公称高度(m以内)		
				12	22	32
基 价（元）				3767.21	5620.69	7458.45
其中	人 工 费（元）			3405.08	4895.66	6470.38
	材 料 费（元）			156.05	176.66	230.91
	机 械 费（元）			206.08	548.37	757.16
名 称		单位	单价（元）	消 耗 量		
人工	综合工日	工日	140.00	24.322	34.969	46.217
材料	道木	m³	2137.00	0.005	0.005	0.005
	低碳钢焊条	kg	6.84	0.798	0.924	1.029
	黄油钙基脂	kg	5.15	2.135	2.529	2.866
	机油	kg	19.66	1.132	1.182	1.330
	煤油	kg	3.73	7.393	7.854	8.764
	木板	m³	1634.16	0.024	0.031	0.040
	平垫铁	kg	3.74	3.920	4.560	8.480
	热轧薄钢板 δ0.5~0.65	kg	3.93	0.550	0.600	0.750
	斜垫铁	kg	3.50	4.460	4.460	8.160
	其他材料费占材料费	%	—	5.000	5.000	5.000
机械	交流弧焊机 21kV·A	台班	57.35	0.250	0.250	0.250
	汽车式起重机 16t	台班	958.70	0.200	0.400	—
	汽车式起重机 25t	台班	1084.16	—	—	0.500
	载重汽车 8t	台班	501.85	—	0.300	0.400

200

二、刮板输送机

定 额 编 号			A1-6-13	A1-6-14	A1-6-15
项 目 名 称			槽宽420（mm以内）		
			输送机长度/驱动装置		
			组数（m/组）		
			30	50	80
基 价（元）			5183.28	8603.32	11864.92
其中	人 工 费（元）		4349.24	7125.86	9994.60
	材 料 费（元）		501.46	717.11	1037.01
	机 械 费（元）		332.58	760.35	833.31
名 称	单位	单价（元）	消 耗 量		
人工	综合工日	工日	140.00	31.066	50.899	71.390
材料	低碳钢焊条	kg	6.84	1.029	1.281	1.533
	黄油钙基脂	kg	5.15	2.416	3.091	3.652
	机油	kg	19.66	1.330	1.763	2.196
	煤油	kg	3.73	7.051	7.841	8.895
	木板	m³	1634.16	0.005	0.015	0.033
	平垫铁	kg	3.74	54.744	78.542	114.240
	热轧薄钢板 δ0.5～0.65	kg	3.93	0.700	0.900	1.100
	斜垫铁	kg	3.50	54.281	77.878	113.278
	其他材料费占材料费	%	—	5.000	5.000	5.000
机械	叉式起重机 5t	台班	506.51	0.600	0.300	—
	交流弧焊机 21kV·A	台班	57.35	0.500	0.500	1.000
	汽车式起重机 16t	台班	958.70	—	0.500	0.600
	载重汽车 8t	台班	501.85	—	0.200	0.400

定　额　编　号			A1-6-16	A1-6-17	A1-6-18
项　目　名　称			槽宽530（mm以内）		
			输送机长度/驱动装置		
			组数（m/组）		
			50	80	120
基　　　价（元）			9750.32	13562.52	17633.07
其中	人　工　费（元）		8277.22	11337.06	14297.50
	材　料　费（元）		729.76	1054.35	2125.87
	机　械　费（元）		743.34	1171.11	1209.70
名　　称	单位	单价（元）	消　　耗　　量		
人工	综合工日	工日	140.00	59.123	80.979	102.125

	名　　称	单位	单价（元）			
人工	综合工日	工日	140.00	59.123	80.979	102.125
材料	低碳钢焊条	kg	6.84	1.491	1.764	2.037
	黄油钙基脂	kg	5.15	3.551	4.349	5.146
	机油	kg	19.66	1.955	2.518	3.081
	煤油	kg	3.73	9.040	10.240	11.438
	木板	m³	1634.16	0.015	0.033	0.051
	平垫铁	kg	3.74	78.542	114.240	161.840
	热轧薄钢板 δ0.5～0.65	kg	3.93	0.900	1.100	160.480
	斜垫铁	kg	3.50	77.878	113.278	160.473
	其他材料费占材料费	%	—	5.000	5.000	5.000
机械	叉式起重机 5t	台班	506.51	0.300	—	—
	交流弧焊机 21kV·A	台班	57.35	1.000	1.000	1.000
	汽车式起重机 16t	台班	958.70	0.400	0.900	—
	汽车式起重机 25t	台班	1084.16	—	—	0.600
	载重汽车 8t	台班	501.85	0.300	0.500	1.000

定　额　编　号				A1-6-19	A1-6-20	A1-6-21	A1-6-22
项　目　名　称				槽宽620（mm以内）			
				输送机长度/驱动装置			
				组数（m/组）			
				80	120	170	250
基　　　　价（元）				14634.57	19076.85	24085.63	32978.54
其中	人　工　费（元）			13102.88	17047.80	21313.60	29114.26
	材　料　费（元）			1086.36	1572.25	2221.67	2765.28
	机　械　费（元）			445.33	456.80	550.36	1099.00
名　　　称		单位	单价（元）	消　　耗　　量			
人工	综合工日	工日	140.00	93.592	121.770	152.240	207.959
材料	低碳钢焊条	kg	6.84	2.037	2.352	2.646	3.108
	黄油钙基脂	kg	5.15	4.989	5.887	6.786	8.191
	机油	kg	19.66	2.932	3.557	4.169	5.129
	煤油	kg	3.73	11.781	13.098	14.416	16.459
	木板	m³	1634.16	0.040	0.098	0.199	0.335
	平垫铁	kg	3.74	114.240	161.840	221.344	257.040
	热轧薄钢板 δ0.5～0.65	kg	3.93	1.100	1.300	1.500	1.800
	斜垫铁	kg	3.50	113.278	160.473	219.480	254.881
	其他材料费占材料费	%	—	5.000	5.000	5.000	5.000
机械	交流弧焊机 21kV·A	台班	57.35	1.000	1.200	1.300	1.500
	汽车式起重机 16t	台班	958.70	0.300	0.300	—	—
	汽车式起重机 25t	台班	1084.16	—	—	0.300	—
	汽车式起重机 50t	台班	2464.07	—	—	—	0.350
	载重汽车 8t	台班	501.85	0.200	0.200	0.300	0.300

定　额　编　号				A1-6-23	A1-6-24
项　目　名　称				槽宽800(mm以内)	
				输送机长度/驱动装置	
				组数(m/组)	
				170	250
基　　　价（元）				27907.58	36395.10
其中	人　工　费（元）			24129.84	32007.22
	材　料　费（元）			2258.94	2851.87
	机　械　费（元）			1518.80	1536.01
名　　　　称	单位	单价（元）		消　耗　　量	
人工	综合工日	工日	140.00	172.356	228.623
材料	低碳钢焊条	kg	6.84	2.982	3.486
	黄油钙基脂	kg	5.15	7.786	9.315
	机油	kg	19.66	4.782	5.871
	煤油	kg	3.73	16.512	18.831
	木板	m³	1634.16	0.204	0.366
	平垫铁	kg	3.74	221.344	257.040
	热轧薄钢板 δ0.5～0.65	kg	3.93	1.500	1.800
	斜垫铁	kg	3.50	219.480	254.881
	其他材料费占材料费	%	—	5.000	5.000
机械	交流弧焊机 21kV·A	台班	57.35	1.500	1.800
	汽车式起重机 50t	台班	2464.07	0.500	0.500
	载重汽车 8t	台班	501.85	0.400	0.400

三、板(裙)式输送机

计量单位：台

定　额　编　号			A1-6-25	A1-6-26	A1-6-27
项　目　名　称			链板宽度(mm以内)		
			800		1000
			链轮中心距(m以内)		
			6	10	3
基　　　价（元）			2171.44	2717.31	2029.77
其中	人　工　费（元）		1624.70	2018.10	1501.36
	材　料　费（元）		232.47	294.84	254.02
	机　械　费（元）		314.27	404.37	274.39
名　　称	单位	单价（元）	消　　耗　　量		
人工 综合工日	工日	140.00	11.605	14.415	10.724
材料 低碳钢焊条	kg	6.84	1.218	2.573	1.985
黄油钙基脂	kg	5.15	2.247	2.247	2.472
机油	kg	19.66	2.369	2.574	2.586
煤油	kg	3.73	7.947	8.776	7.485
木板	m³	1634.16	0.016	0.020	0.015
平垫铁	kg	3.74	12.728	16.964	14.840
热轧薄钢板 δ0.5~0.65	kg	3.93	1.100	1.600	1.000
斜垫铁	kg	3.50	12.244	16.332	14.288
氧气	m³	3.63	0.612	1.224	0.408
乙炔气	kg	10.45	0.204	0.408	0.136
其他材料费占材料费	%	—	5.000	5.000	5.000
机械 叉式起重机 5t	台班	506.51	0.500	0.600	0.400
电动单筒慢速卷扬机 50kN	台班	215.57	0.150	0.200	0.200
交流弧焊机 21kV·A	台班	57.35	0.500	1.000	0.500

定　额　编　号			A1-6-28	A1-6-29	A1-6-30
项　目　名　称			链板宽度(mm以内)		
			1200	1500	
			链轮中心距(m以内)		
			5	10	15
基　　　　　价（元）			2505.25	5109.65	8112.42
其中	人　工　费（元）		1844.50	4182.36	6661.48
	材　料　费（元）		294.08	567.29	827.07
	机　械　费（元）		366.67	360.00	623.87
名　　　称	单位	单价(元)	消　　耗　　量		
人工	综合工日	工日	140.00	13.175	29.874	47.582
材料	低碳钢焊条	kg	6.84	2.069	9.450	17.220
	黄油钙基脂	kg	5.15	2.697	2.921	3.596
	机油	kg	19.66	3.031	4.157	4.899
	煤油	kg	3.73	8.407	10.595	14.126
	木板	m³	1634.16	0.026	0.120	0.210
	平垫铁	kg	3.74	15.009	16.960	18.024
	热轧薄钢板 δ0.5～0.65	kg	3.93	1.160	1.650	2.170
	斜垫铁	kg	3.50	15.300	18.881	20.059
	氧气	m³	3.63	0.612	1.020	1.836
	乙炔气	kg	10.45	0.204	0.340	0.612
	其他材料费占材料费	%	—	5.000	5.000	5.000
机械	叉式起重机 5t	台班	506.51	0.500	0.300	0.300
	电动单筒慢速卷扬机 50kN	台班	215.57	0.300	0.300	0.400
	交流弧焊机 21kV·A	台班	57.35	0.850	2.500	4.100
	载重汽车 8t	台班	501.85	—	—	0.300

206

定 额 编 号			A1-6-31	A1-6-32	A1-6-33
项 目 名 称			链板宽度(mm以内)		
			1800	2400	
			链轮中心距(m以内)		
			12	5	12
基 价 （元）			8998.41	7103.67	10286.76
其中	人 工 费 （元）		7234.22	6202.56	8242.22
	材 料 费 （元）		1166.82	418.25	1236.55
	机 械 费 （元）		597.37	482.86	807.99
名 称	单位	单价(元)	消 耗 量		
人工	综合工日	工日	140.00	51.673	44.304	58.873
材料	低碳钢焊条	kg	6.84	14.700	9.450	17.745
	黄油钙基脂	kg	5.15	4.270	4.450	4.675
	机油	kg	19.66	5.351	5.246	6.205
	煤油	kg	3.73	16.261	14.931	19.002
	木板	m³	1634.16	0.404	0.014	0.408
	平垫铁	kg	3.74	18.024	14.842	19.088
	热轧薄钢板 δ0.5～0.65	kg	3.93	3.050	2.160	3.150
	斜垫铁	kg	3.50	20.059	16.520	21.237
	氧气	m³	3.63	1.836	1.020	2.040
	乙炔气	kg	10.45	0.612	0.340	0.680
	其他材料费占材料费	%	—	5.000	5.000	5.000
机械	叉式起重机 5t	台班	506.51	—	0.500	—
	电动单筒慢速卷扬机 50kN	台班	215.57	0.200	0.400	0.200
	交流弧焊机 21kV·A	台班	57.35	2.860	2.500	3.150
	汽车式起重机 16t	台班	958.70	0.250	—	0.400
	载重汽车 8t	台班	501.85	0.300	—	0.400

四、悬挂输送机

定 额 编 号			A1-6-34	A1-6-35	A1-6-36
项 目 名 称			驱动装置		
			重量(kg以内)		
			200	700	1500
基 价 （元）			382.20	593.57	892.60
其中	人 工 费 （元）		264.60	400.82	564.76
	材 料 费 （元）		33.92	58.42	49.09
	机 械 费 （元）		83.68	134.33	278.75
名 称	单位	单价(元)	消 耗 量		
人工 综合工日	工日	140.00	1.890	2.863	4.034
材料 低碳钢焊条	kg	6.84	0.315	0.336	0.378
黄油钙基脂	kg	5.15	0.225	0.225	0.225
机油	kg	19.66	0.217	0.248	0.031
煤油	kg	3.73	1.977	2.636	3.294
木板	m³	1634.16	0.001	0.001	0.004
热轧薄钢板 δ0.5～0.65	kg	3.93	4.000	9.120	6.000
其他材料费占材料费	%	—	5.000	5.000	5.000
机械 叉式起重机 5t	台班	506.51	0.100	0.200	0.400
电动单筒慢速卷扬机 50kN	台班	215.57	0.100	0.100	0.300
交流弧焊机 21kV·A	台班	57.35	0.200	0.200	0.200

定　额　编　号			A1-6-37	A1-6-38	A1-6-39
项　目　名　称			转向装置		
			重量（kg以内）		
			150	220	320
基　　　价（元）			201.80	284.23	388.20
其中	人　工　费（元）		104.86	133.70	162.54
	材　料　费（元）		13.26	16.20	19.12
	机　械　费（元）		83.68	134.33	206.54
名　　称	单位	单价（元）	消　　耗　　量		
人工	综合工日	工日	140.00	0.749	0.955	1.161
材料	低碳钢焊条	kg	6.84	0.336	0.483	0.630
	黄油钙基脂	kg	5.15	0.282	0.304	0.326
	机油	kg	19.66	0.031	0.044	0.056
	煤油	kg	3.73	0.198	0.264	0.330
	木板	m³	1634.16	0.001	0.001	0.001
	热轧薄钢板 δ0.5～0.65	kg	3.93	1.500	1.800	2.100
	其他材料费占材料费	%	—	5.000	5.000	5.000
机械	叉式起重机 5t	台班	506.51	0.100	0.200	0.300
	电动单筒慢速卷扬机 50kN	台班	215.57	0.100	0.100	0.200
	交流弧焊机 21kV·A	台班	57.35	0.200	0.200	0.200

定　额　编　号			A1-6-40	A1-6-41	A1-6-42
项　目　名　称			拉紧装置		
			重量(kg以内)		
			200	500	1000
基　　　价（元）			246.77	399.28	585.91
其中	人　工　费（元）		149.10	244.02	397.60
	材　料　费（元）		13.99	20.93	32.42
	机　械　费（元）		83.68	134.33	155.89
名　　　称	单位	单价（元）	消　　耗　　量		
人工	综合工日	工日	140.00	1.065	1.743	2.840
材　料	低碳钢焊条	kg	6.84	0.300	0.315	0.336
	黄油钙基脂	kg	5.15	0.337	0.562	0.674
	机油	kg	19.66	0.062	0.124	0.248
	煤油	kg	3.73	0.527	0.791	1.581
	木板	m³	1634.16	0.001	0.001	0.003
	热轧薄钢板 δ0.5～0.65	kg	3.93	1.200	2.000	2.400
	其他材料费占材料费	%	—	5.000	5.000	5.000
机　械	叉式起重机 5t	台班	506.51	0.100	0.200	0.200
	电动单筒慢速卷扬机 50kN	台班	215.57	0.100	0.100	0.200
	交流弧焊机 21kV·A	台班	57.35	0.200	0.200	0.200

定 额 编 号				A1-6-43	A1-6-44
项 目 名 称				链条安装	
				分类及节距(mm以内)	
				链片式(100)	链片式(160)
基 价（元）				3042.47	2332.17
其中	人 工 费（元）			2432.22	1844.50
	材 料 费（元）			538.04	415.46
	机 械 费（元）			72.21	72.21
名 称		单位	单价（元）	消 耗 量	
人工	综合工日	工日	140.00	17.373	13.175
材料	黄油钙基脂	kg	5.15	42.136	33.709
	机油	kg	19.66	5.568	3.712
	煤油	kg	3.73	49.416	39.533
	木板	m³	1634.16	0.001	0.001
	其他材料费占材料费	%	—	5.000	5.000
机械	叉式起重机 5t	台班	506.51	0.100	0.100
	电动单筒慢速卷扬机 50kN	台班	215.57	0.100	0.100

定 额 编 号				A1-6-45	A1-6-46
项 目 名 称				链条安装	
				分类及节距(mm以内)	
				链板式	链环式
基 价（元）				3788.61	4282.27
其中	人 工 费（元）			3038.28	3321.64
	材 料 费（元）			627.47	837.77
	机 械 费（元）			122.86	122.86
名 称		单位	单价（元）	消 耗 量	
人工	综合工日	工日	140.00	21.702	23.726
材料	黄油钙基脂	kg	5.15	50.563	67.418
	机油	kg	19.66	5.568	7.424
	煤油	kg	3.73	59.299	79.065
	木板	m³	1634.16	0.004	0.006
	其他材料费占材料费	%	—	5.000	5.000
机械	叉式起重机 5t	台班	506.51	0.200	0.200
	电动单筒慢速卷扬机 50kN	台班	215.57	0.100	0.100

定　额　编　号	A1-6-47		
项　目　名　称	试运转		
基　　价（元）	341.55		
其中	人　工　费（元）	266.98	
	材　料　费（元）	74.57	
	机　械　费（元）	—	
名　　称	单位	单价（元）	消　耗　量
人工	综合工日	工日	140.00	1.907
材料	黄油钙基脂	kg	5.15	3.371
	机油	kg	19.66	1.929
	煤油	kg	3.73	3.690
	其他材料费占材料费	%	—	8.000

五、固定式胶带输送机

定　额　编　号				A1-6-48	A1-6-49	A1-6-50	A1-6-51
项　目　名　称				带宽650mm以内			
				输送长度(m以内)			
				20	50	80	110
基　　　价（元）				4430.41	6509.05	9523.45	11124.28
其中	人　工　费（元）			3710.70	5428.64	7991.90	9385.04
	材　料　费（元）			498.94	600.97	730.86	838.18
	机　械　费（元）			220.77	479.44	800.69	901.06
名　　称		单位	单价(元)	消　　耗　　量			
人工	综合工日	工日	140.00	26.505	38.776	57.085	67.036
材料	道木	m³	2137.00	0.011	0.011	0.011	0.011
	低碳钢焊条	kg	6.84	3.959	4.379	4.862	5.208
	黄油钙基脂	kg	5.15	5.900	9.271	11.518	13.629
	机油	kg	19.66	2.648	3.588	4.330	5.339
	煤油	kg	3.73	9.883	13.836	18.844	24.247
	木板	m³	1634.16	0.019	0.026	0.034	0.043
	平垫铁	kg	3.74	26.180	29.751	33.320	36.890
	热轧薄钢板 δ0.5～0.65	kg	3.93	2.500	3.240	5.000	6.270
	生胶	kg	11.91	0.690	0.690	1.300	1.300
	熟胶	kg	12.88	0.930	0.930	1.750	1.750
	橡胶溶剂 120号	kg	2.19	4.040	4.040	7.630	7.630
	斜垫铁	kg	3.50	25.964	29.501	33.044	36.580
	氧气	m³	3.63	6.548	7.058	7.640	8.140
	乙炔气	kg	10.45	2.183	2.353	2.547	2.713
	其他材料费占材料费	%	—	5.000	5.000	5.000	5.000
机械	叉式起重机 5t	台班	506.51	0.300	0.200	0.300	0.300
	交流弧焊机 21kV·A	台班	57.35	1.200	1.500	2.000	2.000
	汽车式起重机 16t	台班	958.70	—	0.200	0.400	—
	汽车式起重机 25t	台班	1084.16	—	—	—	0.400
	载重汽车 8t	台班	501.85	—	0.200	0.300	0.400

計量单位：台

定 额 编 号				A1-6-52	A1-6-53	A1-6-54
项 目 名 称				带宽650mm以内		
				输送长度(m以内)		
				150	200	250
基 价 （元）				13378.15	16103.87	19812.67
其中	人 工 费 （元）			11360.72	13660.78	16748.20
	材 料 费 （元）			1015.54	1253.45	1451.06
	机 械 费 （元）			1001.89	1189.64	1613.41
名 称		单位	单价（元）	消 耗 量		
人工	综合工日	工日	140.00	81.148	97.577	119.630
材料	道木	m³	2137.00	0.011	0.011	0.011
	低碳钢焊条	kg	6.84	5.712	6.437	7.193
	黄油钙基脂	kg	5.15	16.619	21.023	25.563
	机油	kg	19.66	6.768	8.865	11.061
	煤油	kg	3.73	31.890	42.959	54.555
	木板	m³	1634.16	0.054	0.071	0.079
	平垫铁	kg	3.74	41.650	47.589	53.548
	热轧薄钢板 δ0.5～0.65	kg	3.93	8.070	10.720	13.480
	生胶	kg	11.91	1.950	2.600	2.600
	熟胶	kg	12.88	2.630	3.500	3.500
	橡胶溶剂 120号	kg	2.19	11.440	15.250	15.250
	斜垫铁	kg	3.50	41.300	47.187	53.100
	氧气	m³	3.63	9.078	10.220	11.108
	乙炔气	kg	10.45	3.026	3.407	3.703
	其他材料费占材料费	%	—	5.000	5.000	5.000
机械	叉式起重机 5t	台班	506.51	0.400	0.500	0.600
	交流弧焊机 21kV·A	台班	57.35	2.000	2.500	2.600
	汽车式起重机 25t	台班	1084.16	0.400	0.500	0.700
	载重汽车 8t	台班	501.85	0.500	0.500	0.800

215

定 额 编 号			A1-6-55	A1-6-56	A1-6-57	A1-6-58
项 目 名 称			带宽1000mm以内			
			输送长度(m以内)			
			20	50	80	110
基 价（元）			6098.97	8547.53	11899.21	14585.57
其中	人 工 费（元）		4751.04	6993.28	10088.12	12575.22
	材 料 费（元）		667.34	825.72	1027.80	1164.25
	机 械 费（元）		680.59	728.53	783.29	846.10
名 称	单位	单价（元）	消 耗 量			
人工	综合工日	工日	140.00	33.936	49.952	72.058	89.823
材料	道木	m³	2137.00	0.011	0.011	0.011	0.011
	低碳钢焊条	kg	6.84	7.109	7.707	8.306	8.904
	黄油钙基脂	kg	5.15	10.507	14.214	17.821	21.080
	机油	kg	19.66	3.446	4.547	5.785	7.108
	煤油	kg	3.73	11.201	16.604	23.324	30.045
	木板	m³	1634.16	0.020	0.029	0.038	0.048
	平垫铁	kg	3.74	30.936	34.510	37.810	41.654
	热轧薄钢板 δ0.5~0.65	kg	3.93	4.050	5.850	7.850	9.850
	生胶	kg	11.91	2.380	2.380	3.150	3.150
	熟胶	kg	12.88	1.660	1.660	4.500	4.500
	橡胶溶剂 120号	kg	2.19	10.150	10.150	19.250	19.250
	斜垫铁	kg	3.50	30.678	34.221	37.760	41.280
	氧气	m³	3.63	7.895	13.280	14.321	15.320
	乙炔气	kg	10.45	2.632	4.427	4.774	5.107
	其他材料费占材料费	%	—	5.000	5.000	5.000	5.000
机械	叉式起重机 5t	台班	506.51	0.200	0.200	0.200	0.200
	交流弧焊机 21kV·A	台班	57.35	2.500	2.500	2.650	2.800
	汽车式起重机 16t	台班	958.70	0.350	0.400	—	—
	汽车式起重机 25t	台班	1084.16	—	—	0.350	0.400
	载重汽车 8t	台班	501.85	0.200	0.200	0.300	0.300

定 额 编 号				A1-6-59	A1-6-60	A1-6-61
项 目 名 称				带宽1000mm以内		
				输送长度(m以内)		
				150	200	250
基 价 （元）				18340.79	22576.56	27280.41
其中	人 工 费（元）			15408.40	18147.36	22547.84
	材 料 费（元）			1422.02	1773.62	2048.32
	机 械 费（元）			1510.37	2655.58	2684.25
名 称		单位	单价（元）	消 耗 量		
人工	综合工日	工日	140.00	110.060	129.624	161.056
材料	道木	m³	2137.00	0.011	0.011	0.011
	低碳钢焊条	kg	6.84	9.744	10.983	12.285
	黄油钙基脂	kg	5.15	25.709	32.506	39.585
	机油	kg	19.66	8.982	11.736	14.637
	煤油	kg	3.73	39.407	52.578	67.601
	木板	m³	1634.16	0.061	0.084	0.103
	平垫铁	kg	3.74	46.091	52.361	58.314
	热轧薄钢板 δ0.5～0.65	kg	3.93	12.750	16.650	21.060
	生胶	kg	11.91	4.730	6.300	6.300
	熟胶	kg	12.88	6.750	9.000	9.000
	橡胶溶剂 120号	kg	2.19	28.880	38.500	38.500
	斜垫铁	kg	3.50	46.020	51.920	57.820
	氧气	m³	3.63	16.646	19.788	21.461
	乙炔气	kg	10.45	5.549	6.596	7.153
	其他材料费占材料费	%	—	5.000	5.000	5.000
机械	叉式起重机 5t	台班	506.51	0.300	1.000	1.000
	交流弧焊机 21kV·A	台班	57.35	3.000	3.000	3.500
	汽车式起重机 50t	台班	2464.07	0.400	—	—
	汽车式起重机 75t	台班	3151.07	—	0.500	0.500
	载重汽车 8t	台班	501.85	0.400	0.800	0.800

定 额 编 号				A1-6-62	A1-6-63	A1-6-64	A1-6-65
项 目 名 称				带宽1400mm以内			
				输送长度（m以内）			
				20	50	80	110
基 价 （元）				8521.92	11693.37	16258.36	19628.10
其中	人 工 费 （元）			6298.04	9170.84	13259.68	16036.44
	材 料 费 （元）			932.46	1166.12	1482.65	1683.90
	机 械 费 （元）			1291.42	1356.41	1516.03	1907.76
名 称		单位	单价（元）	消 耗 量			
人工	综合工日	工日	140.00	44.986	65.506	94.712	114.546
材料	道木	m³	2137.00	0.011	0.011	0.011	0.011
	低碳钢焊条	kg	6.84	9.240	11.361	12.527	13.419
	黄油钙基脂	kg	5.15	17.753	20.293	25.506	30.226
	机油	kg	19.66	4.702	6.069	6.966	9.317
	煤油	kg	3.73	15.154	20.571	28.859	37.029
	木板	m³	1634.16	0.024	0.034	0.043	0.054
	平垫铁	kg	3.74	36.720	42.840	48.960	55.080
	热轧薄钢板 δ0.5～0.65	kg	3.93	5.500	8.410	11.710	14.120
	生胶	kg	11.91	3.550	3.550	5.750	5.750
	熟胶	kg	12.88	5.150	5.150	9.800	9.800
	橡胶溶剂 120号	kg	2.19	21.700	21.700	41.000	41.000
	斜垫铁	kg	3.50	38.520	44.940	51.360	57.780
	氧气	m³	3.63	10.098	20.604	22.950	24.602
	乙炔气	kg	10.45	3.366	6.868	7.650	8.201
	其他材料费占材料费	%	—	5.000	5.000	5.000	5.000
机械	叉式起重机 5t	台班	506.51	1.300	1.400	1.500	1.800
	交流弧焊机 21kV·A	台班	57.35	2.600	2.850	3.000	3.400
	汽车式起重机 16t	台班	958.70	0.400	0.400	—	—
	汽车式起重机 25t	台班	1084.16	—	—	0.400	0.600
	载重汽车 8t	台班	501.85	0.200	0.200	0.300	0.300

定 额 编 号				A1-6-66	A1-6-67	A1-6-68
项 目 名 称				带宽1400mm以内		
				输送长度(m以内)		
				150	200	250
基 价 （元）				24614.67	29325.56	35405.80
其中	人 工 费 （元）			19614.28	23580.06	29203.16
	材 料 费 （元）			2101.73	2577.12	3017.05
	机 械 费 （元）			2898.66	3168.38	3185.59
名 称		单位	单价（元）	消 耗 量		
人工	综合工日	工日	140.00	140.102	168.429	208.594
材料	道木	m³	2137.00	0.011	0.011	0.011
	低碳钢焊条	kg	6.84	14.700	16.653	18.533
	黄油钙基脂	kg	5.15	36.855	46.518	56.631
	机油	kg	19.66	11.754	15.342	19.035
	煤油	kg	3.73	48.625	52.578	83.677
	木板	m³	1634.16	0.071	0.094	0.119
	平垫铁	kg	3.74	63.240	73.440	83.640
	热轧薄钢板 δ0.5~0.65	kg	3.93	18.200	24.200	30.310
	生胶	kg	11.91	8.630	11.500	11.500
	熟胶	kg	12.88	14.700	19.600	19.600
	橡胶溶剂 120号	kg	2.19	61.500	82.000	82.000
	斜垫铁	kg	3.50	66.340	77.040	87.740
	氧气	m³	3.63	27.030	30.600	34.109
	乙炔气	kg	10.45	9.010	10.200	11.370
	其他材料费占材料费	%	—	5.000	5.000	5.000
机械	叉式起重机 5t	台班	506.51	2.000	1.000	1.000
	交流弧焊机 21kV·A	台班	57.35	3.600	3.700	4.000
	汽车式起重机 50t	台班	2464.07	0.600	—	—
	汽车式起重机 75t	台班	3151.07	—	0.650	0.650
	载重汽车 8t	台班	501.85	0.400	0.800	0.800

定　额　编　号			A1-6-69	A1-6-70	A1-6-71	A1-6-72
项　目　名　称			带宽1600mm以内			
			输送长度（m以内）			
			20	50	80	110
基　　　价（元）			13299.43	17505.24	23833.30	28416.67
其中	人　工　费（元）		9463.02	13123.88	18146.80	21769.16
	材　料　费（元）		1440.72	1766.33	2195.62	2486.75
	机　械　费（元）		2395.69	2615.03	3490.88	4160.76
名　　　称	单位	单价（元）	消　　耗　　量			
人工	综合工日	工日	140.00	67.593	93.742	129.620	155.494
材料	道木	m³	2137.00	0.014	0.014	0.014	0.014
	低碳钢焊条	kg	6.84	12.012	14.805	16.275	17.850
	黄油钙基脂	kg	5.15	23.034	26.405	33.709	39.327
	机油	kg	19.66	6.124	8.042	9.279	12.373
	煤油	kg	3.73	19.766	26.355	38.215	48.757
	木板	m³	1634.16	0.031	0.044	0.055	0.070
	平垫铁	kg	3.74	75.902	86.254	93.500	106.950
	热轧薄钢板 δ0.5～0.65	kg	3.93	7.150	10.930	15.200	18.000
	生胶	kg	11.91	4.620	4.620	7.500	7.500
	熟胶	kg	12.88	6.700	6.700	13.000	13.000
	橡胶溶剂 120号	kg	2.19	28.200	28.200	53.000	53.000
	斜垫铁	kg	3.50	82.280	93.511	104.722	115.940
	氧气	m³	3.63	13.158	26.826	29.886	31.620
	乙炔气	kg	10.45	4.386	8.942	9.962	10.540
	其他材料费占材料费	%	—	5.000	5.000	5.000	5.000
机械	叉式起重机 5t	台班	506.51	3.000	3.300	3.500	4.000
	交流弧焊机 21kV·A	台班	57.35	3.200	3.500	4.100	4.500
	汽车式起重机 25t	台班	1084.16	0.500	0.500	—	—
	汽车式起重机 50t	台班	2464.07	—	—	0.500	—
	汽车式起重机 75t	台班	3151.07	—	—	—	0.500
	载重汽车 8t	台班	501.85	0.300	0.400	0.500	0.600

定 额 编 号			A1-6-73	A1-6-74	A1-6-75
项 目 名 称			带宽1600mm以内		
			输送长度(m以内)		
			150	200	250
基 价（元）			34437.43	42529.05	50507.25
其中	人 工 费（元）		26362.70	32106.90	38632.44
	材 料 费（元）		3054.34	3705.36	4311.93
	机 械 费（元）		5020.39	6716.79	7562.88
名 称	单位	单价（元）	消 耗 量		
人工	综合工日	工日	140.00	188.305	229.335	275.946
材料	道木	m³	2137.00	0.014	0.014	0.014
	低碳钢焊条	kg	6.84	18.900	22.050	24.150
	黄油钙基脂	kg	5.15	48.316	60.676	74.159
	机油	kg	19.66	15.466	19.796	24.745
	煤油	kg	3.73	63.252	68.523	109.373
	木板	m³	1634.16	0.093	0.123	0.150
	平垫铁	kg	3.74	120.749	138.012	155.234
	热轧薄钢板 δ0.5～0.65	kg	3.93	24.000	32.000	39.000
	生胶	kg	11.91	11.000	15.000	15.000
	熟胶	kg	12.88	19.000	25.500	26.000
	橡胶溶剂 120号	kg	2.19	80.000	107.000	107.000
	斜垫铁	kg	3.50	130.888	149.600	168.300
	氧气	m³	3.63	35.700	39.780	44.880
	乙炔气	kg	10.45	11.900	13.260	14.960
	其他材料费占材料费	%	—	5.000	5.000	5.000
机械	叉式起重机 5t	台班	506.51	4.000	4.300	4.500
	交流弧焊机 21kV·A	台班	57.35	5.000	5.500	6.000
	汽车式起重机 100t	台班	4651.90	—	0.800	0.900
	汽车式起重机 75t	台班	3151.07	0.700	—	—
	载重汽车 8t	台班	501.85	1.000	1.000	1.500

定 额 编 号				A1-6-76	A1-6-77	A1-6-78
项 目 名 称				带宽2000mm以内		
				输送长度（m以内）		
				20	100	150
基 价 （元）				14602.18	31417.40	36494.54
其中	人 工 费（元）			10388.28	24696.42	28407.12
	材 料 费（元）			1542.95	2568.63	3163.57
	机 械 费（元）			2670.95	4152.35	4923.85
名 称		单位	单价（元）	消 耗 量		
人工	综合工日	工日	140.00	74.202	176.403	202.908
材料	道木	m³	2137.00	0.014	0.014	0.014
	低碳钢焊条	kg	6.84	12.012	17.850	18.900
	黄油钙基脂	kg	5.15	23.034	39.327	48.316
	机油	kg	19.66	6.124	12.373	15.466
	煤油	kg	3.73	19.766	48.757	63.252
	木板	m³	1634.16	0.031	0.070	0.093
	平垫铁	kg	3.74	87.933	117.301	134.550
	热轧薄钢板 δ0.5～0.65	kg	3.93	7.150	18.000	24.000
	生胶	kg	11.91	4.620	7.500	11.000
	熟胶	kg	12.88	6.700	13.000	19.000
	橡胶溶剂 120号	kg	2.19	28.200	53.000	80.000
	斜垫铁	kg	3.50	97.240	127.160	145.864
	氧气	m³	3.63	13.158	31.620	35.700
	乙炔气	kg	10.45	4.386	10.540	11.900
	其他材料费占材料费	%	—	5.000	5.000	5.000
机械	叉式起重机 5t	台班	506.51	3.000	4.000	4.000
	交流弧焊机 21kV·A	台班	57.35	4.000	5.500	6.000
	汽车式起重机 16t	台班	958.70	0.700	—	—
	汽车式起重机 25t	台班	1084.16	—	1.300	1.800
	载重汽车 8t	台班	501.85	0.500	0.800	1.200

定 额 编 号			A1-6-79	A1-6-80
项 目 名 称			带宽2000mm以内	
			输送长度(m以内)	
			250	500
基 价 （元）			52549.75	64932.98
其中	人 工 费 （元）		41331.64	51194.22
	材 料 费 （元）		4284.71	5554.79
	机 械 费 （元）		6933.40	8183.97
名 称	单位	单价（元）	消 耗 量	
人工 综合工日	工日	140.00	295.226	365.673
材料 道木	m³	2137.00	0.014	0.015
低碳钢焊条	kg	6.84	24.150	29.460
黄油钙基脂	kg	5.15	74.159	83.905
机油	kg	19.66	24.745	27.979
煤油	kg	3.73	109.373	113.076
木板	m³	1634.16	0.150	0.200
平垫铁	kg	3.74	151.800	255.313
热轧薄钢板 δ0.5~0.65	kg	3.93	39.000	45.100
生胶	kg	11.91	15.000	18.500
熟胶	kg	12.88	26.000	30.500
橡胶溶剂 120号	kg	2.19	107.000	113.500
斜垫铁	kg	3.50	164.563	276.760
氧气	m³	3.63	44.880	51.090
乙炔气	kg	10.45	14.960	17.030
其他材料费占材料费	%	—	5.000	5.000
机械 叉式起重机 5t	台班	506.51	4.500	5.000
交流弧焊机 21kV·A	台班	57.35	7.000	8.000
汽车式起重机 50t	台班	2464.07	1.400	1.700
载重汽车 8t	台班	501.85	1.600	2.000

六、螺旋式输送机

定 额 编 号				A1-6-81	A1-6-82	A1-6-83	A1-6-84
项 目 名 称				公称直径300mm以内			
				机身长度(m以内)			
				6	11	16	21
基 价（元）				1069.91	1396.72	1877.63	2353.86
其中	人 工 费（元）			835.94	1062.60	1381.66	1694.56
	材 料 费（元）			99.64	124.72	155.10	240.49
	机 械 费（元）			134.33	209.40	340.87	418.81
名 称		单位	单价（元）	消 耗 量			
人工	综合工日	工日	140.00	5.971	7.590	9.869	12.104
材料	低碳钢焊条	kg	6.84	0.462	0.735	1.113	1.449
	黄油钙基脂	kg	5.15	1.494	1.641	1.820	2.011
	机油	kg	19.66	0.532	0.606	0.712	0.810
	煤油	kg	3.73	3.663	4.454	5.232	6.023
	木板	m³	1634.16	0.006	0.006	0.008	0.008
	平垫铁	kg	3.74	6.840	9.120	11.423	21.202
	热轧薄钢板 δ0.5～0.65	kg	3.93	0.280	0.410	0.600	0.780
	斜垫铁	kg	3.50	6.696	8.928	11.160	21.413
	其他材料费占材料费	%	—	5.000	5.000	5.000	5.000
机械	叉式起重机 5t	台班	506.51	0.200	0.300	0.500	0.600
	电动单筒慢速卷扬机 50kN	台班	215.57	0.100	0.200	0.300	0.400
	交流弧焊机 21kV·A	台班	57.35	0.200	0.250	0.400	0.500

定　额　编　号			A1-6-85	A1-6-86	A1-6-87	A1-6-88
项　目　名　称			公称直径600mm以内			
			机身长度(m以内)			
			8	14	20	26
基　　价（元）			1758.38	2259.06	2887.30	3537.58
其中	人　工　费（元）		1412.46	1754.34	2217.32	2689.12
	材　料　费（元）		139.38	172.46	206.25	301.06
	机　械　费（元）		206.54	332.26	463.73	547.40
名　　称	单位	单价（元）	消　　耗　　量			
人工	综合工日	工日	140.00	10.089	12.531	15.838	19.208
材料	低碳钢焊条	kg	6.84	0.630	1.008	1.512	2.016
	黄油钙基脂	kg	5.15	2.192	2.393	2.675	2.944
	机油	kg	19.66	0.742	0.854	1.002	1.151
	煤油	kg	3.73	4.679	5.680	6.682	7.815
	木板	m³	1634.16	0.021	0.024	0.026	0.029
	平垫铁	kg	3.74	6.840	9.120	11.423	21.202
	热轧薄钢板 δ0.5～0.65	kg	3.93	0.450	0.630	0.870	1.110
	斜垫铁	kg	3.50	6.696	8.928	11.160	21.413
	其他材料费占材料费	%	—	5.000	5.000	5.000	5.000
机械	叉式起重机 5t	台班	506.51	0.300	0.500	0.700	0.800
	电动单筒慢速卷扬机 50kN	台班	215.57	0.200	0.300	0.400	0.500
	交流弧焊机 21kV·A	台班	57.35	0.200	0.250	0.400	0.600

七、皮带秤安装

定 额 编 号				A1-6-89	A1-6-90	A1-6-91
项 目 名 称				带宽(mm以内)		
				650	1000	1400
基 价（元）				999.58	1275.43	1558.38
其中	人 工 费 （元）			883.68	1098.30	1322.30
	材 料 费 （元）			48.04	58.62	61.19
	机 械 费 （元）			67.86	118.51	174.89
	名 称	单位	单价（元）	消 耗 量		
人工	综合工日	工日	140.00	6.312	7.845	9.445
材料	低碳钢焊条	kg	6.84	0.378	0.504	0.630
	黄油钙基脂	kg	5.15	1.573	1.798	1.798
	机油	kg	19.66	0.309	0.433	0.433
	煤油	kg	3.73	3.953	4.612	4.612
	木板	m³	1634.16	0.004	0.005	0.006
	破布	kg	6.32	1.050	1.260	1.260
	热轧薄钢板 δ0.5～0.65	kg	3.93	0.500	0.600	0.600
	其他材料费占材料费	%	—	3.000	3.000	3.000
机械	叉式起重机 5t	台班	506.51	0.100	0.200	0.300
	交流弧焊机 21kV·A	台班	57.35	0.300	0.300	0.400

第七章 风机安装

说　　明

一、本章内容包括离心式通（引）风机，轴流通风机，离心式鼓风机、回转式鼓风机安装；离心式通（引）风机、轴流通风机、离心式鼓风机、回转式鼓风机的拆装检查。

1. 离心式通（引）风机安装包括：中低压离心通风机、排尘离心通风机、耐腐蚀离心通风机、防爆离心通风机、高压离心通风机、锅炉离心通风机、抽烟通风机、多翼式离心通风机、硫磺鼓风机、恒温冷暖风机、暖风机、低噪音离心通风机、低噪音屋顶离心通风机的安装；

2. 轴流通风机安装包括：工业用轴流通风机、冷却塔轴流通风机、防爆轴流通风机、可调轴流通风机、屋顶轴流通风机、隔爆型轴流式局部扇风机的安装；

3. 离心式鼓风机、回转式鼓风机（罗茨鼓风机、HGY 型鼓风机、叶式鼓风机）安装；

4. 离心式通（引）风机、轴流通风机、离心式鼓风机、回转式鼓风机的拆装检查。

二、本章包括以下工作内容：

1. 风机安装。

（1）风机本体、底座、电动机、联轴节及与本体联体的附件、管道、润滑冷却装置等的清洗、刮研、组装、调试；

（2）联轴器、皮带、减震器及安全防护罩安装。

2. 风机拆装检查。

设备本体及部件以及第一个阀门以内的管道等拆卸、清洗、检查、刮研、换油、调间隙及调配重、找正、找平、找中心、记录、组装复原。

三、本章不包括以下工作内容，应执行其他章节有关定额或规定。

1. 风机安装。

（1）风机底座、防护罩、键、减振器的制作；

（2）电动机的抽芯检查、干燥、配线、调试。

2. 风机拆装检查。

（1）设备本体的整（解）体安装；

（2）电动机安装及拆除、检查、调整、试验；

（3）设备本体以外的各种管道的检查、试验等工作。

四、塑料风机及耐酸陶瓷风机按离心式通（引）风机定额执行。

工程量计算规则

一、直联式风机按风机本体及电动机、变速器和底座的总重量计算。

二、非直联式风机，以风机本体和底座的总重量计算，不包括电动机重量，但电动机的安装已包括在定额内。

一、风机安装

1.离心式通（引）风机

定 额 编 号			A1-7-1	A1-7-2	A1-7-3	A1-7-4
项 目 名 称			设备重量（t以内）			
			0.3	0.5	1.1	1.5
基 价（元）			590.07	671.60	1138.06	1560.85
其中	人 工 费（元）		429.10	505.68	879.06	1176.70
	材 料 费（元）		104.58	109.53	146.23	265.64
	机 械 费（元）		56.39	56.39	112.77	118.51
名 称	单位	单价（元）	消 耗 量			
人工	综合工日	工日	140.00	3.065	3.612	6.279	8.405
材料	低碳钢焊条	kg	6.84	0.210	0.210	0.315	0.433
	黄油钙基脂	kg	5.15	2.247	0.247	0.371	0.506
	机油	kg	19.66	0.824	0.824	1.237	1.850
	煤油	kg	3.73	2.888	4.331	5.775	6.320
	木板	m³	1634.16	0.006	0.008	0.009	0.012
	平垫铁	kg	3.74	4.710	4.710	6.280	18.463
	热轧薄钢板 δ1.6～1.9	kg	3.93	0.300	0.300	0.400	0.600
	石棉橡胶板	kg	9.40	0.300	0.300	0.400	0.500
	斜垫铁	kg	3.50	4.692	4.692	6.256	17.480
	氧气	m³	3.63	1.020	1.020	1.020	1.360
	乙炔气	kg	10.45	0.340	0.340	0.340	0.453
	紫铜板 δ0.25～0.5	kg	64.56	0.100	0.200	0.300	0.400
	其他材料费占材料费	%	—	3.000	3.000	3.000	3.000
机械	叉式起重机 5t	台班	506.51	0.100	0.100	0.200	0.200
	交流弧焊机 21kV·A	台班	57.35	0.100	0.100	0.200	0.300

定 额 编 号			A1-7-5	A1-7-6	A1-7-7
项 目 名 称			设备重量(t以内)		
			2.2	3	5
基 价 （元）			2094.31	2777.69	3589.00
其中	人 工 费 （元）		1617.00	2213.40	2806.30
	材 料 费 （元）		302.42	344.48	506.50
	机 械 费 （元）		174.89	219.81	276.20
名 称	单位	单价（元）	消 耗 量		
人工	综合工日	工日	140.00	11.550	15.810	20.045
材料	道木	m³	2137.00	—	0.011	0.014
	低碳钢焊条	kg	6.84	0.525	0.525	0.840
	黄油钙基脂	kg	5.15	0.619	0.990	1.237
	机油	kg	19.66	2.473	2.473	4.122
	煤油	kg	3.73	8.663	8.663	10.106
	木板	m³	1634.16	0.015	0.015	0.019
	平垫铁	kg	3.74	18.463	18.463	30.772
	热轧薄钢板 δ1.6～1.9	kg	3.93	0.600	1.000	1.500
	石棉橡胶板	kg	9.40	0.600	1.000	1.500
	斜垫铁	kg	3.50	17.480	17.480	27.968
	氧气	m³	3.63	1.530	2.040	3.060
	乙炔气	kg	10.45	0.510	0.680	1.020
	紫铜板 δ0.25～0.5	kg	64.56	0.500	0.600	0.700
	其他材料费占材料费	%	—	3.000	3.000	3.000
机械	叉式起重机 5t	台班	506.51	0.300	0.400	0.500
	交流弧焊机 21kV·A	台班	57.35	0.400	0.300	0.400

定　额　编　号				A1-7-8	A1-7-9	A1-7-10
项　目　名　称				设备重量(t以内)		
				7	10	15
基　　　　价（元）				5695.15	6862.98	8430.14
其中	人　工　费（元）			4432.96	5451.32	6707.12
	材　料　费（元）			644.57	791.17	990.58
	机　械　费（元）			617.62	620.49	732.44
名　　　称		单位	单价（元）	消　　耗　　量		
人工	综合工日	工日	140.00	31.664	38.938	47.908
材料	道木	m³	2137.00	0.014	0.021	0.025
	低碳钢焊条	kg	6.84	1.050	1.575	1.890
	黄油钙基脂	kg	5.15	1.485	1.856	2.475
	机油	kg	19.66	4.946	6.595	8.244
	煤油	kg	3.73	11.550	14.438	17.325
	木板	m³	1634.16	0.029	0.031	0.033
	平垫铁	kg	3.74	42.373	50.005	64.025
	热轧薄钢板 $\delta 1.6 \sim 1.9$	kg	3.93	2.000	3.000	3.500
	石棉橡胶板	kg	9.40	2.000	3.000	3.000
	斜垫铁	kg	3.50	38.512	46.020	57.024
	氧气	m³	3.63	3.060	4.080	6.120
	乙炔气	kg	10.45	1.020	1.360	2.040
	紫铜板 $\delta 0.25 \sim 0.5$	kg	64.56	0.800	0.800	1.200
	其他材料费占材料费	%	—	3.000	3.000	3.000
机械	交流弧焊机 21kV·A	台班	57.35	0.500	0.550	0.600
	汽车式起重机 16t	台班	958.70	0.500	0.500	—
	汽车式起重机 25t	台班	1084.16	—	—	0.500
	载重汽车 10t	台班	547.99	0.200	0.200	—
	载重汽车 15t	台班	779.76	—	—	0.200

定 额 编 号			A1-7-11	A1-7-12	A1-7-13
项 目 名 称			设备重量(t以内)		
			20	30	40
基 价（元）			9984.32	11588.35	13008.21
其中	人 工 费（元）		7505.54	7876.12	8663.76
	材 料 费（元）		1233.43	1828.49	2138.52
	机 械 费（元）		1245.35	1883.74	2205.93
名 称	单位	单价（元）	消 耗 量		
人工	综合工日	工日	140.00	53.611	56.258	61.884
材料	道木	m³	2137.00	0.028	0.031	0.035
	低碳钢焊条	kg	6.84	2.100	2.310	2.510
	黄油钙基脂	kg	5.15	3.712	4.324	4.961
	机油	kg	19.66	9.893	12.861	16.718
	煤油	kg	3.73	23.100	34.650	51.975
	木板	m³	1634.16	0.035	0.037	0.040
	平垫铁	kg	3.74	78.751	139.810	150.720
	热轧薄钢板 δ1.6~1.9	kg	3.93	4.000	4.500	5.000
	石棉橡胶板	kg	9.40	4.000	5.000	5.500
	斜垫铁	kg	3.50	73.240	123.970	138.300
	氧气	m³	3.63	9.180	9.680	10.200
	乙炔气	kg	10.45	3.060	4.080	5.100
	紫铜板 δ0.25~0.5	kg	64.56	1.500	2.000	2.500
	其他材料费占材料费	%	—	3.000	3.000	3.000
机械	交流弧焊机 21kV·A	台班	57.35	0.700	0.760	0.820
	平板拖车组 40t	台班	1446.84	—	0.250	0.300
	汽车式起重机 25t	台班	1084.16	0.250	—	—
	汽车式起重机 50t	台班	2464.07	0.300	0.600	0.700
	载重汽车 15t	台班	779.76	0.250	—	—

2.轴流通风机

定 额 编 号			A1-7-14	A1-7-15	A1-7-16	A1-7-17
项 目 名 称			设备重量(t以内)			
			0.2	0.5	1	2
基 价（元）			473.73	642.98	925.00	1464.15
其中	人 工 费（元）		345.66	511.42	712.18	1128.68
	材 料 费（元）		71.68	75.17	105.78	222.70
	机 械 费（元）		56.39	56.39	107.04	112.77
名 称	单位	单价（元）	消 耗 量			
人工	综合工日	工日	140.00	2.469	3.653	5.087	8.062
材料	低碳钢焊条	kg	6.84	0.210	0.210	0.420	0.525
	黄油钙基脂	kg	5.15	0.147	0.282	0.371	0.495
	机油	kg	19.66	0.495	0.495	0.824	1.237
	煤油	kg	3.73	1.444	2.166	2.888	5.775
	木板	m³	1634.16	0.006	0.006	0.010	0.010
	平垫铁	kg	3.74	4.710	4.710	6.280	18.460
	热轧薄钢板 δ1.6～1.9	kg	3.93	0.300	0.300	0.500	0.800
	斜垫铁	kg	3.50	4.692	4.692	6.256	17.480
	氧气	m³	3.63	1.020	1.020	1.020	2.040
	乙炔气	kg	10.45	0.340	0.340	0.340	0.680
	其他材料费占材料费	%	—	3.000	3.000	3.000	3.000
机械	叉式起重机 5t	台班	506.51	0.100	0.100	0.200	0.200
	交流弧焊机 21kV·A	台班	57.35	0.100	0.100	0.100	0.200

定 额 编 号			A1-7-18	A1-7-19	A1-7-20	A1-7-21
项 目 名 称			设备重量(t以内)			
			3	5	8	10
基 价（元）			2032.25	3814.31	5834.71	7234.42
其中	人 工 费（元）		1580.04	3123.54	4775.54	5835.90
	材 料 费（元）		238.14	420.31	593.95	723.90
	机 械 费（元）		214.07	270.46	465.22	674.62
名 称	单位	单价(元)	消 耗 量			
人工	综合工日	工日	140.00	11.286	22.311	34.111	41.685
材料	道木	m³	2137.00	—	0.014	0.021	0.021
	低碳钢焊条	kg	6.84	0.630	0.300	0.350	0.400
	黄油钙基脂	kg	5.15	0.495	0.619	1.237	1.485
	机油	kg	19.66	1.649	3.298	4.946	6.595
	煤油	kg	3.73	7.219	8.663	11.550	14.438
	木板	m³	1634.16	0.010	0.014	0.023	0.028
	平垫铁	kg	3.74	18.460	30.772	42.373	50.005
	热轧薄钢板 δ1.6~1.9	kg	3.93	1.000	1.000	1.500	2.000
	石棉橡胶板	kg	9.40	—	1.500	1.800	2.000
	斜垫铁	kg	3.50	17.480	28.000	38.512	46.020
	氧气	m³	3.63	2.040	3.060	4.080	6.120
	乙炔气	kg	10.45	0.680	1.020	1.360	2.040
	其他材料费占材料费	%	—	3.000	3.000	3.000	3.000
机械	叉式起重机 5t	台班	506.51	0.400	0.500	—	—
	交流弧焊机 21kV·A	台班	57.35	0.200	0.300	0.350	0.400
	汽车式起重机 16t	台班	958.70	—	—	0.350	—
	汽车式起重机 25t	台班	1084.16	—	—	—	0.500
	载重汽车 10t	台班	547.99	—	—	0.200	0.200

定　额　编　号			A1-7-22	A1-7-23	A1-7-24	A1-7-25
项　目　名　称			设备重量(t以内)			
			15	20	30	40
基　　　价（元）			9658.42	13610.56	16363.42	19988.82
其中	人　工　费（元）		7644.28	9342.06	11247.46	13608.84
	材　料　费（元）		1016.39	1191.30	1453.85	1907.88
	机　械　费（元）		997.75	3077.20	3662.11	4472.10
名　　称	单位	单价(元)	消　　耗　　量			
人工 综合工日	工日	140.00	54.602	66.729	80.339	97.206
材料 道木	m³	2137.00	0.028	0.041	0.055	0.083
低碳钢焊条	kg	6.84	0.500	4.200	6.300	8.400
黄油钙基脂	kg	5.15	2.475	3.712	4.330	4.949
机油	kg	19.66	8.244	9.893	12.366	14.839
煤油	kg	3.73	18.769	21.656	28.875	36.094
木板	m³	1634.16	0.044	0.044	0.075	0.088
平垫铁	kg	3.74	73.853	80.598	89.829	127.358
热轧薄钢板 δ1.6～1.9	kg	3.93	3.000	4.000	5.000	5.000
石棉橡胶板	kg	9.40	2.500	3.000	3.200	3.500
斜垫铁	kg	3.50	65.712	75.230	80.696	103.530
氧气	m³	3.63	9.180	9.180	12.240	18.360
乙炔气	kg	10.45	3.060	3.060	4.080	6.120
其他材料费占材料费	%	—	3.000	3.000	3.000	3.000
机械 激光轴对中仪	台班	104.59	—	0.450	0.500	0.550
交流弧焊机 21kV·A	台班	57.35	0.500	0.800	1.000	1.200
平板拖车组 20t	台班	1081.33	—	—	0.250	0.300
汽车式起重机 25t	台班	1084.16	0.750	0.300	0.300	0.300
汽车式起重机 50t	台班	2464.07	—	1.000	1.200	1.500
载重汽车 15t	台班	779.76	0.200	0.250	—	—

定 额 编 号			A1-7-26	A1-7-27	A1-7-28
项 目 名 称			设备重量(t以内)		
			50	60	70
基 价（元）			24409.35	29802.00	35291.26
其中	人 工 费（元）		15399.72	18286.80	20523.58
	材 料 费（元）		2233.33	2682.80	3286.36
	机 械 费（元）		6776.30	8832.40	11481.32
名 称	单位	单价（元）	消 耗 量		
人工 综合工日	工日	140.00	109.998	130.620	146.597
材料 道木	m³	2137.00	0.110	0.138	0.206
低碳钢焊条	kg	6.84	10.500	12.600	14.700
黄油钙基脂	kg	5.15	5.568	6.186	7.424
机油	kg	19.66	16.488	20.610	24.732
煤油	kg	3.73	43.313	50.531	57.750
木板	m³	1634.16	0.115	0.115	0.125
平垫铁	kg	3.74	139.868	162.024	202.844
热轧薄钢板 δ1.6～1.9	kg	3.93	6.000	7.000	7.000
石棉橡胶板	kg	9.40	3.800	4.000	4.500
斜垫铁	kg	3.50	127.448	161.400	200.900
氧气	m³	3.63	18.360	24.480	24.480
乙炔气	kg	10.45	6.120	8.160	8.160
其他材料费占材料费	%	—	3.000	3.000	3.000
机械 激光轴对中仪	台班	104.59	0.600	0.650	0.730
交流弧焊机 21kV·A	台班	57.35	1.500	2.000	2.300
平板拖车组 20t	台班	1081.33	0.500	—	—
平板拖车组 30t	台班	1243.07	—	0.500	0.500
平板拖车组 60t	台班	1611.30	0.400	0.450	0.500
汽车式起重机 100t	台班	4651.90	1.100	1.500	2.000
汽车式起重机 25t	台班	1084.16	0.300	0.300	0.500

3.回转式鼓风机

定 额 编 号				A1-7-29	A1-7-30	A1-7-31	A1-7-32
项 目 名 称				设备重量(t以内)			
				0.5	1	2	3
基 价（元）				1113.95	1527.44	2021.52	2416.32
其中	人 工 费（元）			891.38	1233.54	1626.10	1988.14
	材 料 费（元）			115.53	181.13	232.00	259.02
	机 械 费（元）			107.04	112.77	163.42	169.16
名 称		单位	单价（元）	消 耗 量			
人工	综合工日	工日	140.00	6.367	8.811	11.615	14.201
材料	低碳钢焊条	kg	6.84	0.368	0.578	0.578	0.945
	黄油钙基脂	kg	5.15	0.619	0.990	1.237	1.237
	机油	kg	19.66	0.824	1.237	1.649	1.649
	煤油	kg	3.73	5.775	6.641	8.374	9.818
	木板	m³	1634.16	0.006	0.010	0.015	0.024
	平垫铁	kg	3.74	6.280	13.565	16.956	16.956
	热轧薄钢板 δ1.6~1.9	kg	3.93	0.400	0.500	0.800	0.800
	石棉橡胶板	kg	9.40	0.500	0.700	1.000	1.000
	斜垫铁	kg	3.50	6.256	9.952	12.440	12.440
	氧气	m³	3.63	1.020	1.020	1.020	1.530
	乙炔气	kg	10.45	0.340	0.340	0.340	0.510
	其他材料费占材料费	%	—	3.000	3.000	3.000	3.000
机械	叉式起重机 5t	台班	506.51	0.200	0.200	0.300	0.300
	交流弧焊机 21kV·A	台班	57.35	0.100	0.200	0.200	0.300

定　额　编　号				A1-7-33	A1-7-34	A1-7-35	A1-7-36
项　目　名　称				设备重量（t以内）			
				5	8	12	15
基　　　价（元）				3567.37	5474.42	6742.91	9057.54
其中	人　工　费（元）			2671.06	3985.24	5153.54	6952.96
	材　料　费（元）			332.50	572.01	524.55	954.60
	机　械　费（元）			563.81	917.17	1064.82	1149.98
名　　　称		单位	单价（元）	消　　耗　　量			
人工	综合工日	工日	140.00	19.079	28.466	36.811	49.664
材料	低碳钢焊条	kg	6.84	1.313	1.890	2.625	3.150
	黄油钙基脂	kg	5.15	1.671	1.856	2.227	2.475
	机油	kg	19.66	2.061	12.473	3.298	4.122
	煤油	kg	3.73	11.550	14.438	15.881	18.769
	木板	m³	1634.16	0.028	0.031	0.034	0.038
	平垫铁	kg	3.74	20.310	20.310	36.926	87.920
	热轧薄钢板 δ1.6～1.9	kg	3.93	1.000	1.000	1.800	2.300
	石棉橡胶板	kg	9.40	1.500	1.500	1.800	2.400
	斜垫铁	kg	3.50	19.250	19.250	31.170	80.760
	氧气	m³	3.63	2.040	3.060	4.080	5.100
	乙炔气	kg	10.45	0.680	1.020	1.360	1.700
	其他材料费占材料费	%	—	3.000	3.000	3.000	3.000
机械	叉式起重机 5t	台班	506.51	0.500	—	—	—
	激光轴对中仪	台班	104.59	—	0.300	0.350	0.400
	交流弧焊机 21kV·A	台班	57.35	0.400	0.450	0.500	0.800
	汽车式起重机 16t	台班	958.70	0.300	0.500	0.500	—
	汽车式起重机 25t	台班	1084.16	—	0.250	0.300	0.800
	载重汽车 10t	台班	547.99	—	0.200	—	—
	载重汽车 15t	台班	779.76	—	—	0.250	0.250

4.离心式鼓风机
(1)离心式鼓风机(带变速器)

计量单位:台

定 额 编 号			A1-7-37	A1-7-38	A1-7-39
项 目 名 称			设备重量(t以内)		
			0.5	1	3
基 价 （元）			1595.76	2196.92	3287.20
其中	人 工 费 （元）		1112.16	1674.26	2482.62
	材 料 费 （元）		320.18	359.24	431.35
	机 械 费 （元）		163.42	163.42	373.23
名 称	单位	单价(元)	消 耗 量		
人工 综合工日	工日	140.00	7.944	11.959	17.733
材料 道木	m³	2137.00	0.041	0.041	0.041
低碳钢焊条	kg	6.84	1.050	1.050	1.313
黄油钙基脂	kg	5.15	0.619	0.619	0.619
机油	kg	19.66	2.473	2.473	2.473
煤油	kg	3.73	15.366	16.741	18.116
木板	m³	1634.16	0.018	0.018	0.018
平垫铁	kg	3.74	5.652	10.362	18.463
青壳纸 $\delta 0.1\sim1.0$	张	4.21	0.300	0.400	0.400
热轧薄钢板 $\delta 1.6\sim1.9$	kg	3.93	0.200	0.300	0.300
石棉橡胶板	kg	9.40	1.200	1.200	1.200
铜丝布 16目	m	17.09	0.300	0.300	0.400
斜垫铁	kg	3.50	4.692	8.602	17.480
研磨膏	盒	0.85	1.200	2.000	2.000
氧气	m³	3.63	1.000	1.000	1.000
乙炔气	kg	10.45	0.340	0.340	0.340
紫铜板 $\delta 0.25\sim0.5$	kg	64.56	0.206	0.206	0.206
其他材料费占材料费	%	—	3.000	3.000	3.000
机械 叉式起重机 5t	台班	506.51	0.300	0.300	0.330
交流弧焊机 21kV·A	台班	57.35	0.200	0.200	0.250
汽车式起重机 16t	台班	958.70	—	—	0.200

定　额　编　号			A1-7-40	A1-7-41	A1-7-42
项　目　名　称			设备重量(t以内)		
			5	7	10
基　　　价（元）			6343.12	9314.12	12140.97
其中	人　工　费（元）		5039.02	6440.98	9042.88
	材　料　费（元）		470.89	1797.80	1858.93
	机　械　费（元）		833.21	1075.34	1239.16
名　　　称	单位	单价（元）	消　　耗　　量		
人工	综合工日	工日	140.00	35.993	46.007	64.592
材料	道木	m³	2137.00	0.041	0.550	0.066
	低碳钢焊条	kg	6.84	1.313	1.470	1.470
	黄油钙基脂	kg	5.15	0.990	1.361	1.608
	机油	kg	19.66	2.473	2.515	3.298
	煤油	kg	3.73	19.491	21.656	33.062
	木板	m³	1634.16	0.018	0.036	0.640
	平垫铁	kg	3.74	23.079	46.158	50.005
	青壳纸 δ0.1～1.0	张	4.21	0.400	0.500	0.500
	热轧薄钢板 δ1.6～1.9	kg	3.93	0.300	0.300	0.400
	石棉橡胶板	kg	9.40	1.200	1.200	1.200
	铜丝布 16目	m	17.09	0.400	0.400	0.400
	斜垫铁	kg	3.50	21.240	41.952	46.020
	研磨膏	盒	0.85	3.000	3.000	3.000
	氧气	m³	3.63	1.020	1.020	3.570
	乙炔气	kg	10.45	0.340	0.340	1.190
	紫铜板 δ0.25～0.5	kg	64.56	0.206	0.206	0.210
	其他材料费占材料费	%	—	3.000	3.000	3.000
机械	叉式起重机 5t	台班	506.51	0.500	—	—
	电动空气压缩机 6m³/min	台班	206.73	0.100	0.100	0.100
	激光轴对中仪	台班	104.59	—	—	0.350
	交流弧焊机 21kV·A	台班	57.35	0.300	0.400	0.600
	汽车式起重机 16t	台班	958.70	—	—	0.500
	汽车式起重机 25t	台班	1084.16	0.500	0.800	0.500
	载重汽车 10t	台班	547.99	—	0.300	0.230

定　额　编　号				A1-7-43	A1-7-44	A1-7-45
项　目　名　称				设备重量（t以内）		
				15	20	25
基　　　价　（元）				14432.04	17709.08	19427.73
其中	人　工　费（元）			12072.20	14260.26	14963.20
	材　料　费（元）			1203.25	1569.61	2179.29
	机　械　费（元）			1156.59	1879.21	2285.24
名　　　称		单位	单价（元）	消　　耗　　量		
人工	综合工日	工日	140.00	86.230	101.859	106.880
材料	道木	m³	2137.00	0.083	0.110	0.117
	低碳钢焊条	kg	6.84	4.410	8.610	9.975
	黄油钙基脂	kg	5.15	1.856	2.475	3.093
	机油	kg	19.66	3.710	4.946	6.595
	煤油	kg	3.73	43.313	62.081	66.413
	木板	m³	1634.16	0.083	0.099	0.125
	平垫铁	kg	3.74	69.030	85.550	154.739
	青壳纸 δ0.1～1.0	张	4.21	1.500	2.000	2.500
	热轧薄钢板 δ1.6～1.9	kg	3.93	0.600	0.600	0.600
	石棉橡胶板	kg	9.40	1.500	2.500	3.000
	铜丝布 16目	m	17.09	0.500	0.600	0.800
	斜垫铁	kg	3.50	64.168	79.036	137.432
	研磨膏	盒	0.85	3.000	4.000	4.000
	氧气	m³	3.63	7.140	9.180	9.180
	乙炔气	kg	10.45	2.380	3.060	3.060
	紫铜板 δ0.25～0.5	kg	64.56	0.210	0.260	0.260
	其他材料费占材料费	%	—	3.000	3.000	3.000
机械	电动空气压缩机 6m³/min	台班	206.73	0.100	0.100	0.100
	激光轴对中仪	台班	104.59	0.400	0.450	0.500
	交流弧焊机 21kV·A	台班	57.35	1.500	2.000	2.000
	汽车式起重机 25t	台班	1084.16	0.750	—	—
	汽车式起重机 50t	台班	2464.07	—	0.600	0.750
	载重汽车 15t	台班	779.76	0.250	0.280	0.320

(2) 离心式鼓风机(不带变速器)

定　额　编　号			A1-7-46	A1-7-47	A1-7-48	A1-7-49
项　目　名　称			设备重量(t以内)			
			0.5	1.0	2.0	3.0
基　　　　价（元）			1149.60	1719.09	2022.04	2750.92
其中	人　工　费（元）		932.96	1443.54	1730.40	2330.30
	材　料　费（元）		88.93	142.77	158.86	236.52
	机　械　费（元）		127.71	132.78	132.78	184.10
名　　　称	单位	单价（元）	消　　　耗　　　量			
人工	综合工日	工日	140.00	6.664	10.311	12.360	16.645
材料	低碳钢焊条	kg	6.84	0.315	0.315	0.315	0.630
	黄油钙基脂	kg	5.15	0.371	0.791	0.941	1.127
	机油	kg	19.66	0.412	0.907	1.154	1.319
	煤油	kg	3.73	7.074	7.941	8.663	9.384
	木板	m³	1634.16	0.003	0.006	0.010	0.015
	平垫铁	kg	3.74	5.652	10.362	10.362	18.463
	热轧薄钢板 δ1.6～1.9	kg	3.93	0.160	0.160	0.210	0.260
	石棉橡胶板	kg	9.40	0.500	0.600	0.660	0.300
	斜垫铁	kg	3.50	4.692	8.602	8.602	17.480
	其他材料费占材料费	%	—	3.000	3.000	3.000	3.000
机械	叉式起重机 5t	台班	506.51	0.200	0.210	0.210	0.300
	电动空气压缩机 6m³/min	台班	206.73	0.100	0.100	0.100	0.100
	交流弧焊机 21kV·A	台班	57.35	0.100	0.100	0.100	0.200

定 额 编 号			A1-7-50	A1-7-51	A1-7-52	A1-7-53
项 目 名 称			设备重量(t以内)			
			5.0	7.0	10	15
基 价（元）			5509.80	7532.42	9942.55	12747.49
其中	人 工 费（元）		4708.34	5667.34	8186.78	10443.44
	材 料 费（元）		500.20	1232.52	821.88	1070.28
	机 械 费（元）		301.26	632.56	933.89	1233.77
名 称	单位	单价（元）	消 耗 量			
人工	综合工日	工日	140.00	33.631	40.481	58.477	74.596

	名 称	单位	单价（元）				
材料	道木	m³	2137.00	0.041	0.055	0.061	0.091
	低碳钢焊条	kg	6.84	1.365	1.365	1.680	4.095
	黄油钙基脂	kg	5.15	1.521	1.521	1.521	1.856
	机油	kg	19.66	3.298	3.710	4.287	3.298
	煤油	kg	3.73	19.491	20.934	27.431	43.601
	木板	m³	1634.16	0.015	0.380	0.063	0.075
	平垫铁	kg	3.74	26.926	36.542	46.158	54.698
	青壳纸 δ0.1～1.0	张	4.21	0.400	0.500	0.500	1.000
	热轧薄钢板 δ1.6～1.9	kg	3.93	0.420	0.420	0.520	1.200
	石棉橡胶板	kg	9.40	1.200	1.200	1.200	1.500
	铜丝布	m	17.09	0.400	0.400	0.400	0.500
	斜垫铁	kg	3.50	24.472	33.212	42.480	50.054
	研磨膏	盒	0.85	2.000	3.000	3.000	3.000
	氧气	m³	3.63	0.398	0.408	0.408	1.530
	乙炔气	kg	10.45	0.133	0.136	0.136	0.510
	紫铜板 δ0.25～0.5	kg	64.56	0.100	0.150	0.150	0.500
	其他材料费占材料费	%	—	3.000	3.000	3.000	3.000
机械	叉式起重机 5t	台班	506.51	0.520	—	0.500	0.500
	电动空气压缩机 6m³/min	台班	206.73	0.100	—	0.100	0.100
	激光轴对中仪	台班	104.59	—	—	0.350	0.400
	交流弧焊机 21kV·A	台班	57.35	0.300	0.400	0.600	1.000
	汽车式起重机 16t	台班	958.70	—	0.500	0.500	—
	汽车式起重机 25t	台班	1084.16	—	—	—	0.650
	载重汽车 10t	台班	547.99	—	0.200	0.200	—
	载重汽车 15t	台班	779.76	—	—	—	0.200

定　额　编　号			A1-7-54	A1-7-55	A1-7-56
项　目　名　称			设备重量(t以内)		
			20	30	40
基　　　价（元）			16624.32	20170.56	22473.10
其中	人　工　费（元）		12757.50	15092.42	16558.36
	材　料　费（元）		1982.32	2606.52	2859.75
	机　械　费（元）		1884.50	2471.62	3054.99
名　　　称		单位	单价（元）	消　　耗　　量	
人工	综合工日	工日	140.00	91.125	107.803	118.274
材料	道木	m³	2137.00	0.111	0.138	0.138
	低碳钢焊条	kg	6.84	8.610	10.500	12.600
	黄油钙基脂	kg	5.15	1.980	2.475	3.712
	机油	kg	19.66	4.122	8.244	8.244
	煤油	kg	3.73	52.264	64.969	72.188
	木板	m³	1634.16	0.100	0.125	0.150
	平垫铁	kg	3.74	153.434	200.097	212.452
	青壳纸 δ0.1~1.0	张	4.21	1.500	2.500	3.000
	热轧薄钢板 δ1.6~1.9	kg	3.93	1.620	3.000	5.000
	石棉橡胶板	kg	9.40	1.500	1.500	2.500
	铜丝布	m	17.09	0.600	1.000	1.200
	斜垫铁	kg	3.50	147.707	188.720	192.300
	研磨膏	盒	0.85	4.000	5.000	5.000
	氧气	m³	3.63	3.366	6.120	12.240
	乙炔气	kg	10.45	0.300	2.040	4.080
	紫铜板 δ0.25~0.5	kg	64.56	0.500	0.500	1.000
	其他材料费占材料费	%	—	3.000	3.000	3.000
机械	电动空气压缩机 6m³/min	台班	206.73	0.100	0.500	0.500
	激光轴对中仪	台班	104.59	0.450	0.500	0.550
	交流弧焊机 21kV·A	台班	57.35	2.500	4.000	5.000
	平板拖车组 40t	台班	1446.84	—	0.250	0.300
	汽车式起重机 25t	台班	1084.16	—	—	0.300
	汽车式起重机 50t	台班	2464.07	0.600	0.700	0.750
	载重汽车 15t	台班	779.76	0.250	—	—

定 额 编 号			A1-7-57	A1-7-58	A1-7-59
项 目 名 称			设备重量(t以内)		
			60	90	120
基 价（元）			31614.23	54928.00	69475.08
其中	人 工 费（元）		21695.80	32652.06	40929.70
	材 料 费（元）		3482.68	3984.14	4588.37
	机 械 费（元）		6435.75	18291.80	23957.01
名 称	单位	单价（元）	消 耗 量		
人工	综合工日	工日	140.00	154.970	233.229	292.355

	名 称	单位	单价（元）	消 耗 量		
材 料	道木	m³	2137.00	0.151	0.165	0.179
	低碳钢焊条	kg	6.84	14.700	16.800	21.000
	黄油钙基脂	kg	5.15	4.330	4.949	6.186
	机油	kg	19.66	9.893	12.366	16.488
	煤油	kg	3.73	86.625	115.500	145.819
	木板	m³	1634.16	0.163	0.188	0.250
	平垫铁	kg	3.74	271.296	291.392	311.488
	青壳纸 δ0.1～1.0	张	4.21	3.500	4.000	5.000
	热轧薄钢板 δ1.6～1.9	kg	3.93	6.000	8.000	10.000
	石棉橡胶板	kg	9.40	3.000	4.000	5.000
	铜丝布	m	17.09	1.200	1.400	2.000
	斜垫铁	kg	3.50	239.112	256.824	274.536
	研磨膏	盒	0.85	6.000	6.000	7.000
	氧气	m³	3.63	18.360	24.480	30.600
	乙炔气	kg	10.45	6.120	8.160	10.200
	紫铜板 δ0.25～0.5	kg	64.56	1.200	1.800	2.000
	其他材料费占材料费	%	—	3.000	3.000	3.000
机 械	电动空气压缩机 6m³/min	台班	206.73	1.000	1.500	2.000
	激光轴对中仪	台班	104.59	0.650	1.000	1.250
	交流弧焊机 21kV·A	台班	57.35	8.000	10.000	12.000
	平板拖车组 60t	台班	1611.30	0.450	0.500	0.800
	汽车式起重机 100t	台班	4651.90	1.000	—	—
	汽车式起重机 120t	台班	7706.90	—	2.000	2.500
	汽车式起重机 25t	台班	1084.16	0.300	1.000	2.000

二、风机拆装检查

1.离心式通(引)风机

定 额 编 号				A1-7-60	A1-7-61	A1-7-62	A1-7-63
项 目 名 称				设备重量(t以内)			
				0.3	0.5	0.8	1.1
基 价（元）				153.21	241.18	370.02	482.66
其中	人 工 费（元）			138.46	223.02	346.08	453.74
	材 料 费（元）			14.75	18.16	23.94	28.92
	机 械 费（元）			—	—	—	—
名 称	单位	单价（元）		消 耗 量			
人工	综合工日	工日	140.00	0.989	1.593	2.472	3.241
材料	黄油钙基脂	kg	5.15	0.200	0.300	0.400	0.400
	机油	kg	19.66	0.200	0.300	0.400	0.500
	煤油	kg	3.73	1.000	1.000	1.200	1.600
	密封胶	支	15.00	0.200	0.200	0.300	0.300
	铁砂布	张	0.85	1.000	1.000	1.000	1.500
	研磨膏	盒	0.85	0.100	0.200	0.300	0.500
	紫铜板 δ0.25～0.5	kg	64.56	0.020	0.030	0.040	0.050
	其他材料费占材料费	%	—	6.000	6.000	6.000	6.000

定 额 编 号				A1-7-64	A1-7-65	A1-7-66	A1-7-67
项 目 名 称				设备重量(t以内)			
				1.5	2.2	3	5
基 价（元）				659.70	944.12	1310.54	2010.88
其中	人 工 费（元）			619.22	892.08	1238.16	1907.36
	材 料 费（元）			40.48	52.04	72.38	103.52
	机 械 费（元）			—	—	—	—
名 称	单位	单价（元）		消 耗 量			
人工	综合工日	工日	140.00	4.423	6.372	8.844	13.624
材料	黄油钙基脂	kg	5.15	0.500	0.700	0.800	1.000
	机油	kg	19.66	0.800	1.000	1.500	2.000
	煤油	kg	3.73	2.000	2.500	3.000	5.000
	密封胶	支	15.00	0.500	0.500	0.750	1.000
	铁砂布	张	0.85	1.500	2.000	2.000	3.000
	研磨膏	盒	0.85	0.500	1.000	1.000	1.000
	紫铜板 δ0.25～0.5	kg	64.56	0.050	0.100	0.150	0.250
	其他材料费占材料费	%	—	6.000	6.000	6.000	6.000

定 额 编 号			A1-7-68	A1-7-69	A1-7-70	A1-7-71
项 目 名 称			设备重量(t以内)			
			7	10	15	20
基 价（元）			2818.57	4068.48	5534.78	7088.73
其中	人 工 费（元）		2676.38	3399.34	4676.00	6167.98
	材 料 费（元）		142.19	189.79	283.56	378.67
	机 械 费（元）		—	479.35	575.22	542.08
名 称	单位	单价（元）	消 耗 量			
人工	综合工日	工日	140.00	19.117	24.281	33.400	44.057
材料	黄油钙基脂	kg	5.15	1.400	2.000	3.000	4.000
	机油	kg	19.66	3.000	4.000	6.000	8.000
	煤油	kg	3.73	7.000	10.000	15.000	20.000
	密封胶	支	15.00	1.000	1.000	1.500	2.000
	铁砂布	张	0.85	4.000	5.000	7.000	10.000
	研磨膏	盒	0.85	1.000	1.500	1.500	2.000
	紫铜板 δ0.25~0.5	kg	64.56	0.350	0.500	0.750	1.000
	其他材料费占材料费	%	—	6.000	6.000	6.000	6.000
机械	汽车式起重机 16t	台班	958.70	—	0.500	0.600	—
	汽车式起重机 25t	台班	1084.16	—	—	—	0.500

2.轴流通风机

定 额 编 号			A1-7-72	A1-7-73	A1-7-74	A1-7-75
项 目 名 称			设备重量(t以内)			
			0.2	0.5	1	1.5
基 价（元）			132.20	246.05	443.30	659.09
其中	人 工 费（元）		115.36	223.02	415.38	623.00
	材 料 费（元）		16.84	23.03	27.92	36.09
	机 械 费（元）		—	—	—	—
名 称	单位	单价（元）	消 耗 量			
人工 综合工日	工日	140.00	0.824	1.593	2.967	4.450
材料 黄油钙基脂	kg	5.15	0.200	0.300	0.400	0.500
机油	kg	19.66	0.300	0.400	0.400	0.500
煤油	kg	3.73	1.000	1.500	2.000	3.000
密封胶	支	15.00	0.200	0.200	0.300	0.300
铁砂布	张	0.85	1.000	2.000	2.000	3.000
研磨膏	盒	0.85	0.100	0.100	0.200	0.200
紫铜板 $\delta 0.25\sim0.5$	kg	64.56	0.020	0.030	0.040	0.050
其他材料费占材料费	%	—	6.000	6.000	6.000	6.000

定　额　编　号				A1-7-76	A1-7-77	A1-7-78	A1-7-79
项　目　名　称				设备重量（t以内）			
				2	3	4	5
基　　　价（元）				923.64	1290.58	1573.90	1930.48
其中	人　工　费（元）			869.12	1215.20	1476.58	1815.10
	材　料　费（元）			54.52	75.38	97.32	115.38
	机　械　费（元）			—	—	—	—
名　　称		单位	单价（元）	消　　耗　　量			
人工	综合工日	工日	140.00	6.208	8.680	10.547	12.965
材料	黄油钙基脂	kg	5.15	0.600	0.900	1.200	1.500
	机油	kg	19.66	0.800	1.200	1.600	2.000
	煤油	kg	3.73	4.000	5.000	6.000	8.000
	密封胶	支	15.00	0.500	0.500	0.500	0.500
	铁砂布	张	0.85	4.000	4.000	5.000	5.000
	研磨膏	盒	0.85	0.400	0.500	0.800	1.000
	紫铜板 δ0.25～0.5	kg	64.56	0.100	0.200	0.300	0.300
	其他材料费占材料费	%	—	6.000	6.000	6.000	6.000

252

計量單位：台

定　額　編　号				A1-7-80	A1-7-81	A1-7-82	A1-7-83
項　目　名　称				设备重量(t以内)			
				6	8	10	15
基　　　价（元）				2293.71	2751.20	4001.65	5454.93
其中	人　工　费（元）			2153.48	2591.82	3330.04	4652.90
	材　料　费（元）			140.23	159.38	192.26	226.81
	机　械　费（元）			—	—	479.35	575.22
名　　称		单位	单价（元）	消　　耗　　量			
人工	综合工日	工日	140.00	15.382	18.513	23.786	33.235
材料	黄油钙基脂	kg	5.15	1.800	2.000	2.500	3.000
	机油	kg	19.66	2.500	3.000	3.500	4.000
	煤油	kg	3.73	10.000	10.000	12.000	15.000
	密封胶	支	15.00	0.750	0.800	1.000	1.000
	铁砂布	张	0.85	6.000	6.000	8.000	10.000
	研磨膏	盒	0.85	1.000	1.000	1.000	2.000
	紫铜板 δ0.25~0.5	kg	64.56	0.300	0.400	0.500	0.600
	其他材料费占材料费	%	—	6.000	6.000	6.000	6.000
机械	汽车式起重机 16t	台班	958.70	—	—	0.500	0.600

253

定 额 编 号				A1-7-84	A1-7-85	A1-7-86
项 目 名 称				设备重量（t以内）		
				20	30	40
基 价 （元）				6451.66	7435.69	9595.92
其中	人 工 费 （元）			5537.42	6237.28	8121.40
	材 料 费 （元）			372.16	547.91	715.61
	机 械 费 （元）			542.08	650.50	758.91
名 称		单位	单价（元）	消 耗 量		
人工	综合工日	工日	140.00	39.553	44.552	58.010
材料	黄油钙基脂	kg	5.15	4.000	6.000	8.000
	机油	kg	19.66	8.000	12.000	16.000
	煤油	kg	3.73	20.000	35.000	45.000
	密封胶	支	15.00	1.250	1.500	2.000
	铁砂布	张	0.85	15.000	20.000	25.000
	研磨膏	盒	0.85	3.000	3.000	4.000
	紫铜板 δ0.25～0.5	kg	64.56	1.000	1.200	1.500
	其他材料费占材料费	%	—	6.000	6.000	6.000
机械	汽车式起重机 25t	台班	1084.16	0.500	0.600	0.700

定 额 编 号			A1-7-87	A1-7-88	A1-7-89
项 目 名 称			设备重量(t以内)		
			50	60	70
基 价（元）			11129.55	13274.99	15434.03
其中	人 工 费（元）		9421.30	11305.42	13189.68
	材 料 费（元）		895.13	1048.03	1268.61
	机 械 费（元）		813.12	921.54	975.74
名 称	单位	单价（元）	消 耗 量		
人工	综合工日	工日	140.00	67.295	80.753	94.212
材料	黄油钙基脂	kg	5.15	10.000	12.000	15.000
	机油	kg	19.66	20.000	24.000	30.000
	煤油	kg	3.73	60.000	70.000	80.000
	密封胶	支	15.00	2.000	2.000	2.000
	铁砂布	张	0.85	30.000	35.000	40.000
	研磨膏	盒	0.85	5.000	6.000	7.000
	紫铜板 δ0.25～0.5	kg	64.56	1.800	2.000	2.500
	其他材料费占材料费	%	—	6.000	6.000	6.000
机械	汽车式起重机 25t	台班	1084.16	0.750	0.850	0.900

3.回转式鼓风机

定　额　编　号			A1-7-90	A1-7-91	A1-7-92	A1-7-93
项　目　名　称			设备重量(t以内)			
			0.5	1	2	3
基　　　　价（元）			250.44	461.68	838.48	1255.71
其中	人　工　费（元）		230.72	430.64	784.42	1184.40
	材　料　费（元）		19.72	31.04	54.06	71.31
	机　械　费（元）		—	—	—	—
名　　　称	单位	单价（元）	消　　耗　　量			
人工	综合工日	工日	140.00	1.648	3.076	5.603	8.460
材料	黄油钙基脂	kg	5.15	0.200	0.300	0.500	0.600
	机油	kg	19.66	0.300	0.500	0.800	1.200
	煤油	kg	3.73	1.500	2.000	4.000	5.000
	密封胶	支	15.00	0.200	0.300	0.500	0.500
	铁砂布	张	0.85	2.000	3.000	4.000	5.000
	研磨膏	盒	0.85	0.100	0.200	0.500	0.600
	紫铜板 δ0.25～0.5	kg	64.56	0.020	0.050	0.100	0.150
	其他材料费占材料费	%	—	6.000	6.000	6.000	6.000

定　额　编　号			A1-7-94	A1-7-95	A1-7-96	A1-7-97
项　目　名　称			设备重量(t以内)			
			5	8	12	15
基　　　价（元）			2024.09	3079.15	4044.48	5359.79
其中	人　工　费（元）		1922.76	2922.50	3345.58	4506.88
	材　料　费（元）		101.33	156.65	219.55	277.69
	机　械　费（元）		—	—	479.35	575.22
名　　称		单位	单价（元）	消　　耗　　量		
人工	综合工日	工日	140.00	13.734	20.875	23.897	32.192
材料	黄油钙基脂	kg	5.15	1.000	1.500	2.000	3.000
	机油	kg	19.66	2.000	3.000	4.000	5.000
	煤油	kg	3.73	6.000	10.000	15.000	20.000
	密封胶	支	15.00	0.500	0.800	1.000	1.000
	铁砂布	张	0.85	5.000	6.000	8.000	10.000
	研磨膏	盒	0.85	1.000	1.000	2.000	2.000
	紫铜板 δ0.25～0.5	kg	64.56	0.250	0.400	0.600	0.750
	其他材料费占材料费	%	—	6.000	6.000	6.000	6.000
机械	汽车式起重机 16t	台班	958.70	—	—	0.500	0.600

257

4. 离心式鼓风机
(1)离心式鼓风机(带变速器)

计量单位：台

定　额　编　号				A1-7-98	A1-7-99	A1-7-100
项　目　名　称				设备重量(t以内)		
				0.5	1	3
基　　　价（元）				884.59	1429.99	2345.26
其中	人　工　费（元）			813.68	1355.90	2260.30
	材　料　费（元）			70.91	74.09	84.96
	机　械　费（元）			—	—	—
名　　称		单位	单价(元)	消　耗　量		
人工	综合工日	工日	140.00	5.812	9.685	16.145
材料	黄油钙基脂	kg	5.15	1.000	1.000	1.000
	机油	kg	19.66	1.500	1.500	2.000
	煤油	kg	3.73	3.000	3.000	3.000
	密封胶	支	15.00	0.300	0.500	0.500
	研磨膏	盒	0.85	0.500	0.500	1.000
	紫铜板　δ0.25～0.5	kg	64.56	0.250	0.250	0.250
	其他材料费占材料费	%	—	6.000	6.000	6.000

定 额 编 号				A1-7-101	A1-7-102	A1-7-103
项 目 名 称				设备重量(t以内)		
				5	7	10
基 价（元）				3547.98	4903.38	6442.21
其中	人 工 费（元）			3445.54	4760.56	5683.58
	材 料 费（元）			102.44	142.82	194.74
	机 械 费（元）			—	—	563.89
名 称		单位	单价（元）	消 耗 量		
人工	综合工日	工日	140.00	24.611	34.004	40.597
材料	黄油钙基脂	kg	5.15	1.200	1.500	2.000
	机油	kg	19.66	2.000	3.000	4.000
	煤油	kg	3.73	5.000	7.000	10.000
	密封胶	支	15.00	0.750	0.750	1.000
	铁砂布	张	0.85	5.000	8.000	10.000
	研磨膏	盒	0.85	1.000	1.500	2.000
	紫铜板 δ0.25～0.5	kg	64.56	0.250	0.350	0.500
	其他材料费占材料费	%	—	6.000	6.000	6.000
机械	激光轴对中仪	台班	104.59	—	—	0.350
	汽车式起重机 16t	台班	958.70	—	—	0.550

定　额　编　号				A1-7-104	A1-7-105	A1-7-106
项　目　名　称				设备重量(t以内)		
				15	20	25
基　　　价（元）				7849.83	10211.86	11809.28
其中	人　工　费（元）			6890.94	9119.74	10490.20
	材　料　费（元）			288.67	443.54	556.85
	机　械　费（元）			670.22	648.58	762.23
	名　　　称	单位	单价(元)	消　　耗　　量		
人工	综合工日	工日	140.00	49.221	65.141	74.930
材料	黄油钙基脂	kg	5.15	3.000	4.000	5.000
	机油	kg	19.66	6.000	10.000	13.000
	煤油	kg	3.73	15.000	24.000	30.000
	密封胶	支	15.00	1.000	1.500	1.500
	铁砂布	张	0.85	20.000	25.000	30.000
	研磨膏	盒	0.85	3.000	4.000	4.000
	紫铜板 δ0.25～0.5	kg	64.56	0.750	1.000	1.250
	其他材料费占材料费	%	—	6.000	6.000	6.000
机械	激光轴对中仪	台班	104.59	0.450	0.500	0.550
	汽车式起重机 16t	台班	958.70	0.650	—	—
	汽车式起重机 25t	台班	1084.16	—	0.550	0.650

（2）离心式鼓风机（不带变速器）

定 额 编 号			A1-7-107	A1-7-108	A1-7-109	A1-7-110
项 目 名 称			设备重量（t以内）			
			0.5	1.0	2.0	3.0
基 价（元）			387.69	735.02	1266.97	1772.52
其中	人 工 费（元）		369.18	707.56	1215.20	1699.74
	材 料 费（元）		18.51	27.46	51.77	72.78
	机 械 费（元）		—	—	—	—
名 称	单位	单价（元）	消 耗 量			
人工 综合工日	工日	140.00	2.637	5.054	8.680	12.141
材料 黄油钙基脂	kg	5.15	0.200	0.300	0.600	0.900
机油	kg	19.66	0.300	0.400	1.000	1.200
煤油	kg	3.73	1.000	1.600	2.500	4.000
密封胶	支	15.00	0.200	0.300	0.500	0.800
铁砂布	张	0.85	2.000	3.000	3.000	4.000
研磨膏	盒	0.85	0.200	0.300	0.300	0.500
紫铜板 δ0.25~0.5	kg	64.56	0.030	0.050	0.100	0.150
其他材料费占材料费	%	—	6.000	6.000	6.000	6.000

定　额　编　号				A1-7-111	A1-7-112	A1-7-113	A1-7-114
项　目　名　称				设备重量(t以内)			
				4.0	5.0	7.0	10
基　　价（元）				2351.70	2773.44	4452.99	5603.30
其中	人　工　费（元）			2245.74	2660.98	4314.52	4883.76
	材　料　费（元）			105.96	112.46	138.47	203.58
	机　械　费（元）			—	—	—	515.96
名　　称		单位	单价（元）	消　　耗　　量			
人工	综合工日	工日	140.00	16.041	19.007	30.818	34.884
材料	黄油钙基脂	kg	5.15	1.200	1.500	1.800	2.500
	机油	kg	19.66	2.000	2.000	2.800	4.000
	煤油	kg	3.73	5.000	6.000	8.000	12.000
	密封胶	支	15.00	1.000	1.000	0.500	1.000
	铁砂布	张	0.85	5.000	6.000	6.000	8.000
	研磨膏	盒	0.85	0.500	0.500	1.500	2.000
	紫铜板 δ0.25～0.5	kg	64.56	0.250	0.250	0.350	0.500
	其他材料费占材料费	%	—	6.000	6.000	6.000	6.000
机械	激光轴对中仪	台班	104.59	—	—	—	0.350
	汽车式起重机 16t	台班	958.70	—	—	—	0.500

262

定　额　编　号			A1-7-115	A1-7-116	A1-7-117	A1-7-118
项　目　名　称			设备重量(t以内)			
			15	20	30	40
基　　　　　价（元）			7492.95	9205.81	11587.63	13172.53
其中	人　工　费（元）		6614.02	8229.20	10344.18	11620.84
	材　料　费（元）		261.87	387.46	545.89	740.48
	机　械　费（元）		617.06	589.15	697.56	811.21
名　　　称	单位	单价（元）	消　　耗　　量			
人工	综合工日	工日	140.00	47.243	58.780	73.887	83.006
材料	黄油钙基脂	kg	5.15	3.000	4.000	5.000	6.000
	机油	kg	19.66	5.000	8.000	12.000	16.000
	煤油	kg	3.73	16.000	25.000	35.000	50.000
	密封胶	支	15.00	1.000	2.000	2.000	2.000
	铁砂布	张	0.85	10.000	12.000	15.000	20.000
	研磨膏	盒	0.85	2.000	3.000	3.000	4.000
	紫铜板 δ0.25~0.5	kg	64.56	0.750	0.800	1.200	1.800
	其他材料费占材料费	%	—	6.000	6.000	6.000	6.000
机械	激光轴对中仪	台班	104.59	0.400	0.450	0.450	0.500
	汽车式起重机 16t	台班	958.70	0.600	—	—	—
	汽车式起重机 25t	台班	1084.16	—	0.500	0.600	0.700

263

定　额　编　号				A1-7-119	A1-7-120	A1-7-121
项　目　名　称				设备重量(t以内)		
				60	90	120
基　　　价（元）				16840.02	21947.66	29145.01
其中	人　工　费（元）			14831.74	19566.26	26011.86
	材　料　费（元）			1078.20	1321.98	1796.52
	机　械　费（元）			930.08	1059.42	1336.63
名　　　称		单位	单价（元）	消　　耗　　量		
人工	综合工日	工日	140.00	105.941	139.759	185.799
材料	黄油钙基脂	kg	5.15	6.000	9.000	12.000
	机油	kg	19.66	25.000	30.000	40.000
	煤油	kg	3.73	80.000	100.000	150.000
	密封胶	支	15.00	2.500	2.500	3.000
	铁砂布	张	0.85	30.000	40.000	50.000
	研磨膏	盒	0.85	5.000	6.000	7.000
	紫铜板 δ0.25～0.5	kg	64.56	2.000	2.500	3.000
	其他材料费占材料费	%	—	6.000	6.000	6.000
机械	激光轴对中仪	台班	104.59	0.600	0.800	1.000
	汽车式起重机 25t	台班	1084.16	0.800	0.900	—
	汽车式起重机 50t	台班	2464.07	—	—	0.500

第八章 泵安装

说　　明

一、本章内容包括离心式泵，漩涡泵，往复泵，转子泵，真空泵，屏蔽泵的安装与拆装检查。

1. 离心式泵的安装与拆装检查。

（1）单极离心水泵、离心式耐腐蚀泵、多级离心泵、锅炉给水泵、冷凝水泵、热循环泵；

（2）离心油泵；

（3）离心式杂质泵；

（4）离心式深水泵、深井泵；

（5）DB 型高硅铁离心泵；

（6）整齐离心泵。

2. 旋涡泵的安装与拆装检查。

3. 往复泵的安装与拆装检查。

（1）电动往复泵：一般电动往复泵、高压柱塞泵（3～4 柱塞）、电动往复泵、高压柱塞泵（6～24 柱塞）；

（2）蒸汽往复：一般蒸汽往复泵、蒸汽往复油泵；

（3）计量泵。

4. 转子泵的安装与拆装检查。

（1）螺杆泵；

（2）齿轮油泵。

5. 真空泵的安装与拆装检查。

6. 屏蔽泵（轴流泵与螺旋泵）的安装与拆装检查。

二、本章包括以下工作内容：

1. 泵的安装包括：设备开箱检验、基础处理、垫铁设置、泵设备本体及附件（底座、电动机、联轴器、皮带等）吊装就位、找平找正、垫铁点焊、单机试车、配合检查验收。

2. 泵拆装检查包括：设备本体及部件以及第一个阀门以内的管道等拆卸、清洗、刮研、换油、调间隙、找正、找平、找中心、记录、组装复原、配合检查验收。

3. 设备本体与本体联体的附件、管道、滤网、润滑冷却装置的清洗、组装。

4. 离心式深水泵的泵体吸水管、滤水网安装及扬水管与平面的垂直度测量。

5. 联轴器、减震器、减震台、皮带安装。

三、本章不包括以下工作内容：

1. 底座、联轴器、键的制作。

2. 泵排水管道组对安装。

3. 电动机的检查、干燥、配线、调试等。

4. 试运转时所需排水的附加工程（如修筑水沟、接排水管等）。

四、高速泵安装按离心式油泵安装子目人工、机械乘以系数 1.20；拆装检查时按离心式油泵拆检子目乘以系数 2.0。

五、深水泵橡胶轴与连接吸水管的螺栓按设备自带考虑。

工程量计算规则

一、直联式泵按泵本体、电动机以及底座的总重量。

二、非直联式泵按泵本体及底座的总重量计算。不包括电动机重量，但包括电动机的安装。

三、离心式深水泵按本体、电动机、底座及吸水管的总重量计算。

一、泵类设备安装

1.离心泵

(1)单级离心水泵及离心式耐腐蚀泵

计量单位：台

定 额 编 号			A1-8-1	A1-8-2	A1-8-3	A1-8-4
项 目 名 称			设备重量(t以内)			
			0.2	0.5	1.0	3.0
基 价（元）			451.66	595.62	968.34	1851.28
其中	人 工 费（元）		337.54	469.56	763.28	1476.58
	材 料 费（元）		57.73	69.67	98.02	154.89
	机 械 费（元）		56.39	56.39	107.04	219.81
名 称	单位	单价（元）	消 耗 量			
人工	综合工日	工日	140.00	2.411	3.354	5.452	10.547
材料	低碳钢焊条	kg	6.84	0.100	0.126	0.189	0.357
	黄油钙基脂	kg	5.15	0.150	0.202	0.556	0.909
	机油	kg	19.66	0.410	0.606	0.859	1.364
	金属滤网	m²	8.12	0.063	0.065	0.068	0.070
	煤油	kg	3.73	0.560	0.788	0.945	1.890
	木板	m³	1634.16	0.003	0.006	0.009	0.019
	平垫铁	kg	3.74	4.500	4.500	5.625	8.460
	热轧薄钢板 δ1.6~1.9	kg	3.93	0.200	0.300	0.400	0.450
	砂纸	张	0.47	2.000	2.000	4.000	5.000
	石棉板衬垫	kg	7.59	0.125	0.130	0.135	0.140
	斜垫铁	kg	3.50	4.464	4.464	5.580	7.500
	氧气	m³	3.63	0.133	0.204	0.204	0.408
	乙炔气	kg	10.45	0.045	0.068	0.068	0.136
	紫铜板（综合）	kg	58.97	0.050	0.060	0.150	0.200
	其他材料费占材料费	%	—	3.000	3.000	3.000	3.000
机械	叉式起重机 5t	台班	506.51	0.100	0.100	0.200	0.400
	交流弧焊机 21kV·A	台班	57.35	0.100	0.100	0.100	0.300

271

定 额 编 号				A1-8-5	A1-8-6	A1-8-7	A1-8-8
项 目 名 称				设备重量(t以内)			
				5.0	8.0	12	17
基 价（元）				2575.48	3574.33	4734.29	6072.29
其中	人 工 费（元）			1692.04	2489.48	3208.24	3760.40
	材 料 费（元）			216.75	302.83	414.63	658.39
	机 械 费（元）			666.69	782.02	1111.42	1653.50
名 称		单位	单价(元)	消 耗 量			
人工	综合工日	工日	140.00	12.086	17.782	22.916	26.860
材料	道木	m³	2137.00	—	—	0.010	0.010
	低碳钢焊条	kg	6.84	0.441	0.620	0.620	0.620
	黄油钙基脂	kg	5.15	0.909	1.303	1.535	1.697
	机油	kg	19.66	1.515	1.818	2.172	2.525
	金属滤网	m²	8.12	0.090	0.100	0.120	0.150
	煤油	kg	3.73	2.625	3.570	4.095	4.830
	木板	m³	1634.16	0.025	0.040	0.056	0.076
	平垫铁	kg	3.74	14.160	19.320	24.840	49.720
	热轧薄钢板 δ1.6～1.9	kg	3.93	0.500	0.600	0.700	0.760
	砂纸	张	0.47	6.000	7.000	8.000	9.000
	石棉板衬垫	kg	7.59	0.180	0.200	0.240	0.300
	斜垫铁	kg	3.50	12.600	17.150	22.050	44.440
	氧气	m³	3.63	0.510	0.673	0.673	0.673
	乙炔气	kg	10.45	0.170	0.224	0.224	0.224
	紫铜板(综合)	kg	58.97	0.250	0.400	0.600	0.950
	其他材料费占材料费	%	—	3.000	3.000	3.000	3.000
机械	交流弧焊机 21kV·A	台班	57.35	0.400	0.500	0.500	0.500
	平板拖车组 20t	台班	1081.33	—	—	0.500	0.500
	汽车式起重机 16t	台班	958.70	0.500	0.500	—	—
	汽车式起重机 25t	台班	1084.16	—	—	0.500	1.000
	载重汽车 10t	台班	547.99	0.300	0.500	—	—

定 额 编 号			A1-8-9	A1-8-10
项 目 名 称			设备重量(t以内)	
			23	30
基 价 （元）			9238.06	11285.58
其中	人 工 费（元）		4894.40	5690.86
	材 料 费（元）		733.54	863.54
	机 械 费（元）		3610.12	4731.18
名 称	单位	单价（元）	消 耗 量	
人工 综合工日	工日	140.00	34.960	40.649
材料 道木	m³	2137.00	0.012	0.017
低碳钢焊条	kg	6.84	0.683	0.683
黄油钙基脂	kg	5.15	1.737	1.778
机油	kg	19.66	2.727	2.929
金属滤网	m²	8.12	0.180	0.200
煤油	kg	3.73	5.040	5.460
木板	m³	1634.16	0.088	0.100
平垫铁	kg	3.74	54.240	63.280
热轧薄钢板 δ1.6～1.9	kg	3.93	0.800	0.900
砂纸	张	0.47	10.000	10.000
石棉板衬垫	kg	7.59	0.360	0.400
斜垫铁	kg	3.50	48.480	56.560
氧气	m³	3.63	1.020	1.530
乙炔气	kg	10.45	0.340	0.510
紫铜板(综合)	kg	58.97	1.100	1.500
其他材料费占材料费	%	—	3.000	3.000
机械 激光轴对中仪	台班	104.59	1.000	1.000
交流弧焊机 21kV·A	台班	57.35	0.500	0.500
平板拖车组 40t	台班	1446.84	0.700	1.000
汽车式起重机 50t	台班	2464.07	1.000	—
汽车式起重机 75t	台班	3151.07	—	1.000

(2)多级离心泵

定　额　编　号			A1-8-11	A1-8-12	A1-8-13	A1-8-14
项　目　名　称			设备重量(t以内)			
			0.3	0.5	1.0	3.0
基　　　价（元）			692.61	926.08	1171.87	1940.40
其中	人　工　费（元）		562.52	785.26	956.48	1560.16
	材　料　费（元）		67.97	78.70	102.62	160.43
	机　械　费（元）		62.12	62.12	112.77	219.81
名　　　称	单位	单价（元）	消　　耗　　量			
人工	综合工日	工日	140.00	4.018	5.609	6.832	11.144
材料	低碳钢焊条	kg	6.84	0.300	0.326	0.410	0.714
	黄油钙基脂	kg	5.15	0.200	0.232	0.404	0.717
	机油	kg	19.66	0.600	0.859	0.980	1.485
	金属滤网	m²	8.12	0.063	0.065	0.068	0.070
	煤油	kg	3.73	1.300	1.418	1.733	3.150
	木板	m³	1634.16	0.004	0.006	0.009	0.016
	平垫铁	kg	3.74	4.500	4.500	5.625	8.460
	热轧薄钢板　δ1.6～1.9	kg	3.93	0.120	0.160	0.200	0.260
	砂纸	张	0.47	2.000	2.000	4.000	5.000
	石棉板衬垫	kg	7.59	0.125	0.125	0.130	0.135
	斜垫铁	kg	3.50	4.464	4.464	5.580	7.500
	氧气	m³	3.63	0.204	0.275	0.347	0.765
	乙炔气	kg	10.45	0.068	0.092	0.115	0.255
	紫铜板（综合）	kg	58.97	0.050	0.060	0.120	0.200
	其他材料费占材料费	%	—	3.000	3.000	3.000	3.000
机械	叉式起重机 5t	台班	506.51	0.100	0.100	0.200	0.400
	交流弧焊机 21kV·A	台班	57.35	0.200	0.200	0.200	0.300

定 额 编 号			A1-8-15	A1-8-16	A1-8-17
项 目 名 称			设备重量(t以内)		
			5.0	8.0	10
基 价（元）			3551.06	4277.39	6313.15
其中	人 工 费（元）		2421.16	3040.66	4725.00
	材 料 费（元）		290.88	391.98	598.84
	机 械 费（元）		839.02	844.75	989.31
名 称	单位	单价（元）	消 耗 量		
人工	综合工日	工日	140.00	17.294	21.719	33.750
材料	道木	m³	2137.00	0.004	0.008	0.010
	低碳钢焊条	kg	6.84	0.735	1.050	1.680
	黄油钙基脂	kg	5.15	1.101	1.869	2.020
	机油	kg	19.66	1.970	2.828	3.030
	金属滤网	m²	8.12	0.090	0.100	0.120
	煤油	kg	3.73	4.410	5.880	10.500
	木板	m³	1634.16	0.030	0.035	0.038
	平垫铁	kg	3.74	19.320	24.840	45.200
	热轧薄钢板 δ1.6～1.9	kg	3.93	0.400	0.450	0.800
	砂纸	张	0.47	6.000	7.000	8.000
	石棉板衬垫	kg	7.59	0.180	0.200	0.240
	斜垫铁	kg	3.50	17.150	22.050	40.400
	氧气	m³	3.63	0.765	1.530	3.060
	乙炔气	kg	10.45	0.255	0.510	1.020
	紫铜板(综合)	kg	58.97	0.250	0.400	0.600
	其他材料费占材料费	%	—	3.000	3.000	3.000
机械	交流弧焊机 21kV·A	台班	57.35	0.400	0.500	1.000
	汽车式起重机 25t	台班	1084.16	0.500	0.500	0.500
	载重汽车 10t	台班	547.99	0.500	0.500	—
	载重汽车 15t	台班	779.76	—	—	0.500

定　额　编　号			A1-8-18	A1-8-19	A1-8-20
项　目　名　称			设备重量(t以内)		
			15	20	25
基　　　价（元）			7707.45	11638.15	14087.98
其中	人　工　费（元）		5808.04	7430.50	8608.60
	材　料　费（元）		730.64	829.54	1096.23
	机　械　费（元）		1168.77	3378.11	4383.15
名　　称		单位	单价（元）	消　　耗　　量	
人工	综合工日	工日	140.00	41.486	53.075	61.490
材料	道木	m³	2137.00	0.014	0.017	0.028
	低碳钢焊条	kg	6.84	2.100	2.625	3.360
	黄油钙基脂	kg	5.15	2.222	2.525	2.828
	机油	kg	19.66	3.535	4.040	6.060
	金属滤网	m²	8.12	0.150	0.200	0.220
	煤油	kg	3.73	15.750	21.000	26.250
	木板	m³	1634.16	0.044	0.050	0.063
	平垫铁	kg	3.74	49.720	54.240	67.800
	热轧薄钢板　δ1.6～1.9	kg	3.93	1.200	1.600	2.000
	砂纸	张	0.47	9.000	10.000	10.000
	石棉板衬垫	kg	7.59	0.300	0.360	0.040
	斜垫铁	kg	3.50	44.440	48.480	60.600
	氧气	m³	3.63	6.120	6.450	6.840
	乙炔气	kg	10.45	2.040	2.150	2.280
	紫铜板(综合)	kg	58.97	0.950	1.100	2.000
	其他材料费占材料费	%	—	3.000	3.000	3.000
机械	激光轴对中仪	台班	104.59	—	1.000	1.000
	交流弧焊机 21kV·A	台班	57.35	1.500	1.500	2.000
	平板拖车组 20t	台班	1081.33	0.500	—	—
	平板拖车组 40t	台班	1446.84	—	0.500	0.700
	汽车式起重机 25t	台班	1084.16	0.500	—	—
	汽车式起重机 50t	台班	2464.07	—	1.000	—
	汽车式起重机 75t	台班	3151.07	—	—	1.000

(3)锅炉给水泵、冷凝水泵、热循环水泵

定　额　编　号			A1-8-21	A1-8-22	A1-8-23
项　目　名　称			设备重量（t以内）		
			0.5	1.0	3.5
基　　　价（元）			850.84	1079.76	1932.58
其中	人　工　费（元）		707.84	873.32	1558.06
	材　料　费（元）		86.61	99.40	148.98
	机　械　费（元）		56.39	107.04	225.54
名　　称	单位	单价（元）	消　　耗　　量		
人工 综合工日	工日	140.00	5.056	6.238	11.129
材料 低碳钢焊条	kg	6.84	0.326	0.420	0.641
黄油钙基脂	kg	5.15	0.131	0.222	0.303
机油	kg	19.66	0.970	1.212	1.818
金属滤网	m²	8.12	0.063	0.065	0.068
煤油	kg	3.73	1.103	1.197	1.785
木板	m³	1634.16	0.006	0.009	0.019
平垫铁	kg	3.74	5.625	5.625	7.050
热轧薄钢板 δ1.6～1.9	kg	3.93	0.080	0.120	0.180
砂纸	张	0.47	2.000	2.000	4.000
石棉板衬垫	kg	7.59	0.125	0.130	0.135
斜垫铁	kg	3.50	5.580	5.580	6.250
氧气	m³	3.63	0.275	0.347	0.561
乙炔气	kg	10.45	0.092	0.115	0.187
紫铜板（综合）	kg	58.97	0.050	0.060	0.150
其他材料费占材料费	%	—	3.000	3.000	3.000
机械 叉式起重机 5t	台班	506.51	0.100	0.200	0.400
交流弧焊机 21kV·A	台班	57.35	0.100	0.100	0.400

定 额 编 号			A1-8-24	A1-8-25	A1-8-26
项 目 名 称			设备重量(t以内)		
			5.0	7.0	10
基 价（元）			2790.03	3063.74	4726.95
其中	人 工 费（元）		1878.80	2136.54	3263.12
	材 料 费（元）		238.81	254.78	503.19
	机 械 费（元）		672.42	672.42	960.64
名 称	单位	单价（元）	消 耗 量		
人工 综合工日	工日	140.00	13.420	15.261	23.308
材料 道木	m³	2137.00	—	—	0.020
低碳钢焊条	kg	6.84	0.735	0.735	0.840
黄油钙基脂	kg	5.15	0.404	0.505	0.808
机油	kg	19.66	2.071	2.424	3.030
金属滤网	m²	8.12	0.070	0.090	0.100
煤油	kg	3.73	2.100	3.150	3.675
木板	m³	1634.16	0.025	0.025	0.038
平垫铁	kg	3.74	16.560	16.560	36.160
热轧薄钢板 δ1.6～1.9	kg	3.93	0.190	0.250	0.300
砂纸	张	0.47	5.000	6.000	7.000
石棉板衬垫	kg	7.59	0.140	0.180	0.200
斜垫铁	kg	3.50	14.700	14.700	32.320
氧气	m³	3.63	0.765	0.765	3.060
乙炔气	kg	10.45	0.255	0.255	1.020
紫铜板(综合)	kg	58.97	0.200	0.250	0.400
其他材料费占材料费	%	—	3.000	3.000	3.000
机械 交流弧焊机 21kV·A	台班	57.35	0.500	0.500	0.500
汽车式起重机 16t	台班	958.70	0.500	0.500	—
汽车式起重机 25t	台班	1084.16	—	—	0.500
载重汽车 10t	台班	547.99	0.300	0.300	—
载重汽车 15t	台班	779.76	—	—	0.500

定 额 编 号			A1-8-27	A1-8-28	A1-8-29
项 目 名 称			设备重量(t以内)		
			15	20	25
基 价 （元）			5924.63	10845.11	12875.04
其中	人 工 费 （元）		4119.64	6842.78	7745.36
	材 料 费 （元）		664.89	757.49	908.47
	机 械 费 （元）		1140.10	3244.84	4221.21
名 称	单位	单价(元)	消 耗 量		
人工	综合工日	工日	140.00	29.426	48.877	55.324
材料	道木	m³	2137.00	0.025	0.030	0.030
	低碳钢焊条	kg	6.84	1.050	1.270	1.480
	黄油钙基脂	kg	5.15	1.010	1.100	1.370
	机油	kg	19.66	3.535	3.920	4.380
	金属滤网	m²	8.12	0.120	0.150	0.200
	煤油	kg	3.73	5.250	5.430	6.230
	木板	m³	1634.16	0.038	0.040	0.050
	平垫铁	kg	3.74	49.720	54.240	67.800
	热轧薄钢板 δ1.6~1.9	kg	3.93	0.400	0.450	0.530
	砂纸	张	0.47	8.000	9.000	10.000
	石棉板衬垫	kg	7.59	0.240	0.300	0.360
	斜垫铁	kg	3.50	44.440	48.480	60.600
	氧气	m³	3.63	6.120	6.450	6.840
	乙炔气	kg	10.45	2.040	3.140	4.130
	紫铜板(综合)	kg	58.97	0.600	0.950	1.100
	其他材料费占材料费	%	—	3.000	3.000	3.000
机械	交流弧焊机 21kV·A	台班	57.35	1.000	1.000	1.000
	平板拖车组 20t	台班	1081.33	0.500	—	—
	平板拖车组 40t	台班	1446.84	—	0.500	0.700
	汽车式起重机 25t	台班	1084.16	0.500	—	—
	汽车式起重机 50t	台班	2464.07	—	1.000	—
	汽车式起重机 75t	台班	3151.07	—	—	1.000

(4) 离心式油泵

定 额 编 号			A1-8-30	A1-8-31	A1-8-32
项 目 名 称			设备重量(t以内)		
			0.5	1.0	3.0
基 价（元）			720.37	1040.61	2292.25
其中	人 工 费（元）		549.78	793.80	1885.10
	材 料 费（元）		114.20	139.77	181.61
	机 械 费（元）		56.39	107.04	225.54
名 称	单位	单价（元）	消 耗 量		
人工 综合工日	工日	140.00	3.927	5.670	13.465
材料 低碳钢焊条	kg	6.84	0.179	0.210	0.420
黄油钙基脂	kg	5.15	0.465	0.707	1.656
机油	kg	19.66	0.879	1.212	1.515
金属滤网	m²	8.12	0.063	0.065	0.068
聚酯乙烯泡沫塑料	kg	26.50	0.022	0.055	0.110
煤油	kg	3.73	1.680	2.562	2.940
木板	m³	1634.16	0.006	0.008	0.011
平垫铁	kg	3.74	5.625	5.625	7.050
青壳纸 δ0.1～1.0	kg	20.84	0.840	0.980	1.100
热轧薄钢板 δ1.6～1.9	kg	3.93	0.180	0.200	0.230
砂纸	张	0.47	2.000	2.000	4.000
石棉板衬垫	kg	7.59	0.125	0.130	0.135
铜焊粉	kg	29.00	0.050	0.080	0.100
斜垫铁	kg	3.50	5.580	5.580	6.250
氧气	m³	3.63	0.224	0.388	0.520
乙炔气	kg	10.45	0.074	0.130	0.173
紫铜板(综合)	kg	58.97	0.050	0.060	0.150
紫铜电焊条 T107 φ3.2	kg	61.54	0.100	0.160	0.200
其他材料费占材料费	%	—	3.000	3.000	3.000
机械 叉式起重机 5t	台班	506.51	0.100	0.200	0.400
交流弧焊机 21kV·A	台班	57.35	0.100	0.100	0.400

定 额 编 号			A1-8-33	A1-8-34	A1-8-35
项 目 名 称			设备重量(t以内)		
			5.0	7.0	10
基 价（元）			3404.77	3986.89	5737.99
其中	人 工 费（元）		2447.48	2986.34	3881.92
	材 料 费（元）		284.87	328.13	895.43
	机 械 费（元）		672.42	672.42	960.64
名 称	单位	单价（元）	消 耗 量		
人工	综合工日	工日	140.00	17.482	21.331	27.728
材料	低碳钢焊条	kg	6.84	0.672	0.882	0.954
	黄油钙基脂	kg	5.15	2.091	2.666	3.160
	机油	kg	19.66	1.919	2.424	3.150
	金属滤网	m²	8.12	0.070	0.090	0.100
	聚酯乙烯泡沫塑料	kg	26.50	0.165	0.220	0.305
	煤油	kg	3.73	3.675	4.410	4.620
	木板	m³	1634.16	0.014	0.019	0.250
	平垫铁	kg	3.74	16.560	16.560	36.160
	青壳纸 δ0.1~1.0	kg	20.84	1.500	1.800	2.000
	热轧薄钢板 δ1.6~1.9	kg	3.93	0.260	0.320	0.400
	砂纸	张	0.47	5.000	6.000	7.000
	石棉板衬垫	kg	7.59	0.140	0.180	0.200
	铜焊粉	kg	29.00	0.110	0.130	0.150
	斜垫铁	kg	3.50	14.700	14.700	32.320
	氧气	m³	3.63	0.612	0.877	0.972
	乙炔气	kg	10.45	0.204	0.293	0.345
	紫铜板(综合)	kg	58.97	0.200	0.250	0.400
	紫铜电焊条 T107 φ3.2	kg	61.54	0.220	0.260	0.300
	其他材料费占材料费	%	—	3.000	3.000	3.000
机械	交流弧焊机 21kV·A	台班	57.35	0.500	0.500	0.500
	汽车式起重机 16t	台班	958.70	0.500	0.500	—
	汽车式起重机 25t	台班	1084.16	—	—	0.500
	载重汽车 10t	台班	547.99	0.300	0.300	—
	载重汽车 15t	台班	779.76	—	—	0.500

定　额　编　号			A1-8-36	A1-8-37	A1-8-38
项　目　名　称			设备重量（t以内）		
			15	20	25
基　　　价（元）			6884.89	9908.08	12050.33
其中	人　工　费（元）		4620.28	5341.28	6271.86
	材　料　费（元）		1135.98	1333.43	1557.26
	机　械　费（元）		1128.63	3233.37	4221.21
名　　称	单位	单价（元）	消　　耗　　量		
人工	综合工日	工日	140.00	33.002	38.152	44.799
材料	低碳钢焊条	kg	6.84	1.120	1.560	1.980
	黄油钙基脂	kg	5.15	3.890	4.150	4.620
	机油	kg	19.66	3.850	4.120	4.860
	金属滤网	m²	8.12	0.120	0.150	0.200
	聚酯乙烯泡沫塑料	kg	26.50	0.379	0.402	0.530
	煤油	kg	3.73	4.800	5.600	0.680
	木板	m³	1634.16	0.310	0.380	0.440
	平垫铁	kg	3.74	49.720	54.240	67.800
	青壳纸 δ0.1~1.0	kg	20.84	2.200	2.400	2.600
	热轧薄钢板 δ1.6~1.9	kg	3.93	0.440	0.480	0.540
	砂纸	张	0.47	8.000	9.000	10.000
	石棉板衬垫	kg	7.59	0.240	0.300	0.360
	铜焊粉	kg	29.00	0.170	0.220	0.280
	斜垫铁	kg	3.50	44.440	48.480	60.600
	氧气	m³	3.63	1.020	1.440	1.800
	乙炔气	kg	10.45	0.422	0.560	0.670
	紫铜板（综合）	kg	58.97	0.600	0.950	1.100
	紫铜电焊条 T107 φ3.2	kg	61.54	0.340	0.380	0.420
	其他材料费占材料费	%	—	3.000	3.000	3.000
机械	交流弧焊机 21kV·A	台班	57.35	0.800	0.800	1.000
	平板拖车组 20t	台班	1081.33	0.500	—	—
	平板拖车组 40t	台班	1446.84	—	0.500	0.700
	汽车式起重机 25t	台班	1084.16	0.500	—	—
	汽车式起重机 50t	台班	2464.07	—	1.000	—
	汽车式起重机 75t	台班	3151.07	—	—	1.000

(5)离心式杂质泵

定 额 编 号			A1-8-39	A1-8-40	A1-8-41	A1-8-42
项 目 名 称			设备重量(t以内)			
			0.5	1.0	3.0	5.0
基 价（元）			644.38	889.90	1466.19	2925.26
其中	人 工 费（元）		502.60	679.00	1104.04	1978.06
	材 料 费（元）		85.39	103.86	148.08	274.78
	机 械 费（元）		56.39	107.04	214.07	672.42
名 称	单位	单价（元）	消 耗 量			
人工	综合工日	工日	140.00	3.590	4.850	7.886	14.129
材料	低碳钢焊条	kg	6.84	0.189	0.242	0.242	0.714
	黄油钙基脂	kg	5.15	0.303	0.505	0.808	1.010
	机油	kg	19.66	1.061	1.465	2.020	2.424
	金属滤网	m²	8.12	0.063	0.065	0.068	0.070
	煤油	kg	3.73	0.840	1.575	2.258	2.993
	木板	m³	1634.16	0.005	0.008	0.015	0.026
	平垫铁	kg	3.74	5.625	5.625	7.050	19.320
	热轧薄钢板 δ1.6~1.9	kg	3.93	0.170	0.190	0.380	0.480
	砂纸	张	0.47	2.000	2.000	4.000	5.000
	石棉板衬垫	kg	7.59	0.125	0.130	0.135	0.140
	斜垫铁	kg	3.50	5.580	5.580	6.250	17.150
	氧气	m³	3.63	0.184	0.214	0.459	0.765
	乙炔气	kg	10.45	0.061	0.071	0.153	0.255
	紫铜板(综合)	kg	58.97	0.050	0.060	0.150	0.200
	其他材料费占材料费	%	—	3.000	3.000	3.000	3.000
机械	叉式起重机 5t	台班	506.51	0.100	0.200	0.400	—
	交流弧焊机 21kV·A	台班	57.35	0.100	0.100	0.200	0.500
	汽车式起重机 16t	台班	958.70	—	—	—	0.500
	载重汽车 10t	台班	547.99	—	—	—	0.300

定　额　编　号			A1-8-43	A1-8-44	A1-8-45
项　目　名　称			设备重量（t以内）		
			10	15	20
基　　　价（元）			4207.51	6663.28	10937.29
其中	人　工　费（元）		2759.54	4793.32	6675.48
	材　料　费（元）		487.33	729.86	912.38
	机　械　费（元）		960.64	1140.10	3349.43
名　　　称	单位	单价（元）	消　　耗　　量		
人工 综合工日	工日	140.00	19.711	34.238	47.682
材料 低碳钢焊条	kg	6.84	0.798	1.680	2.520
黄油钙基脂	kg	5.15	1.515	1.818	2.020
机油	kg	19.66	2.828	3.636	5.050
金属滤网	m²	8.12	0.120	0.150	0.200
煤油	kg	3.73	3.675	10.500	16.800
木板	m³	1634.16	0.056	0.088	0.125
平垫铁	kg	3.74	36.160	49.720	52.240
热轧薄钢板 δ1.6～1.9	kg	3.93	0.660	1.600	2.400
砂纸	张	0.47	8.000	9.000	10.000
石棉板衬垫	kg	7.59	0.240	0.300	0.360
斜垫铁	kg	3.50	32.320	44.440	48.480
氧气	m³	3.63	0.867	3.060	6.120
乙炔气	kg	10.45	0.289	1.020	2.040
紫铜板（综合）	kg	58.97	0.600	0.950	1.100
其他材料费占材料费	%	—	3.000	3.000	3.000
机械 激光轴对中仪	台班	104.59	—	—	1.000
交流弧焊机 21kV·A	台班	57.35	0.500	1.000	1.000
平板拖车组 20t	台班	1081.33	—	0.500	—
平板拖车组 40t	台班	1446.84	—	—	0.500
汽车式起重机 25t	台班	1084.16	0.500	0.500	—
汽车式起重机 50t	台班	2464.07	—	—	1.000
载重汽车 15t	台班	779.76	0.500	—	—

(6)离心式深水泵

定 额 编 号			A1-8-46	A1-8-47	A1-8-48
项 目 名 称			设备重量（t以内）		
			1.0	2.0	4.0
基 价（元）			2148.38	2461.32	3654.05
其中	人 工 费（元）		1784.58	2065.70	2780.26
	材 料 费（元）		99.07	130.89	207.10
	机 械 费（元）		264.73	264.73	666.69
名 称		单位	单价（元）	消 耗 量	
人工	综合工日	工日	140.00	12.747	14.755	19.859
材料	低碳钢焊条	kg	6.84	0.326	0.326	0.326
	黄油钙基脂	kg	5.15	0.717	0.818	1.111
	机油	kg	19.66	1.111	1.212	1.566
	金属滤网	m²	8.12	0.065	0.068	0.070
	煤油	kg	3.73	3.413	3.780	4.200
	木板	m³	1634.16	0.004	0.006	0.008
	平垫铁	kg	3.74	5.625	8.460	16.560
	热轧薄钢板 δ1.6～1.9	kg	3.93	0.160	0.190	0.260
	砂纸	张	0.47	2.000	4.000	5.000
	石棉板衬垫	kg	7.59	0.130	0.135	0.140
	斜垫铁	kg	3.50	5.580	7.500	14.700
	氧气	m³	3.63	0.275	0.275	0.479
	乙炔气	kg	10.45	0.092	0.092	0.160
	紫铜板（综合）	kg	58.97	0.060	0.150	0.200
	其他材料费占材料费	%	—	3.000	3.000	3.000
机械	叉式起重机 5t	台班	506.51	0.500	0.500	—
	交流弧焊机 21kV·A	台班	57.35	0.200	0.200	0.400
	汽车式起重机 16t	台班	958.70	—	—	0.500
	载重汽车 10t	台班	547.99	—	—	0.300

定 额 编 号				A1-8-49	A1-8-50
项 目 名 称				设备重量(t以内)	
				6.0	8.0
基 价（元）				4443.52	5427.97
其中	人 工 费（元）			3497.34	4351.48
	材 料 费（元）			273.76	375.39
	机 械 费（元）			672.42	701.10
名 称		单位	单价（元）	消 耗 量	
人工	综合工日	工日	140.00	24.981	31.082
材料	低碳钢焊条	kg	6.84	0.357	1.050
	黄油钙基脂	kg	5.15	1.515	1.818
	机油	kg	19.66	2.071	3.535
	金属滤网	m²	8.12	0.120	0.150
	煤油	kg	3.73	4.883	6.300
	木板	m³	1634.16	0.009	0.013
	平垫铁	kg	3.74	19.320	22.080
	热轧薄钢板 δ1.6～1.9	kg	3.93	0.330	2.000
	砂纸	张	0.47	8.000	9.000
	石棉板衬垫	kg	7.59	0.240	0.300
	斜垫铁	kg	3.50	17.150	19.600
	氧气	m³	3.63	0.898	1.530
	乙炔气	kg	10.45	0.299	0.510
	紫铜板（综合）	kg	58.97	0.600	0.950
	其他材料费占材料费	%	—	3.000	3.000
机械	交流弧焊机 21kV·A	台班	57.35	0.500	1.000
	汽车式起重机 16t	台班	958.70	0.500	0.500
	载重汽车 10t	台班	547.99	0.300	0.300

(7)DB型高硅铁离心泵

定　额　编　号			A1-8-51	A1-8-52	A1-8-53
项　目　名　称			设备型号		
			DB25G-41	DB50G-40	DB65-40
基　　　价（元）			804.43	1011.59	1207.01
其中	人　工　费（元）		431.48	637.98	823.20
	材　料　费（元）		91.02	91.68	101.88
	机　械　费（元）		281.93	281.93	281.93
名　　称	单位	单价（元）	消　　耗　　量		
人工	综合工日	工日	140.00	3.082	4.557	5.880
材料	低碳钢焊条	kg	6.84	0.525	0.525	1.050
	黄油钙基脂	kg	5.15	0.202	0.202	0.202
	机油	kg	19.66	0.303	0.303	0.303
	金属滤网	m²	8.12	0.063	0.065	0.068
	煤油	kg	3.73	1.050	1.050	1.050
	木板	m³	1634.16	0.006	0.006	0.006
	平垫铁	kg	3.74	5.625	5.625	5.625
	砂纸	张	0.47	2.000	2.000	4.000
	石棉板衬垫	kg	7.59	0.125	0.130	0.135
	斜垫铁	kg	3.50	5.580	5.580	5.580
	氧气	m³	3.63	2.550	2.550	2.550
	乙炔气	kg	10.45	0.850	0.850	0.850
	紫铜板(综合)	kg	58.97	0.050	0.060	0.150
	其他材料费占材料费	%	—	3.000	3.000	3.000
机械	叉式起重机 5t	台班	506.51	0.500	0.500	0.500
	交流弧焊机 21kV·A	台班	57.35	0.500	0.500	0.500

定 额 编 号			A1-8-54	A1-8-55	A1-8-56
项 目 名 称			设备型号		
			DBG80-60	DBG100-35	DB150-35
基 价（元）			1373.49	2134.26	2530.08
其中	人 工 费（元）		972.58	1227.38	1596.70
	材 料 费（元）		118.98	234.46	260.96
	机 械 费（元）		281.93	672.42	672.42
名 称	单位	单价（元）	消 耗 量		
人工 综合工日	工日	140.00	6.947	8.767	11.405
材料 低碳钢焊条	kg	6.84	1.050	1.050	1.050
黄油钙基脂	kg	5.15	0.303	0.505	0.505
机油	kg	19.66	0.505	1.010	1.010
金属滤网	m²	8.12	0.070	0.120	0.150
煤油	kg	3.73	1.575	2.100	3.150
木板	m³	1634.16	0.008	0.008	0.008
平垫铁	kg	3.74	5.625	16.560	16.560
砂纸	张	0.47	5.000	8.000	9.000
石棉板衬垫	kg	7.59	0.140	0.240	0.300
斜垫铁	kg	3.50	5.580	14.700	14.700
氧气	m³	3.63	3.060	3.060	3.060
乙炔气	kg	10.45	1.000	1.020	1.020
紫铜板(综合)	kg	58.97	0.200	0.600	0.950
其他材料费占材料费	%	—	3.000	3.000	3.000
机械 叉式起重机 5t	台班	506.51	0.500		
交流弧焊机 21kV·A	台班	57.35	0.500	0.500	0.500
汽车式起重机 16t	台班	958.70	—	0.500	0.500
载重汽车 10t	台班	547.99	—	0.300	0.300

（8）蒸汽离心泵

定　额　编　号			A1-8-57	A1-8-58	A1-8-59
项　目　名　称			设备重量（t以内）		
			0.5	1.0	3.0
基　　　价（元）			769.31	1187.38	2374.10
其中	人　工　费（元）		640.22	823.20	1826.86
	材　料　费（元）		66.97	93.72	164.01
	机　械　费（元）		62.12	270.46	383.23
名　　　称	单位	单价（元）	消　　耗　　量		
人工 综合工日	工日	140.00	4.573	5.880	13.049
材料 低碳钢焊条	kg	6.84	0.315	0.525	0.840
黄油钙基脂	kg	5.15	—	0.202	0.455
机油	kg	19.66	0.202	0.404	1.212
金属滤网	m²	8.12	0.063	0.065	0.068
煤油	kg	3.73	0.315	0.630	1.575
木板	m³	1634.16	0.009	0.018	0.028
平垫铁	kg	3.74	4.500	4.500	7.050
青壳纸 δ0.1～1.0	kg	20.84	0.100	0.100	0.300
热轧薄钢板 δ1.6～1.9	kg	3.93	0.350	0.450	0.600
砂纸	张	0.47	2.000	2.000	4.000
石棉板衬垫	kg	7.59	0.125	0.130	0.135
斜垫铁	kg	3.50	4.464	4.464	6.250
氧气	m³	3.63	0.245	0.612	0.918
乙炔气	kg	10.45	0.082	0.204	0.306
紫铜板（综合）	kg	58.97	0.050	0.060	0.150
其他材料费占材料费	%	—	3.000	3.000	3.000
机械 叉式起重机 5t	台班	506.51	0.100	0.500	0.700
交流弧焊机 21kV·A	台班	57.35	0.200	0.300	0.500

計量单位：台

定 额 编 号				A1-8-60	A1-8-61	A1-8-62
项 目 名 称				设备重量(t以内)		
				5.0	7.0	10
基 价（元）				3689.55	4681.70	6883.39
其中	人 工 费（元）			2719.78	3599.96	5243.28
	材 料 费（元）			297.35	380.64	622.12
	机 械 费（元）			672.42	701.10	1017.99
名 称		单位	单价（元）	消 耗 量		
人工	综合工日	工日	140.00	19.427	25.714	37.452
材料	道木	m³	2137.00	0.014	0.021	0.023
	低碳钢焊条	kg	6.84	1.050	1.680	2.520
	黄油钙基脂	kg	5.15	0.758	1.061	1.515
	机油	kg	19.66	1.515	2.020	2.525
	金属滤网	m²	8.12	0.070	0.120	0.150
	煤油	kg	3.73	2.100	2.625	3.360
	木板	m³	1634.16	0.036	0.044	0.069
	平垫铁	kg	3.74	16.560	16.560	36.160
	青壳纸 δ0.1~1.0	kg	20.84	0.500	0.700	1.000
	热轧薄钢板 δ1.6~1.9	kg	3.93	0.750	0.850	1.150
	砂纸	张	0.47	5.000	8.000	9.000
	石棉板衬垫	kg	7.59	0.140	0.240	0.300
	斜垫铁	kg	3.50	14.700	14.700	32.320
	氧气	m³	3.63	1.224	1.836	2.448
	乙炔气	kg	10.45	0.408	0.612	0.816
	紫铜板(综合)	kg	58.97	0.200	0.600	0.950
	其他材料费占材料费	%	—	3.000	3.000	3.000
机械	交流弧焊机 21kV·A	台班	57.35	0.500	1.000	1.500
	汽车式起重机 16t	台班	958.70	0.500	0.500	—
	汽车式起重机 25t	台班	1084.16	—	—	0.500
	载重汽车 10t	台班	547.99	0.300	0.300	—
	载重汽车 15t	台班	779.76	—	—	0.500

2. 旋涡泵

定　额　编　号				A1-8-63	A1-8-64	A1-8-65
项　目　名　称				设备重量(t以内)		
				0.2	0.5	1.0
基　　　价（元）				538.58	710.47	1198.64
其中	人　工　费（元）			420.56	581.42	838.74
	材　料　费（元）			61.63	72.66	95.17
	机　械　费（元）			56.39	56.39	264.73
名　称		单位	单价(元)	消　　耗　　量		
人工	综合工日	工日	140.00	3.004	4.153	5.991
材料	低碳钢焊条	kg	6.84	0.126	0.189	0.252
	黄油钙基脂	kg	5.15	0.303	0.404	0.505
	机油	kg	19.66	0.455	0.657	0.758
	金属滤网	m²	8.12	0.063	0.065	0.068
	煤油	kg	3.73	0.872	1.260	1.470
	木板	m³	1634.16	0.004	0.006	0.008
	平垫铁	kg	3.74	4.500	4.500	5.625
	砂纸	张	0.47	2.000	2.000	4.000
	石棉板衬垫	kg	7.59	0.125	0.130	0.135
	斜垫铁	kg	3.50	4.464	4.464	5.580
	氧气	m³	3.63	0.122	0.184	0.245
	乙炔气	kg	10.45	0.041	0.061	0.082
	紫铜板(综合)	kg	58.97	0.050	0.060	0.150
	其他材料费占材料费	%	—	3.000	3.000	3.000
机械	叉式起重机 5t	台班	506.51	0.100	0.100	0.500
	交流弧焊机 21kV·A	台班	57.35	0.100	0.100	0.200

定 额 编 号			A1-8-66	A1-8-67	A1-8-68
项 目 名 称			设备重量(t以内)		
			2.0	3.0	5.0
基 价 (元)			1501.01	1892.78	2804.85
其中	人 工 费 (元)		1085.56	1422.40	1817.62
	材 料 费 (元)		133.52	188.45	314.81
	机 械 费 (元)		281.93	281.93	672.42
名 称		单位	单价(元)	消 耗 量		
人工	综合工日	工日	140.00	7.754	10.160	12.983
材料	低碳钢焊条	kg	6.84	0.315	0.420	0.500
	黄油钙基脂	kg	5.15	0.808	1.212	1.515
	机油	kg	19.66	1.010	1.515	2.020
	金属滤网	m²	8.12	0.070	0.120	0.150
	煤油	kg	3.73	2.100	3.150	4.200
	木板	m³	1634.16	0.009	0.011	0.013
	平垫铁	kg	3.74	8.460	8.460	19.320
	砂纸	张	0.47	5.000	8.000	9.000
	石棉板衬垫	kg	7.59	0.140	0.240	0.300
	斜垫铁	kg	3.50	7.500	7.500	17.150
	氧气	m³	3.63	1.020	2.040	3.060
	乙炔气	kg	10.45	0.340	0.680	1.020
	紫铜板(综合)	kg	58.97	0.200	0.600	0.950
	其他材料费占材料费	%	—	3.000	3.000	3.000
机械	叉式起重机 5t	台班	506.51	0.500	0.500	—
	交流弧焊机 21kV·A	台班	57.35	0.500	0.500	0.500
	汽车式起重机 16t	台班	958.70	—	—	0.500
	载重汽车 10t	台班	547.99	—	—	0.300

3. 电动往复泵

定 额 编 号				A1-8-69	A1-8-70	A1-8-71
项 目 名 称				设备重量(t以内)		
				0.5	0.7	1.0
基 价 （元）				996.69	1174.87	1680.98
其中	人 工 费 （元）			854.84	1025.50	1303.12
	材 料 费 （元）			85.46	92.98	118.87
	机 械 费 （元）			56.39	56.39	258.99
名 称		单位	单价(元)	消 耗 量		
人工	综合工日	工日	140.00	6.106	7.325	9.308
材 料	低碳钢焊条	kg	6.84	0.189	0.210	0.210
	黄油钙基脂	kg	5.15	0.465	0.525	0.889
	机油	kg	19.66	1.010	1.162	1.333
	金属滤网	m²	8.12	0.063	0.065	0.068
	煤油	kg	3.73	2.940	3.308	3.675
	木板	m³	1634.16	0.005	0.006	0.008
	平垫铁	kg	3.74	4.500	4.500	5.625
	热轧薄钢板 δ1.6~1.9	kg	3.93	0.300	0.300	0.400
	砂纸	张	0.47	2.000	2.000	4.000
	石棉板衬垫	kg	7.59	0.125	0.130	0.135
	斜垫铁	kg	3.50	4.464	4.464	5.580
	氧气	m³	3.63	0.184	0.214	0.275
	乙炔气	kg	10.45	0.061	0.071	0.092
	紫铜板(综合)	kg	58.97	0.050	0.060	0.150
	其他材料费占材料费	%	—	3.000	3.000	3.000
机械	叉式起重机 5t	台班	506.51	0.100	0.100	0.500
	交流弧焊机 21kV·A	台班	57.35	0.100	0.100	0.100

定 额 编 号			A1-8-72	A1-8-73	A1-8-74
项 目 名 称			设备重量（t以内）		
			3.0	5.0	7.0
基 价（元）			2738.81	3832.37	5544.74
其中	人 工 费（元）		2218.44	2895.06	4560.92
	材 料 费（元）		142.87	264.89	311.40
	机 械 费（元）		377.50	672.42	672.42
名 称	单位	单价（元）	消 耗 量		
人工 综合工日	工日	140.00	15.846	20.679	32.578
材料 低碳钢焊条	kg	6.84	0.525	1.050	1.050
黄油钙基脂	kg	5.15	1.010	1.010	1.515
机油	kg	19.66	1.515	1.515	2.020
金属滤网	m²	8.12	0.070	0.120	0.150
煤油	kg	3.73	4.200	5.250	6.300
木板	m³	1634.16	0.010	0.010	0.014
平垫铁	kg	3.74	7.050	19.320	19.320
热轧薄钢板 δ1.6~1.9	kg	3.93	0.400	0.500	0.500
砂纸	张	0.47	5.000	8.000	9.000
石棉板衬垫	kg	7.59	0.140	0.240	0.300
斜垫铁	kg	3.50	6.250	17.150	17.150
氧气	m³	3.63	0.357	0.408	0.459
乙炔气	kg	10.45	0.119	0.136	0.153
紫铜板（综合）	kg	58.97	0.200	0.600	0.950
其他材料费占材料费	%	—	3.000	3.000	3.000
机械 叉式起重机 5t	台班	506.51	0.700	—	—
交流弧焊机 21kV·A	台班	57.35	0.400	0.500	0.500
汽车式起重机 16t	台班	958.70	—	0.500	0.500
载重汽车 10t	台班	547.99	—	0.300	0.300

4.柱塞泵
(1)高压柱塞泵(3~4柱塞)

计量单位：台

定 额 编 号			A1-8-75	A1-8-76	A1-8-77	A1-8-78
项 目 名 称			设备重量(t以内)			
			1.0	2.5	5.0	8.0
基 价 （元）			1310.01	2442.64	3214.45	4470.74
其中	人 工 费（元）		1053.92	2044.98	2328.06	3478.86
	材 料 费（元）		126.11	166.38	213.97	290.78
	机 械 费（元）		129.98	231.28	672.42	701.10
名 称	单位	单价(元)	消 耗 量			
人工	综合工日	工日	140.00	7.528	14.607	16.629	24.849
材料	低碳钢焊条	kg	6.84	1.050	1.575	1.890	3.150
	黄油钙基脂	kg	5.15	1.010	1.515	2.020	2.222
	机油	kg	19.66	1.010	1.414	1.616	1.818
	金属滤网	m²	8.12	0.063	0.065	0.068	0.070
	煤油	kg	3.73	8.400	11.550	0.140	13.650
	木板	m³	1634.16	0.003	0.006	0.010	0.013
	平垫铁	kg	3.74	5.625	7.050	16.560	16.560
	热轧薄钢板 δ1.6~1.9	kg	3.93	0.200	0.200	0.350	0.350
	砂纸	张	0.47	2.000	2.000	4.000	5.000
	石棉板衬垫	kg	7.59	0.125	0.130	0.135	0.140
	斜垫铁	kg	3.50	5.580	6.250	14.700	14.700
	氧气	m³	3.63	1.020	1.020	1.224	1.530
	乙炔气	kg	10.45	0.340	0.340	0.408	0.510
	紫铜板(综合)	kg	58.97	0.050	0.060	0.150	0.200
	其他材料费占材料费	%	—	3.000	3.000	3.000	3.000
机械	叉式起重机 5t	台班	506.51	0.200	0.400	—	—
	交流弧焊机 21kV·A	台班	57.35	0.500	0.500	0.500	1.000
	汽车式起重机 16t	台班	958.70	—	—	0.500	0.500
	载重汽车 10t	台班	547.99	—	—	0.300	0.300

定 额 编 号				A1-8-79	A1-8-80	A1-8-81	A1-8-82
项 目 名 称				设备重量(t以内)			
				10.0	16.0	25.5	35.0
基 价（元）				5589.80	9800.59	14104.81	17437.29
其中	人 工 费（元）			3789.66	6295.24	8745.10	11055.80
	材 料 费（元）			702.41	936.08	1138.50	2044.22
	机 械 费（元）			1097.73	2569.27	4221.21	4337.27
名 称		单位	单价（元）	消 耗 量			
人工	综合工日	工日	140.00	27.069	44.966	62.465	78.970
材料	道木	m³	2137.00	0.083	0.110	0.110	0.165
	低碳钢焊条	kg	6.84	3.675	4.200	4.725	5.250
	黄油钙基脂	kg	5.15	2.222	2.525	3.030	3.535
	机油	kg	19.66	2.020	3.030	5.050	6.060
	金属滤网	m²	8.12	0.120	0.150	0.200	0.250
	煤油	kg	3.73	14.700	16.800	21.000	25.200
	木板	m³	1634.16	0.013	0.019	0.025	0.025
	平垫铁	kg	3.74	36.160	49.720	63.280	165.120
	热轧薄钢板 δ1.6～1.9	kg	3.93	0.400	0.500	0.800	0.800
	热轧厚钢板 δ31 以外	kg	3.20	14.000	16.000	22.000	25.000
	砂纸	张	0.47	8.000	9.000	10.000	15.000
	石棉板衬垫	kg	7.59	0.240	0.300	0.360	0.420
	橡胶板	kg	2.91	1.600	2.000	2.500	3.000
	斜垫铁	kg	3.50	32.320	44.440	56.560	147.520
	氧气	m³	3.63	1.530	2.040	2.040	2.550
	乙炔气	kg	10.45	0.510	0.680	0.680	0.850
	紫铜板(综合)	kg	58.97	0.600	0.950	1.100	1.150
	其他材料费占材料费	%	—	3.000	3.000	3.000	3.000
机械	激光轴对中仪	台班	104.59	—	—	—	1.000
	交流弧焊机 21kV·A	台班	57.35	1.000	1.000	1.000	1.200
	平板拖车组 20t	台班	1081.33	—	0.500	—	—
	平板拖车组 40t	台班	1446.84	—	—	0.700	0.700
	汽车式起重机 25t	台班	1084.16	0.600	—	—	—
	汽车式起重机 50t	台班	2464.07	—	0.800	—	—
	汽车式起重机 75t	台班	3151.07	—	—	1.000	1.000
	载重汽车 15t	台班	779.76	0.500	—	—	—

(2)高压柱塞泵(6～24柱塞)

定 额 编 号			A1-8-83	A1-8-84	A1-8-85	A1-8-86
项 目 名 称			设备重量(t以内)			
			5.0	10	15	18
基 价 （元）			4249.19	6795.34	10254.15	13262.20
其中	人 工 费（元）		3094.70	4941.30	7613.90	8879.08
	材 料 费（元）		453.39	713.94	929.40	1005.01
	机 械 费（元）		701.10	1140.10	1710.85	3378.11
名 称	单位	单价（元）	消 耗 量			
人工 综合工日	工日	140.00	22.105	35.295	54.385	63.422
材料 道木	m³	2137.00	0.058	0.085	0.087	0.087
低碳钢焊条	kg	6.84	3.255	3.465	4.200	4.725
黄油钙基脂	kg	5.15	0.505	0.505	0.606	0.606
机油	kg	19.66	1.515	1.818	2.525	3.030
金属滤网	m²	8.12	0.068	0.120	0.150	0.150
煤油	kg	3.73	10.500	12.600	18.900	21.000
木板	m³	1634.16	0.035	0.053	0.075	0.085
平垫铁	kg	3.74	19.320	36.160	49.720	54.240
青壳纸 δ0.1～1.0	kg	20.84	0.200	0.250	0.350	0.400
热轧薄钢板 δ1.6～1.9	kg	3.93	0.500	0.800	1.000	1.000
砂纸	张	0.47	4.000	6.000	9.000	9.000
石棉板衬垫	kg	7.59	0.135	0.240	0.300	0.300
斜垫铁	kg	3.50	17.150	32.320	44.440	48.480
氧气	m³	3.63	2.040	2.550	3.570	4.080
乙炔气	kg	10.45	0.680	0.850	1.190	1.360
紫铜板(综合)	kg	58.97	0.150	0.600	0.950	0.950
其他材料费占材料费	%	—	3.000	3.000	3.000	3.000
机械 激光轴对中仪	台班	104.59	—	—	—	1.000
交流弧焊机 21kV·A	台班	57.35	1.000	1.000	1.500	1.500
平板拖车组 20t	台班	1081.33	—	0.500	0.500	—
平板拖车组 40t	台班	1446.84	—	—	—	0.500
汽车式起重机 16t	台班	958.70	0.500	—	—	—
汽车式起重机 25t	台班	1084.16	—	0.500	1.000	—
汽车式起重机 50t	台班	2464.07	—	—	—	1.000
载重汽车 10t	台班	547.99	0.300	—	—	—

5.蒸汽往复泵

定 额 编 号				A1-8-87	A1-8-88	A1-8-89	A1-8-90
项 目 名 称				设备重量(t以内)			
				0.5	1.0	3.0	5.0
基 价（元）				1044.25	1414.32	2193.59	3165.44
其中	人 工 费（元）			881.30	1193.64	1759.66	2222.64
	材 料 费（元）			106.56	113.64	157.73	270.38
	机 械 费（元）			56.39	107.04	276.20	672.42
名 称		单位	单价（元）	消 耗 量			
人工	综合工日	工日	140.00	6.295	8.526	12.569	15.876
材料	低碳钢焊条	kg	6.84	0.179	0.179	0.179	0.315
	黄油钙基脂	kg	5.15	0.505	0.596	0.758	0.808
	机油	kg	19.66	1.061	1.192	1.717	1.919
	金属滤网	m²	8.12	0.065	0.070	0.068	0.120
	煤油	kg	3.73	3.045	3.308	4.043	4.358
	木板	m³	1634.16	0.005	0.005	0.010	0.010
	平垫铁	kg	3.74	6.750	6.750	7.875	22.080
	热轧薄钢板 δ1.6～1.9	kg	3.93	0.400	0.400	0.400	0.400
	砂纸	张	0.47	2.000	2.000	5.000	5.000
	石棉板衬垫	kg	7.59	0.125	0.130	0.140	0.160
	斜垫铁	kg	3.50	6.696	6.696	7.812	19.600
	氧气	m³	3.63	0.510	0.816	1.224	1.530
	乙炔气	kg	10.45	0.170	0.272	0.408	0.510
	紫铜板(综合)	kg	58.97	0.050	0.060	0.200	0.300
	其他材料费占材料费	%	—	3.000	3.000	3.000	3.000
机械	叉式起重机 5t	台班	506.51	0.100	0.200	0.500	—
	交流弧焊机 21kV·A	台班	57.35	0.100	0.100	0.400	0.500
	汽车式起重机 16t	台班	958.70	—	—	—	0.500
	载重汽车 10t	台班	547.99	—	—	—	0.300

定 额 编 号			A1-8-91	A1-8-92	A1-8-93
项 目 名 称			设备重量(t以内)		
			7.0	10	15
基 价 （元）			4756.76	6991.38	9031.94
其中	人 工 费 （元）		3725.40	5406.66	7256.34
	材 料 费 （元）		358.94	624.08	664.18
	机 械 费 （元）		672.42	960.64	1111.42
名 称	单位	单价（元）	消 耗 量		
人工 综合工日	工日	140.00	26.610	38.619	51.831
材料 道木	m³	2137.00	0.003	0.004	0.004
低碳钢焊条	kg	6.84	0.420	0.420	0.420
黄油钙基脂	kg	5.15	1.212	1.515	2.020
机油	kg	19.66	2.222	3.030	3.535
金属滤网	m²	8.12	0.150	0.150	0.200
煤油	kg	3.73	6.300	8.400	10.500
木板	m³	1634.16	0.023	0.025	0.031
平垫铁	kg	3.74	24.840	54.240	54.240
热轧薄钢板 δ1.6～1.9	kg	3.93	0.600	0.800	1.200
砂纸	张	0.47	6.000	8.000	10.000
石棉板衬垫	kg	7.59	0.240	0.300	0.300
斜垫铁	kg	3.50	22.050	48.480	48.480
氧气	m³	3.63	2.040	2.244	2.652
乙炔气	kg	10.45	0.680	0.748	0.884
紫铜板（综合）	kg	58.97	0.600	0.950	1.000
其他材料费占材料费	%	—	3.000	3.000	3.000
机械 交流弧焊机 21kV·A	台班	57.35	0.500	0.500	0.500
平板拖车组 20t	台班	1081.33			0.500
汽车式起重机 16t	台班	958.70	0.500	—	
汽车式起重机 25t	台班	1084.16	—	0.500	0.500
载重汽车 10t	台班	547.99	0.300		
载重汽车 15t	台班	779.76	—	0.500	

定 额 编 号			A1-8-94	A1-8-95	A1-8-96
项 目 名 称			设备重量(t以内)		
			20	25	30
基 价 （元）			13904.03	15972.26	19528.03
其中	人 工 费 （元）		9772.70	11669.28	14390.32
	材 料 费 （元）		810.57	953.55	1470.24
	机 械 费 （元）		3320.76	3349.43	3667.47
名 称		单位	单价(元)	消 耗 量	
人工	综合工日	工日	140.00	69.805	83.352	102.788
材料	道木	m³	2137.00	0.007	0.011	0.014
	低碳钢焊条	kg	6.84	1.260	1.785	2.667
	黄油钙基脂	kg	5.15	2.020	3.030	4.040
	机油	kg	19.66	4.040	5.050	10.100
	金属滤网	m²	8.12	0.220	0.250	0.280
	煤油	kg	3.73	15.750	21.000	26.250
	木板	m³	1634.16	0.044	0.069	0.081
	平垫铁	kg	3.74	63.280	67.800	115.584
	热轧薄钢板 δ1.6~1.9	kg	3.93	1.500	1.500	2.200
	砂纸	张	0.47	12.000	14.000	16.000
	石棉板衬垫	kg	7.59	0.320	0.340	0.380
	斜垫铁	kg	3.50	56.560	60.600	103.264
	氧气	m³	3.63	3.060	3.468	3.672
	乙炔气	kg	10.45	1.020	1.156	1.224
	紫铜板(综合)	kg	58.97	1.200	1.300	1.500
	其他材料费占材料费	%	—	3.000	3.000	3.000
机械	激光轴对中仪	台班	104.59	1.000	1.000	1.000
	交流弧焊机 21kV·A	台班	57.35	0.500	1.000	1.500
	平板拖车组 40t	台班	1446.84	0.500	0.500	0.700
	汽车式起重机 50t	台班	2464.07	1.000	1.000	1.000

6. 计量泵

定 额 编 号				A1-8-97	A1-8-98	A1-8-99	A1-8-100
项 目 名 称				设备重量(t以内)			
				0.2	0.4	0.7	1.0
基 价（元）				648.15	909.50	1299.81	1585.43
其中	人 工 费（元）			509.88	766.08	1150.52	1346.66
	材 料 费（元）			76.15	81.30	87.17	126.00
	机 械 费（元）			62.12	62.12	62.12	112.77
名 称		单位	单价(元)	消 耗 量			
人工	综合工日	工日	140.00	3.642	5.472	8.218	9.619
材料	低碳钢焊条	kg	6.84	0.210	0.210	0.315	0.420
	黄油钙基脂	kg	5.15	0.101	0.101	0.303	0.505
	机油	kg	19.66	0.202	0.202	0.303	0.404
	金属滤网	m²	8.12	0.063	0.065	0.065	0.065
	煤油	kg	3.73	1.050	1.050	1.575	2.100
	木板	m³	1634.16	0.006	0.008	0.008	0.008
	平垫铁	kg	3.74	4.500	4.500	4.500	7.875
	热轧薄钢板 δ1.6~1.9	kg	3.93	0.500	0.500	0.500	0.600
	砂纸	张	0.47	2.000	4.000	4.000	4.000
	石棉板衬垫	kg	7.59	0.125	0.150	0.150	0.150
	斜垫铁	kg	3.50	4.464	4.464	4.464	7.812
	氧气	m³	3.63	2.040	2.040	2.040	3.060
	乙炔气	kg	10.45	0.680	0.680	0.680	1.020
	紫铜板(综合)	kg	58.97	0.050	0.060	0.060	0.060
	其他材料费占材料费	%	—	3.000	3.000	3.000	3.000
机械	叉式起重机 5t	台班	506.51	0.100	0.100	0.100	0.200
	交流弧焊机 21kV·A	台班	57.35	0.200	0.200	0.200	0.200

7. 螺杆泵及齿轮油泵

计量单位：台

定 额 编 号				A1-8-101	A1-8-102	A1-8-103
项 目 名 称				螺杆泵		
				设备重量（t以内）		
				0.5	1.0	3.0
基 价（元）				1191.78	1613.93	3051.30
其中	人 工 费（元）			1036.70	1358.98	2642.64
	材 料 费（元）			87.22	136.44	177.38
	机 械 费（元）			67.86	118.51	231.28
名 称		单位	单价（元）	消 耗 量		
人工	综合工日	工日	140.00	7.405	9.707	18.876
材料	低碳钢焊条	kg	6.84	0.210	0.210	0.315
	黄油钙基脂	kg	5.15	0.202	0.303	0.303
	机油	kg	19.66	1.010	1.010	1.515
	金属滤网	m²	8.12	0.063	0.065	0.070
	煤油	kg	3.73	1.050	1.050	1.575
	木板	m³	1634.16	0.005	0.009	0.014
	平垫铁	kg	3.74	4.500	7.875	9.000
	青壳纸 δ0.1~1.0	kg	20.84	0.100	0.200	0.300
	热轧薄钢板 δ1.6~1.9	kg	3.93	0.300	0.300	0.300
	砂纸	张	0.47	4.000	4.000	5.000
	石棉板衬垫	kg	7.59	0.150	0.150	0.150
	斜垫铁	kg	3.50	4.464	7.812	8.928
	氧气	m³	3.63	2.040	3.060	3.060
	乙炔气	kg	10.45	0.063	1.020	1.020
	紫铜板（综合）	kg	58.97	0.050	0.060	0.200
	其他材料费占材料费	%	—	3.000	3.000	3.000
机械	叉式起重机 5t	台班	506.51	0.100	0.200	0.400
	交流弧焊机 21kV·A	台班	57.35	0.300	0.300	0.500

定 额 编 号				A1-8-104	A1-8-105	A1-8-106
项 目 名 称				螺杆泵		
				设备重量（t以内）		
				5.0	7.0	10
基 价（元）				4746.99	6975.21	9083.60
其中	人 工 费（元）			3803.10	5963.44	7594.58
	材 料 费（元）			271.47	339.35	528.38
	机 械 费（元）			672.42	672.42	960.64
名　称		单位	单价（元）	消　耗　量		
人工	综合工日	工日	140.00	27.165	42.596	54.247
材料	低碳钢焊条	kg	6.84	0.525	0.525	0.840
	黄油钙基脂	kg	5.15	0.404	0.404	0.505
	机油	kg	19.66	1.515	2.020	2.020
	金属滤网	m²	8.12	0.070	0.120	0.150
	煤油	kg	3.73	2.100	3.150	5.250
	木板	m³	1634.16	0.015	0.018	0.019
	平垫铁	kg	3.74	22.080	22.840	45.200
	青壳纸 δ0.1～1.0	kg	20.84	0.400	0.400	0.400
	热轧薄钢板 δ1.6～1.9	kg	3.93	0.400	0.500	0.700
	砂纸	张	0.47	5.000	6.000	9.000
	石棉板衬垫	kg	7.59	0.150	0.240	0.300
	斜垫铁	kg	3.50	19.600	22.050	40.400
	氧气	m³	3.63	3.060	4.080	4.080
	乙炔气	kg	10.45	1.020	1.360	1.360
	紫铜板（综合）	kg	58.97	0.150	0.600	0.950
	其他材料费占材料费	%	—	3.000	3.000	3.000
机械	交流弧焊机 21kV·A	台班	57.35	0.500	0.500	0.500
	汽车式起重机 16t	台班	958.70	0.500	0.500	—
	汽车式起重机 25t	台班	1084.16	—	—	0.500
	载重汽车 10t	台班	547.99	0.300	0.300	—
	载重汽车 15t	台班	779.76	—	—	0.500

定　额　编　号				A1-8-107	A1-8-108
项　目　名　称				齿轮油泵	
				设备重量(t以内)	
				0.5	1.0
基　　　价（元）				555.42	708.76
其中	人　工　费（元）			333.76	454.58
	材　料　费（元）			159.54	192.06
	机　械　费（元）			62.12	62.12
名　　称		单位	单价（元）	消　耗　　量	
人工	综合工日	工日	140.00	2.384	3.247
材料	低碳钢焊条	kg	6.84	0.147	0.147
	黄油钙基脂	kg	5.15	0.202	0.202
	机油	kg	19.66	0.440	0.606
	金属滤网	m²	8.12	0.065	0.065
	煤油	kg	3.73	0.500	0.788
	木板	m³	1634.16	0.050	0.050
	平垫铁	kg	3.74	4.500	7.875
	青壳纸　δ0.1～1.0	kg	20.84	0.400	0.400
	热轧薄钢板　δ1.6～1.9	kg	3.93	0.200	0.200
	砂纸	张	0.47	4.000	4.000
	石棉板衬垫	kg	7.59	0.150	0.150
	铜焊粉	kg	29.00	0.050	0.050
	斜垫铁	kg	3.50	4.464	7.812
	氧气	m³	3.63	1.020	1.020
	乙炔气	kg	10.45	0.063	0.340
	紫铜板(综合)	kg	58.97	0.060	0.060
	紫铜电焊条 T107 φ3.2	kg	61.54	0.100	0.100
	其他材料费占材料费	%	—	3.000	3.000
机械	叉式起重机 5t	台班	506.51	0.100	0.100
	交流弧焊机 21kV·A	台班	57.35	0.200	0.200

8. 真空泵

定 额 编 号			A1-8-109	A1-8-110	A1-8-111	A1-8-112
项 目 名 称			设备重量(t以内)			
			0.2	0.5	1.0	2.0
基 价（元）			661.56	830.31	1109.07	1683.77
其中	人 工 费（元）		539.14	704.48	896.84	1396.64
	材 料 费（元）		66.03	69.44	105.19	123.71
	机 械 费（元）		56.39	56.39	107.04	163.42
名 称	单位	单价(元)	消 耗 量			
人工	综合工日	工日	140.00	3.851	5.032	6.406	9.976
材料	低碳钢焊条	kg	6.84	0.103	0.126	0.189	0.242
	黄油钙基脂	kg	5.15	0.123	0.152	0.202	0.303
	机油	kg	19.66	0.580	0.606	0.707	0.909
	金属滤网	m²	8.12	0.063	0.065	0.065	0.070
	煤油	kg	3.73	0.670	0.840	1.050	1.365
	木板	m³	1634.16	0.005	0.005	0.009	0.014
	平垫铁	kg	3.74	4.500	4.516	7.875	8.460
	青壳纸 δ0.1~1.0	kg	20.84	0.100	0.100	0.100	0.100
	热轧薄钢板 δ1.6~1.9	kg	3.93	—	—	—	0.200
	砂纸	张	0.47	2.000	4.000	4.000	5.000
	石棉板衬垫	kg	7.59	0.125	0.150	0.150	0.150
	斜垫铁	kg	3.50	4.464	4.464	7.812	7.500
	氧气	m³	3.63	0.104	0.122	0.184	0.214
	乙炔气	kg	10.45	0.041	0.041	0.061	0.071
	紫铜板(综合)	kg	58.97	0.050	0.060	0.060	0.080
	其他材料费占材料费	%	—	3.000	3.000	3.000	3.000
机械	叉式起重机 5t	台班	506.51	0.100	0.100	0.200	0.300
	交流弧焊机 21kV·A	台班	57.35	0.100	0.100	0.100	0.200

定　额　编　号			A1-8-113	A1-8-114	A1-8-115
项　目　名　称			设备重量(t以内)		
			3.5	5.0	7.0
基　　　价（元）			2930.64	4167.19	5315.89
其中	人　工　费（元）		2484.86	3208.66	4254.60
	材　料　费（元）		169.58	286.11	377.40
	机　械　费（元）		276.20	672.42	683.89
名　　　称	单位	单价（元）	消　　耗　　量		
人工 综合工日	工日	140.00	17.749	22.919	30.390
材料 低碳钢焊条	kg	6.84	0.315	0.420	0.525
黄油钙基脂	kg	5.15	0.808	1.212	1.818
机油	kg	19.66	1.515	2.020	3.030
金属滤网	m²	8.12	0.120	0.120	0.120
煤油	kg	3.73	3.150	5.250	7.350
木板	m³	1634.16	0.019	0.020	0.025
平垫铁	kg	3.74	9.000	22.080	24.840
青壳纸 δ0.1～1.0	kg	20.84	0.200	0.200	0.200
热轧薄钢板 δ1.6～1.9	kg	3.93	0.300	0.300	0.500
砂纸	张	0.47	8.000	9.000	10.000
石棉板衬垫	kg	7.59	0.240	0.135	0.240
斜垫铁	kg	3.50	8.928	19.600	22.050
氧气	m³	3.63	0.510	0.714	0.918
乙炔气	kg	10.45	0.170	0.238	0.306
紫铜板(综合)	kg	58.97	0.090	0.150	0.600
其他材料费占材料费	%	—	3.000	3.000	3.000
机械 叉式起重机 5t	台班	506.51	0.500	—	—
交流弧焊机 21kV·A	台班	57.35	0.400	0.500	0.700
汽车式起重机 16t	台班	958.70	—	0.500	0.500
载重汽车 10t	台班	547.99	—	0.300	0.300

9.屏蔽泵

定 额 编 号			A1-8-116	A1-8-117	A1-8-118	A1-8-119
项 目 名 称			设备重量（t以内）			
			0.3	0.5	0.7	1.0
基 价（元）			887.44	1100.85	1364.54	1491.99
其中	人 工 费（元）		752.92	940.66	1176.00	1255.94
	材 料 费（元）		66.66	103.80	109.21	156.72
	机 械 费（元）		67.86	56.39	79.33	79.33
名 称	单位	单价（元）	消 耗 量			
人工	综合工日	工日	140.00	5.378	6.719	8.400	8.971
材料	低碳钢焊条	kg	6.84	0.210	0.210	0.210	0.315
	黄油钙基脂	kg	5.15	0.101	0.202	0.202	0.505
	机油	kg	19.66	0.202	0.202	0.303	0.707
	金属滤网	m²	8.12	0.063	0.065	0.065	0.065
	煤油	kg	3.73	0.525	1.050	1.050	2.100
	木板	m³	1634.16	0.006	0.006	0.008	0.008
	平垫铁	kg	3.74	4.500	4.500	4.500	7.875
	热轧薄钢板 δ1.6～1.9	kg	3.93	0.500	0.500	0.500	0.600
	砂纸	张	0.47	2.000	4.000	4.000	4.000
	石棉板衬垫	kg	7.59	0.125	0.150	0.150	0.150
	斜垫铁	kg	3.50	4.464	4.464	4.464	7.812
	氧气	m³	3.63	1.020	1.020	1.020	2.040
	乙炔气	kg	10.45	0.340	0.340	0.340	0.680
	紫铜板（综合）	kg	58.97	0.050	0.600	0.600	0.600
	其他材料费占材料费	%	—	3.000	3.000	3.000	3.000
机械	叉式起重机 5t	台班	506.51	0.100	0.100	0.100	0.100
	交流弧焊机 21kV·A	台班	57.35	0.300	0.100	0.500	0.500

二、泵拆装检查

1. 离心泵

(1)单级离心泵及离心式耐腐蚀泵

定　额　编　号				A1-8-120	A1-8-121	A1-8-122
项　目　名　称				设备重量(t以内)		
				0.5	1.0	3.0
基　　　　价（元）				319.33	632.05	1244.77
其中	人　工　费（元）			300.02	599.90	1165.08
	材　料　费（元）			19.31	32.15	79.69
	机　械　费（元）			—	—	—
名　　　称	单位	单价（元）		消　　耗　　量		
人工	综合工日	工日	140.00	2.143	4.285	8.322
材料	黄油钙基脂	kg	5.15	0.200	0.500	1.000
	机油	kg	19.66	0.200	0.400	1.200
	煤油	kg	3.73	1.200	1.500	3.000
	石棉橡胶板	kg	9.40	0.500	1.000	2.000
	铁砂布	张	0.85	1.000	2.000	4.000
	研磨膏	盒	0.85	0.200	0.300	1.000
	紫铜板 δ0.25～0.5	kg	64.56	0.050	0.050	0.200
	其他材料费占材料费	%	—	5.000	5.000	5.000

定 额 编 号				A1-8-123	A1-8-124	A1-8-125
项 目 名 称				设备重量(t以内)		
				5.0	8.0	12
基 价（元）				2160.90	3526.42	4663.93
其中	人 工 费（元）			1586.20	2589.86	3241.70
	材 料 费（元）			116.50	172.89	223.85
	机 械 费（元）			458.20	763.67	1198.38
名 称		单位	单价(元)	消 耗		量
人工	综合工日	工日	140.00	11.330	18.499	23.155
材料	黄油钙基脂	kg	5.15	1.600	2.400	3.200
	机油	kg	19.66	2.000	3.200	4.000
	煤油	kg	3.73	5.000	8.000	12.000
	石棉橡胶板	kg	9.40	2.500	3.000	3.000
	铁砂布	张	0.85	5.000	5.000	6.000
	研磨膏	盒	0.85	1.000	1.500	1.500
	紫铜板 δ0.25～0.5	kg	64.56	0.250	0.400	0.600
	其他材料费占材料费	%	—	5.000	5.000	5.000
机械	汽车式起重机 16t	台班	958.70	—	—	1.250
	汽车式起重机 8t	台班	763.67	0.600	1.000	—

309

定 额 编 号				A1-8-126	A1-8-127	A1-8-128
项 目 名 称				设备重量(t以内)		
				17	23	30
基 价 （元）				6271.61	8140.02	10067.12
其中	人 工 费（元）			4233.74	5600.84	6864.06
	材 料 费（元）			303.21	370.86	492.66
	机 械 费（元）			1734.66	2168.32	2710.40
名 称		单位	单价(元)	消 耗 量		
人工	综合工日	工日	140.00	30.241	40.006	49.029
材料	黄油钙基脂	kg	5.15	4.000	4.500	5.000
	机油	kg	19.66	5.000	6.000	8.000
	煤油	kg	3.73	18.000	25.000	36.000
	石棉橡胶板	kg	9.40	3.500	4.000	4.500
	铁砂布	张	0.85	8.000	10.000	12.000
	研磨膏	盒	0.85	2.000	2.000	3.000
	紫铜板 δ0.25～0.5	kg	64.56	0.950	1.100	1.500
	其他材料费占材料费	%	—	5.000	5.000	5.000
机械	汽车式起重机 25t	台班	1084.16	1.600	2.000	2.500

(2)多级离心泵

定　额　编　号				A1-8-129	A1-8-130	A1-8-131
项　目　名　称				设备重量(t以内)		
				0.5	1.0	3.0
基　　　　价（元）				387.70	760.45	1769.85
其中	人　工　费（元）			369.18	726.88	1690.08
	材　料　费（元）			18.52	33.57	79.77
	机　械　费（元）			—	—	—
名　　称		单位	单价（元）	消　　耗　　量		
人工	综合工日	工日	140.00	2.637	5.192	12.072
材料	黄油钙基脂	kg	5.15	0.200	0.400	1.000
	机油	kg	19.66	0.200	0.400	1.200
	煤油	kg	3.73	1.000	2.000	4.000
	石棉橡胶板	kg	9.40	0.500	1.000	2.000
	铁砂布	张	0.85	1.000	2.000	4.000
	研磨膏	盒	0.85	0.200	0.300	0.500
	紫铜板 $\delta 0.25\sim0.5$	kg	64.56	0.050	0.050	0.150
	其他材料费占材料费	%	—	5.000	5.000	5.000

定 额 编 号			A1-8-132	A1-8-133	A1-8-134
项 目 名 称			设备重量（t以内）		
			5.0	8.0	10
基 价 （元）			2816.28	3863.52	5071.47
其中	人 工 费 （元）		2226.56	2953.30	3668.56
	材 料 费 （元）		131.52	146.55	204.53
	机 械 费 （元）		458.20	763.67	1198.38
名 称		单位	单价（元）	消 耗 量	
人工	综合工日	工日	140.00	15.904	21.095	26.204
材料	黄油钙基脂	kg	5.15	1.500	1.800	2.000
	机油	kg	19.66	2.400	3.200	4.000
	煤油	kg	3.73	6.000	8.000	10.000
	石棉橡胶板	kg	9.40	2.500	3.000	3.000
	铁砂布	张	0.85	5.000	6.000	8.000
	研磨膏	盒	0.85	1.000	1.200	1.500
	紫铜板 $\delta 0.25\sim0.5$	kg	64.56	0.300	0.050	0.500
	其他材料费占材料费	%	—	5.000	5.000	5.000
机械	汽车式起重机 16t	台班	958.70	—	—	1.250
	汽车式起重机 8t	台班	763.67	0.600	1.000	—

定　额　编　号			A1-8-135	A1-8-136	A1-8-137
项　目　名　称			设备重量（t以内）		
			15	20	25
基　　　价（元）			6568.91	8602.57	11610.51
其中	人　工　费（元）		4643.38	6044.92	8386.84
	材　料　费（元）		299.29	389.33	513.27
	机　械　费（元）		1626.24	2168.32	2710.40
名　　称	单位	单价（元）	消　　耗　　量		
人工	综合工日	工日	140.00	33.167	43.178	59.906
材料	黄油钙基脂	kg	5.15	2.500	3.000	4.000
	机油	kg	19.66	6.000	8.000	12.000
	煤油	kg	3.73	16.000	20.000	30.000
	石棉橡胶板	kg	9.40	4.000	5.000	5.000
	铁砂布	张	0.85	8.000	12.000	15.000
	研磨膏	盒	0.85	2.000	2.000	3.000
	紫铜板 δ0.25～0.5	kg	64.56	0.750	1.000	0.900
	其他材料费占材料费	%	—	5.000	5.000	5.000
机械	汽车式起重机 25t	台班	1084.16	1.500	2.000	2.500

(3)锅炉给水泵、冷凝水泵、热循环水泵

定 额 编 号			A1-8-138	A1-8-139	A1-8-140
项 目 名 称			设备重量(t以内)		
			0.5	1.0	3.5
基 价（元）			548.12	1056.09	1897.79
其中	人 工 费（元）		519.12	1009.40	1788.08
	材 料 费（元）		29.00	46.69	109.71
	机 械 费（元）		—	—	—
名 称	单位	单价（元）	消 耗 量		
人工	综合工日	工日	140.00	3.708	7.210	12.772
材料	黄油钙基脂	kg	5.15	0.200	0.400	1.200
	机油	kg	19.66	0.200	0.400	1.600
	煤油	kg	3.73	1.000	2.000	4.000
	青壳纸 δ0.1～1.0	kg	20.84	0.500	0.600	1.000
	石棉橡胶板	kg	9.40	0.500	1.000	1.500
	铁砂布	张	0.85	2.000	2.000	4.000
	研磨膏	盒	0.85	0.200	0.300	0.800
	紫铜板 δ0.25～0.5	kg	64.56	0.030	0.050	0.200
	其他材料费占材料费	%	—	5.000	5.000	5.000

定　额　编　号				A1-8-141	A1-8-142	A1-8-143
项　目　名　称				设备重量(t以内)		
				5.0	7.0	10
基　　　价（元）				3687.51	4757.73	6260.91
其中	人　工　费（元）			3114.72	3962.70	4816.42
	材　料　费（元）			114.59	184.09	246.11
	机　械　费（元）			458.20	610.94	1198.38
名　　　称		单位	单价(元)	消　　耗　　量		
人工	综合工日	工日	140.00	22.248	28.305	34.403
材料	黄油钙基脂	kg	5.15	1.600	2.000	2.500
	机油	kg	19.66	2.000	3.000	4.000
	煤油	kg	3.73	6.000	8.000	12.000
	青壳纸 δ0.1～1.0	kg	20.84	—	1.200	1.500
	石棉橡胶板	kg	9.40	2.000	2.500	3.000
	铁砂布	张	0.85	4.000	5.000	6.000
	研磨膏	盒	0.85	1.000	1.000	1.500
	紫铜板 δ0.25～0.5	kg	64.56	0.250	0.350	0.500
	其他材料费占材料费	%	—	5.000	5.000	5.000
机械	汽车式起重机 16t	台班	958.70	—	—	1.250
	汽车式起重机 8t	台班	763.67	0.600	0.800	—

定 额 编 号			A1-8-144	A1-8-145	A1-8-146
项 目 名 称			设备重量(t以内)		
			15	20	25
基 价 （元）			7398.53	8353.06	9334.36
其中	人 工 费 （元）		5623.94	6016.08	6428.66
	材 料 费 （元）		336.54	419.58	508.95
	机 械 费 （元）		1438.05	1917.40	2396.75
名 称		单位	单价（元）	消 耗 量		
人工	综合工日	工日	140.00	40.171	42.972	45.919
材料	黄油钙基脂	kg	5.15	3.000	3.500	4.000
	机油	kg	19.66	6.000	8.000	10.000
	煤油	kg	3.73	16.000	18.000	20.000
	青壳纸 δ0.1～1.0	kg	20.84	2.000	2.500	3.000
	石棉橡胶板	kg	9.40	3.500	4.000	4.500
	铁砂布	张	0.85	7.000	8.000	9.000
	研磨膏	盒	0.85	2.000	3.000	3.500
	紫铜板 δ0.25～0.5	kg	64.56	0.700	0.900	1.200
	其他材料费占材料费	%	—	5.000	5.000	5.000
机械	汽车式起重机 16t	台班	958.70	1.500	2.000	2.500

(4)离心式油泵

定　额　编　号			A1-8-147	A1-8-148	A1-8-149
项　目　名　称			设备重量(t以内)		
			0.5	1.0	3.0
基　　　　价（元）			487.44	968.26	1903.94
其中	人　工　费（元）		467.18	934.50	1840.02
	材　料　费（元）		20.26	33.76	63.92
	机　械　费（元）		—	—	—
名　　　称	单位	单价(元)	消　　耗　　量		
人工	综合工日	工日	140.00	3.337	6.675	13.143
材料	黄油钙基脂	kg	5.15	0.200	0.400	0.800
	机油	kg	19.66	0.350	0.500	1.000
	煤油	kg	3.73	1.000	1.500	3.000
	石棉橡胶板	kg	9.40	0.500	1.000	1.500
	铁砂布	张	0.85	1.000	2.000	2.000
	研磨膏	盒	0.85	0.200	0.400	0.500
	紫铜板 δ0.25～0.5	kg	64.56	0.030	0.050	0.150
	其他材料费占材料费	%	—	5.000	5.000	5.000

定　额　编　号			A1-8-150	A1-8-151	A1-8-152
项　目　名　称			设备重量(t以内)		
			5.0	7.0	10.0
基　　　价（元）			3602.41	4826.25	5941.01
其中	人　工　费（元）		3034.08	3910.76	4554.48
	材　料　费（元）		110.13	151.82	188.15
	机　械　费（元）		458.20	763.67	1198.38
名　　　称		单位	单价（元）	消　　耗　　量	
人工	综合工日	工日	140.00	21.672	27.934	32.532
材料	黄油钙基脂	kg	5.15	1.500	1.800	2.000
	机油	kg	19.66	2.000	3.000	4.000
	煤油	kg	3.73	5.000	8.000	10.000
	石棉橡胶板	kg	9.40	2.000	2.000	2.000
	铁砂布	张	0.85	4.000	5.000	5.000
	研磨膏	盒	0.85	1.000	1.000	1.000
	紫铜板 δ0.25～0.5	kg	64.56	0.250	0.350	0.450
	其他材料费占材料费	%	—	5.000	5.000	5.000
机械	汽车式起重机 16t	台班	958.70	—	—	1.250
	汽车式起重机 8t	台班	763.67	0.600	1.000	—

定 额 编 号				A1-8-153	A1-8-154	A1-8-155
项 目 名 称				设备重量(t以内)		
				15.0	20.0	25.0
基 价（元）				6896.82	8683.12	9726.85
其中	人 工 费（元）			5225.92	6246.94	6714.12
	材 料 费（元）			232.85	267.86	302.33
	机 械 费（元）			1438.05	2168.32	2710.40
名 称		单位	单价(元)	消 耗 量		
人工	综合工日	工日	140.00	37.328	44.621	47.958
材料	黄油钙基脂	kg	5.15	2.300	2.800	3.200
	机油	kg	19.66	5.000	5.500	6.000
	煤油	kg	3.73	12.000	14.000	16.000
	石棉橡胶板	kg	9.40	3.000	4.000	5.000
	铁砂布	张	0.85	6.000	7.000	8.000
	研磨膏	盒	0.85	1.500	1.500	1.500
	紫铜板 $\delta 0.25\sim0.5$	kg	64.56	0.500	0.550	0.600
	其他材料费占材料费	%	—	5.000	5.000	5.000
机械	汽车式起重机 16t	台班	958.70	1.500	—	—
	汽车式起重机 25t	台班	1084.16	—	2.000	2.500

(5)离心式杂质泵

定　额　编　号				A1-8-156	A1-8-157	A1-8-158	A1-8-159
项　目　名　称				设备重量(t以内)			
				0.5	1.0	3.0	5.0
基　　　价（元）				559.39	1104.57	1779.11	4096.62
其中	人　工　费（元）			542.22	1072.96	1730.40	3530.10
	材　料　费（元）			17.17	31.61	48.71	108.32
	机　械　费（元）			—	—	—	458.20
名　　称		单位	单价（元）	消　　　耗　　　量			
人工	综合工日	工日	140.00	3.873	7.664	12.360	25.215
材料	黄油钙基脂	kg	5.15	0.200	0.400	0.500	1.000
	机油	kg	19.66	0.200	0.400	0.800	2.000
	煤油	kg	3.73	1.000	1.500	2.000	5.000
	石棉橡胶板	kg	9.40	0.500	1.000	1.200	2.000
	铁砂布	张	0.85	1.000	2.000	3.000	5.000
	研磨膏	盒	0.85	0.200	0.300	0.400	1.000
	紫铜板　δ0.25～0.5	kg	64.56	0.030	0.050	0.100	0.250
	其他材料费占材料费	%	—	5.000	5.000	5.000	5.000
机械	汽车式起重机 8t	台班	763.67	—	—	—	0.600

定　额　编　号				A1-8-160	A1-8-161	A1-8-162
项　目　名　称				设备重量(t以内)		
				10	15	20
基　　　价（元）				5928.90	6989.34	9970.39
其中	人　工　费（元）			4770.22	5525.80	7423.50
	材　料　费（元）			199.98	265.16	378.57
	机　械　费（元）			958.70	1198.38	2168.32
名　　　称		单位	单价（元）	消　　耗　　量		
人工	综合工日	工日	140.00	34.073	39.470	53.025
材料	黄油钙基脂	kg	5.15	2.400	2.500	3.000
	机油	kg	19.66	4.000	6.000	8.000
	煤油	kg	3.73	10.000	15.000	20.000
	石棉橡胶板	kg	9.40	2.500	3.000	4.000
	铁砂布	张	0.85	6.000	8.000	10.000
	研磨膏	盒	0.85	1.500	2.000	3.000
	紫铜板 δ0.25～0.5	kg	64.56	0.500	0.450	1.000
	其他材料费占材料费	%	—	5.000	5.000	5.000
机械	汽车式起重机 16t	台班	958.70	1.000	1.250	—
	汽车式起重机 25t	台班	1084.16	—	—	2.000

(6)离心式深水泵

定 额 编 号			A1-8-163	A1-8-164	A1-8-165
项 目 名 称			设备重量(t以内)		
			1.0	2.0	4.0
基 价（元）			851.34	996.51	1474.76
其中	人 工 费（元）		819.00	945.98	1395.94
	材 料 费（元）		32.34	50.53	78.82
	机 械 费（元）		—	—	—
名 称	单位	单价(元)	消 耗 量		
人工	综合工日	工日	140.00	5.850	6.757	9.971
材料	黄油钙基脂	kg	5.15	0.400	0.800	1.000
	机油	kg	19.66	0.800	1.200	2.000
	煤油	kg	3.73	2.000	3.000	5.000
	石棉橡胶板	kg	9.40	0.500	0.800	1.000
	铁砂布	张	0.85	1.000	2.000	3.000
	其他材料费占材料费	%	—	5.000	5.000	5.000

定　额　编　号				A1-8-166	A1-8-167
项　目　名　称				设备重量（t以内）	
				6.0	8.0
基　　　　价（元）				2628.66	3605.79
其中	人　工　费（元）			1747.76	2504.60
	材　料　费（元）			117.23	146.60
	机　械　费（元）			763.67	954.59
名　　称		单位	单价（元）	消　耗　　　量	
人工	综合工日	工日	140.00	12.484	17.890
材料	黄油钙基脂	kg	5.15	1.200	1.200
	机油	kg	19.66	3.000	4.000
	煤油	kg	3.73	8.000	10.000
	石棉橡胶板	kg	9.40	1.500	1.500
	铁砂布	张	0.85	3.000	4.000
	其他材料费占材料费	%	—	5.000	5.000
机械	汽车式起重机 8t	台班	763.67	1.000	1.250

(7)DB型高硅铁离心泵

计量单位：台

定 额 编 号					A1-8-168	A1-8-169	A1-8-170
项 目 名 称					设备型号		
					DB25G-41	DB50G-40	DB65-40
基 价 （元）					176.54	241.04	305.96
其中	人 工 费（元）				144.20	207.62	259.56
	材 料 费（元）				32.34	33.42	46.40
	机 械 费（元）				—	—	—
	名 称	单位	单价（元）		消 耗 量		
人工	综合工日	工日	140.00		1.030	1.483	1.854
材料	黄油钙基脂	kg	5.15		0.400	0.600	0.800
	机油	kg	19.66		0.800	0.800	1.000
	煤油	kg	3.73		2.000	2.000	3.000
	石棉橡胶板	kg	9.40		0.500	0.500	0.800
	铁砂布	张	0.85		1.000	1.000	2.000
	其他材料费占材料费	%	—		5.000	5.000	5.000

定 额 编 号			A1-8-171	A1-8-172	A1-8-173
项 目 名 称			设备型号		
			DBG80-60	DBG100-35	DB150-35
基 价（元）			365.94	449.16	560.27
其中	人 工 费（元）		311.50	380.66	496.02
	材 料 费（元）		54.44	68.50	64.25
	机 械 费（元）		—	—	—
名 称	单位	单价（元）	消 耗 量		
人工	综合工日	工日	140.00	2.225	2.719	3.543
材料	黄油钙基脂	kg	5.15	0.800	1.000	1.600
	机油	kg	19.66	1.200	1.500	2.000
	煤油	kg	3.73	4.000	5.000	0.450
	石棉橡胶板	kg	9.40	0.800	1.000	1.000
	铁砂布	张	0.85	2.000	3.000	3.000
	其他材料费占材料费	%	—	5.000	5.000	5.000

(8)蒸汽离心泵

定　额　编　号				A1-8-174	A1-8-175	A1-8-176
项　目　名　称				设备重量(t以内)		
				0.5	1.0	3.0
基　　　　价（元）				602.67	1132.77	2384.75
其中	人　工　费（元）			565.32	1067.08	2238.04
	材　料　费（元）			37.35	65.69	146.71
	机　械　费（元）			—	—	—
名　　称		单位	单价（元）	消　　耗　　量		
人工	综合工日	工日	140.00	4.038	7.622	15.986
材料	二硫化钼粉	kg	61.80	0.200	0.400	1.000
	机油	kg	19.66	0.200	0.400	1.200
	煤油	kg	3.73	1.000	3.000	5.000
	青壳纸　δ0.1~1.0	kg	20.84	0.500	0.500	1.200
	石棉橡胶板	kg	9.40	0.500	0.800	1.000
	铁砂布	张	0.85	0.500	1.000	1.500
	其他材料费占材料费	%	—	5.000	5.000	5.000

定 额 编 号				A1-8-177	A1-8-178	A1-8-179
项 目 名 称				设备重量(t以内)		
				5.0	7.0	10
基 价（元）				3927.50	5091.98	6198.53
其中	人 工 费（元）			3276.28	4222.26	4926.04
	材 料 费（元）			193.02	258.78	313.79
	机 械 费（元）			458.20	610.94	958.70
	名 称	单位	单价（元）	消 耗 量		
人工	综合工日	工日	140.00	23.402	30.159	35.186
材料	二硫化钼粉	kg	61.80	1.200	1.500	1.800
	机油	kg	19.66	2.000	3.000	3.000
	煤油	kg	3.73	7.000	10.000	12.000
	青壳纸 δ0.1~1.0	kg	20.84	1.500	2.000	3.000
	石棉橡胶板	kg	9.40	1.200	1.500	2.000
	铁砂布	张	0.85	2.000	2.000	3.000
	其他材料费占材料费	%	—	5.000	5.000	5.000
机械	汽车式起重机 16t	台班	958.70	—	—	1.000
	汽车式起重机 8t	台班	763.67	0.600	0.800	—

327

2. 旋涡泵

定　额　编　号				A1-8-180	A1-8-181	A1-8-182
项　目　名　称				设备重量(t以内)		
				0.2	0.5	1.0
基　　　价（元）				126.47	418.89	796.13
其中	人　工　费（元）			115.36	403.76	772.94
	材　料　费（元）			11.11	15.13	23.19
	机　械　费（元）			—	—	—
名　　称		单位	单价（元）	消　　耗　　量		
人工	综合工日	工日	140.00	0.824	2.884	5.521
材料	黄油钙基脂	kg	5.15	0.200	0.200	0.400
	机油	kg	19.66	0.200	0.300	0.400
	煤油	kg	3.73	0.500	1.000	1.500
	石棉橡胶板	kg	9.40	0.300	0.300	0.500
	铁砂布	张	0.85	1.000	1.000	2.000
	研磨膏	盒	0.85	0.100	0.100	0.200
	其他材料费占材料费	%	—	5.000	5.000	5.000

定 额 编 号			A1-8-183	A1-8-184	A1-8-185
项 目 名 称			设备重量(t以内)		
			2.0	3.0	5.0
基 价（元）			1457.75	2005.64	3602.43
其中	人 工 费（元）		1419.04	1949.64	2907.10
	材 料 费（元）		38.71	56.00	84.39
	机 械 费（元）		—	—	610.94
名 称		单位	单价(元)	消 耗 量	
人工	综合工日	工日	140.00	10.136	13.926	20.765
材料	黄油钙基脂	kg	5.15	0.800	1.200	1.500
	机油	kg	19.66	0.800	1.200	2.000
	煤油	kg	3.73	2.000	3.000	5.000
	石棉橡胶板	kg	9.40	0.800	1.000	1.200
	铁砂布	张	0.85	2.000	3.000	3.000
	研磨膏	盒	0.85	0.400	0.500	1.000
	其他材料费占材料费	%	—	5.000	5.000	5.000
机械	汽车式起重机 8t	台班	763.67	—	—	0.800

3. 电动往复泵

定　额　编　号				A1-8-186	A1-8-187	A1-8-188
项　目　名　称				设备重量（t以内）		
				0.5	0.7	1.0
基　　　价（元）				751.07	1011.15	1310.04
其中	人　工　费（元）			726.88	974.82	1263.22
	材　料　费（元）			24.19	36.33	46.82
	机　械　费（元）			—	—	—
名　　　称		单位	单价（元）	消　　耗　　量		
人工	综合工日	工日	140.00	5.192	6.963	9.023
材料	黄油钙基脂	kg	5.15	0.200	0.300	0.500
	机油	kg	19.66	0.300	0.500	0.600
	煤油	kg	3.73	1.000	1.500	2.000
	青壳纸 δ0.1～1.0	kg	20.84	0.300	0.400	0.500
	石棉橡胶板	kg	9.40	0.200	0.300	0.400
	铁砂布	张	0.85	1.000	2.000	2.000
	研磨膏	盒	0.85	0.200	0.300	0.500
	紫铜板 δ0.25～0.5	kg	64.56	0.050	0.070	0.100
	其他材料费占材料费	%	—	5.000	5.000	5.000

定 额 编 号			A1-8-189	A1-8-190	A1-8-191
项 目 名 称			设备重量(t以内)		
			3.0	5.0	7.0
基 价（元）			2835.09	4163.78	5076.66
其中	人 工 费（元）		2722.58	3535.84	4239.48
	材 料 费（元）		112.51	169.74	226.24
	机 械 费（元）		—	458.20	610.94
名 称	单位	单价（元）	消 耗 量		
人工	综合工日	工日	140.00	19.447	25.256	30.282
材料	黄油钙基脂	kg	5.15	0.800	1.200	1.500
	机油	kg	19.66	1.500	2.500	3.500
	煤油	kg	3.73	5.000	8.000	10.000
	青壳纸 δ0.1~1.0	kg	20.84	1.000	1.200	1.500
	石棉橡胶板	kg	9.40	1.200	1.500	2.000
	铁砂布	张	0.85	3.000	5.000	6.000
	研磨膏	盒	0.85	1.000	1.000	1.500
	紫铜板 δ0.25~0.5	kg	64.56	0.300	0.500	0.700
	其他材料费占材料费	%	—	5.000	5.000	5.000
机械	汽车式起重机 8t	台班	763.67	—	0.600	0.800

331

4.柱塞泵
(1)高压柱塞泵(3～4柱塞)

定 额 编 号				A1-8-192	A1-8-193	A1-8-194	A1-8-195
项 目 名 称				设备重量(t以内)			
				1.0	2.5	5.0	8.0
基 价（元）				1422.64	2685.59	4321.49	6524.27
其中	人 工 费（元）			1384.32	2601.34	3731.98	5733.56
	材 料 费（元）			38.32	84.25	131.31	179.77
	机 械 费（元）			—	—	458.20	610.94
名 称		单位	单价(元)	消 耗 量			
人工	综合工日	工日	140.00	9.888	18.581	26.657	40.954
材料	黄油钙基脂	kg	5.15	0.300	0.800	1.200	1.500
	机油	kg	19.66	0.400	1.000	2.000	3.200
	煤油	kg	3.73	2.000	4.000	6.000	8.000
	青壳纸 δ0.1～1.0	kg	20.84	0.500	0.800	1.200	1.500
	石棉橡胶板	kg	9.40	0.500	1.000	1.000	1.000
	铁砂布	张	0.85	1.000	2.000	3.000	4.000
	研磨膏	盒	0.85	0.500	1.000	1.000	1.000
	紫铜板 δ0.25～0.5	kg	64.56	0.050	0.200	0.300	0.400
	其他材料费占材料费	%	—	5.000	5.000	5.000	5.000
机械	汽车式起重机 8t	台班	763.67	—	—	0.600	0.800

定　额　编　号			A1-8-196	A1-8-197	A1-8-198	A1-8-199
项　目　名　称			设备重量（t以内）			
			10.0	16	25.5	35.0
基　　　　价（元）			7747.57	10594.81	13518.21	16107.99
其中	人　工　费（元）		6552.56	9061.64	10843.98	12770.52
	材　料　费（元）		236.31	334.79	505.91	627.07
	机　械　费（元）		958.70	1198.38	2168.32	2710.40
名　　　称	单位	单价（元）	消　　耗　　量			
人工	综合工日	工日	140.00	46.804	64.726	77.457	91.218
材料	黄油钙基脂	kg	5.15	2.000	2.500	3.000	3.500
	机油	kg	19.66	4.000	6.000	10.000	12.000
	煤油	kg	3.73	10.000	16.000	25.000	35.000
	青壳纸　δ0.1～1.0	kg	20.84	1.800	2.000	2.500	3.000
	石棉橡胶板	kg	9.40	2.500	3.000	4.000	4.500
	铁砂布	张	0.85	5.000	6.000	8.000	10.000
	研磨膏	盒	0.85	1.500	2.000	3.000	3.000
	紫铜板　δ0.25～0.5	kg	64.56	0.500	0.800	1.200	1.500
	其他材料费占材料费	%	—	5.000	5.000	5.000	5.000
机械	汽车式起重机 16t	台班	958.70	1.000	1.250	—	—
	汽车式起重机 25t	台班	1084.16	—	—	2.000	2.500

(2)高压高速柱塞泵(6～24柱塞)

定 额 编 号			A1-8-200	A1-8-201	A1-8-202	A1-8-203
项 目 名 称			设备重量(t以内)			
			5.0	10	15	18
基 价 （元）			4931.80	8301.22	11236.68	13617.08
其中	人 工 费 （元）		4181.94	6835.22	9205.84	11074.84
	材 料 费 （元）		138.92	219.69	296.18	373.92
	机 械 费 （元）		610.94	1246.31	1734.66	2168.32
名 称	单位	单价(元)	消 耗 量			
人工	综合工日	工日	140.00	29.871	48.823	65.756	79.106
材料	黄油钙基脂	kg	5.15	1.000	1.500	1.800	1.800
	机油	kg	19.66	2.000	4.000	6.000	8.000
	煤油	kg	3.73	5.000	10.000	15.000	20.000
	青壳纸　δ0.1～1.0	kg	20.84	1.200	1.500	1.500	1.500
	石棉橡胶板	kg	9.40	1.500	1.800	1.800	2.000
	铁砂布	张	0.85	4.000	5.000	1.200	6.000
	研磨膏	盒	0.85	1.000	1.000	1.500	2.000
	紫铜板　δ0.25～0.5	kg	64.56	0.400	0.500	0.750	0.900
	其他材料费占材料费	%	—	5.000	5.000	5.000	5.000
机械	汽车式起重机　16t	台班	958.70	—	1.300	—	—
	汽车式起重机　25t	台班	1084.16	—	—	1.600	2.000
	汽车式起重机　8t	台班	763.67	0.800	—	—	—

5. 蒸汽往复泵

定 额 编 号			A1-8-204	A1-8-205	A1-8-206	A1-8-207
项 目 名 称			设备重量(t以内)			
			0.5	1.0	1.5	3.0
基 价 （元）			770.30	1174.17	1544.77	2733.48
其中	人 工 费（元）		726.88	1107.54	1442.00	2578.38
	材 料 费（元）		43.42	66.63	102.77	155.10
	机 械 费（元）		—	—	—	—
名 称	单位	单价(元)	消 耗 量			
人工 综合工日	工日	140.00	5.192	7.911	10.300	18.417
材 料 二硫化钼粉	kg	61.80	0.200	0.400	0.600	1.000
机油	kg	19.66	0.300	0.400	0.800	1.200
煤油	kg	3.73	1.000	2.000	3.000	4.000
青壳纸 δ0.1～1.0	kg	20.84	0.500	0.600	0.800	1.000
石棉橡胶板	kg	9.40	0.500	0.600	0.800	1.000
铁砂布	张	0.85	1.000	2.000	3.000	4.000
研磨膏	盒	0.85	0.200	0.400	0.800	1.000
紫铜板 δ0.25～0.5	kg	64.56	0.050	0.050	0.100	0.200
其他材料费占材料费	%	—	5.000	5.000	5.000	5.000

定 额 编 号			A1-8-208	A1-8-209	A1-8-210	A1-8-211
项 目 名 称			设备重量(t以内)			
			5.0	7.0	10	15
基 价（元）			3996.94	5594.92	7840.85	10875.88
其中	人 工 费（元）		3316.74	4689.44	6541.08	8969.38
	材 料 费（元）		222.00	294.54	341.07	468.45
	机 械 费（元）		458.20	610.94	958.70	1438.05
名 称	单位	单价(元)	消 耗 量			
人工	综合工日	工日	140.00	23.691	33.496	46.722	64.067
材料	二硫化钼粉	kg	61.80	1.500	2.000	2.000	2.500
	机油	kg	19.66	2.000	2.800	4.000	6.000
	煤油	kg	3.73	5.000	8.000	10.000	15.000
	青壳纸 δ0.1~1.0	kg	20.84	1.200	1.300	1.500	1.800
	石棉橡胶板	kg	9.40	1.200	1.400	1.500	2.000
	铁砂布	张	0.85	5.000	6.000	8.000	10.000
	研磨膏	盒	0.85	1.000	1.000	1.000	1.500
	紫铜板 δ0.25~0.5	kg	64.56	0.300	0.400	0.500	0.800
	其他材料费占材料费	%	—	5.000	5.000	5.000	5.000
机械	汽车式起重机 16t	台班	958.70	—	—	1.000	1.500
	汽车式起重机 8t	台班	763.67	0.600	0.800	—	—

定 额 编 号			A1-8-212	A1-8-213	A1-8-214
项 目 名 称			设备重量（t以内）		
			20	25	30
基 价（元）			13382.05	14858.24	16979.63
其中	人 工 费（元）		10843.98	12020.68	13439.72
	材 料 费（元）		586.58	669.24	829.51
	机 械 费（元）		1951.49	2168.32	2710.40
名 称	单位	单价（元）	消 耗 量		
人工	综合工日	工日	140.00	77.457	85.862	95.998
材料	二硫化钼粉	kg	61.80	3.000	3.000	4.000
	机油	kg	19.66	8.000	10.000	12.000
	煤油	kg	3.73	20.000	25.000	30.000
	青壳纸 δ0.1～1.0	kg	20.84	2.000	2.200	2.500
	石棉橡胶板	kg	9.40	2.200	2.500	3.000
	铁砂布	张	0.85	15.000	16.000	18.000
	研磨膏	盒	0.85	2.000	2.000	3.000
	紫铜板 δ0.25～0.5	kg	64.56	1.000	1.200	1.500
	其他材料费占材料费	%	—	5.000	5.000	5.000
机械	汽车式起重机 25t	台班	1084.16	1.800	2.000	2.500

6.计量泵

定　额　编　号				A1-8-215	A1-8-216	A1-8-217	A1-8-218
项　目　名　称				设备重量(t以内)			
				0.2	0.4	0.7	1.0
基　　　价（元）				148.66	287.66	389.33	439.64
其中	人　工　费（元）			138.46	276.92	369.18	415.38
	材　料　费（元）			10.20	10.74	20.15	24.26
	机　械　费（元）			—	—	—	—
名　　　称		单位	单价（元）	消　　耗　　量			
人工	综合工日	工日	140.00	0.989	1.978	2.637	2.967
材料	黄油钙基脂	kg	5.15	0.200	0.300	0.500	0.500
	机油	kg	19.66	0.200	0.200	0.500	0.600
	煤油	kg	3.73	1.000	1.000	1.500	2.000
	铁砂布	张	0.85	1.000	1.000	1.000	1.000
	研磨膏	盒	0.85	0.200	0.200	0.400	0.500
	其他材料费占材料费	%	—	5.000	5.000	5.000	5.000

7.螺杆泵及齿轮油泵

定　额　编　号			A1-8-219	A1-8-220	A1-8-221
项　目　名　称			螺杆泵		
			设备重量(t以内)		
			0.5	1.0	3.0
基　　　　价（元）			228.48	311.65	1147.90
其中	人　工　费（元）		207.62	276.92	692.16
	材　料　费（元）		20.86	34.73	73.90
	机　械　费（元）		—	—	381.84
名　　　称	单位	单价（元）	消　　耗　　量		
人工 综合工日	工日	140.00	1.483	1.978	4.944
材料 黄油钙基脂	kg	5.15	0.200	0.400	1.200
机油	kg	19.66	0.300	0.400	1.200
煤油	kg	3.73	1.000	2.000	3.000
青壳纸　δ0.1~1.0	kg	20.84	0.300	0.500	0.800
铁砂布	张	0.85	1.000	2.000	3.000
研磨膏	盒	0.85	0.200	0.400	0.600
紫铜板　δ0.25~0.5	kg	64.56	0.030	0.050	0.150
其他材料费占材料费	%		5.000	5.000	5.000
机械 汽车式起重机 8t	台班	763.67	—	—	0.500

定　额　编　号			A1-8-222	A1-8-223	A1-8-224
项　目　名　称			螺杆泵		
			设备重量(t以内)		
			5.0	7.0	10
基　　价（元）			2108.42	2384.25	3467.56
其中	人　工　费（元）		1384.32	1615.04	2307.20
	材　料　费（元）		113.16	158.27	201.66
	机　械　费（元）		610.94	610.94	958.70
名　　称	单位	单价（元）	消　　耗　　量		
人工	综合工日	工日	140.00	9.888	11.536	16.480
材料	黄油钙基脂	kg	5.15	1.500	2.000	2.500
	机油	kg	19.66	2.000	3.200	4.000
	煤油	kg	3.73	5.000	8.000	10.000
	青壳纸 δ0.1~1.0	kg	20.84	1.000	1.000	1.200
	铁砂布	张	0.85	5.000	4.000	6.000
	研磨膏	盒	0.85	1.000	1.000	1.000
	紫铜板 δ0.25~0.5	kg	64.56	0.250	0.350	0.500
	其他材料费占材料费	%	—	5.000	5.000	5.000
机械	汽车式起重机 16t	台班	958.70	—	—	1.000
	汽车式起重机 8t	台班	763.67	0.800	0.800	—

定 额 编 号			A1-8-225	A1-8-226
项 目 名 称			齿轮油泵	
			设备重量(t以内)	
			0.5	1.0
基 价 （元）			174.91	192.67
其中	人 工 费 （元）		126.98	144.20
	材 料 费 （元）		47.93	48.47
	机 械 费 （元）		—	—
名 称	单位	单价(元)	消 耗 量	
人工	综合工日	工日	140.00	0.907	1.030
材料	黄油钙基脂	kg	5.15	0.150	0.200
	机油	kg	19.66	0.200	0.200
	煤油	kg	3.73	1.000	1.000
	青壳纸 δ0.1～1.0	kg	20.84	0.200	0.200
	铁砂布	张	0.85	0.800	1.000
	研磨膏	盒	0.85	0.100	0.200
	紫铜板 δ0.25～0.5	kg	64.56	0.500	0.500
	其他材料费占材料费	%	—	5.000	5.000

8.真空泵

定 额 编 号			A1-8-227	A1-8-228	A1-8-229
项 目 名 称			真空泵		
			设备重量(t以内)		
			0.5	1.0	2.0
基 价（元）			513.43	780.31	1255.41
其中	人 工 费（元）		484.54	738.36	1193.92
	材 料 费（元）		28.89	41.95	61.49
	机 械 费（元）		—	—	—
名 称		单位	单价（元）	消 耗 量	
人工	综合工日	工日	140.00	3.461	5.274	8.528
材料	合成树脂密封胶	kg	34.84	0.100	0.200	0.300
	黄油钙基脂	kg	5.15	0.200	0.400	0.800
	机油	kg	19.66	0.300	0.400	0.600
	煤油	kg	3.73	1.000	2.000	3.000
	青壳纸 δ0.1～1.0	kg	20.84	0.500	0.500	0.600
	铁砂布	张	0.85	1.000	2.000	2.000
	研磨膏	盒	0.85	0.200	0.300	0.400
	紫铜板 δ0.25～0.5	kg	64.56	0.030	0.050	0.100
	其他材料费占材料费	%	—	5.000	5.000	5.000

定　额　编　号			A1-8-230	A1-8-231	A1-8-232
项　目　名　称			真空泵		螺杆泵
			设备重量（t以内）		
			3.5	5.0	7.0
基　　　　价（元）			2412.60	3569.99	4721.73
其中	人　工　费（元）		2295.72	2993.62	3956.96
	材　料　费（元）		116.88	118.17	153.83
	机　械　费（元）		—	458.20	610.94
名　　称	单位	单价（元）	消　　耗　　量		
人工 综合工日	工日	140.00	16.398	21.383	28.264
材料 合成树脂密封胶	kg	34.84	0.400	0.400	0.500
黄油钙基脂	kg	5.15	1.000	1.200	1.500
机油	kg	19.66	1.000	1.500	2.000
煤油	kg	3.73	4.000	5.000	7.000
青壳纸 δ0.1～1.0	kg	20.84	2.000	1.000	1.200
铁砂布	张	0.85	3.000	4.000	5.000
研磨膏	盒	0.85	0.600	0.800	1.000
紫铜板 δ0.25～0.5	kg	64.56	0.200	0.300	0.400
其他材料费占材料费	%	—	5.000	5.000	5.000
机械 汽车式起重机 8t	台班	763.67	—	0.600	0.800

343

9.屏蔽泵

定　额　编　号				A1-8-233	A1-8-234	A1-8-235	A1-8-236
项　目　名　称				设备重量（t以内）			
				0.3	0.5	0.7	1.0
基　　　　价（元）				101.39	145.87	173.39	202.77
其中	人　工　费（元）			92.26	132.72	155.68	184.52
	材　料　费（元）			9.13	13.15	17.71	18.25
	机　械　费（元）			—	—	—	—
名　　　称		单位	单价(元)	消　　耗　　量			
人工	综合工日	工日	140.00	0.659	0.948	1.112	1.318
材料	黄油钙基脂	kg	5.15	0.200	0.200	0.300	0.400
	机油	kg	19.66	0.200	0.300	0.400	0.400
	煤油	kg	3.73	1.000	1.500	2.000	2.000
	其他材料费占材料费	%	—	5.000	5.000	5.000	5.000

第九章 压缩机安装

说　　明

一、本章内容包括活塞式 L、Z 型压缩机、活塞式 V、W、S 型压缩机、活塞式 V、W、S 型制冷压缩机的整体安装，回转式螺杆压缩机整体安装，活塞式 2D（2M）、4D（4M）型对称平衡是压缩式解体安装，活塞式 H 型中间直联同步压缩机整体安装，离心式压缩机整体安装，离心式压缩机解体安装，离心式压缩机拆装检查。

二、本章包括以下工作内容：

1. 设备本体及与主机本体联体的附属设备，附属成品管道、冷却系统、润滑系统以及支架、防护罩等附件的安装；

2. 与主机在同一底座上的电动机安装；

3. 空负荷试车。

三、本章不包括以下工作内容：

1. 除与主机在同一底座上的电动机已包括安装外，其他类型解体安装的压缩机，均不包括电动机、汽轮机及其他动力机械的安装。

2. 与主体本体联体的各级出入口第一个法兰外的各种管道、空气干燥设备及净化设备、油水分离设备、废油回收设备、自控系统、仪表系统安装以及支架、沟槽、防护罩等的制作加工。

3. 介质的充灌。

4. 主机本体循环油（按设备带有考虑）。

5. 电动机拆装检查及配线、接线等电气工程。

6. 负荷试车及联动试车。

四、关于下列各项费用的规定：

1. 本章原动机是按电动机驱动考虑，如为汽轮机驱动则相应定额人工乘以系数 1.14。

2. 活塞式 V、W、S 型压缩机的安装是按单级压缩机考虑的，安装同类型双极压缩机时，按相应子目人工乘以系数 1.40。

3. 解体安装的压缩机需在无负荷试运转后检查、回装及调整时，按相应解体安装子目人工、机械乘以系数 1.15。

工程量计算规则

一、整体安装压缩机的设备重量，按同一底座上的压缩机本体、电动机、仪表盘及附件、底座等总重量计算。

二、解体安装压缩机按压缩机本体、附件、底座及随本体到货附属设备的总重量计算，不包括电动机、汽轮机及其他动力机械的重量。电动机、汽轮机及其他动力机械的安装按相应项目另行计算。

三、DMH 型对称平衡式压缩机［包括活塞式 2D（2M）型对称平衡式压缩机、活塞式 4D（4M）型对称平衡式压缩机、活塞式 H 型中间直联同步压缩机］的重量，按压缩机本体、随本体到货的附属设备的总重量计算，不包括附属设备的安装，附属设备的安装按相应项目另行计算。

一、活塞式压缩机组安装

1.活塞式L型及Z型2列压缩机整体安装

计量单位：台

定　额　编　号			A1-9-1	A1-9-2	A1-9-3	A1-9-4
项　目　名　称			机组重量(t以内)			
			1	3	5	8
基　　　价　（元）			2585.36	3585.61	4734.51	6662.17
其中	人　工　费（元）		1915.20	2628.08	3515.68	4988.48
	材　料　费（元）		200.42	323.53	463.74	628.53
	机　械　费（元）		469.74	634.00	755.09	1045.16
名　　　称	单位	单价（元）	消　　耗　　量			
人工	综合工日	工日	140.00	13.680	18.772	25.112	35.632

	名　称	单位	单价（元）	消　　耗　　量			
人工	综合工日	工日	140.00	13.680	18.772	25.112	35.632
材料	不锈钢板	kg	22.00	0.050	0.080	0.100	0.120
	道木	m³	2137.00	—	—	0.015	0.018
	低碳钢焊条	kg	6.84	0.546	0.630	0.798	0.819
	黄油钙基脂	kg	5.15	0.227	0.341	0.455	0.568
	机油	kg	19.66	0.396	0.949	1.107	1.266
	金属滤网	m²	8.12	0.500	0.800	1.000	1.100
	煤油	kg	3.73	5.534	9.684	11.067	13.834
	密封胶	支	15.00	2.000	4.000	6.000	8.000
	木板	m³	1634.16	0.013	0.018	0.018	0.038
	平垫铁	kg	3.74	12.240	17.440	23.400	32.040
	砂纸	张	0.47	5.000	8.000	10.000	12.000
	石棉板衬垫	kg	7.59	0.220	1.580	2.230	3.200
	塑料管	m	1.50	1.500	2.500	3.500	4.500
	铜丝布	m	17.09	0.010	0.020	0.030	0.040
	斜垫铁	kg	3.50	11.054	15.518	21.046	28.805
	氧气	m³	3.63	1.020	1.020	2.040	2.040
	乙炔气	kg	10.45	0.340	0.340	0.680	0.680
	紫铜板 δ0.08～0.2	kg	59.50	0.050	0.050	0.100	0.150
	其他材料费占材料费	%	—	5.000	5.000	5.000	5.000
机械	叉式起重机 5t	台班	506.51	0.300	0.500	—	—
	交流弧焊机 21kV·A	台班	57.35	0.200	0.400	0.500	0.600
	汽车式起重机 16t	台班	958.70	—	—	—	0.500
	汽车式起重机 8t	台班	763.67	0.300	0.300	0.500	—
	载重汽车 10t	台班	547.99	—	—	0.300	0.500
	真空滤油机 6000L/h	台班	257.40	0.300	0.500	0.700	1.000

定 额 编 号			A1-9-5	A1-9-6	A1-9-7	A1-9-8
项 目 名 称			机组重量（t以内）			
			10	15	双重整机15	20
基 价 （元）			8413.16	12264.33	17618.76	17725.85
其中	人 工 费 （元）		6029.52	9244.76	13074.32	11831.68
	材 料 费 （元）		826.98	986.87	1540.27	1510.29
	机 械 费 （元）		1556.66	2032.70	3004.17	4383.88
名 称	单位	单价（元）	消 耗 量			
人工	综合工日	工日	140.00	43.068	66.034	93.388	84.512

	名 称	单位	单价（元）				
材料	不锈钢板	kg	22.00	0.140	0.160	0.200	0.250
	道木	m³	2137.00	0.025	0.028	0.040	0.041
	低碳钢焊条	kg	6.84	1.134	1.134	1.300	2.268
	黄油钙基脂	kg	5.15	0.568	0.909	1.688	1.136
	机油	kg	19.66	1.582	1.740	3.133	2.215
	金属滤网	m²	8.12	1.200	1.400	1.800	2.000
	煤油	kg	3.73	16.601	19.367	39.525	22.134
	密封胶	支	15.00	10.000	12.000	16.000	18.000
	木板	m³	1634.16	0.038	0.038	0.050	0.100
	平垫铁	kg	3.74	47.080	59.480	90.240	87.720
	砂纸	张	0.47	14.000	16.000	19.000	21.000
	石棉板衬垫	kg	7.59	3.400	3.400	6.980	4.300
	石棉橡胶板	kg	9.40	—	—	3.200	3.500
	塑料管	m	1.50	5.500	6.500	8.500	9.500
	铜丝布	m	17.09	0.040	0.050	—	—
	斜垫铁	kg	3.50	46.210	58.320	87.012	84.780
	氧气	m³	3.63	2.040	3.060	6.120	3.060
	乙炔气	kg	10.45	0.680	1.020	2.040	1.020
	紫铜板 δ0.08～0.2	kg	59.50	0.200	0.200	0.400	0.200
	其他材料费占材料费	%	—	5.000	5.000	5.000	5.000
机械	激光轴对中仪	台班	104.59	1.000	1.000	2.000	1.000
	交流弧焊机 21kV·A	台班	57.35	0.800	0.800	2.000	1.000
	平板拖车组 20t	台班	1081.33	—	0.500	1.000	—
	平板拖车组 30t	台班	1243.07	—	—	—	1.000
	汽车式起重机 25t	台班	1084.16	0.700	1.000	1.000	—
	汽车式起重机 50t	台班	2464.07	—	—	—	1.000
	载重汽车 15t	台班	779.76	0.500	—	—	—
	真空滤油机 6000L/h	台班	257.40	1.000	1.000	2.000	2.000

定　额　编　号				A1-9-9	A1-9-10	A1-9-11	A1-9-12
项　目　名　称				机组重量（t以内）			
				25	30	40	50
基　　　　　价（元）				21420.59	24607.10	33332.14	39523.39
其中	人　工　费（元）			15172.50	17280.20	23206.54	26880.56
	材　料　费（元）			1864.21	2052.25	2358.20	2755.00
	机　械　费（元）			4383.88	5274.65	7767.40	9887.83
名　　　称		单位	单价（元）	消　　耗　　量			
人工	综合工日	工日	140.00	108.375	123.430	165.761	192.004
材料	不锈钢板	kg	22.00	0.300	0.350	0.400	0.500
	道木	m³	2137.00	0.041	0.041	0.041	0.041
	低碳钢焊条	kg	6.84	3.318	3.318	3.318	3.318
	黄油钙基脂	kg	5.15	1.364	1.364	1.591	1.591
	机油	kg	19.66	2.531	2.689	3.006	3.322
	金属滤网	m²	8.12	2.200	2.400	2.600	2.800
	煤油	kg	3.73	23.517	24.901	27.668	30.434
	密封胶	支	15.00	20.000	22.000	24.000	26.000
	木板	m³	1634.16	0.100	0.125	0.150	0.200
	平垫铁	kg	3.74	124.760	137.160	161.800	192.720
	砂纸	张	0.47	23.000	24.000	26.000	28.000
	石棉板衬垫	kg	7.59	4.600	4.900	6.800	7.200
	石棉橡胶板	kg	9.40	4.000	4.530	4.800	6.200
	塑料管	m	1.50	10.500	11.000	13.000	15.000
	斜垫铁	kg	3.50	120.055	132.166	155.330	185.079
	氧气	m³	3.63	4.080	4.080	4.080	4.080
	乙炔气	kg	10.45	1.360	1.360	1.360	1.360
	紫铜板 δ0.08～0.2	kg	59.50	0.300	0.300	0.400	0.500
	其他材料费占材料费	%	—	5.000	5.000	5.000	5.000
机械	激光轴对中仪	台班	104.59	1.000	1.000	1.000	1.000
	交流弧焊机 21kV·A	台班	57.35	1.000	1.000	1.500	2.000
	平板拖车组 30t	台班	1243.07	1.000	—	—	—
	平板拖车组 40t	台班	1446.84	—	1.000	1.000	1.000
	汽车式起重机 120t	台班	7706.90	—	—	—	1.000
	汽车式起重机 50t	台班	2464.07	1.000	—	1.000	—
	汽车式起重机 75t	台班	3151.07	—	1.000	1.000	—
	真空滤油机 6000L/h	台班	257.40	2.000	2.000	2.000	2.000

2. 活塞式Z型3列压缩机整体安装

定　额　编　号			A1-9-13	A1-9-14	A1-9-15
项　目　名　称			机组重量(t以内)		
			1	3	5
基　　　　价（元）			4131.48	6419.45	7355.00
其中	人　工　费（元）		3220.28	5165.86	5823.16
	材　料　费（元）		314.01	497.88	655.04
	机　械　费（元）		597.19	755.71	876.80
名　　称	单位	单价（元）	消　　耗　　量		
人工 综合工日	工日	140.00	23.002	36.899	41.594
材料 不锈钢板	kg	22.00	0.050	0.080	0.100
道木	m³	2137.00	0.019	0.019	0.019
低碳钢焊条	kg	6.84	1.151	0.173	0.173
黄油钙基脂	kg	5.15	0.338	0.506	0.675
机油	kg	19.66	1.175	2.350	3.524
金属滤网	m²	8.12	0.500	0.800	1.000
煤油	kg	3.73	11.858	15.810	19.763
密封胶	支	15.00	2.000	4.000	6.000
木板	m³	1634.16	0.006	0.008	0.011
平垫铁	kg	3.74	12.240	23.400	32.040
青壳纸　δ0.1～1.0	张	4.21	0.750	0.750	1.500
砂纸	张	0.47	5.000	8.000	10.000
石棉板衬垫	kg	7.59	1.200	2.700	3.800
塑料管	m	1.50	1.500	2.500	3.500
铁砂布	张	0.85	10.000	15.000	15.000
斜垫铁	kg	3.50	11.054	21.046	28.805
氧气	m³	3.63	3.672	5.202	5.202
乙炔气	kg	10.45	1.224	1.734	1.734
紫铜板　δ0.08～0.2	kg	59.50	0.010	0.020	0.030
其他材料费占材料费	%	—	5.000	5.000	5.000
机械 叉式起重机 5t	台班	506.51	0.300	0.500	—
电动空气压缩机 6m³/min	台班	206.73	0.500	0.500	0.500
交流弧焊机 21kV·A	台班	57.35	0.200	0.300	0.400
汽车式起重机 8t	台班	763.67	0.300	0.300	0.500
试压泵 60MPa	台班	24.08	1.000	1.000	1.000
载重汽车 10t	台班	547.99	—	—	0.300
真空滤油机 6000L/h	台班	257.40	0.300	0.500	0.700

定 额 编 号			A1-9-16	A1-9-17	A1-9-18
项 目 名 称			机组重量（t以内）		
			8	10	15
基 价（元）			10219.96	12205.49	16670.81
其中	人 工 费（元）		7254.94	8439.90	11202.66
	材 料 费（元）		1798.15	2099.91	2757.10
	机 械 费（元）		1166.87	1665.68	2711.05
名 称	单位	单价（元）	消 耗		量
人工 综合工日	工日	140.00	51.821	60.285	80.019
材料 不锈钢板	kg	22.00	0.120	0.140	0.160
道木	m³	2137.00	0.444	0.444	0.610
低碳钢焊条	kg	6.84	0.250	0.277	0.277
黄油钙基脂	kg	5.15	0.844	0.844	1.350
机油	kg	19.66	4.112	4.699	7.049
金属滤网	m²	8.12	1.100	1.200	1.400
煤油	kg	3.73	25.691	31.620	41.501
密封胶	支	15.00	8.000	10.000	12.000
木板	m³	1634.16	0.012	0.012	0.015
平垫铁	kg	3.74	47.560	71.880	90.240
青壳纸 δ0.1~1.0	张	4.21	1.500	3.000	3.000
砂纸	张	0.47	12.000	14.000	16.000
石棉板衬垫	kg	7.59	4.900	5.200	5.500
塑料管	m	1.50	4.500	5.500	6.500
铁砂布	张	0.85	18.000	18.000	21.000
斜垫铁	kg	3.50	36.564	70.430	87.012
氧气	m³	3.63	7.038	7.038	8.874
乙炔气	kg	10.45	2.346	2.346	2.958
紫铜板 δ0.08~0.2	kg	59.50	0.045	0.075	0.100
其他材料费占材料费	%	—	5.000	5.000	5.000
机械 电动空气压缩机 6m³/min	台班	206.73	0.500	1.000	1.000
交流弧焊机 21kV·A	台班	57.35	0.500	0.500	1.000
平板拖车组 20t	台班	1081.33	—	—	1.000
汽车式起重机 16t	台班	958.70	0.500	—	—
汽车式起重机 25t	台班	1084.16	—	0.700	1.000
试压泵 60MPa	台班	24.08	1.000	1.000	1.000
载重汽车 10t	台班	547.99	0.500	—	—
载重汽车 15t	台班	779.76	—	0.500	—
真空滤油机 6000L/h	台班	257.40	1.000	1.000	1.000

3. 活塞式V、W、S型压缩机整体安装

计量单位：台

定 额 编 号				A1-9-19	A1-9-20	A1-9-21
项 目 名 称				V型		
				2		
				70/0.5	100/0.8	125/1
基 价 （元）				1112.63	1170.79	1322.53
其中	人 工 费（元）			524.02	576.24	650.72
	材 料 费（元）			157.05	162.99	240.25
	机 械 费（元）			431.56	431.56	431.56
名 称		单位	单价（元）	消 耗 量		
人工	综合工日	工日	140.00	3.743	4.116	4.648
材料	不锈钢板	kg	22.00	0.050	0.050	0.050
	低碳钢焊条	kg	6.84	0.210	0.210	0.210
	黄油钙基脂	kg	5.15	0.512	0.568	0.682
	机油	kg	19.66	0.119	0.158	0.158
	金属滤网	m²	8.12	0.500	0.500	0.500
	密封胶	支	15.00	2.000	2.000	2.000
	木板	m³	1634.16	0.003	0.004	0.021
	平垫铁	kg	3.74	12.240	12.240	18.360
	砂纸	张	0.47	5.000	5.000	5.000
	石棉板衬垫	kg	7.59	1.500	1.700	1.900
	塑料管	m	1.50	1.500	1.500	1.500
	橡胶盘根 低压	kg	14.53	0.100	0.200	0.300
	斜垫铁	kg	3.50	11.054	11.054	16.582
	紫铜板 δ0.08～0.2	kg	59.50	0.020	0.020	0.020
	其他材料费占材料费	%	—	5.000	5.000	5.000
机械	叉式起重机 5t	台班	506.51	0.300	0.300	0.300
	交流弧焊机 21kV·A	台班	57.35	0.200	0.200	0.200
	汽车式起重机 8t	台班	763.67	0.250	0.250	0.250
	真空滤油机 6000L/h	台班	257.40	0.300	0.300	0.300

定　额　编　号				A1-9-22	A1-9-23	A1-9-24
项　目　名　称				V型		
				4		
				70/0.8	100/1	125/1.5
基　　　价（元）				1202.94	1346.77	1571.38
其中	人　工　费（元）			610.12	662.06	803.74
	材　料　费（元）			161.26	214.97	297.90
	机　械　费（元）			431.56	469.74	469.74
名　　　称		单位	单价（元）	消　　耗　　量		
人工	综合工日	工日	140.00	4.358	4.729	5.741
材料	不锈钢板	kg	22.00	0.050	0.050	0.050
	低碳钢焊条	kg	6.84	0.210	0.210	0.210
	黄油钙基脂	kg	5.15	0.512	0.716	0.853
	机油	kg	19.66	0.158	0.237	0.316
	金属滤网	m²	8.12	0.500	0.500	0.500
	密封胶	支	15.00	2.000	2.000	2.000
	木板	m³	1634.16	0.003	0.004	0.021
	平垫铁	kg	3.74	12.560	18.360	24.480
	砂纸	张	0.47	5.000	5.000	5.000
	石棉板衬垫	kg	7.59	1.500	1.700	2.200
	塑料管	m	1.50	1.500	1.500	1.500
	橡胶盘根　低压	kg	14.53	0.200	0.500	0.700
	斜垫铁	kg	3.50	11.054	16.582	22.110
	紫铜板　δ0.08～0.2	kg	59.50	0.030	0.030	0.030
	其他材料费占材料费	%	—	5.000	5.000	5.000
机械	叉式起重机 5t	台班	506.51	0.300	0.300	0.300
	交流弧焊机 21kV·A	台班	57.35	0.200	0.200	0.200
	汽车式起重机 8t	台班	763.67	0.250	0.300	0.300
	真空滤油机 6000L/h	台班	257.40	0.300	0.300	0.300

定 额 编 号			A1-9-25	A1-9-26	A1-9-27
项 目 名 称			W型		
			6		
			70/1.2	100/1.5	125/2
基 价（元）			1332.14	1679.02	1805.97
其中	人 工 费（元）		656.04	902.02	1006.04
	材 料 费（元）		206.36	307.26	324.45
	机 械 费（元）		469.74	469.74	475.48
名 称	单位	单价（元）	消 耗 量		
人工 综合工日	工日	140.00	4.686	6.443	7.186
材料 不锈钢板	kg	22.00	0.050	0.050	0.050
低碳钢焊条	kg	6.84	0.210	0.210	0.210
黄油钙基脂	kg	5.15	0.626	0.853	1.023
机油	kg	19.66	0.316	0.515	0.594
金属滤网	m²	8.12	0.500	0.500	0.500
密封胶	支	15.00	2.000	2.000	2.000
木板	m³	1634.16	0.010	0.020	0.025
平垫铁	kg	3.74	12.240	24.480	24.480
砂纸	张	0.47	5.000	5.000	5.000
石棉板衬垫	kg	7.59	2.200	2.500	2.800
塑料管	m	1.50	1.500	1.500	1.500
橡胶盘根 低压	kg	14.53	0.500	1.000	1.200
斜垫铁	kg	3.50	16.582	22.109	22.109
紫铜板 δ0.08～0.2	kg	59.50	0.030	0.030	0.040
其他材料费占材料费	%	—	5.000	5.000	5.000
机械 叉式起重机 5t	台班	506.51	0.300	0.300	0.300
交流弧焊机 21kV·A	台班	57.35	0.200	0.200	0.300
汽车式起重机 8t	台班	763.67	0.300	0.300	0.300
真空滤油机 6000L/h	台班	257.40	0.300	0.300	0.300

定　额　编　号			A1-9-28	A1-9-29	A1-9-30
项　目　名　称			S型		
			8		
			70/1.5	100/2	125/2.5
基　　　价（元）			1614.00	1814.54	2124.15
其中	人　工　费（元）		908.04	1016.12	1256.92
	材　料　费（元）		236.22	322.94	386.02
	机　械　费（元）		469.74	475.48	481.21
名　　　称	单位	单价（元）	消　　耗　　量		
人工 综合工日	工日	140.00	6.486	7.258	8.978
材　　　　　　料 不锈钢板	kg	22.00	0.050	0.050	0.050
低碳钢焊条	kg	6.84	0.210	0.210	0.210
黄油钙基脂	kg	5.15	0.682	0.909	1.136
机油	kg	19.66	0.396	0.633	0.791
金属滤网	m²	8.12	0.500	0.500	0.500
密封胶	支	15.00	2.000	2.000	2.000
木板	m³	1634.16	0.011	0.023	0.025
平垫铁	kg	3.74	18.360	24.480	30.600
砂纸	张	0.47	5.000	5.000	5.000
石棉板衬垫	kg	7.59	2.200	3.400	3.800
塑料管	m	1.50	1.500	1.500	1.500
橡胶盘根 低压	kg	14.53	0.600	1.000	1.500
斜垫铁	kg	3.50	16.582	22.109	27.636
紫铜板 δ0.08～0.2	kg	59.50	0.040	0.040	0.040
其他材料费占材料费	%	—	5.000	5.000	5.000
机　　械 叉式起重机 5t	台班	506.51	0.300	0.300	0.300
交流弧焊机 21kV·A	台班	57.35	0.200	0.300	0.400
汽车式起重机 8t	台班	763.67	0.300	0.300	0.300
真空滤油机 6000L/h	台班	257.40	0.300	0.300	0.300

4.活塞式V、W、S型制冷压缩机整体安装

计量单位：台

定　额　编　号				A1-9-31	A1-9-32	A1-9-33
项　目　名　称				V型		
				2		
				100/0.5	100/0.8	100/1
基　　　　价（元）				1955.32	2165.74	2374.72
其中	人　工　费（元）			1357.16	1567.30	1721.30
	材　料　费（元）			166.60	166.88	216.12
	机　械　费（元）			431.56	431.56	437.30
名　　　　称		单位	单价（元）	消	耗	量
人工	综合工日	工日	140.00	9.694	11.195	12.295
材料	不锈钢板	kg	22.00	0.050	0.050	0.050
	低碳钢焊条	kg	6.84	0.210	0.200	0.200
	黄油钙基脂	kg	5.15	0.568	0.568	0.568
	机油	kg	19.66	0.158	0.175	0.209
	金属滤网	m²	8.12	0.500	0.500	0.500
	密封胶	支	15.00	2.000	2.000	2.000
	木板	m³	1634.16	0.008	0.008	0.010
	平垫铁	kg	3.74	12.240	12.240	18.360
	砂纸	张	0.47	5.000	5.000	5.000
	石棉板衬垫	kg	7.59	1.100	1.100	1.100
	塑料管	m	1.50	1.500	1.500	1.500
	橡胶盘根 低压	kg	14.53	0.300	0.300	0.350
	斜垫铁	kg	3.50	11.054	11.054	16.582
	紫铜板 δ0.08～0.2	kg	59.50	0.020	0.020	0.020
	其他材料费占材料费	%	—	5.000	5.000	5.000
机械	叉式起重机 5t	台班	506.51	0.300	0.300	0.300
	交流弧焊机 21kV·A	台班	57.35	0.200	0.200	0.300
	汽车式起重机 8t	台班	763.67	0.250	0.250	0.250
	真空滤油机 6000L/h	台班	257.40	0.300	0.300	0.300

定　额　编　号			A1-9-34	A1-9-35	A1-9-36
项　目　名　称			V型		
			2		
			125/2	170/3.0	200/5.0
基　　　价（元）			2665.25	3431.92	5268.57
其中	人　工　费（元）		1806.42	2401.14	3944.64
	材　料　费（元）		287.78	402.52	568.84
	机　械　费（元）		571.05	628.26	755.09
名　　　称	单位	单价（元）	消　　耗　　量		
人工	综合工日	工日	140.00	12.903	17.151	28.176
材料	不锈钢板	kg	22.00	0.050	0.080	0.100
	低碳钢焊条	kg	6.84	0.210	0.420	0.630
	黄油钙基脂	kg	5.15	0.568	0.818	0.909
	机油	kg	19.66	0.237	0.475	0.633
	金属滤网	㎡	8.12	0.500	0.800	1.000
	密封胶	支	15.00	2.000	4.000	6.000
	木板	m³	1634.16	0.013	0.036	0.044
	平垫铁	kg	3.74	24.480	26.460	40.680
	砂纸	张	0.47	5.000	8.000	10.000
	石棉板衬垫	kg	7.59	3.800	5.400	5.800
	塑料管	m	1.50	1.500	2.500	3.500
	橡胶盘根 低压	kg	14.53	0.350	0.500	0.800
	斜垫铁	kg	3.50	22.109	23.809	36.564
	紫铜板 δ0.08～0.2	kg	59.50	0.020	0.030	0.040
	其他材料费占材料费	%	—	5.000	5.000	5.000
机械	叉式起重机 5t	台班	506.51	0.500	0.500	—
	交流弧焊机 21kV·A	台班	57.35	0.200	0.300	0.500
	汽车式起重机 8t	台班	763.67	0.300	0.300	0.500
	载重汽车 10t	台班	547.99	—	—	0.300
	真空滤油机 6000L/h	台班	257.40	0.300	0.500	0.700

定 额 编 号				A1-9-37	A1-9-38	A1-9-39	A1-9-40
项 目 名 称				V型			
				4			
				100/0.75	125/2.0	170/4.0	200/6.0
基 价（元）				2216.08	3215.36	4188.34	6336.94
其中	人 工 费（元）			1602.02	2352.28	3176.18	4884.04
	材 料 费（元）			182.50	292.03	429.64	600.30
	机 械 费（元）			431.56	571.05	582.52	852.60
名 称		单位	单价（元）	消 耗 量			
人工	综合工日	工日	140.00	11.443	16.802	22.687	34.886
材料	不锈钢板	kg	22.00	0.050	0.050	0.080	0.080
	低碳钢焊条	kg	6.84	0.210	0.100	0.420	0.630
	黄油钙基脂	kg	5.15	0.682	0.966	1.159	0.909
	机油	kg	19.66	0.237	0.515	1.028	0.712
	金属滤网	m²	8.12	0.500	0.500	0.800	0.800
	密封胶	支	15.00	2.000	2.000	4.000	4.000
	木板	m³	1634.16	0.010	0.018	0.039	0.050
	平垫铁	kg	3.74	12.240	24.480	25.920	46.800
	砂纸	张	0.47	5.000	5.000	8.000	8.000
	石棉板衬垫	kg	7.59	2.000	2.000	6.430	6.850
	塑料管	m	1.50	1.500	1.500	2.500	2.500
	橡胶盘根 低压	kg	14.53	0.500	0.500	0.800	1.000
	斜垫铁	kg	3.50	11.054	22.109	23.278	42.091
	紫铜板 δ0.08～0.2	kg	59.50	0.020	0.030	0.030	0.040
	其他材料费占材料费	%	—	5.000	5.000	5.000	5.000
机械	叉式起重机 5t	台班	506.51	0.300	0.500	0.500	—
	交流弧焊机 21kV·A	台班	57.35	0.200	0.200	0.400	0.500
	汽车式起重机 16t	台班	958.70	—	—	—	0.500
	汽车式起重机 8t	台班	763.67	0.250	0.300	0.300	—
	载重汽车 10t	台班	547.99	—	—	—	0.300
	真空滤油机 6000L/h	台班	257.40	0.300	0.300	0.300	0.700

定 额 编 号				A1-9-41	A1-9-42	A1-9-43	A1-9-44
项 目 名 称				W型			
				6			
				100/1.0	125/2.5	170/5.0	200/8.0
基 价（元）				2763.03	3745.71	5170.86	7569.27
其中	人 工 费（元）			1986.74	2712.78	3706.36	5816.58
	材 料 费（元）			255.07	404.67	599.81	713.27
	机 械 费（元）			521.22	628.26	864.69	1039.42
名 称		单位	单价（元）	消 耗 量			
人工	综合工日	工日	140.00	14.191	19.377	26.474	41.547
材料	不锈钢板	kg	22.00	0.050	0.050	0.100	0.120
	低碳钢焊条	kg	6.84	0.210	0.420	0.420	0.630
	黄油钙基脂	kg	5.15	0.795	0.966	1.375	0.909
	机油	kg	19.66	0.515	0.949	1.266	0.791
	金属滤网	m²	8.12	0.500	0.800	1.000	1.100
	密封胶	支	15.00	2.000	2.000	6.000	8.000
	木板	m³	1634.16	0.020	0.020	0.045	0.063
	平垫铁	kg	3.74	18.360	32.040	40.680	49.320
	砂纸	张	0.47	5.000	5.000	10.000	12.000
	石棉板衬垫	kg	7.59	2.400	6.200	7.400	8.200
	塑料管	m	1.50	1.500	1.500	3.500	4.500
	橡胶盘根 低压	kg	14.53	0.600	1.000	1.000	1.500
	斜垫铁	kg	3.50	16.582	28.805	36.564	38.796
	紫铜板 δ0.08～0.2	kg	59.50	0.020	0.030	0.030	0.060
	其他材料费占材料费	%	—	5.000	5.000	5.000	5.000
机械	叉式起重机 5t	台班	506.51	0.300	0.500	—	—
	交流弧焊机 21kV·A	台班	57.35	0.200	0.300	0.500	0.500
	汽车式起重机 16t	台班	958.70	—	—	—	0.500
	汽车式起重机 8t	台班	763.67	0.300	0.300	0.500	—
	载重汽车 10t	台班	547.99	—	—	0.500	0.500
	真空滤油机 6000L/h	台班	257.40	0.500	0.500	0.700	1.000

定 额 编 号			A1-9-45	A1-9-46	A1-9-47	A1-9-48
项 目 名 称			S型			
			8			
			100/1.5	125/3.0	170/6.0	200/10.0
基 价（元）			2732.74	4129.26	5749.17	9075.49
其中	人 工 费（元）		2212.84	3293.36	4204.62	6590.50
	材 料 费（元）		279.26	431.00	691.95	1109.27
	机 械 费（元）		240.64	404.90	852.60	1375.72
名 称	单位	单价（元）	消 耗 量			
人工	综合工日	工日	140.00	15.806	23.524	30.033	47.075
材料	不锈钢板	kg	22.00	0.050	0.050	0.100	0.140
	低碳钢焊条	kg	6.84	0.210	0.420	0.420	0.630
	黄油钙基脂	kg	5.15	1.080	1.375	1.421	1.023
	机油	kg	19.66	0.633	1.187	1.424	0.949
	金属滤网	m²	8.12	0.500	0.500	1.000	1.000
	密封胶	支	15.00	2.000	2.000	6.000	10.000
	木板	m³	1634.16	0.013	0.021	0.054	0.088
	平垫铁	kg	3.74	21.420	32.040	46.800	84.280
	砂纸	张	0.47	5.000	5.000	10.000	14.000
	石棉板衬垫	kg	7.59	3.200	6.800	8.530	9.540
	塑料管	m	1.50	1.500	1.500	3.500	5.500
	橡胶盘根 低压	kg	14.53	0.800	2.000	2.300	2.000
	斜垫铁	kg	3.50	19.345	28.805	42.091	81.983
	紫铜板 δ0.08~0.2	kg	59.50	0.030	0.030	0.030	0.080
	其他材料费占材料费	%	—	5.000	5.000	5.000	5.000
机械	叉式起重机 5t	台班	506.51	0.300	0.500	—	—
	交流弧焊机 21kV·A	台班	57.35	0.200	0.400	0.500	1.000
	汽车式起重机 16t	台班	958.70	—	—	0.500	0.700
	载重汽车 10t	台班	547.99	—	—	0.300	—
	载重汽车 15t	台班	779.76	—	—	—	0.500
	真空滤油机 6000L/h	台班	257.40	0.300	0.500	0.700	1.000

5. 活塞式2D(2M)型对称平衡式压缩机解体安装

定 额 编 号			A1-9-49	A1-9-50	A1-9-51
项 目 名 称			机组重量(t以内)		
			5	8	15
基 价（元）			11915.20	16164.59	24370.51
其中	人 工 费（元）		8163.54	11811.80	19371.94
	材 料 费（元）		1492.41	1613.78	2033.74
	机 械 费（元）		2259.25	2739.01	2964.83
名 称	单位	单价（元）	消 耗 量		
人工 综合工日	工日	140.00	58.311	84.370	138.371
材料 不锈钢板	kg	22.00	0.200	0.220	0.260
道木	m³	2137.00	0.025	0.025	0.025
低碳钢焊条	kg	6.84	3.000	4.000	5.000
黄油钙基脂	kg	5.15	1.800	2.700	3.375
机油	kg	19.66	2.506	2.506	4.699
金属滤网	m²	8.12	1.000	1.200	1.400
煤油	kg	3.73	21.080	25.191	47.232
密封胶	支	15.00	6.000	8.000	10.000
木板	m³	1634.16	0.040	0.050	0.090
平垫铁	kg	3.74	129.580	132.100	147.880
青壳纸 δ0.1~1.0	张	4.21	1.000	1.000	2.000
砂纸	张	0.47	12.000	14.000	16.000
石棉板衬垫	kg	7.59	5.400	7.290	8.950
塑料管	m	1.50	3.500	4.500	5.500
铁砂布	张	0.85	5.000	8.000	15.000
斜垫铁	kg	3.50	120.989	123.221	137.887
氧气	m³	3.63	4.590	4.590	7.038
乙炔气	kg	10.45	1.530	1.530	2.346
紫铜板 δ0.08~0.2	kg	59.50	0.030	0.040	0.080
其他材料费占材料费	%	—	8.000	8.000	8.000
机械 电动空气压缩机 6m³/min	台班	206.73	0.500	0.500	0.500
激光轴对中仪	台班	104.59	1.000	1.000	1.000
汽车式起重机 16t	台班	958.70	—	1.800	—
汽车式起重机 25t	台班	1084.16	—	—	1.800
汽车式起重机 8t	台班	763.67	1.800	—	—
载重汽车 10t	台班	547.99	1.000	1.000	1.000
真空滤油机 6000L/h	台班	257.40	0.500	1.000	1.000

定 额 编 号				A1-9-52	A1-9-53
项 目 名 称				机组重量(t以内)	
				20	30
基 价 （元）				29901.05	38079.39
其中	人 工 费 （元）			23201.78	28291.06
	材 料 费 （元）			2733.02	3629.80
	机 械 费 （元）			3966.25	6158.53
名 称		单位	单价(元)	消 耗 量	
人工	综合工日	工日	140.00	165.727	202.079
材料	不锈钢板	kg	22.00	0.300	0.350
	道木	m³	2137.00	0.025	0.041
	低碳钢焊条	kg	6.84	5.000	10.000
	黄油钙基脂	kg	5.15	4.500	6.750
	机油	kg	19.66	6.265	9.398
	金属滤网	m²	8.12	1.800	2.200
	煤油	kg	3.73	62.977	94.465
	密封胶	支	15.00	14.000	16.000
	木板	m³	1634.16	0.100	0.160
	平垫铁	kg	3.74	213.080	264.640
	青壳纸 δ0.1～1.0	张	4.21	2.000	2.000
	砂纸	张	0.47	18.000	20.000
	石棉板衬垫	kg	7.59	12.300	17.600
	塑料管	m	1.50	6.500	8.500
	铁砂布	张	0.85	20.000	30.000
	斜垫铁	kg	3.50	193.471	240.422
	氧气	m³	3.63	7.038	10.710
	乙炔气	kg	10.45	2.346	3.570
	紫铜板 δ0.08～0.2	kg	59.50	0.100	0.150
	其他材料费占材料费	%	—	8.000	8.000
机械	电动空气压缩机 6m³/min	台班	206.73	1.000	1.500
	激光轴对中仪	台班	104.59	1.000	1.000
	平板拖车组 20t	台班	1081.33	1.000	—
	平板拖车组 40t	台班	1446.84	—	1.000
	汽车式起重机 25t	台班	1084.16	1.000	—
	汽车式起重机 50t	台班	2464.07	0.500	1.000
	汽车式起重机 75t	台班	3151.07	—	0.500
	真空滤油机 6000L/h	台班	257.40	1.000	1.000

6. 活塞式4D(4M)型对称平衡式压缩机解体安装

定 额 编 号			A1-9-54	A1-9-55	A1-9-56	A1-9-57
项 目 名 称			机组重量(t以内)			
			20	30	40	50
基 价（元）			41292.72	44537.74	51175.30	63169.35
其中	人 工 费（元）		32805.50	34912.22	36141.00	46485.32
	材 料 费（元）		3155.33	3928.12	4654.10	5004.55
	机 械 费（元）		5331.89	5697.40	10380.20	11679.48
名 称	单位	单价（元）	消 耗 量			
人工 综合工日	工日	140.00	234.325	249.373	258.150	332.038
材料 不锈钢板	kg	22.00	0.300	0.350	0.350	0.400
道木	m³	2137.00	0.028	0.041	0.041	0.075
低碳钢焊条	kg	6.84	5.000	5.000	15.000	15.000
黄油钙基脂	kg	5.15	4.500	6.750	9.000	9.000
机油	kg	19.66	7.832	9.790	11.748	14.097
金属滤网	m²	8.12	1.800	2.200	2.200	2.600
煤油	kg	3.73	61.923	88.273	114.623	131.750
密封胶	支	15.00	14.000	16.000	16.000	18.000
木板	m³	1634.16	0.100	0.150	0.210	0.225
平垫铁	kg	3.74	256.080	299.440	335.440	335.440
青壳纸 δ0.1~1.0	张	4.21	4.000	4.000	5.000	6.000
砂纸	张	0.47	18.000	20.000	20.000	22.000
石棉板衬垫	kg	7.59	13.230	21.540	34.320	37.650
塑料管	m	1.50	6.500	8.500	8.500	10.500
铁砂布	张	0.85	23.000	33.000	33.000	33.000
斜垫铁	kg	3.50	232.310	271.219	304.243	304.243
氧气	m³	3.63	12.240	18.360	18.360	24.480
乙炔气	kg	10.45	4.080	6.120	6.120	8.160
紫铜板 δ0.08~0.2	kg	59.50	0.200	0.300	0.400	0.500
其他材料费占材料费	%		8.000	8.000	8.000	8.000
机械 电动空气压缩机 6m³/min	台班	206.73	1.000	1.000	1.500	2.000
激光轴对中仪	台班	104.59	1.000	1.000	1.000	1.000
平板拖车组 20t	台班	1081.33	1.000	—	—	—
平板拖车组 40t	台班	1446.84	—	1.000	1.500	1.500
汽车式起重机 25t	台班	1084.16	2.000	2.000	1.000	1.000
汽车式起重机 50t	台班	2464.07	0.500	0.500	2.500	3.000
试压泵 60MPa	台班	24.08	1.000	1.000	1.500	—
真空滤油机 6000L/h	台班	257.40	2.000	2.000	2.000	2.000

定 额 编 号				A1-9-58	A1-9-59	A1-9-60
项 目 名 称				机组重量(t以内)		
				80	120	150
基 价 （元）				80243.46	96778.41	117553.80
其中	人 工 费（元）			60536.56	75359.76	86379.16
	材 料 费（元）			6446.69	7228.29	13521.89
	机 械 费（元）			13260.21	14190.36	17652.75
名 称		单位	单价（元）	消 耗 量		
人工	综合工日	工日	140.00	432.404	538.284	616.994
材料	不锈钢板	kg	22.00	0.450	0.500	0.550
	道木	m³	2137.00	0.075	0.105	0.105
	低碳钢焊条	kg	6.84	25.000	30.000	35.000
	黄油钙基脂	kg	5.15	11.250	13.500	15.750
	机油	kg	19.66	20.363	21.929	25.062
	金属滤网	m²	8.12	2.800	3.000	3.200
	煤油	kg	3.73	171.275	197.625	223.975
	密封胶	支	15.00	22.000	26.000	26.000
	木板	m³	1634.16	0.260	0.300	3.500
	平垫铁	kg	3.74	440.280	482.240	520.400
	青壳纸 δ0.1～1.0	张	4.21	8.000	10.000	12.000
	砂纸	张	0.47	24.000	26.000	26.000
	石棉板衬垫	kg	7.59	43.210	56.700	67.400
	塑料管	m	1.50	12.500	14.000	16.000
	铁砂布	张	0.85	43.000	53.000	62.000
	斜垫铁	kg	3.50	416.179	434.842	468.256
	氧气	m³	3.63	24.480	24.480	24.480
	乙炔气	kg	10.45	8.160	8.160	8.160
	紫铜板 δ0.08～0.2	kg	59.50	0.800	1.000	1.500
	其他材料费占材料费	%	—	8.000	8.000	8.000
机械	电动空气压缩机 6m³/min	台班	206.73	3.000	4.000	5.000
	激光轴对中仪	台班	104.59	1.000	1.000	2.000
	平板拖车组 40t	台班	1446.84	1.500	2.000	2.000
	汽车式起重机 25t	台班	1084.16	1.000	1.000	1.000
	汽车式起重机 50t	台班	2464.07	1.000	1.000	1.000
	汽车式起重机 75t	台班	3151.07	2.000	2.000	3.000
	真空滤油机 6000L/h	台班	257.40	2.000	2.000	2.000

7.活塞式H型中间直联同步压缩机解体安装

定 额 编 号			A1-9-61	A1-9-62	A1-9-63
项 目 名 称			机组重量(t以内)		
			20	40	55
基 价（元）			40433.58	50243.16	67320.25
其中	人 工 费（元）		32954.60	41052.90	49478.10
	材 料 费（元）		2472.74	3413.58	5974.80
	机 械 费（元）		5006.24	5776.68	11867.35
名 称	单位	单价（元）	消 耗 量		
人工	综合工日	工日	140.00	235.390	293.235	353.415
材料	不锈钢板	kg	22.00	0.300	0.400	0.450
	道木	m³	2137.00	0.028	0.041	0.080
	低碳钢焊条	kg	6.84	5.000	15.000	20.000
	黄油钙基脂	kg	5.15	2.250	3.375	24.750
	机油	kg	19.66	7.832	11.748	17.230
	金属滤网	m²	8.12	1.800	2.000	2.500
	煤油	kg	3.73	59.288	109.353	144.925
	密封胶	支	15.00	14.000	16.000	18.000
	木板	m³	1634.16	0.100	0.210	0.225
	平垫铁	kg	3.74	171.360	192.080	439.680
	青壳纸 δ0.1~1.0	张	4.21	2.000	5.000	6.000
	砂纸	张	0.47	18.000	20.000	24.000
	石棉板衬垫	kg	7.59	13.400	23.800	35.800
	塑料管	m	1.50	6.500	8.500	10.500
	铁砂布	张	0.85	24.000	35.000	38.000
	斜垫铁	kg	3.50	158.458	178.063	408.369
	氧气	m³	3.63	8.160	12.240	12.240
	乙炔气	kg	10.45	2.723	4.080	4.080
	紫铜板 δ0.08~0.2	kg	59.50	0.200	0.400	0.550
	其他材料费占材料费	%	—	8.000	8.000	8.000
机械	电动空气压缩机 6m³/min	台班	206.73	1.000	1.500	2.500
	激光轴对中仪	台班	104.59	1.000	1.000	1.000
	平板拖车组 40t	台班	1446.84	—	1.000	1.000
	汽车式起重机 100t	台班	4651.90	—	—	1.000
	汽车式起重机 25t	台班	1084.16	2.000	2.000	2.000
	汽车式起重机 50t	台班	2464.07	0.500	0.500	1.000
	载重汽车 15t	台班	779.76	1.000	—	—
	真空滤油机 6000L/h	台班	257.40	2.000	2.000	2.000

定　额　编　号			A1-9-64	A1-9-65	A1-9-66
项　目　名　称			机组重量(t以内)		
			80	120	160
基　　　价　（元）			78982.11	96798.21	110073.17
其中	人　工　费（元）		63429.24	79326.10	90924.82
	材　料　费（元）		7510.64	9223.15	10692.66
	机　械　费（元）		8042.23	8248.96	8455.69
名　　　称	单位	单价（元）	消　　耗　　量		
人工 综合工日	工日	140.00	453.066	566.615	649.463
材料 不锈钢板	kg	22.00	0.500	0.600	0.800
道木	m³	2137.00	0.080	0.120	0.170
低碳钢焊条	kg	6.84	20.000	20.000	25.000
黄油钙基脂	kg	5.15	27.000	27.000	27.000
机油	kg	19.66	20.363	23.495	28.194
金属滤网	m²	8.12	3.000	3.500	4.000
煤油	kg	3.73	223.975	289.850	342.550
密封胶	支	15.00	20.000	22.000	24.000
木板	m³	1634.16	0.240	0.300	0.360
平垫铁	kg	3.74	535.280	657.640	732.040
青壳纸 δ0.1~1.0	张	4.21	8.000	10.000	12.000
砂纸	张	0.47	26.000	28.000	30.000
石棉板衬垫	kg	7.59	64.500	78.400	94.300
塑料管	m	1.50	12.500	14.500	16.500
铁砂布	张	0.85	38.000	48.000	48.000
斜垫铁	kg	3.50	493.661	611.781	678.912
氧气	m³	3.63	26.520	30.600	53.040
乙炔气	kg	10.45	9.180	10.200	14.280
紫铜板 δ0.08~0.2	kg	59.50	0.600	1.200	1.600
其他材料费占材料费	%	—	8.000	8.000	8.000
机械 电动空气压缩机 6m³/min	台班	206.73	3.000	4.000	5.000
激光轴对中仪	台班	104.59	1.000	1.000	1.000
平板拖车组 40t	台班	1446.84	1.500	1.500	1.500
汽车式起重机 25t	台班	1084.16	2.000	2.000	2.000
汽车式起重机 50t	台班	2464.07	1.000	1.000	1.000
真空滤油机 6000L/h	台班	257.40	2.000	2.000	2.000

二、回转式螺杆压缩机整体安装

计量单位：台

定 额 编 号			A1-9-67	A1-9-68	A1-9-69	A1-9-70
项 目 名 称			机组重量（t以内）			
			1	3	5	8
基 价 （元）			3044.38	4548.21	5779.36	8011.19
其中	人 工 费 （元）		2122.54	3271.80	3947.44	6228.74
	材 料 费 （元）		247.07	390.82	513.19	638.44
	机 械 费 （元）		674.77	885.59	1318.73	1144.01
名 称	单位	单价（元）	消 耗 量			
人工 综合工日	工日	140.00	15.161	23.370	28.196	44.491
材料 不锈钢板	kg	22.00	0.050	0.080	0.100	0.120
道木	m³	2137.00	—	—	—	0.005
低碳钢焊条	kg	6.84	0.420	0.504	0.630	0.840
黄油钙基脂	kg	5.15	0.227	0.455	0.568	0.909
机油	kg	19.66	0.316	0.791	0.791	0.949
金属滤网	m²	8.12	0.500	0.600	1.000	1.100
煤油	kg	3.73	4.150	8.300	10.804	13.834
密封胶	支	15.00	2.000	4.000	6.000	8.000
木板	m³	1634.16	0.008	0.008	0.013	0.019
平垫铁	kg	3.74	18.360	32.040	40.680	49.320
砂纸	张	0.47	5.000	6.000	10.000	12.000
石棉板衬垫	kg	7.59	0.480	0.520	0.580	0.850
塑料管	m	1.50	1.500	2.500	3.500	4.500
铜丝布	m	17.09	—	—	—	0.030
斜垫铁	kg	3.50	16.582	28.805	36.564	38.796
氧气	m³	3.63	1.020	1.020	1.020	1.530
乙炔气	kg	10.45	2.000	0.340	0.340	0.510
紫铜板 δ0.08~0.2	kg	59.50	0.030	0.030	0.040	0.060
其他材料费占材料费	%	—	5.000	5.000	5.000	5.000
机械 叉式起重机 5t	台班	506.51	0.300	0.500	—	—
激光轴对中仪	台班	104.59	0.500	1.000	1.000	1.000
交流弧焊机 21kV·A	台班	57.35	0.200	0.300	0.500	0.500
汽车式起重机 16t	台班	958.70	—	—	—	0.500
汽车式起重机 8t	台班	763.67	0.500	0.500	1.000	—
载重汽车 10t	台班	547.99	—	—	0.300	0.500
真空滤油机 6000L/h	台班	257.40	0.300	0.500	1.000	1.000

定 额 编 号			A1-9-71	A1-9-72	A1-9-73
项 目 名 称			机组重量(t以内)		
			10	15	20
基 价 （元）			10096.71	13250.42	19503.23
其中	人 工 费 （元）		7606.06	9523.64	13912.78
	材 料 费 （元）		1010.34	1141.95	1260.20
	机 械 费 （元）		1480.31	2584.83	4330.25
名 称	单位	单价（元）	消 耗 量		
人工 综合工日	工日	140.00	54.329	68.026	99.377
材 料	不锈钢板	kg	22.00	0.140	0.160	0.160
	道木	m³	2137.00	0.008	0.008	0.008
	低碳钢焊条	kg	6.84	1.281	1.365	1.575
	黄油钙基脂	kg	5.15	0.909	1.023	1.136
	机油	kg	19.66	1.187	1.187	1.187
	金属滤网	m²	8.12	1.200	1.400	1.400
	煤油	kg	3.73	16.601	19.367	22.134
	密封胶	支	15.00	10.000	12.000	12.000
	木板	m³	1634.16	0.021	0.039	0.038
	平垫铁	kg	3.74	84.280	90.240	102.640
	砂纸	张	0.47	14.000	16.000	16.000
	石棉板衬垫	kg	7.59	1.650	2.340	3.240
	塑料管	m	1.50	5.500	6.500	7.500
	铜丝布	m	17.09	0.030	0.030	0.030
	斜垫铁	kg	3.50	81.983	87.012	99.123
	氧气	m³	3.63	2.040	2.550	3.060
	乙炔气	kg	10.45	0.680	0.850	1.020
	紫铜板 δ0.08～0.2	kg	59.50	0.080	0.100	0.120
	其他材料费占材料费	%	—	5.000	5.000	5.000
机 械	激光轴对中仪	台班	104.59	1.000	1.000	1.000
	交流弧焊机 21kV·A	台班	57.35	1.000	1.000	1.000
	平板拖车组 20t	台班	1081.33		1.000	
	平板拖车组 40t	台班	1446.84	—	—	1.000
	汽车式起重机 16t	台班	958.70	0.700		
	汽车式起重机 25t	台班	1084.16		1.000	
	汽车式起重机 50t	台班	2464.07	—	—	1.000
	载重汽车 15t	台班	779.76	0.500		
	真空滤油机 6000L/h	台班	257.40	1.000	1.000	1.000

三、离心式压缩机安装

1. 离心式压缩机整体安装

定 额 编 号			A1-9-74	A1-9-75	A1-9-76
项 目 名 称			电动机驱动		
			机组重量(t以内)		
			5	10	20
基 价（元）			6892.30	12289.21	27340.16
其中	人 工 费（元）		5127.08	9771.72	18078.06
	材 料 费（元）		841.75	1272.08	4931.85
	机 械 费（元）		923.47	1245.41	4330.25
名 称	单位	单价（元）	消 耗 量		
人工 综合工日	工日	140.00	36.622	69.798	129.129
材料 不锈钢板	kg	22.00	0.100	0.200	0.300
道木	m³	2137.00	0.010	0.015	0.021
低碳钢焊条	kg	6.84	0.210	0.630	0.630
二硫化钼粉	kg	61.80	0.750	1.500	3.000
钢板 δ4.5~7	kg	3.18	1.250	2.500	5.000
黄油钙基脂	kg	5.15	0.227	0.455	0.909
机油	kg	19.66	1.582	3.164	6.328
金属滤网	m²	8.12	1.000	1.300	1.500
煤油	kg	3.73	13.834	24.901	41.501
密封胶	支	15.00	6.000	10.000	16.000
木板	m³	1634.16	0.058	0.100	1.800
耐油橡胶板	kg	20.51	1.250	2.000	4.000
平垫铁	kg	3.74	48.840	58.720	95.600
青壳纸 δ0.1~1.0	kg	20.84	0.250	0.500	1.000
砂纸	张	0.47	10.000	14.000	16.000

定 额 编 号				A1-9-74	A1-9-75	A1-9-76
项 目 名 称				电动机驱动		
				机组重量(t以内)		
				5	10	20
名 称		单位	单价(元)	消 耗 量		
材料	石棉板衬垫	kg	7.59	7.430	12.430	18.650
	塑料管	m	1.50	3.500	4.500	5.500
	铜丝布	m	17.09	0.050	0.100	0.200
	斜垫铁	kg	3.50	46.699	56.578	92.645
	氧气	m³	3.63	0.510	1.020	1.530
	乙炔气	kg	10.45	0.170	0.340	0.520
	紫铜板 δ0.08~0.2	kg	59.50	0.030	0.050	0.100
	其他材料费占材料费	%	—	5.000	5.000	5.000
机械	激光轴对中仪	台班	104.59	1.000	1.000	1.000
	交流弧焊机 21kV·A	台班	57.35	0.400	0.500	1.000
	平板拖车组 40t	台班	1446.84	—	—	1.000
	汽车式起重机 25t	台班	1084.16	—	0.500	—
	汽车式起重机 50t	台班	2464.07	—	—	1.000
	汽车式起重机 8t	台班	763.67	0.500	—	—
	载重汽车 15t	台班	779.76	0.300	0.500	—
	真空滤油机 6000L/h	台班	257.40	0.700	0.700	1.000

定　额　编　号			A1-9-77	A1-9-78	A1-9-79
项　目　名　称			电动机驱动		
			机组重量（t以内）		
			30	40	50
基　　　　价（元）			34647.24	41636.14	53453.56
其中	人　工　费（元）		25473.14	31270.96	38457.58
	材　料　费（元）		3899.45	5061.85	5727.50
	机　械　费（元）		5274.65	5303.33	9268.48
名　　　称		单位	单价（元）	消　　耗　　量	
人工	综合工日	工日	140.00	181.951	223.364	274.697
材料	不锈钢板	kg	22.00	0.350	0.400	0.500
	道木	m³	2137.00	0.021	0.021	0.024
	低碳钢焊条	kg	6.84	0.945	1.260	1.260
	二硫化钼粉	kg	61.80	4.500	6.000	7.500
	钢板 δ4.5~7	kg	3.18	7.500	10.000	12.500
	黄油钙基脂	kg	5.15	1.136	1.364	1.591
	机油	kg	19.66	9.492	12.656	15.820
	金属滤网	m²	8.12	2.400	2.800	2.800
	煤油	kg	3.73	62.252	83.003	103.753
	密封胶	支	15.00	20.000	24.000	26.000
	木板	m³	1634.16	0.263	0.335	0.386
	耐油橡胶板	kg	20.51	7.500	10.000	12.500
	平垫铁	kg	3.74	251.880	325.640	341.640
	青壳纸 δ0.1~1.0	kg	20.84	1.500	2.000	2.500
	砂纸	张	0.47	24.000	26.000	28.000
	石棉板衬垫	kg	7.59	22.540	34.760	45.200
	塑料管	m	1.50	11.000	13.000	15.000
	铜丝布	m	17.09	0.300	0.400	0.500
	斜垫铁	kg	3.50	235.514	304.807	320.213
	氧气	m³	3.63	2.040	2.040	3.060
	乙炔气	kg	10.45	0.680	0.680	1.020
	紫铜板 δ0.08~0.2	kg	59.50	0.150	0.200	0.250
	其他材料费占材料费	%	—	5.000	5.000	5.000
机械	激光轴对中仪	台班	104.59	1.000	1.000	2.000
	交流弧焊机 21kV·A	台班	57.35	1.000	1.500	1.500
	平板拖车组 40t	台班	1446.84	1.000	1.000	—
	平板拖车组 60t	台班	1611.30	—	—	1.000
	汽车式起重机 50t	台班	2464.07	—	—	1.500
	汽车式起重机 75t	台班	3151.07	1.000	1.000	1.000
	真空滤油机 6000L/h	台班	257.40	2.000	2.000	2.000

定 额 编 号			A1-9-80	A1-9-81
项 目 名 称			电动机驱动	
			机组重量(t以内)	
			70	100
基 价 （元）			61490.21	70737.09
其中	人 工 费 （元）		50006.18	57248.66
	材 料 费 （元）		6977.92	8982.32
	机 械 费 （元）		4506.11	4506.11
名 称	单位	单价（元）	消 耗 量	
人工	综合工日	工日	140.00	357.187	408.919
材料	不锈钢板	kg	22.00	0.600	0.800
	道木	m³	2137.00	0.041	0.048
	低碳钢焊条	kg	6.84	1.260	1.575
	二硫化钼粉	kg	61.80	10.500	15.000
	钢板 δ4.5～7	kg	3.18	17.500	19.860
	黄油钙基脂	kg	5.15	2.727	3.182
	机油	kg	19.66	22.148	31.640
	金属滤网	m²	8.12	3.000	4.000
	煤油	kg	3.73	145.254	207.506
	密封胶	支	15.00	28.000	32.000
	木板	m³	1634.16	0.440	0.541
	耐油橡胶板	kg	20.51	17.500	25.000
	平垫铁	kg	3.74	387.520	467.760
	青壳纸 δ0.1～1.0	kg	20.84	3.500	5.000
	砂纸	张	0.47	30.000	36.000
	石棉板衬垫	kg	7.59	55.400	67.420
	塑料管	m	1.50	19.000	24.000
	铜丝布	m	17.09	0.700	1.000
	斜垫铁	kg	3.50	363.115	438.005
	氧气	m³	3.63	4.080	5.100
	乙炔气	kg	10.45	1.360	1.700
	紫铜板 δ0.08～0.2	kg	59.50	0.350	1.800
	其他材料费占材料费	%	—	5.000	5.000
机械	激光轴对中仪	台班	104.59	2.000	2.000
	交流弧焊机 21kV·A	台班	57.35	1.500	1.500
	汽车式起重机 50t	台班	2464.07	1.500	1.500
	真空滤油机 6000L/h	台班	257.40	2.000	2.000

2. 离心式压缩机解体安装

定 额 编 号			A1-9-82	A1-9-83	A1-9-84
项 目 名 称			机组重量（t以内）		
			10	20	30
基 价 （元）			15909.46	25142.44	42090.45
其中	人 工 费 （元）		14393.96	22248.66	36675.10
	材 料 费 （元）		953.25	1304.25	2364.15
	机 械 费 （元）		562.25	1589.53	3051.20
名 称	单位	单价（元）	消 耗 量		
人工 综合工日	工日	140.00	102.814	158.919	261.965
材料 不锈钢板	kg	22.00	0.400	0.400	0.450
道木	m³	2137.00	0.020	0.032	0.032
低碳钢焊条	kg	6.84	0.400	0.600	0.900
黄油钙基脂	kg	5.15	1.800	2.700	4.500
机油	kg	19.66	3.133	6.265	9.398
金属滤网	m²	8.12	1.500	2.000	2.000
煤油	kg	3.73	23.715	39.525	59.288
密封胶	支	15.00	8.000	12.000	18.000
木板	m³	1634.16	0.100	0.100	0.200
耐酸石棉橡胶板	kg	25.64	2.000	4.000	7.500
平垫铁	kg	3.74	23.920	26.440	89.880
青壳纸 δ0.1～1.0	张	4.21	3.000	5.000	5.000
砂纸	张	0.47	6.000	8.000	9.000
石棉板衬垫	kg	7.59	9.440	13.400	15.600
塑料管	m	1.50	6.000	6.500	6.500
铁砂布	张	0.85	12.000	23.000	33.000
斜垫铁	kg	3.50	21.264	23.496	86.906
氧气	m³	3.63	9.180	9.180	12.240
乙炔气	kg	10.45	3.060	3.060	4.080
紫铜板 δ0.08～0.2	kg	59.50	0.200	0.200	0.400
其他材料费占材料费	%	—	5.000	5.000	5.000
机械 电动空气压缩机 6m³/min	台班	206.73	1.000	1.500	1.500
激光轴对中仪	台班	104.59	1.000	1.000	1.000
汽车式起重机 25t	台班	1084.16	—	0.500	—
汽车式起重机 50t	台班	2464.07	—	—	0.500
汽车式起重机 8t	台班	763.67	—	0.500	1.000
载重汽车 15t	台班	779.76	—	—	0.500
载重汽车 8t	台班	501.85	0.500	0.500	0.500

定 额 编 号			A1-9-85	A1-9-86	A1-9-87
项 目 名 称			机组重量(t以内)		
			40	50	70
基 价 （元）			54694.06	64121.45	79442.65
其中	人 工 费 （元）		45964.38	54323.50	66405.64
	材 料 费 （元）		2869.44	3807.84	4902.04
	机 械 费 （元）		5860.24	5990.11	8134.97
名 称	单位	单价（元）	消 耗 量		
人工 综合工日	工日	140.00	328.317	388.025	474.326
材料 不锈钢板	kg	22.00	0.450	0.500	0.500
道木	m³	2137.00	0.032	0.075	0.080
低碳钢焊条	kg	6.84	1.200	8.000	10.000
黄油钙基脂	kg	5.15	5.850	11.250	15.750
机油	kg	19.66	12.531	15.664	21.929
金属滤网	m²	8.12	2.500	2.500	3.000
煤油	kg	3.73	79.050	131.750	184.450
密封胶	支	15.00	22.000	24.000	28.000
木板	m³	1634.16	0.200	0.300	0.400
耐酸石棉橡胶板	kg	25.64	10.000	22.000	25.000
平垫铁	kg	3.74	109.640	125.640	135.520
青壳纸 δ0.1～1.0	张	4.21	5.000	2.800	3.000
砂纸	张	0.47	10.000	12.000	14.000
石棉板衬垫	kg	7.59	23.800	3.280	35.800
塑料管	m	1.50	8.500	10.500	10.500
铁砂布	张	0.85	33.000	50.000	70.000
斜垫铁	kg	3.50	106.663	122.069	131.947
氧气	m³	3.63	12.240	12.240	18.360
乙炔气	kg	10.45	4.080	4.080	4.000
紫铜板 δ0.08～0.2	kg	59.50	0.400	0.400	0.600
其他材料费占材料费	%	—	5.000	5.000	5.000
机械 电动空气压缩机 6m³/min	台班	206.73	1.500	2.000	2.500
激光轴对中仪	台班	104.59	1.000	1.000	1.000
平板拖车组 20t	台班	1081.33	—	0.500	1.000
汽车式起重机 100t	台班	4651.90	—	—	1.000
汽车式起重机 16t	台班	958.70	1.500	—	—
汽车式起重机 50t	台班	2464.07	1.000	—	—
汽车式起重机 75t	台班	3151.07	—	1.000	—
汽车式起重机 8t	台班	763.67	1.000	1.000	1.000
载重汽车 15t	台班	779.76	1.000	—	—
载重汽车 8t	台班	501.85	—	1.000	1.000
真空滤油机 6000L/h	台班	257.40	—	2.000	2.000

定　额　编　号			A1-9-88	A1-9-89	A1-9-90
项　目　名　称			机组重量（t以内）		
			90	120	165
基　　　　价（元）			100602.79	119157.58	134010.42
其中	人　工　费（元）		80534.44	92976.80	101596.60
	材　料　费（元）		6179.85	7433.65	8808.06
	机　械　费（元）		13888.50	18747.13	23605.76
名　　称		单位	单价（元）	消　耗　量	
人工	综合工日	工日	140.00	575.246	664.120	725.690

名　　称	单位	单价（元）			
人工 综合工日	工日	140.00	575.246	664.120	725.690
材料 不锈钢板	kg	22.00	0.600	0.600	0.800
道木	m³	2137.00	0.105	0.130	0.175
低碳钢焊条	kg	6.84	14.000	22.000	24.000
黄油钙基脂	kg	5.15	20.250	24.750	31.500
机油	kg	19.66	28.194	37.592	46.991
金属滤网	m²	8.12	3.000	3.500	4.000
煤油	kg	3.73	237.150	289.850	368.900
密封胶	支	15.00	32.000	36.000	40.000
木板	m³	1634.16	0.500	0.650	0.800
耐酸石棉橡胶板	kg	25.64	27.000	29.000	30.000
平垫铁	kg	3.74	163.760	179.760	195.760
青壳纸 δ0.1～1.0	张	4.21	3.200	3.500	4.000
砂纸	张	0.47	18.000	22.000	26.000
石棉板衬垫	kg	7.59	64.500	78.400	94.300
塑料管	m	1.50	12.500	14.500	16.500
铁砂布	张	0.85	90.000	100.000	120.000
斜垫铁	kg	3.50	158.407	173.813	189.218
氧气	m³	3.63	24.480	36.720	48.960
乙炔气	kg	10.45	8.160	12.240	16.320
紫铜板 δ0.08～0.2	kg	59.50	0.800	0.800	0.800
其他材料费占材料费	%	—	5.000	5.000	5.000
机械 电动空气压缩机 6m³/min	台班	206.73	3.000	4.000	5.000
激光轴对中仪	台班	104.59	1.000	1.000	1.000
平板拖车组 40t	台班	1446.84	1.000	1.000	1.000
汽车式起重机 100t	台班	4651.90	2.000	3.000	4.000
汽车式起重机 8t	台班	763.67	1.500	1.500	1.500
载重汽车 8t	台班	501.85	1.500	1.500	1.500
真空滤油机 6000L/h	台班	257.40	2.000	2.000	2.000

四、离心式压缩机拆装检查

定　额　编　号			A1-9-91	A1-9-92	A1-9-93	A1-9-94
项　目　名　称			设备重量(t以内)			
			5	10	20	30
基　　　价（元）			6709.42	12249.61	20962.45	28006.49
其中	人　工　费（元）		5128.76	9767.24	17007.20	23281.02
	材　料　费（元）		330.56	460.38	598.18	826.32
	机　械　费（元）		1250.10	2021.99	3357.07	3899.15
名　　　称	单位	单价（元）	消　　耗　　量			
人工 综合工日	工日	140.00	36.634	69.766	121.480	166.293
材料 黄油钙基脂	kg	5.15	2.250	3.375	4.500	5.625
机油	kg	19.66	1.880	2.819	4.073	5.639
煤油	kg	3.73	15.810	23.715	31.620	47.430
密封胶	支	15.00	8.000	10.000	12.000	14.000
青壳纸　δ0.1～1.0	kg	20.84	1.000	1.500	2.000	3.000
石棉橡胶板	kg	9.40	5.000	7.500	10.000	15.000
铁砂布	张	0.85	6.000	9.000	12.000	18.000
研磨膏	盒	0.85	1.000	1.000	1.000	2.000
紫铜板　δ0.08～0.2	kg	59.50	0.080	0.080	0.100	0.300
其他材料费占材料费	%	—	8.000	8.000	8.000	8.000
机械 激光轴对中仪	台班	104.59	1.000	1.000	1.000	1.000
汽车式起重机 16t	台班	958.70		2.000		
汽车式起重机 25t	台班	1084.16	—	—	3.000	3.500
汽车式起重机 8t	台班	763.67	1.500	—		

定　额　编　号			A1-9-95	A1-9-96	A1-9-97	A1-9-98
项　目　名　称			设备重量(t以内)			
			40	50	70	100
基　　　价（元）			39507.37	41521.61	46549.27	40488.25
其中	人　工　费（元）		28473.20	30233.84	32480.56	38091.48
	材　料　费（元）		1073.30	1326.90	1643.77	2292.18
	机　械　费（元）		9960.87	9960.87	12424.94	104.59
名　　　称	单位	单价（元）	消　　耗　　量			
人工	综合工日	工日	140.00	203.380	215.956	232.004	272.082
材料	黄油钙基脂	kg	5.15	6.750	7.000	8.000	10.000
	机油	kg	19.66	7.519	12.000	15.600	24.000
	煤油	kg	3.73	63.240	60.000	78.000	120.000
	密封胶	支	15.00	16.000	18.000	20.000	24.000
	青壳纸 $\delta 0.1\sim1.0$	kg	20.84	4.000	8.200	7.500	10.000
	石棉橡胶板	kg	9.40	20.000	25.000	37.500	50.000
	铁砂布	张	0.85	24.000	30.000	39.000	60.000
	研磨膏	盒	0.85	2.000	2.000	3.000	3.000
	紫铜板 $\delta 0.08\sim0.2$	kg	59.50	0.400	0.500	0.650	1.000
	其他材料费占材料费	%	—	10.000	8.000	8.000	8.000
机械	激光轴对中仪	台班	104.59	1.000	1.000	1.000	1.000
	汽车式起重机 50t	台班	2464.07	4.000	4.000	5.000	—

第十章 工业炉设备安装

说　　明

一、本章定额适用范围如下：

1. 电弧炼钢炉。

2. 无芯工频感应电炉：包括熔铁、熔铜、熔锌等熔炼电炉。

3. 电阻炉、真空炉、高频及中频感应炉。

4. 冲天炉：包括长腰三节炉、移动式直线曲线炉胆热风冲天炉、燃重油冲天炉、一般冲天炉及冲天炉加料机构等。

5. 加热炉及热处理炉包括：

（1）按型式分：室式、台车式、推杆式、反射式、链式、贯通式、环形式、传送式、箱式、槽式、开隙式、井式（整体组合）、坩锅式等；

（2）按燃料分：电、天然气、煤气、重油、煤粉、煤块等。

6. 解体结构井式热处理炉：包括电阻炉、天然气炉、煤气炉、重油炉、煤粉炉等。

二、本章定额包括下列内容：

1. 无芯工频感应电炉的水冷管道、油压系统、油箱、油压操纵台等安装以油压系统的配管、刷漆。

2. 电阻炉、真空炉以及高频、中频感应炉的水冷系统、润滑系统、传动装置、真空机组、安全防护装置等安装。

3. 冲天炉本体和前炉安装。

4. 冲天炉加料机构的轨道、加料车、卷扬装置等安装。

5. 加热炉及热处理炉的炉门升降机构、轨道、炉箅、喷嘴、台车、液压装置、拉杆或推杆装置、装料、卸料装置等安装。

三、本章定额不包括下列内容：

1. 各类工作炉安装均不包括炉体内衬砌筑。

2. 电阻炉电阻丝的安装。

3. 热工仪表系统的安装、调试。

4. 风机系统的安装、试运转。

5. 液压泵房站的安装。

6. 阀门的研磨、试压。

7. 台车的组立、装配。

8. 冲天炉出渣轨道的安装。

9. 解体结构井式热处理炉的平台安装。

10. 设备二次灌浆。

11. 烘炉。

四、无芯工频感应电炉安装是按每一炉为两台炉子考虑，如每一炉组为一台炉子时，则相应定额乘以系数 0.6。

五、冲天炉的加料机构，按各类形式综合考虑，已包括在冲天炉安装内。

六、加热炉处及热处理炉，如为整体结构（炉体已组装并有内衬砌体），则定额人工乘以系数 0.7。计算设备重量时应包括内衬砌体的重量。如为解体结构（炉体是金属构件，需现场组合安装，无内衬砌体），则定额不变。计算设备重量时不包括内衬砌体的重量。

工程量计算规则

一、电弧炼钢炉、电阻炉、真空炉、高频及中频感应炉、加热炉及热处理炉安装以"台"为计量单位，按设备重量"t"选用定额项目。

二、无芯工频感应电炉安装以"组"为计量单位，按设备重量"t"选用定额项目。每一炉组按二台炉子考虑。

三、冲天炉安装以"台"为计量单位，按设备熔化率（t/h）选用项目。冲天炉的出渣轨道安装，可套用本册第五章内"地坪面上安装轨道"的相应项目。

四、加热炉及热处理炉在计算重量时，如为整体结构（炉体已组装并有内衬砌体），应包括内衬砌体的重量，如为解体结构（炉体为金属结构件，需要现场组合安装，无内衬砌体）时，则不包括内衬砌体的重量。炉窑砌筑执行相关专业定额项目。

一、电弧炼钢炉

定 额 编 号			A1-10-1	A1-10-2	A1-10-3
项 目 名 称			设备重量(t)		
			0.5	1.5	3.0
基 价（元）			2618.64	4538.52	7063.48
其中	人 工 费（元）		910.84	1911.00	3378.20
	材 料 费（元）		672.37	1072.62	1625.08
	机 械 费（元）		1035.43	1554.90	2060.20
名 称	单位	单价(元)	消 耗 量		
人工	综合工日	工日	140.00	6.506	13.650	24.130
材料	道木	m³	2137.00	0.079	0.105	0.155
	低碳钢焊条	kg	6.84	7.466	15.509	23.100
	镀锌铁丝 φ4.0～2.8	kg	3.57	3.000	5.000	7.000
	钢板 δ4.5～7	kg	3.18	15.000	20.000	20.000
	黄油钙基脂	kg	5.15	0.500	0.800	1.500
	机油	kg	19.66	1.530	2.040	4.080
	角钢 60	kg	3.61	5.000	8.000	12.000
	煤油	kg	3.73	3.150	5.250	13.650
	木板	m³	1634.16	0.030	0.050	0.070
	平垫铁	kg	3.74	5.640	7.530	15.500
	热轧厚钢板 δ8.0～20	kg	3.20	35.000	50.000	60.000
	石棉板 1.6～2×500～800	kg	4.85	2.000	4.000	5.000
	石棉橡胶板	kg	9.40	3.000	5.000	8.000
	四氟乙烯塑料薄膜	kg	68.30	0.200	0.300	0.400
	碳钢气焊条	kg	9.06	0.300	0.500	1.200
	斜垫铁	kg	3.50		6.120	15.290
	氧气	m³	3.63	6.375	18.870	32.640
	乙炔气	kg	10.45	2.125	6.290	10.880
	其他材料费占材料费	%	—	5.000	5.000	5.000
机械	叉式起重机 5t	台班	506.51	0.300	0.300	0.800
	交流弧焊机 21kV·A	台班	57.35	1.600	4.000	4.400
	汽车式起重机 12t	台班	857.15	0.300	0.300	0.300
	汽车式起重机 8t	台班	763.67	0.700	1.200	1.500

定 额 编 号			A1-10-4	A1-10-5
项 目 名 称			设备重量(t)	
			5.0	10.0
基 价（元）			10817.05	15649.61
其中	人 工 费（元）		4536.42	7224.00
	材 料 费（元）		2212.01	2783.57
	机 械 费（元）		4068.62	5642.04
名 称	单位	单价（元）	消 耗	量
人工 综合工日	工日	140.00	32.403	51.600
材料 道木	m³	2137.00	0.191	0.237
低碳钢焊条	kg	6.84	36.750	57.750
镀锌铁丝 φ4.0～2.8	kg	3.57	10.000	10.000
钢板 δ4.5～7	kg	3.18	20.000	15.000
黄油钙基脂	kg	5.15	2.000	3.000
机油	kg	19.66	5.100	8.160
角钢 60	kg	3.61	15.000	20.000
煤油	kg	3.73	21.000	26.250
木板	m³	1634.16	0.090	0.110
平垫铁	kg	3.74	39.280	42.100
热轧厚钢板 δ8.0～20	kg	3.20	70.000	85.000
石棉板 1.6～2×500～800	kg	4.85	7.000	10.000
石棉橡胶板	kg	9.40	10.000	12.000
四氟乙烯塑料薄膜	kg	68.30	0.400	0.500
碳钢气焊条	kg	9.06	2.000	2.500
斜垫铁	kg	3.50	35.200	37.160
氧气	m³	3.63	40.800	51.000
乙炔气	kg	10.45	13.600	17.000
其他材料费占材料费	%	—	5.000	5.000
机械 叉式起重机 5t	台班	506.51	1.000	1.200
交流弧焊机 21kV·A	台班	57.35	7.200	12.400
汽车式起重机 12t	台班	857.15	0.300	—
汽车式起重机 16t	台班	958.70	—	0.400
汽车式起重机 8t	台班	763.67	3.500	4.800
载重汽车 10t	台班	547.99	0.400	0.500

二、无芯工频感应电炉

定　额　编　号			A1-10-6	A1-10-7	A1-10-8
项　目　名　称			设备重量(t)		
			0.75	1.5	3.0
基　　　价（元）			3656.86	4792.11	7567.70
其中	人　工　费（元）		1761.20	2425.22	4075.68
	材　料　费（元）		521.21	686.83	1079.46
	机　械　费（元）		1374.45	1680.06	2412.56
名　　　称	单位	单价(元)	消　　耗　　量		
人工	综合工日	工日	140.00	12.580	17.323	29.112
材料	道木	m³	2137.00	0.052	0.055	0.080
	低碳钢焊条	kg	6.84	8.159	13.167	22.659
	镀锌铁丝 φ4.0～2.8	kg	3.57	3.000	3.000	6.000
	防锈漆	kg	5.62	2.000	2.400	2.640
	钢板 δ4.5～7	kg	3.18	6.000	10.000	14.000
	黄油钙基脂	kg	5.15	0.500	0.500	1.000
	机油	kg	19.66	0.510	1.020	1.530
	煤油	kg	3.73	2.100	5.250	6.300
	木板	m³	1634.16	0.010	0.015	0.025
	平垫铁	kg	3.74	11.170	13.970	21.880
	普通石棉布	kg	5.56	14.000	18.400	26.000
	汽油	kg	6.77	0.200	0.220	0.240
	石棉板 1.6～2×500～800	kg	4.85	3.000	4.000	5.000
	石棉水泥板 δ20	m²	29.91	—	—	2.000
	石棉橡胶板	kg	9.40	1.000	1.000	1.500
	四氟乙烯塑料薄膜	kg	68.30	0.250	0.500	0.500
	碳钢气焊条	kg	9.06	1.000	1.000	1.500
	调和漆	kg	6.00	1.800	2.000	2.200
	斜垫铁	kg	3.50	12.200	15.100	21.280
	氧气	m³	3.63	3.570	4.080	8.160
	乙炔气	kg	10.45	1.190	1.360	2.720
	油漆溶剂油	kg	2.62	0.650	0.720	0.800
	其他材料费占材料费	%	—	5.000	5.000	5.000
机械	叉式起重机 5t	台班	506.51	0.200	0.200	0.200
	交流弧焊机 21kV·A	台班	57.35	3.500	5.500	9.500
	汽车式起重机 12t	台班	857.15	0.300	0.300	0.300
	汽车式起重机 8t	台班	763.67	0.350	0.600	0.900
	载重汽车 10t	台班	547.99	1.000	1.000	1.500

定 额 编 号				A1-10-9	A1-10-10	A1-10-11
项 目 名 称				设备重量(t)		
				5.0	10.0	20.0
基 价（元）				11007.42	20690.77	30119.78
其中	人 工 费（元）			5892.46	10474.66	17242.54
	材 料 费（元）			1662.42	2627.66	4136.94
	机 械 费（元）			3452.54	7588.45	8740.30
名 称		单位	单价(元)	消 耗		量
人工	综合工日	工日	140.00	42.089	74.819	123.161
材料	板方材	m³	1800.00	—	—	0.080
	道木	m³	2137.00	0.141	0.187	0.454
	低碳钢焊条	kg	6.84	21.101	39.018	51.975
	镀锌铁丝 φ4.0~2.8	kg	3.57	7.000	8.000	10.000
	防锈漆	kg	5.62	3.000	3.600	5.000
	钢板 δ4.5~7	kg	3.18	6.000	12.000	22.000
	黄油钙基脂	kg	5.15	1.500	1.500	2.000
	机油	kg	19.66	2.040	2.040	4.080
	煤油	kg	3.73	10.500	10.500	14.700
	木板	m³	1634.16	0.030	0.040	0.063
	平垫铁	kg	3.74	50.880	88.500	103.330
	普通石棉布	kg	5.56	32.800	56.000	72.000
	汽油	kg	6.77	0.280	0.350	1.000
	热轧厚钢板 δ8.0~20	kg	3.20	16.000	24.000	40.000
	石棉板 1.6~2×500~800	kg	4.85	7.000	10.000	15.000
	石棉水泥板 δ20	m²	29.91	3.400	—	—
	石棉水泥板 δ25	m²	29.91	—	7.600	12.000

续前

定 额 编 号			A1-10-9	A1-10-10	A1-10-11
项 目 名 称			设备重量(t)		
			5.0	10.0	20.0
名 称	单位	单价(元)	消 耗 量		
材料 石棉橡胶板	kg	9.40	1.500	2.500	4.000
四氟乙烯塑料薄膜	kg	68.30	0.750	0.750	1.000
碳钢气焊条	kg	9.06	1.500	2.000	3.000
调和漆	kg	6.00	2.500	3.000	4.000
铜焊粉	kg	29.00	0.300	0.500	0.800
斜垫铁	kg	3.50	49.160	85.660	97.940
氧气	m³	3.63	9.180	16.320	20.400
乙炔气	kg	10.45	3.060	5.440	6.800
油漆溶剂油	kg	2.62	0.900	1.050	2.000
紫铜电焊条 T107 φ3.2	kg	61.54	0.600	0.900	1.000
其他材料费占材料费	%	—	5.000	5.000	5.000
机械 叉式起重机 5t	台班	506.51	0.500	2.000	2.300
交流弧焊机 21kV·A	台班	57.35	13.000	17.500	23.000
汽车式起重机 12t	台班	857.15	0.300	—	—
汽车式起重机 16t	台班	958.70	—	0.400	—
汽车式起重机 20t	台班	1030.31	—	—	0.400
汽车式起重机 8t	台班	763.67	1.800	5.000	5.500
载重汽车 10t	台班	547.99	1.500	2.500	3.000

三、电阻炉、真空炉、高频及中频感应炉

定　额　编　号				A1-10-12	A1-10-13	A1-10-14	A1-10-15
项　目　名　称				设备重量(t)			
				1.0	2.0	4.0	7.0
基　　　　价（元）				1556.64	2210.08	2904.05	4978.06
其中	人　工　费（元）			1001.00	1590.26	2118.20	3088.26
	材　料　费（元）			252.95	317.13	374.00	546.21
	机　械　费（元）			302.69	302.69	411.85	1343.59
名　　　称		单位	单价（元）	消　　耗　　量			
人工	综合工日	工日	140.00	7.150	11.359	15.130	22.059
材料	丙酮	kg	7.51	0.200	0.200	0.200	0.300
	道木	m³	2137.00	0.065	0.080	0.093	0.140
	低碳钢焊条	kg	6.84	0.630	0.945	0.945	1.260
	镀锌铁丝 φ4.0～2.8	kg	3.57	2.000	2.200	4.000	6.000
	钢板 δ4.5～7	kg	3.18	3.200	3.600	6.120	4.200
	黄油钙基脂	kg	5.15	0.210	0.220	0.300	0.500
	机油	kg	19.66	0.510	0.714	0.765	0.918
	聚酯乙烯泡沫塑料	kg	26.50	0.200	0.200	0.250	0.300
	煤油	kg	3.73	2.100	2.625	3.150	3.885
	木板	m³	1634.16	0.005	0.006	0.007	0.009
	平垫铁	kg	3.74	2.820	3.760	5.640	8.640
	石棉橡胶板	kg	9.40	0.600	0.800	0.950	1.800
	四氟乙烯塑料薄膜	kg	68.30	0.020	0.030	0.030	0.050
	碳钢气焊条	kg	9.06	0.700	1.000	1.200	1.600
	斜垫铁	kg	3.50	3.060	4.590	2.550	8.000
	氧气	m³	3.63	1.224	1.530	1.836	2.448
	乙炔气	kg	10.45	0.408	0.510	0.612	0.816
	真空泵油	kg	6.30	0.500	0.650	0.700	0.800
	其他材料费占材料费	%	—	5.000	5.000	5.000	5.000
机械	叉式起重机 5t	台班	506.51	0.100	0.100	0.200	0.200
	交流弧焊机 21kV·A	台班	57.35	0.400	0.400	0.400	0.500
	汽车式起重机 16t	台班	958.70	—	—	0.300	0.400
	汽车式起重机 8t	台班	763.67	0.300	0.300	—	0.800
	载重汽车 10t	台班	547.99	—	—	—	0.400

定 额 编 号			A1-10-16	A1-10-17	A1-10-18
项 目 名 称			设备重量(t)		
			10.0	15.0	20.0
基 价（元）			6261.75	7764.69	9717.15
其中	人 工 费（元）		4113.62	5097.54	6003.34
	材 料 费（元）		651.81	813.20	1020.86
	机 械 费（元）		1496.32	1853.95	2692.95
名 称	单位	单价（元）	消 耗 量		
人工 综合工日	工日	140.00	29.383	36.411	42.881
材料 板方材	m³	1800.00	—	—	0.060
丙酮	kg	7.51	0.350	0.350	0.400
道木	m³	2137.00	0.162	0.190	0.207
低碳钢焊条	kg	6.84	1.575	2.205	2.520
镀锌铁丝 φ4.0～2.8	kg	3.57	6.600	6.600	6.600
钢板 δ4.5～7	kg	3.18	4.200	5.600	5.600
黄油钙基脂	kg	5.15	0.600	0.600	0.660
机油	kg	19.66	1.224	1.530	1.734
聚酯乙烯泡沫塑料	kg	26.50	0.300	0.350	0.350
煤油	kg	3.73	4.725	5.250	5.775
木板	m³	1634.16	0.009	0.011	0.011
平垫铁	kg	3.74	12.520	21.950	25.000
石棉橡胶板	kg	9.40	2.200	3.000	4.000
四氟乙烯塑料薄膜	kg	68.30	0.100	0.100	0.100
碳钢气焊条	kg	9.06	1.800	2.000	2.400
斜垫铁	kg	3.50	11.510	18.332	22.500
氧气	m³	3.63	2.754	3.060	3.672
乙炔气	kg	10.45	0.918	1.020	1.224
真空泵油	kg	6.30	1.000	1.300	1.500
其他材料费占材料费	%	—	5.000	5.000	5.000
机械 叉式起重机 5t	台班	506.51	0.200	0.300	0.300
交流弧焊机 21kV·A	台班	57.35	0.500	0.800	1.000
汽车式起重机 16t	台班	958.70	0.400	—	1.000
汽车式起重机 25t	台班	1084.16	—	0.500	0.500
汽车式起重机 8t	台班	763.67	1.000	1.100	1.000
载重汽车 10t	台班	547.99	0.400	0.500	0.400

四、冲天炉

定 额 编 号			A1-10-19	A1-10-20	A1-10-21
项 目 名 称			熔化率(t/h以内)		
			1.5	3.0	5.0
基 价（元）			4662.83	6316.49	9146.45
其中	人 工 费（元）		2012.08	2992.92	4239.34
	材 料 费（元）		768.28	1049.39	1545.02
	机 械 费（元）		1882.47	2274.18	3362.09
名 称	单位	单价（元）	消 耗 量		
人工	综合工日	工日	140.00	14.372	21.378	30.281

	名 称	单位	单价（元）			
材料	板方材	m³	1800.00	—	—	0.060
	道木	m³	2137.00	0.077	0.080	0.116
	低碳钢焊条	kg	6.84	16.800	23.100	31.500
	镀锌铁丝 φ4.0～2.8	kg	3.57	10.000	10.000	12.000
	钢板 δ4.5～7	kg	3.18	10.000	10.000	15.000
	钢丝绳 φ15.5	m	8.97	—	—	1.250
	黄油钙基脂	kg	5.15	0.500	0.500	1.000
	机油	kg	19.66	0.510	1.020	1.020
	角钢 60	kg	3.61	8.000	12.000	15.000
	煤油	kg	3.73	2.100	4.200	5.250
	木板	m³	1634.16	0.009	0.010	0.014
	平垫铁	kg	3.74	5.800	8.820	11.640
	热轧厚钢板 δ8.0～20	kg	3.20	20.000	25.000	50.000
	石棉板 1.6～2×500～800	kg	4.85	20.000	35.000	35.000
	石棉橡胶板	kg	9.40	5.000	10.000	10.000
	四氟乙烯塑料薄膜	kg	68.30	0.150	0.200	0.300
	碳钢气焊条	kg	9.06	0.500	0.500	1.000
	斜垫铁	kg	3.50	5.200	6.573	9.880
	氧气	m³	3.63	8.160	12.240	20.400
	乙炔气	kg	10.45	2.720	4.080	6.800
	其他材料费占材料费	%	—	5.000	5.000	5.000
机械	交流弧焊机 21kV·A	台班	57.35	5.500	7.500	9.000
	汽车式起重机 12t	台班	857.15	0.300	—	—
	汽车式起重机 16t	台班	958.70	—	0.500	—
	汽车式起重机 25t	台班	1084.16	—	—	0.400
	汽车式起重机 8t	台班	763.67	1.500	1.500	2.800
	载重汽车 10t	台班	547.99	0.300	0.400	0.500

定　额　编　号			A1-10-22	A1-10-23
项　目　名　称			熔化率(t/h以内)	
			10.0	15.0
基　　价（元）			16030.16	19832.26
其中	人　工　费（元）		8201.62	10260.88
	材　料　费（元）		2334.31	2736.02
	机　械　费（元）		5494.23	6835.36
名　　称	单位	单价（元）	消　耗　量	
人工 综合工日	工日	140.00	58.583	73.292
材料 板方材	m³	1800.00	0.080	0.090
道木	m³	2137.00	0.177	0.227
低碳钢焊条	kg	6.84	44.100	68.250
镀锌铁丝 φ4.0～2.8	kg	3.57	12.000	12.000
钢板 δ4.5～7	kg	3.18	15.000	20.000
钢丝绳 φ15.5	m	8.97	1.920	—
钢丝绳 φ20	m	12.56	—	2.330
黄油钙基脂	kg	5.15	1.000	1.000
机油	kg	19.66	2.040	2.040
角钢 60	kg	3.61	15.000	20.000
煤油	kg	3.73	8.400	8.400
木板	m³	1634.16	0.150	0.023
平垫铁	kg	3.74	17.460	19.400
热轧厚钢板 δ8.0～20	kg	3.20	60.000	80.000
石棉板 1.6～2×500～800	kg	4.85	45.000	60.000
石棉橡胶板	kg	9.40	15.000	20.000
四氟乙烯塑料薄膜	kg	68.30	0.300	0.500
碳钢气焊条	kg	9.06	1.000	1.500
斜垫铁	kg	3.50	14.820	17.280
氧气	m³	3.63	30.600	35.700
乙炔气	kg	10.45	10.200	11.900
其他材料费占材料费	%	—	5.000	5.000
机械 交流弧焊机 21kV·A	台班	57.35	11.500	15.000
汽车式起重机 50t	台班	2464.07	0.500	—
汽车式起重机 75t	台班	3151.07	—	0.500
汽车式起重机 8t	台班	763.67	4.000	4.900
载重汽车 10t	台班	547.99	1.000	1.200

五、加热炉及热处理炉

计量单位：台

定　额　编　号				A1-10-24	A1-10-25	A1-10-26	A1-10-27
项　目　名　称				设备重量(t以内)			
				1.0	3.0	5.0	7.0
基　　　价（元）				1569.85	3395.10	4829.42	6543.41
其中	人　工　费（元）			917.00	1824.62	2738.40	3733.80
	材　料　费（元）			424.07	568.37	716.75	886.83
	机　械　费（元）			228.78	1002.11	1374.27	1922.78
名　　　称		单位	单价（元）	消　　耗　　量			
人工	综合工日	工日	140.00	6.550	13.033	19.560	26.670
材料	道木	m³	2137.00	0.046	0.055	0.072	0.100
	低碳钢焊条	kg	6.84	10.500	15.750	19.950	24.150
	镀锌铁丝 φ4.0～2.8	kg	3.57	1.000	2.000	4.000	6.000
	钢板 δ4.5～7	kg	3.18	3.000	4.200	4.700	5.100
	黄油钙基脂	kg	5.15	0.200	0.200	0.400	0.600
	机油	kg	19.66	0.510	0.612	0.816	1.020
	角钢 60	kg	3.61	8.000	10.000	11.000	12.000
	煤油	kg	3.73	1.050	2.100	2.415	2.940
	木板	m³	1634.16	0.007	0.011	0.015	0.021
	平垫铁	kg	3.74	9.410	11.290	13.440	15.360
	热轧厚钢板 δ8.0～20	kg	3.20	18.000	22.000	25.000	28.000
	石棉板 1.6～2×500～800	kg	4.85	2.000	2.400	2.900	3.400
	石棉橡胶板	kg	9.40	0.800	0.940	1.320	1.680
	四氟乙烯塑料薄膜	kg	68.30	0.100	0.200	0.250	0.300
	碳钢气焊条	kg	9.06	—	0.600	0.700	0.800
	斜垫铁	kg	3.50	7.640	9.170	11.656	12.560
	氧气	m³	3.63	3.060	5.100	7.140	9.180
	乙炔气	kg	10.45	1.020	1.700	2.380	3.060
	其他材料费占材料费	%	—	5.000	5.000	5.000	5.000
机械	交流弧焊机 21kV·A	台班	57.35	1.000	2.500	3.500	4.000
	汽车式起重机 12t	台班	857.15	0.200	0.200	0.300	—
	汽车式起重机 16t	台班	958.70	—	—	—	0.400
	汽车式起重机 8t	台班	763.67	—	0.900	1.200	1.500
	载重汽车 10t	台班	547.99	—	—	—	0.300

定 额 编 号				A1-10-28	A1-10-29	A1-10-30
项 目 名 称				设备重量（t以内）		
				9.0	12.0	15.0
基 价 （元）				7807.54	9891.62	11659.72
其中	人 工 费 （元）			4598.30	5998.02	7437.50
	材 料 费 （元）			1028.68	1184.52	1381.77
	机 械 费 （元）			2180.56	2709.08	2840.45
名 称		单位	单价（元）	消 耗 量		
人工	综合工日	工日	140.00	32.845	42.843	53.125
材料	道木	m³	2137.00	0.106	0.117	0.140
	低碳钢焊条	kg	6.84	28.350	33.600	38.850
	镀锌铁丝 φ4.0～2.8	kg	3.57	6.000	6.000	6.000
	钢板 δ4.5～7	kg	3.18	5.700	6.250	9.600
	黄油钙基脂	kg	5.15	0.600	0.600	0.600
	机油	kg	19.66	1.224	1.428	1.632
	角钢 60	kg	3.61	13.000	15.000	17.000
	煤油	kg	3.73	3.465	4.200	4.935
	木板	m³	1634.16	0.027	0.034	0.040
	平垫铁	kg	3.74	19.800	23.760	27.170
	热轧厚钢板 δ8.0～20	kg	3.20	31.000	34.000	38.000
	石棉板 1.6～2×500～800	kg	4.85	3.900	4.400	4.900
	石棉橡胶板	kg	9.40	2.430	2.800	3.550
	四氟乙烯塑料薄膜	kg	68.30	0.350	0.350	0.400
	碳钢气焊条	kg	9.06	0.900	1.000	1.100
	斜垫铁	kg	3.50	17.630	20.160	22.230
	氧气	m³	3.63	11.220	14.280	17.340
	乙炔气	kg	10.45	3.740	4.760	5.780
	其他材料费占材料费	%	—	5.000	5.000	5.000
机械	交流弧焊机 21kV·A	台班	57.35	4.500	6.000	7.000
	汽车式起重机 16t	台班	958.70	0.400	—	1.750
	汽车式起重机 25t	台班	1084.16	—	0.500	0.500
	汽车式起重机 8t	台班	763.67	1.800	2.100	—
	载重汽车 10t	台班	547.99	0.300	0.400	0.400

计量单位：台

定 额 编 号			A1-10-31	A1-10-32	A1-10-33
项 目 名 称			设备重量（t以内）		
			20.0	25.0	30.0
基 价（元）			14986.27	18978.98	22499.96
其中	人 工 费（元）		9855.58	12013.82	14253.82
	材 料 费（元）		1827.45	2283.81	2580.31
	机 械 费（元）		3303.24	4681.35	5665.83
名 称	单位	单价（元）	消	耗	量
人工 综合工日	工日	140.00	70.397	85.813	101.813
材料 板方材	m³	1800.00	0.080	0.080	0.080
道木	m³	2137.00	0.192	0.249	0.274
低碳钢焊条	kg	6.84	46.200	53.550	60.900
镀锌铁丝 φ4.0～2.8	kg	3.57	6.000	6.000	6.000
钢板 δ4.5～7	kg	3.18	11.100	12.600	15.000
黄油钙基脂	kg	5.15	0.600	0.700	0.700
机油	kg	19.66	2.040	2.448	2.856
角钢 60	kg	3.61	19.000	22.000	25.000
煤油	kg	3.73	6.825	8.400	9.975
木板	m³	1634.16	0.048	0.057	0.067
平垫铁	kg	3.74	29.110	51.740	62.090
热轧厚钢板 δ8.0～20	kg	3.20	41.000	44.000	47.000
石棉板 1.6～2×500～800	kg	4.85	5.400	5.900	6.400
石棉橡胶板	kg	9.40	4.560	5.520	6.480
四氟乙烯塑料薄膜	kg	68.30	0.450	0.450	0.450
碳钢气焊条	kg	9.06	1.300	1.500	1.700
斜垫铁	kg	3.50	24.700	45.860	55.040
氧气	m³	3.63	22.440	27.540	32.640
乙炔气	kg	10.45	7.480	9.180	10.880
其他材料费占材料费	%	—	5.000	5.000	5.000
机械 交流弧焊机 21kV·A	台班	57.35	9.000	10.000	11.500
汽车式起重机 16t	台班	958.70	2.000	2.000	2.880
汽车式起重机 25t	台班	1084.16	0.600	—	—
汽车式起重机 50t	台班	2464.07	—	0.800	0.800
载重汽车 10t	台班	547.99	0.400	0.400	0.500

定 额 编 号				A1-10-34	A1-10-35	A1-10-36
项 目 名 称				设备重量(t以内)		
				40.0	50.0	65.0
基 价 （元）				28144.09	34786.46	42852.76
其中	人 工 费 （元）			18690.98	22562.54	28677.18
	材 料 费 （元）			2771.24	3398.06	3907.86
	机 械 费 （元）			6681.87	8825.86	10267.72
名 称		单位	单价（元）	消 耗 量		
人工	综合工日	工日	140.00	133.507	161.161	204.837
材料	板方材	m³	1800.00	0.090	0.100	0.140
	道木	m³	2137.00	0.234	0.370	0.420
	低碳钢焊条	kg	6.84	70.350	79.800	90.300
	镀锌铁丝 φ4.0～2.8	kg	3.57	6.000	7.500	7.500
	钢板 δ4.5～7	kg	3.18	16.500	21.000	25.000
	黄油钙基脂	kg	5.15	0.700	0.800	0.800
	机油	kg	19.66	3.468	4.080	4.896
	角钢 60	kg	3.61	28.000	31.000	35.000
	煤油	kg	3.73	12.600	15.225	18.375
	木板	m³	1634.16	0.080	0.093	0.106
	平垫铁	kg	3.74	70.400	80.960	92.500
	热轧厚钢板 δ8.0～20	kg	3.20	49.000	51.000	52.000
	石棉板 1.6～2×500～800	kg	4.85	6.900	7.400	7.900
	石棉橡胶板	kg	9.40	7.440	9.100	9.360
	四氟乙烯塑料薄膜	kg	68.30	0.500	0.500	0.500
	碳钢气焊条	kg	9.06	2.000	2.300	2.700
	斜垫铁	kg	3.50	60.800	70.000	81.000
	氧气	m³	3.63	39.780	46.920	56.100
	乙炔气	kg	10.45	13.260	15.640	18.700
	其他材料费占材料费	%	—	5.000	5.000	5.000
机械	交流弧焊机 21kV·A	台班	57.35	15.000	17.000	21.500
	汽车式起重机 100t	台班	4651.90	—	0.800	1.000
	汽车式起重机 16t	台班	958.70	3.100	3.850	4.000
	汽车式起重机 75t	台班	3151.07	0.800	—	0.800
	载重汽车 10t	台班	547.99	0.600	0.800	1.000

定 额 编 号				A1-10-37	A1-10-38	A1-10-39
项 目 名 称				设备重量(t以内)		
				80.0	100.0	150.0
基 价 （元）				51985.10	64060.30	85103.54
其中	人 工 费 （元）			33910.24	40508.86	53476.36
	材 料 费 （元）			4307.43	4885.68	5694.85
	机 械 费 （元）			13767.43	18665.76	25932.33
名 称		单位	单价(元)	消 耗 量		
人工	综合工日	工日	140.00	242.216	289.349	381.974
材料	板方材	m³	1800.00	0.140	0.160	0.180
	道木	m³	2137.00	0.473	0.568	0.633
	低碳钢焊条	kg	6.84	100.800	111.300	132.300
	镀锌铁丝 φ4.0～2.8	kg	3.57	7.500	7.500	7.500
	钢板 δ4.5～7	kg	3.18	29.000	35.000	45.000
	黄油钙基脂	kg	5.15	0.800	0.800	0.800
	机油	kg	19.66	5.712	6.120	7.344
	角钢 60	kg	3.61	39.000	44.000	55.000
	煤油	kg	3.73	21.525	24.675	28.875
	木板	m³	1634.16	0.119	0.132	0.169
	平垫铁	kg	3.74	96.100	106.500	120.380
	热轧厚钢板 δ8.0～20	kg	3.20	54.000	56.000	60.000
	石棉板 1.6～2×500～800	kg	4.85	8.300	8.700	9.500
	石棉橡胶板	kg	9.40	10.320	10.800	12.240
	四氟乙烯塑料薄膜	kg	68.30	0.550	0.550	0.600
	碳钢气焊条	kg	9.06	3.100	3.600	4.500
	斜垫铁	kg	3.50	85.600	95.000	106.880
	氧气	m³	3.63	65.280	75.480	95.880
	乙炔气	kg	10.45	21.760	25.160	31.960
	其他材料费占材料费	%	—	5.000	5.000	5.000
机械	交流弧焊机 21kV·A	台班	57.35	24.000	27.000	32.000
	汽车式起重机 120t	台班	7706.90	1.000	1.400	2.000
	汽车式起重机 16t	台班	958.70	4.200	5.800	8.200
	载重汽车 10t	台班	547.99	1.200	1.400	1.500

六、解体结构井式热处理炉

定 额 编 号			A1-10-40	A1-10-41	A1-10-42
项 目 名 称			设备重量（t以内）		
			10.0	15.0	25.0
基 价（元）			8536.84	12240.10	20276.52
其中	人 工 费（元）		5919.62	8577.52	13840.40
	材 料 费（元）		1016.46	1585.36	2326.01
	机 械 费（元）		1600.76	2077.22	4110.11
名 称	单位	单价（元）	消 耗 量		
人工 综合工日	工日	140.00	42.283	61.268	98.860
材料 板方材	m³	1800.00	—	0.060	0.080
道木	m³	2137.00	0.112	0.161	0.249
低碳钢焊条	kg	6.84	17.850	25.200	39.900
镀锌铁丝 φ4.0～2.8	kg	3.57	8.000	8.000	8.000
钢板 δ4.5～7	kg	3.18	15.000	20.000	20.000
黄油钙基脂	kg	5.15	1.000	1.500	1.500
机油	kg	19.66	1.530	2.040	2.550
角钢 60	kg	3.61	10.000	15.000	25.000
煤油	kg	3.73	5.250	8.400	10.500
木板	m³	1634.16	0.008	0.012	0.012
平垫铁	kg	3.74	11.640	13.580	17.460
热轧厚钢板 δ8.0～20	kg	3.20	20.000	30.000	40.000
石棉板 1.6～2×500～800	kg	4.85	20.000	35.000	35.000
石棉橡胶板	kg	9.40	5.000	8.000	10.000
四氟乙烯塑料薄膜	kg	68.30	0.500	0.750	1.000
碳钢气焊条	kg	9.06	0.500	1.000	3.000
斜垫铁	kg	3.50	9.880	12.350	14.820
氧气	m³	3.63	14.280	20.400	51.000
乙炔气	kg	10.45	4.760	6.800	17.000
其他材料费占材料费	%	—	5.000	5.000	5.000
机械 交流弧焊机 21kV·A	台班	57.35	6.000	8.000	12.500
汽车式起重机 16t	台班	958.70	1.025	0.950	1.540
汽车式起重机 25t	台班	1084.16	—	0.400	—
汽车式起重机 50t	台班	2464.07	—	—	0.600
载重汽车 10t	台班	547.99	0.500	0.500	0.800

定　额　编　号			A1-10-43	A1-10-44
项　目　名　称			设备重量(t以内)	
			35.0	50.0
基　　　　价　（元）			27812.52	38181.42
其中	人　工　费（元）		18897.06	25232.06
	材　料　费（元）		2871.69	3639.91
	机　械　费（元）		6043.77	9309.45
名　　　称	单位	单价（元）	消　　耗　　量	
人工	综合工日	工日	140.00	134.979	180.229
材料	板方材	m³	1800.00	0.080	0.100
	道木	m³	2137.00	0.264	0.382
	低碳钢焊条	kg	6.84	52.500	63.000
	镀锌铁丝 φ4.0～2.8	kg	3.57	10.000	16.000
	钢板 δ4.5～7	kg	3.18	25.000	25.000
	黄油钙基脂	kg	5.15	2.000	3.000
	机油	kg	19.66	3.060	3.570
	角钢 60	kg	3.61	30.000	40.000
	煤油	kg	3.73	13.650	15.750
	木板	m³	1634.16	0.012	0.014
	平垫铁	kg	3.74	19.400	23.560
	热轧厚钢板 δ8.0～20	kg	3.20	50.000	50.000
	石棉板 1.6～2×500～800	kg	4.85	50.000	60.000
	石棉橡胶板	kg	9.40	15.000	20.000
	四氟乙烯塑料薄膜	kg	68.30	1.500	2.000
	碳钢气焊条	kg	9.06	5.000	7.000
	斜垫铁	kg	3.50	17.290	19.700
	氧气	m³	3.63	67.320	83.640
	乙炔气	kg	10.45	22.440	27.880
	其他材料费占材料费	%	—	5.000	5.000
机械	交流弧焊机 21kV·A	台班	57.35	14.500	19.000
	汽车式起重机 100t	台班	4651.90	—	1.000
	汽车式起重机 16t	台班	958.70	2.350	3.150
	汽车式起重机 75t	台班	3151.07	0.800	—
	载重汽车 10t	台班	547.99	0.800	1.000

第十一章 煤气发生设备安装

第十一章　流产与免疫

说　　明

一、本章内容包括以煤或者焦炭作燃料的冷热煤气发生炉及其各种附属设备、容器、构件的安装；气密试验；分节容器外壳组队焊接。

二、本章包括以下工作内容：

1.煤气发生炉本体及其底部风箱、落灰箱安装，灰盘、炉箅及传动机构安装，水套、炉壳及支柱、框架、支耳安装，炉盖加料筒及传动装置安装，上部加煤机安装，本体其他附件及本体管道安装。

2.无支柱悬吊式（如 W–G 型）煤气发生炉的料仓、料管安装。

3.炉膛内径 1m 及 1.5m 的煤气发生炉包括随设备带有的给煤提升装置及轨道平台安装。

4.电气滤清器安装包括沉电极、电晕极检查、下料、安装，顶部绝缘子箱外壳安装。

5.竖管及人孔清理、安装，顶部装喷嘴和本体管道安装。

6.洗涤塔外壳组装及内部零件、附件以及必须在现场装配的部件安装。

7.除尘器安装包括下部水封安装。

8.盘阀、钟罩阀安装包括操纵装置安装及穿钢丝绳。

9.水压试验、密封试验及非密闭容器的灌水试验。

三、本章不包括以下工作内容，应执行其他章节有关定额或规定。

1.煤气发生炉炉顶平台安装。

2.煤气发生炉支柱、支耳、框架因接触不良而需要的加热和修整工作。

3.洗涤塔木格层制作及散片组成整块、刷防腐漆。

4.附属设备内部及底部砌筑、填充砂浆及填瓷环。

5.洗涤塔、电气滤清器等的平台、梯子、栏杆安装。

6.安全阀防爆薄膜试验。

7.煤气排送机、鼓风机、泵安装。

四、关于下列各项费用的规定。

1.除洗涤塔外，其他各种附属设备外壳均按整体安装考虑，如为解体安装需要在现场焊接时，除执行相应整体安装定额外，尚需执行"煤气发生设备分节容器外壳组焊"的相应项目。且该定额是按外圈焊接考虑。如外圈和内圈均需焊接时，相应定额乘以系数 1.95。

2.煤气发生设备分节容器外壳组焊时，如所焊设备外径大于 3m，则以 3m 外径组成节数（3/2、3/3）的定额为基础，按下表乘以调整系数。

设备外径Φ（m以内）/组成节数	4/2	4/3	5/2	5/3	6/2	6/3
调整系数	1.34	1.34	1.67	1.67	2.00	2.00

工程量计算规则

一、煤气发生设备安装以"台"为计量单位，按炉膛内径（m）和设备重量选用定额项目。

二、如实际安装的煤气发生炉，其炉膛内径与定额内径相似，其重量超过10%时，先按公式求其重量差系数。然后按下表乘以相应系数调整安装费。

设备重量差系数=设备实际重量/定额设备重量。

设备重量差系数	1.1	1.2	1.4	1.6	1.8
安装费调整系数	1.0	1.1	1.2	1.3	1.4

三、洗涤塔、电气滤清器、竖管及附属设备安装以"台"为计量单位，按设备名称、规格型号选用定额项目。

四、煤气发生设备附属的其他容器构件安装以"t"为计量单位，按单体重量在0.5t以内和大于0.5t选用定额项目。

五、煤气发生设备分节容器外壳组焊，以"台"为计量单位，按设备外径（m）组成节数选用定额项目。

一、煤气发生炉

计量单位：台

定 额 编 号			A1-11-1	A1-11-2	A1-11-3
项 目 名 称			炉膛内径(m)		
			1	1.5	2
			设备重量(t)		
			5	6	30
基 价（元）			**10248.61**	**12008.21**	**27060.54**
其中	人 工 费（元）		7018.48	8170.96	16960.44
	材 料 费（元）		1098.22	1352.31	3162.12
	机 械 费（元）		2131.91	2484.94	6937.98
名 称	单位	单价（元）	消 耗 量		
人工 综合工日	工日	140.00	50.132	58.364	121.146
材料 板方材	m³	1800.00	—	—	0.080
道木	m³	2137.00	0.141	0.187	0.374
低碳钢焊条	kg	6.84	5.250	7.350	40.110
镀锌铁丝 φ4.0～2.8	kg	3.57	2.000	2.000	4.000
甘油	kg	10.56	1.000	1.000	2.000
钢丝绳 φ18.5	m	11.54	—	—	2.100
硅酸钠（水玻璃）	kg	1.62	2.000	2.000	4.000
黑铅粉	kg	5.13	2.000	2.000	4.000
黄油钙基脂	kg	5.15	3.000	4.000	8.000
机油	kg	19.66	3.060	4.080	6.120
角钢 60	kg	3.61	20.000	20.000	25.000
煤油	kg	3.73	10.500	10.500	18.900
木板	m³	1634.16	0.020	0.020	0.090
平垫铁	kg	3.74	25.760	31.750	74.210
普通石棉布	kg	5.56	8.000	10.000	18.000
铅油（厚漆）	kg	6.45	2.000	3.000	4.000
热轧薄钢板 δ1.6～1.9	kg	3.93	8.000	10.000	16.000

定 额 编 号			A1-11-1	A1-11-2	A1-11-3
项 目 名 称			炉膛内径(m)		
			1	1.5	2
			设备重量(t)		
			5	6	30
名 称	单位	单价(元)	消 耗 量		
材料	热轧厚钢板 δ8.0～20	kg	3.20	18.000	20.000	60.000
	石棉绳	kg	3.50	2.500	3.500	7.000
	石棉橡胶板	kg	9.40	4.000	6.000	9.000
	碳钢气焊条	kg	9.06	1.000	1.000	2.000
	橡胶板	kg	2.91	2.000	2.000	4.000
	斜垫铁	kg	3.50	25.320	30.616	74.176
	羊毛毡 12～15	m²	179.49	0.040	0.050	0.100
	氧气	m³	3.63	8.160	9.180	22.950
	乙炔气	kg	10.45	2.720	3.060	7.650
	其他材料费占材料费	%	—	5.000	5.000	5.000
机械	电动空气压缩机 6m³/min	台班	206.73	1.300	1.300	2.300
	交流弧焊机 21kV·A	台班	57.35	2.500	3.500	6.000
	汽车式起重机 12t	台班	857.15	0.300	—	—
	汽车式起重机 16t	台班	958.70	—	0.400	—
	汽车式起重机 50t	台班	2464.07	—	—	0.800
	汽车式起重机 8t	台班	763.67	1.700	1.850	5.000
	载重汽车 10t	台班	547.99	0.300	0.400	0.600

定 额 编 号				A1-11-4	A1-11-5	A1-11-6
项 目 名 称				炉膛内径(m)		
					3	3.6
				设备重量(t)		
				28(无支柱)	38(有支柱)	47
基 价 （元）				25405.67	32836.03	41336.17
其中	人 工 费（元）			15051.68	19577.18	22897.56
	材 料 费（元）			3339.64	4099.21	5953.17
	机 械 费（元）			7014.35	9159.64	12485.44
名 称		单位	单价(元)	消 耗 量		
人工	综合工日	工日	140.00	107.512	139.837	163.554
材料	板方材	m³	1800.00	0.080	0.090	0.100
	道木	m³	2137.00	0.437	0.472	0.620
	低碳钢焊条	kg	6.84	46.200	58.800	75.600
	镀锌铁丝 φ4.0～2.8	kg	3.57	4.000	4.000	6.000
	甘油	kg	10.56	2.000	2.000	3.000
	钢丝绳 φ18.5	m	11.54	2.100	—	—
	钢丝绳 φ20	m	12.56	—	2.330	—
	钢丝绳 φ21.5	m	18.72	—	—	2.750
	硅酸钠(水玻璃)	kg	1.62	5.000	5.000	6.000
	黑铅粉	kg	5.13	5.000	5.000	6.000
	黄油钙基脂	kg	5.15	8.000	10.000	10.000
	机油	kg	19.66	6.120	7.140	8.160
	角钢 60	kg	3.61	90.000	96.000	110.000
	煤油	kg	3.73	18.900	21.000	29.400
	木板	m³	1634.16	0.090	0.110	0.120
	平垫铁	kg	3.74	22.000	74.200	222.810
	普通石棉布	kg	5.56	22.000	22.000	26.000
	铅油(厚漆)	kg	6.45	5.000	5.000	6.000

定 额 编 号			A1-11-4	A1-11-5	A1-11-6
项 目 名 称			炉膛内径(m)		
			3		3.6
			设备重量(t)		
			28(无支柱)	38(有支柱)	47
名 称	单位	单价(元)	消 耗 量		
材料 热轧薄钢板 δ1.6~1.9	kg	3.93	18.000	20.000	28.000
热轧厚钢板 δ8.0~20	kg	3.20	88.000	90.000	100.000
石棉绳	kg	3.50	8.000	8.000	10.200
石棉橡胶板	kg	9.40	11.000	11.000	12.000
碳钢气焊条	kg	9.06	2.000	2.000	3.000
橡胶板	kg	2.91	5.000	5.000	6.000
斜垫铁	kg	3.50	12.576	74.176	199.410
羊毛毡 12~15	m²	179.49	0.100	0.100	0.120
氧气	m³	3.63	24.480	27.540	32.130
乙炔气	kg	10.45	8.160	9.180	10.710
其他材料费占材料费	%	—	5.000	5.000	5.000
机械 电动空气压缩机 6m³/min	台班	206.73	2.300	3.000	3.000
交流弧焊机 21kV·A	台班	57.35	6.000	8.500	10.000
汽车式起重机 100t	台班	4651.90	—	—	1.200
汽车式起重机 50t	台班	2464.07	0.800	—	—
汽车式起重机 75t	台班	3151.07	—	1.000	—
汽车式起重机 8t	台班	763.67	5.100	5.700	6.400
载重汽车 10t	台班	547.99	0.600	1.000	1.500

二、洗涤塔

定 额 编 号			A1-11-7	A1-11-8
项 目 名 称			设备规格（直径φmm/高度H mm）	
			Φ1220/H 9000	Φ1620/H 9200
基 价（元）			4007.65	4828.23
其中	人 工 费（元）		1876.28	2288.30
	材 料 费（元）		736.40	887.46
	机 械 费（元）		1394.97	1652.47
名 称	单位	单价（元）	消 耗 量	
人工 综合工日	工日	140.00	13.402	16.345
材料 道木	m³	2137.00	0.166	0.212
低碳钢焊条	kg	6.84	4.200	5.250
镀锌铁丝 φ4.0～2.8	kg	3.57	3.000	3.000
黑铅粉	kg	5.13	1.000	1.200
黄油钙基脂	kg	5.15	2.200	2.200
机油	kg	19.66	2.550	2.550
煤油	kg	3.73	3.150	3.150
木板	m³	1634.16	0.010	0.010
平垫铁	kg	3.74	7.760	11.640
铅油（厚漆）	kg	6.45	2.000	2.500
热轧薄钢板 δ1.6～1.9	kg	3.93	4.000	4.000
热轧厚钢板 δ8.0～20	kg	3.20	18.000	20.000
石棉绳	kg	3.50	3.000	3.500
石棉橡胶板	kg	9.40	1.500	1.800
丝堵 φ38以内	个	1.58	2.000	2.000
斜垫铁	kg	3.50	7.410	9.880
氧气	m³	3.63	6.120	6.120
乙炔气	kg	10.45	2.040	2.040
其他材料费占材料费	%	—	5.000	5.000
机械 电动空气压缩机 6m³/min	台班	206.73	1.500	1.500
交流弧焊机 21kV·A	台班	57.35	1.000	1.000
汽车式起重机 12t	台班	857.15	0.300	—
汽车式起重机 16t	台班	958.70	—	0.400
汽车式起重机 8t	台班	763.67	0.650	0.750
载重汽车 10t	台班	547.99	0.500	0.600

定　额　编　号		A1-11-9
项　目　名　称		设备规格（直径 φ mm/高度 H mm）
		φ2520/H 12700
基　　　价（元）		10834.04
其中	人　工　费（元）	6224.68
	材　料　费（元）	1611.42
	机　械　费（元）	2997.94

	名　　　称	单位	单价（元）	消　耗　量
人工	综合工日	工日	140.00	44.462
材料	板方材	m³	1800.00	0.060
	道木	m³	2137.00	0.274
	低碳钢焊条	kg	6.84	29.400
	镀锌铁丝 φ4.0～2.8	kg	3.57	3.000
	钢丝绳 φ15.5	m	8.97	1.250
	黑铅粉	kg	5.13	1.400
	黄油钙基脂	kg	5.15	3.000
	机油	kg	19.66	3.570
	煤油	kg	3.73	3.675
	木板	m³	1634.16	0.020
	平垫铁	kg	3.74	27.750
	铅油（厚漆）	kg	6.45	3.000
	热轧薄钢板 δ1.6～1.9	kg	3.93	6.000
	热轧厚钢板 δ8.0～20	kg	3.20	42.000
	石棉绳	kg	3.50	4.000
	石棉橡胶板	kg	9.40	2.000
	丝堵 φ38以内	个	1.58	4.000
	斜垫铁	kg	3.50	26.680
	氧气	m³	3.63	9.180
	乙炔气	kg	10.45	3.060
	其他材料费占材料费	%	—	5.000
机械	电动空气压缩机 6m³/min	台班	206.73	2.000
	交流弧焊机 21kV·A	台班	57.35	4.000
	汽车式起重机 25t	台班	1084.16	0.500
	汽车式起重机 8t	台班	763.67	1.800
	载重汽车 10t	台班	547.99	0.800

定 额 编 号			A1-11-10	A1-11-11
项 目 名 称			设备规格(直径ϕ mm/高度H mm)	
			ϕ3520/H 14600	ϕ2650/H 18800
基 价 （元）			15387.57	18458.63
其中	人 工 费 （元）		8003.66	9645.44
	材 料 费 （元）		3666.07	3770.10
	机 械 费 （元）		3717.84	5043.09
名 称		单位	单价（元）	消 耗 量	
人工	综合工日	工日	140.00	57.169	68.896
材料	板方材	m³	1800.00	0.060	0.080
	道木	m³	2137.00	0.904	0.754
	低碳钢焊条	kg	6.84	50.400	71.400
	镀锌铁丝 ϕ4.0～2.8	kg	3.57	3.000	3.000
	钢丝绳 ϕ15.5	m	8.97	1.250	—
	钢丝绳 ϕ18.5	m	11.54	—	2.080
	黑铅粉	kg	5.13	2.100	2.200
	黄油钙基脂	kg	5.15	3.800	4.000
	机油	kg	19.66	4.590	5.100
	煤油	kg	3.73	5.250	5.775
	木板	m³	1634.16	0.020	0.020
	平垫铁	kg	3.74	65.210	86.940
	铅油(厚漆)	kg	6.45	4.000	4.500
	热轧薄钢板 δ1.6～1.9	kg	3.93	12.000	20.000
	热轧厚钢板 δ8.0～20	kg	3.20	75.000	80.000
	石棉绳	kg	3.50	5.200	6.000
	石棉橡胶板	kg	9.40	3.000	3.500
	丝堵 ϕ38以内	个	1.58	5.000	5.000
	斜垫铁	kg	3.50	63.610	84.820
	氧气	m³	3.63	11.016	11.016
	乙炔气	kg	10.45	3.672	3.672
	其他材料费占材料费	%		5.000	5.000
机械	电动空气压缩机 6m³/min	台班	206.73	2.500	2.500
	交流弧焊机 21kV·A	台班	57.35	6.500	8.000
	汽车式起重机 30t	台班	1127.57	0.600	—
	汽车式起重机 50t	台班	2464.07	—	0.700
	汽车式起重机 8t	台班	763.67	2.100	2.350
	载重汽车 10t	台班	547.99	1.000	1.000

定 额 编 号			A1-11-12	A1-11-13
项 目 名 称			设备规格（直径 Φ mm/高度 H mm）	
			Φ3520/H 24050	Φ4020/H 24460
基 价（元）			27917.50	32687.90
其中	人 工 费（元）		14110.88	15777.02
	材 料 费（元）		5217.33	6560.53
	机 械 费（元）		8589.29	10350.35
名 称		单位	单价（元）	消 耗 量	
人工	综合工日	工日	140.00	100.792	112.693
材料	板方材	m³	1800.00	0.100	0.140
	道木	m³	2137.00	1.182	1.524
	低碳钢焊条	kg	6.84	89.250	105.000
	镀锌铁丝 Φ4.0～2.8	kg	3.57	3.500	3.500
	钢丝绳 Φ21.5	m	18.72	2.750	—
	钢丝绳 Φ26	m	26.38	—	5.000
	黑铅粉	kg	5.13	3.000	3.500
	黄油钙基脂	kg	5.15	6.500	7.500
	机油	kg	19.66	7.140	8.160
	煤油	kg	3.73	7.350	8.400
	木板	m³	1634.16	0.020	0.020
	平垫铁	kg	3.74	111.640	120.230
	铅油（厚漆）	kg	6.45	5.000	6.000
	热轧薄钢板 δ1.6～1.9	kg	3.93	20.000	24.000
	热轧厚钢板 δ8.0～20	kg	3.20	90.000	128.000
	石棉绳	kg	3.50	6.000	6.500
	石棉橡胶板	kg	9.40	5.000	6.000
	丝堵 Φ38以内	个	1.58	16.000	16.000
	斜垫铁	kg	3.50	94.730	105.260
	氧气	m³	3.63	13.770	18.360
	乙炔气	kg	10.45	4.590	6.120
	其他材料费占材料费	%	—	5.000	5.000
机械	电动空气压缩机 6m³/min	台班	206.73	3.000	3.000
	交流弧焊机 21kV·A	台班	57.35	10.000	12.500
	汽车式起重机 100t	台班	4651.90	0.800	1.000
	汽车式起重机 8t	台班	763.67	3.950	4.850
	载重汽车 10t	台班	547.99	1.200	1.200

三、电气滤清器

定　额　编　号	A1-11-14	A1-11-15	A1-11-16
项　目　名　称	设备型号		
	C-39	C-72	C-97
基　　价（元）	14846.89	18216.29	21713.11
其中　人　工　费（元）	9047.50	10523.66	12577.32
材　料　费（元）	2291.39	2660.81	3742.83
机　械　费（元）	3508.00	5031.82	5392.96

	名　　称	单位	单价（元）	消　　耗　　量		
人工	综合工日	工日	140.00	64.625	75.169	89.838
材料	板方材	m³	1800.00	0.080	0.128	0.136
	道木	m³	2137.00	0.604	0.628	0.886
	低碳钢焊条	kg	6.84	12.600	12.600	14.700
	镀锌铁丝 φ4.0～2.8	kg	3.57	1.000	1.000	1.500
	钢板 δ4.5～7	kg	3.18	28.000	60.000	72.000
	钢丝绳 φ15.5	m	8.97	1.920	—	—
	钢丝绳 φ18.5	m	11.54	—	2.200	2.200
	黑铅粉	kg	5.13	1.500	1.500	2.000
	黄油钙基脂	kg	5.15	1.500	1.500	2.000
	机油	kg	19.66	3.060	3.570	4.080
	煤油	kg	3.73	2.625	2.625	3.150
	木板	m³	1634.16	0.010	0.010	0.020
	平垫铁	kg	3.74	33.680	40.660	94.920
	热轧薄钢板 δ1.6～1.9	kg	3.93	26.000	32.000	34.000
	石棉绳	kg	3.50	2.000	2.200	2.800
	石棉橡胶板	kg	9.40	8.000	9.000	10.000
	斜垫铁	kg	3.50	29.480	39.310	81.430
	氧气	m³	3.63	5.100	5.100	6.120
	乙炔气	kg	10.45	1.700	1.700	2.040
	其他材料费占材料费	%	—	5.000	5.000	5.000
机械	电动空气压缩机 6m³/min	台班	206.73	2.500	2.500	3.000
	交流弧焊机 21kV·A	台班	57.35	4.000	4.000	4.500
	汽车式起重机 30t	台班	1127.57	0.600	—	—
	汽车式起重机 50t	台班	2464.07	—	0.800	0.800
	汽车式起重机 8t	台班	763.67	2.300	2.600	2.900
	载重汽车 10t	台班	547.99	0.600	0.600	0.600

定 额 编 号			A1-11-17	A1-11-18
项 目 名 称			设备型号	
			C-140	C-180
基 价（元）			25641.65	30023.39
其中	人 工 费（元）		14992.18	17990.56
	材 料 费（元）		4674.50	5668.04
	机 械 费（元）		5974.97	6364.79
名 称	单位	单价（元）	消 耗 量	
人工 综合工日	工日	140.00	107.087	128.504
材料 板方材	m³	1800.00	0.159	0.191
道木	m³	2137.00	1.159	1.391
低碳钢焊条	kg	6.84	15.750	18.900
镀锌铁丝 φ4.0～2.8	kg	3.57	1.500	1.800
钢板 δ4.5～7	kg	3.18	90.000	108.000
钢丝绳 φ20	m	12.56	2.330	2.796
黑铅粉	kg	5.13	2.200	2.640
黄油钙基脂	kg	5.15	2.500	3.000
机油	kg	19.66	5.100	6.120
煤油	kg	3.73	4.200	5.040
木板	m³	1634.16	0.020	0.024
平垫铁	kg	3.74	113.900	145.380
热轧薄钢板 δ1.6～1.9	kg	3.93	34.000	40.800
石棉绳	kg	3.50	3.600	4.320
石棉橡胶板	kg	9.40	14.000	16.800
斜垫铁	kg	3.50	93.070	118.120
氧气	m³	3.63	8.160	9.792
乙炔气	kg	10.45	2.720	3.264
其他材料费占材料费	%	—	5.000	5.000
机械 电动空气压缩机 6m³/min	台班	206.73	3.000	3.500
交流弧焊机 21kV·A	台班	57.35	5.500	6.500
汽车式起重机 50t	台班	2464.07	0.800	0.800
汽车式起重机 8t	台班	763.67	3.300	3.600
载重汽车 10t	台班	547.99	1.000	1.000

四、竖管

定 额 编 号			A1-11-19	
项 目 名 称			单竖管	
			设备规格（直径φmm/高度H mm）	
			φ1620/H 9100, φ1420/H 6200	
基 价 （元）			3212.65	
其中	人 工 费 （元）		1747.62	
	材 料 费 （元）		242.36	
	机 械 费 （元）		1222.67	
名 称	单位	单价（元）	消 耗 量	
人工 综合工日	工日	140.00	12.483	
材料 道木	m³	2137.00	0.030	
低碳钢焊条	kg	6.84	2.100	
镀锌铁丝 φ4.0~2.8	kg	3.57	1.200	
黑铅粉	kg	5.13	0.400	
机油	kg	19.66	0.204	
煤油	kg	3.73	0.315	
木板	m³	1634.16	0.010	
平垫铁	kg	3.74	9.700	
铅油(厚漆)	kg	6.45	0.200	
热轧薄钢板 δ1.6~1.9	kg	3.93	8.000	
石棉绳	kg	3.50	1.200	
石棉橡胶板	kg	9.40	2.000	
橡胶板	kg	2.91	1.000	
斜垫铁	kg	3.50	7.410	
氧气	m³	3.63	0.510	
乙炔气	kg	10.45	0.170	
其他材料费占材料费	%	—	5.000	
机械 电动空气压缩机 6m³/min	台班	206.73	1.000	
交流弧焊机 21kV·A	台班	57.35	0.500	
汽车式起重机 12t	台班	857.15	0.960	
载重汽车 10t	台班	547.99	0.300	

定 额 编 号			A1-11-20	A1-11-21	A1-11-22
项 目 名 称			双竖管		
			设备规格（直径φmm/高度H mm）		
			Φ400	Φ820	Φ1620
基 价（元）			2565.55	3423.13	4000.21
其中	人 工 费（元）		1156.26	1964.48	2345.42
	材 料 费（元）		198.09	241.72	292.96
	机 械 费（元）		1211.20	1216.93	1361.83
名 称	单位	单价（元）	消 耗 量		
人工	综合工日	工日	140.00	8.259	14.032	16.753
材料	道木	m³	2137.00	0.027	0.030	0.030
	低碳钢焊条	kg	6.84	1.050	1.575	2.100
	镀锌铁丝 φ4.0～2.8	kg	3.57	1.200	1.400	1.400
	黑铅粉	kg	5.13	0.400	0.600	0.800
	机油	kg	19.66	0.204	0.306	0.510
	煤油	kg	3.73	0.315	0.420	0.525
	木板	m³	1634.16	0.010	0.010	0.010
	平垫铁	kg	3.74	4.700	5.640	8.470
	铅油（厚漆）	kg	6.45	0.200	0.300	0.400
	热轧薄钢板 δ1.6～1.9	kg	3.93	8.000	10.000	12.000
	石棉绳	kg	3.50	1.200	2.000	3.000
	石棉橡胶板	kg	9.40	2.000	2.400	3.000
	橡胶板	kg	2.91	1.000	1.200	1.500
	斜垫铁	kg	3.50	4.590	6.120	9.170
	氧气	m³	3.63	0.510	0.918	0.918
	乙炔气	kg	10.45	0.170	0.306	0.306
	其他材料费占材料费	%	—	5.000	5.000	5.000
机械	电动空气压缩机 6m³/min	台班	206.73	1.000	1.000	1.300
	交流弧焊机 21kV·A	台班	57.35	0.300	0.400	0.500
	汽车式起重机 12t	台班	857.15	0.960	0.960	1.050
	载重汽车 10t	台班	547.99	0.300	0.300	0.300

五、附属设备

计量单位：台

定　额　编　号			A1-11-23	A1-11-24
项　目　名　称			废热锅炉	
			设备规格 （直径φmm/高度H mm）	竖管设备规格 （直径φmm/高度H mm）
			φ1200/H 7500	φ1400/H 8400
基　　　　价（元）			4995.99	6213.62
其中	人　工　费（元）		3166.66	4155.48
	材　料　费（元）		286.35	362.43
	机　械　费（元）		1542.98	1695.71
名　　称	单位	单价（元）	消　耗　量	
人工	综合工日	工日	140.00	22.619	29.682

	名　　称	单位	单价（元）	消　耗　量	
	综合工日	工日	140.00	22.619	29.682
材　　　　料	道木	m³	2137.00	0.052	0.052
	低碳钢焊条	kg	6.84	0.525	0.525
	镀锌铁丝 φ4.0～2.8	kg	3.57	1.200	1.500
	黑铅粉	kg	5.13	0.300	0.600
	机油	kg	19.66	0.102	0.204
	煤油	kg	3.73	0.315	0.525
	木板	m³	1634.16	0.010	0.010
	平垫铁	kg	3.74	11.640	17.460
	铅油（厚漆）	kg	6.45	0.100	0.100
	热轧厚钢板 δ8.0～20	kg	3.20	4.000	6.000
	石棉绳	kg	3.50	1.000	1.800
	石棉橡胶板	kg	9.40	4.000	6.000
	斜垫铁	kg	3.50	9.880	14.820
	其他材料费占材料费	%	—	5.000	5.000
机　械	电动空气压缩机 6m³/min	台班	206.73	1.500	1.500
	交流弧焊机 21kV·A	台班	57.35	0.300	0.300
	汽车式起重机 16t	台班	958.70	0.300	0.300
	汽车式起重机 8t	台班	763.67	1.000	1.200
	载重汽车 10t	台班	547.99	0.300	0.300

421

定 额 编 号				A1-11-25
项 目 名 称				除滴器
				设备规格(直径φmm/高度H mm)
				φ2500/H 5000
基 价（元）				3818.90
其中	人 工 费（元）			2048.34
	材 料 费（元）			547.70
	机 械 费（元）			1222.86
名 称	单位	单价(元)		消 耗 量
人工	综合工日	工日	140.00	14.631
材料	道木	m³	2137.00	0.095
	低碳钢焊条	kg	6.84	1.680
	镀锌铁丝 φ4.0～2.8	kg	3.57	2.000
	黄油钙基脂	kg	5.15	0.250
	机油	kg	19.66	1.020
	煤油	kg	3.73	1.050
	木板	m³	1634.16	0.010
	平垫铁	kg	3.74	6.590
	铅油(厚漆)	kg	6.45	0.200
	热轧薄钢板 δ1.6～1.9	kg	3.93	10.000
	热轧厚钢板 δ8.0～20	kg	3.20	52.000
	斜垫铁	kg	3.50	7.640
	其他材料费占材料费	%	—	5.000
机械	电动空气压缩机 6m³/min	台班	206.73	1.500
	交流弧焊机 21kV·A	台班	57.35	1.000
	汽车式起重机 16t	台班	958.70	0.300
	汽车式起重机 8t	台班	763.67	0.600
	载重汽车 10t	台班	547.99	0.200

定　额　编　号			A1-11-26	A1-11-27
项　目　名　称			旋涡除尘器	
			设备规格（直径φmm/高度H mm）	
			Φ2060	Φ2400/H 6745
基　　　价（元）			3911.51	4493.45
其中	人　工　费（元）		2212.84	2516.36
	材　料　费（元）		504.49	555.87
	机　械　费（元）		1194.18	1421.22
名　　称	单位	单价（元）	消　　耗　　量	
人工 综合工日	工日	140.00	15.806	17.974
材料 道木	m³	2137.00	0.092	0.092
低碳钢焊条	kg	6.84	1.575	2.100
镀锌铁丝 φ4.0～2.8	kg	3.57	2.000	2.000
黑铅粉	kg	5.13	0.600	0.800
黄油钙基脂	kg	5.15	0.500	0.500
机油	kg	19.66	0.510	1.020
煤油	kg	3.73	0.840	1.050
木板	m³	1634.16	0.010	0.010
平垫铁	kg	3.74	5.640	5.640
铅油（厚漆）	kg	6.45	0.200	0.200
热轧薄钢板 δ1.6～1.9	kg	3.93	8.000	10.000
热轧厚钢板 δ8.0～20	kg	3.20	40.000	46.000
石棉绳	kg	3.50	2.500	3.000
石棉橡胶板	kg	9.40	2.000	2.500
斜垫铁	kg	3.50	6.120	6.120
其他材料费占材料费	%	—	5.000	5.000
机械 电动空气压缩机 6m³/min	台班	206.73	1.500	1.500
交流弧焊机 21kV·A	台班	57.35	0.500	0.500
汽车式起重机 16t	台班	958.70	0.300	0.400
汽车式起重机 8t	台班	763.67	0.600	0.700
载重汽车 10t	台班	547.99	0.200	0.300

定　额　编　号				A1-11-28	A1-11-29
项　目　名　称				焦油分离机	除灰水封
				设备规格（直径 φmm/高度 H mm）	
				3400m³/h	φ1020/H 8800
基　　　价（元）				9935.34	2059.67
其中	人　工　费（元）			7209.86	1438.50
	材　料　费（元）			905.00	134.29
	机　械　费（元）			1820.48	486.88
名　　称		单位	单价（元）	消　　耗　　量	
人工	综合工日	工日	140.00	51.499	10.275
材料	道木	m³	2137.00	0.193	0.027
	低碳钢焊条	kg	6.84	6.300	0.525
	镀锌铁丝 φ4.0～2.8	kg	3.57	2.500	1.200
	黑铅粉	kg	5.13	1.000	—
	黄油钙基脂	kg	5.15	1.000	—
	机油	kg	19.66	1.530	—
	煤油	kg	3.73	8.400	—
	木板	m³	1634.16	0.020	0.010
	平垫铁	kg	3.74	36.780	3.760
	铅油（厚漆）	kg	6.45	0.500	—
	热轧薄钢板 δ1.6～1.9	kg	3.93	3.000	—
	热轧厚钢板 δ8.0～20	kg	3.20	5.000	—
	石棉绳	kg	3.50	—	0.500
	石棉橡胶板	kg	9.40	—	1.500
	斜垫铁	kg	3.50	35.570	4.590
	其他材料费占材料费	%	—	5.000	5.000
机械	交流弧焊机 21kV·A	台班	57.35	1.500	0.500
	汽车式起重机 16t	台班	958.70	0.500	—
	汽车式起重机 8t	台班	763.67	1.500	0.600
	载重汽车 10t	台班	547.99	0.200	—

定　额　编　号				A1-11-30	
项　目　名　称				隔离水封	
				设备规格(直径φmm/高度H mm)	
				φ720/H 2400	
基　　　价（元）				989.68	
其中	人　工　费（元）			552.44	
	材　料　费（元）			135.58	
	机　械　费（元）			301.66	
名　　称		单位	单价(元)	消　耗　量	
人工	综合工日	工日	140.00	3.946	
材料	道木	m³	2137.00	0.027	
	低碳钢焊条	kg	6.84	0.525	
	镀锌铁丝 φ4.0～2.8	kg	3.57	1.200	
	黄油钙基脂	kg	5.15	0.100	
	机油	kg	19.66	0.408	
	煤油	kg	3.73	0.420	
	木板	m³	1634.16	0.010	
	平垫铁	kg	3.74	2.820	
	石棉绳	kg	3.50	0.500	
	石棉橡胶板	kg	9.40	1.500	
	斜垫铁	kg	3.50	3.060	
	其他材料费占材料费	%	—	5.000	
机械	交流弧焊机 21kV·A	台班	57.35	0.200	
	汽车式起重机 8t	台班	763.67	0.380	

定　额　编　号				A1-11-31		
项　目　名　称				隔离水封		
				设备规格(直径φmm/高度H mm)		
				φ1220/H 3800, φ1620/H 5200		
基　　　价（元）				**2006.87**		
其中	人　工　费（元）			1307.74		
	材　料　费（元）			153.09		
	机　械　费（元）			546.04		
名　　　称		单位	单价(元)	消　　耗　　量		
人工	综合工日	工日	140.00	9.341		
材料	道木	m³	2137.00	0.027		
	低碳钢焊条	kg	6.84	0.525		
	镀锌铁丝 φ4.0～2.8	kg	3.57	1.300		
	黄油钙基脂	kg	5.15	0.100		
	机油	kg	19.66	0.510		
	煤油	kg	3.73	0.525		
	木板	m³	1634.16	0.010		
	平垫铁	kg	3.74	3.760		
	石棉绳	kg	3.50	0.600		
	石棉橡胶板	kg	9.40	2.000		
	斜垫铁	kg	3.50	4.590		
	其他材料费占材料费	%	—	5.000		
机械	交流弧焊机 21kV·A	台班	57.35	0.200		
	汽车式起重机 8t	台班	763.67	0.700		

定　额　编　号			A1-11-32	A1-11-33
项　目　名　称			总管沉灰箱	总管清理水封
			设备规格（直径φmm/高度H mm）	
			φ720	φ630
基　　　价（元）			989.87	1556.87
其中	人　工　费（元）		552.58	960.12
	材　料　费（元）		129.89	50.71
	机　械　费（元）		307.40	546.04
名　　　称	单位	单价（元）	消　　耗　　量	
人工	综合工日	工日	140.00	3.947	6.858
材料	道木	m³	2137.00	0.027	—
	低碳钢焊条	kg	6.84	0.525	0.525
	镀锌铁丝 φ4.0～2.8	kg	3.57	1.200	1.200
	黄油钙基脂	kg	5.15	0.100	0.100
	木板	m³	1634.16	0.010	0.010
	平垫铁	kg	3.74	3.760	1.410
	石棉绳	kg	3.50	0.500	0.500
	石棉橡胶板	kg	9.40	1.000	1.000
	斜垫铁	kg	3.50	4.590	2.040
	其他材料费占材料费	%	—	5.000	5.000
机械	交流弧焊机 21kV·A	台班	57.35	0.300	0.200
	汽车式起重机 8t	台班	763.67	0.380	0.700

定　额　编　号	A1-11-34
项　目　名　称	钟罩阀
	设备规格(直径 φ mm/高度H mm)
	φ200, φ300
基　　　价（元）	295.05

其中	人　工　费（元）	262.36
	材　料　费（元）	15.48
	机　械　费（元）	17.21

	名　　　　称	单位	单价(元)	消　　耗　　量
人工	综合工日	工日	140.00	1.874
材料	低碳钢焊条	kg	6.84	0.525
	石棉绳	kg	3.50	0.500
	石棉橡胶板	kg	9.40	1.000
	其他材料费占材料费	%	—	5.000
机械	交流弧焊机 21kV·A	台班	57.35	0.300

定　额　编　号	A1-11-35
	盘阀
项　目　名　称	设备规格(直径φmm/高度H mm)
	φ1000/H 1000, φ950/H 1150
基　　　　价（元）	649.85

其中	人　工　费（元）	646.94
	材　料　费（元）	2.91
	机　械　费（元）	—

	名　　　称	单位	单价（元）	消　　耗　　量
人工	综合工日	工日	140.00	4.621
材料	黑铅粉	kg	5.13	0.200
	石棉绳	kg	3.50	0.500
	其他材料费占材料费	%	—	5.000

六、煤气发生设备附属其他容器构件

定　额　编　号			A1-11-36	A1-11-37
项　目　名　称			设备重量	
			≤0.5t	>0.5t
基　　　价（元）			**2854.99**	**2361.59**
其中	人　工　费（元）		1319.92	1088.22
	材　料　费（元）		301.55	232.62
	机　械　费（元）		1233.52	1040.75
名　　称	单位	单价（元）	消　　耗　　量	
人工	综合工日	工日	140.00	9.428	7.773
材料	道木	m³	2137.00	0.052	0.040
	低碳钢焊条	kg	6.84	3.150	2.100
	镀锌铁丝 φ4.0～2.8	kg	3.57	2.020	2.000
	钢板垫板	kg	5.13	10.000	6.000
	黑铅粉	kg	5.13	1.000	0.800
	黄油钙基脂	kg	5.15	0.600	0.500
	机油	kg	19.66	0.612	0.510
	煤油	kg	3.73	1.260	1.050
	木板	m³	1634.16	0.010	0.009
	平垫铁	kg	3.74	2.820	2.820
	铅油（厚漆）	kg	6.45	1.000	0.800
	石棉绳	kg	3.50	1.200	1.000
	石棉橡胶板	kg	9.40	1.500	1.200
	斜垫铁	kg	3.50	3.060	3.060
	氧气	m³	3.63	1.224	1.020
	乙炔气	kg	10.45	0.408	0.340
	其他材料费占材料费	%	—	5.000	5.000
机械	电动空气压缩机 10m³/min	台班	355.21	1.300	1.200
	交流弧焊机 21kV·A	台班	57.35	1.500	1.000
	汽车式起重机 12t	台班	857.15	0.800	0.650

七、煤气发生设备分节容器外壳组焊

定　额　编　号				A1-11-38	A1-11-39	A1-11-40
项　目　名　称				设备外径(m以内)/组成节数		
				1/2	1/3	2/2
基　　　价（元）				796.82	1332.05	1592.30
其中	人　工　费（元）			492.52	880.32	990.36
	材　料　费（元）			94.22	136.60	181.77
	机　械　费（元）			210.08	315.13	420.17
名　　称		单位	单价（元）	消　　耗　　量		
人工	综合工日	工日	140.00	3.518	6.288	7.074
材料	道木	m³	2137.00	0.023	0.023	0.023
	低碳钢焊条	kg	6.84	5.933	11.834	18.123
	其他材料费占材料费	%	—	5.000	5.000	5.000
机械	交流弧焊机 21kV·A	台班	57.35	1.000	1.500	2.000
	汽车式起重机 8t	台班	763.67	0.200	0.300	0.400

定　额　编　号				A1-11-41	A1-11-42	A1-11-43
项　目　名　称				设备外径(m以内)/组成节数		
				2/3	3/2	3/3
基　　　价（元）				2832.22	2221.24	3926.38
其中	人　工　费（元）			1770.30	1490.86	2664.76
	材　料　费（元）			221.58	176.49	306.58
	机　械　费（元）			840.34	553.89	955.04
名　　　称		单位	单价(元)	消　　耗　　量		
人工	综合工日	工日	140.00	12.645	10.649	19.034
材料	道木	m³	2137.00	0.023	0.023	0.023
	低碳钢焊条	kg	6.84	23.667	17.388	35.501
	其他材料费占材料费	%	—	5.000	5.000	5.000
机械	交流弧焊机 21kV·A	台班	57.35	4.000	3.000	6.000
	汽车式起重机 8t	台班	763.67	0.800	0.500	0.800

432

第十二章 制冷设备安装

说　　明

一、本章定额适用范围如下：

1.制冷机组包括：活塞式制冷机、螺杆式冷水机组、离心式冷水机组、热泵机组、溴化锂吸收式制冷机。

2.制冰设备包括：快速制冰设备、盐水制冰设备、搅拌器。

3.冷风机包括：落地式冷风机、吊顶式冷风机。

4.制冷机械配套附属设备包括：冷凝器、蒸发器、贮液器、分离器、过滤器、冷却器、玻璃钢冷却塔、集油器、油视镜、紧急泄氨器等。

5.制冷容器单体试密与排污。

二、本章定额包括下列内容：

1.设备整体、解体安装。

2.设备带有的电动机、附件、零件等安装。

3.制冷机械附属设备整体安装；随设备带有与设备联体固定的配件（放油阀、放水阀、安全阀、压力表、水位表）等安装。

4.制冷容器单体气密试验（包括装拆空气压缩设计本体及联接试验用的管道、装拆盲板、通气、检查、放气等）与排污。

三、本章定额不包括下列内容：

1.与设备本体非同一底座的各种设备、起动装置与仪表盘、柜等的安装、调试。

2.电动机及其他动力机械的拆装检查、配管、配线、调试。

3.非设备带有的支架、沟槽、防护罩等的制作安装。

4.设备保温及油漆。

5.加制冷剂、制冷系统调试。

四、计算工程量时应注意下列事项：

1.制冷机组、制冰设备和冷风机等按设备的总重量计算。

2.制冷机械配套附属设备的类型分别以面积（m²）、容积（m³）、直径（Φmm 或Φm）、处理水量（m³/h）等作为项目规格时，按设计要求（或实物）的规格，选用相应范围内的项目。

五、除溴化锂吸收式制冷机外，其他制冷机组均按同一底座，并带有减震装置的整体安装方法考虑的。如制冷机组解体安装，可套用相应的空气压缩机安装定额。减震装置若由施工单位提供，可按设计选用的规格计取材料费。

六、制冷机组安装定额中，已包括施工单位配合制造厂试车的工作内容。

七、制冷容器的单体气密试验与排污定额是按试一次考虑的。如"技术规范"或"设计要求"需要多次连续试验时，则第二次的试验按第一次相应定额乘以系数 0.9。第三次及其以上的试验，定额从第三次起每次均按第一次的相应定额乘以系数 0.75。

工程量计算规则

一、制冷机组安装以"台"为计量单位，按设备类别、名称及机组重量"t"选用定额项目。

二、制冷设备安装以"台"为计量单位，按设备类别、名称、型号及重量选用定额项目。

三、冷风机安装以"台"为计量单位，按设备名称、冷却面积及重量选用定额项目。

四、立式、卧式、管壳式冷凝器、蒸发器、淋水式冷凝器、蒸发式冷凝器、立式蒸发器、中间冷却器、空气分离器均以"台"为计量单位，按设备名称、冷却或蒸发面积（㎡）及重量选用定额项目。

五、立式低压循环储液器和卧式高压储液器（排液桶）以"台"为计量单位，按设备名称、容积（㎥）和重量选用定额项目。

六、氨油分离器、氨液分离器、氨气过滤器安装以"台"为计量单位、按设备名称、直径（mm）和重量选用定额项目。

七、玻璃钢冷却塔以"台"为计量单位，按设备处理水量（㎥/h）选用定额项目。

八、集油器、油视镜、紧急泄氨器以"台"或"支"为计量单位，按设备名称和设备直径（mm）选用定额项目。

九、制冷容器单体试密与排污以"每次/台"为计量单位，按设备容量（㎥）选用定额项目。

十、制冷机组、制冰设备和冷风机的设备重量按同一底座上的主机、电动机、附属设备及底座的总重量计算。

一、制冷设备安装

定　额　编　号			A1-12-1	A1-12-2	A1-12-3	A1-12-4
项　目　名　称			设备重量(t以内)			
			0.3	0.5	0.8	1
基　　　　价（元）			521.82	638.08	774.15	899.41
其中	人　工　费（元）		461.02	576.24	709.66	832.86
	材　料　费（元）		16.88	17.92	20.57	22.63
	机　械　费（元）		43.92	43.92	43.92	43.92
名　　　称	单位	单价（元）	消　　耗　　量			
人工	综合工日	工日	140.00	3.293	4.116	5.069	5.949
材料	低碳钢焊条	kg	6.84	0.150	0.150	0.200	0.200
	镀锌铁丝 φ4.0～2.8	kg	3.57	0.300	0.300	0.300	0.300
	钢板 δ4.5～10	kg	3.18	2.000	2.000	2.000	2.000
	黄油	kg	16.58	0.100	0.100	0.150	0.150
	机油	kg	19.66	0.100	0.150	0.200	0.300
	煤油	kg	3.73	0.500	0.500	0.600	0.600
	氧气	m³	3.63	0.300	0.300	0.300	0.300
	乙炔气	kg	10.45	0.100	0.100	0.100	0.100
	其他材料费占材料费	%	—	5.000	5.000	5.000	5.000
机械	交流弧焊机 21kV·A	台班	57.35	0.100	0.100	0.100	0.100
	汽车式起重机 8t	台班	763.67	0.050	0.050	0.050	0.050

定 额 编 号				A1-12-5	A1-12-6	A1-12-7
项 目 名 称				设备重量(t以内)		
				1.5	2	2.5
基 价（元）				1057.47	1330.39	1610.00
其中	人 工 费（元）			985.88	1242.50	1501.22
	材 料 费（元）			27.67	28.70	34.31
	机 械 费（元）			43.92	59.19	74.47
名 称		单位	单价(元)	消 耗 量		
人工	综合工日	工日	140.00	7.042	8.875	10.723
材料	低碳钢焊条	kg	6.84	0.200	0.200	0.200
	镀锌铁丝 φ4.0～2.8	kg	3.57	0.300	0.300	0.300
	钢板 δ4.5～10	kg	3.18	2.000	2.000	3.000
	黄油	kg	16.58	0.250	0.250	0.250
	机油	kg	19.66	0.400	0.450	0.500
	煤油	kg	3.73	0.800	0.800	1.000
	氧气	m³	3.63	0.360	0.360	0.420
	乙炔气	kg	10.45	0.120	0.120	0.140
	其他材料费占材料费	%	—	5.000	5.000	5.000
机械	交流弧焊机 21kV·A	台班	57.35	0.100	0.100	0.100
	汽车式起重机 8t	台班	763.67	0.050	0.070	0.090

440

定　额　编　号			A1-12-8	A1-12-9	A1-12-10
项　目　名　称			设备重量(t以内)		
			3	4	5
基　　　　价（元）			1813.12	2347.50	2871.33
其中	人　工　费（元）		1682.52	2186.94	2671.90
	材　料　费（元）		37.99	42.18	50.50
	机　械　费（元）		92.61	118.38	148.93
名　　　　称	单位	单价(元)	消　　耗　　量		
人工	综合工日	工日	140.00	12.018	15.621	19.085
材料	低碳钢焊条	kg	6.84	0.250	0.250	0.250
	镀锌铁丝 φ4.0～2.8	kg	3.57	0.300	0.300	0.300
	钢板 δ4.5～10	kg	3.18	3.000	3.000	4.000
	黄油	kg	16.58	0.300	0.300	0.400
	机油	kg	19.66	0.600	0.700	0.800
	煤油	kg	3.73	1.100	1.300	1.600
	氧气	m³	3.63	0.420	0.600	0.600
	乙炔气	kg	10.45	0.140	0.200	0.200
	其他材料费占材料费	%	—	5.000	5.000	5.000
机械	交流弧焊机 21kV·A	台班	57.35	0.150	0.200	0.200
	汽车式起重机 8t	台班	763.67	0.110	0.140	0.180

441

定 额 编 号				A1-12-11	A1-12-12	A1-12-13
项 目 名 称				设备重量(t以内)		
				6	8	10
基 价 （元）				3515.58	4450.52	5150.01
其中	人 工 费 （元）			2950.78	3893.26	4396.28
	材 料 费 （元）			54.08	63.57	68.30
	机 械 费 （元）			510.72	493.69	685.43
名 称		单位	单价（元）	消 耗 量		
人工	综合工日	工日	140.00	21.077	27.809	31.402
材料	低碳钢焊条	kg	6.84	0.250	0.300	0.300
	镀锌铁丝 φ4.0～2.8	kg	3.57	0.300	0.300	0.300
	钢板 δ4.5～10	kg	3.18	4.000	6.000	6.000
	黄油	kg	16.58	0.400	0.400	0.450
	机油	kg	19.66	0.900	1.000	1.000
	煤油	kg	3.73	1.700	1.800	2.500
	氧气	m³	3.63	0.750	0.750	0.900
	乙炔气	kg	10.45	0.250	0.250	0.300
	其他材料费占材料费	%	—	5.000	5.000	5.000
机械	交流弧焊机 21kV·A	台班	57.35	0.250	0.250	0.250
	汽车式起重机 16t	台班	958.70	—	0.500	0.700
	汽车式起重机 8t	台班	763.67	0.650	—	—

二、螺杆式冷水机组

定　额　编　号				A1-12-14	A1-12-15	A1-12-16
项　目　名　称				设备重量(t以内)		
				1	2	3
基　　　价（元）				985.29	1526.98	1855.49
其中	人　工　费（元）			916.30	1437.38	1723.68
	材　料　费（元）			25.07	30.41	39.20
	机　械　费（元）			43.92	59.19	92.61
名　　　称		单位	单价（元）	消　　耗　　量		
人工	综合工日	工日	140.00	6.545	10.267	12.312
材料	低碳钢焊条	kg	6.84	0.200	0.200	0.200
	镀锌铁丝 φ4.0～2.8	kg	3.57	0.300	0.300	0.300
	钢板 δ4.5～10	kg	3.18	2.000	2.000	3.000
	黄油	kg	16.58	0.200	0.250	0.300
	机油	kg	19.66	0.300	0.400	0.600
	煤油	kg	3.73	1.000	1.500	1.500
	氧气	m³	3.63	0.300	0.360	0.420
	乙炔气	kg	10.45	0.100	0.120	0.140
	其他材料费占材料费	%	—	5.000	5.000	5.000
机械	交流弧焊机 21kV·A	台班	57.35	0.100	0.100	0.150
	汽车式起重机 8t	台班	763.67	0.050	0.070	0.110

定　额　编　号			A1-12-17	A1-12-18	A1-12-19
项　目　名　称			设备重量(t以内)		
			5	8	10
基　　　价（元）			2872.76	4457.26	5332.88
其中	人　工　费（元）		2674.70	3903.34	4578.28
	材　料　费（元）		49.13	60.23	69.17
	机　械　费（元）		148.93	493.69	685.43
名　　　称	单位	单价（元）	消　　耗　　量		
人工	综合工日	工日	140.00	19.105	27.881	32.702
材料	低碳钢焊条	kg	6.84	0.250	0.300	0.300
	镀锌铁丝　φ4.0～2.8	kg	3.57	0.300	0.300	0.300
	钢板　δ4.5～10	kg	3.18	4.000	6.000	6.000
	黄油	kg	16.58	0.350	0.400	0.500
	机油	kg	19.66	0.700	0.800	1.000
	煤油	kg	3.73	2.000	2.000	2.500
	氧气	m³	3.63	0.600	0.750	0.900
	乙炔气	kg	10.45	0.200	0.250	0.300
	其他材料费占材料费	%	—	5.000	5.000	5.000
机械	交流弧焊机 21kV·A	台班	57.35	0.200	0.250	0.250
	汽车式起重机 16t	台班	958.70	—	0.500	0.700
	汽车式起重机 8t	台班	763.67	0.180	—	—

三、离心式冷水机组

计量单位：台

定　额　编　号				A1-12-20	A1-12-21	A1-12-22	A1-12-23
项　目　名　称				设备重量(t以内)			
				0.5	1	2	3
基　　　　价（元）				687.86	985.63	1528.12	1854.50
其中	人　工　费（元）			625.52	916.30	1437.38	1723.68
	材　料　费（元）			18.42	25.41	31.55	38.21
	机　械　费（元）			43.92	43.92	59.19	92.61
名　　称		单位	单价（元）	消　　耗　　量			
人工	综合工日	工日	140.00	4.468	6.545	10.267	12.312
材料	低碳钢焊条	kg	6.84	0.300	0.300	0.300	0.300
	镀锌铁丝 φ4.0～2.8	kg	3.57	0.300	0.300	0.300	0.300
	钢板 δ4.5～10	kg	3.18	2.000	2.000	2.000	3.000
	黄油	kg	16.58	0.100	0.200	0.250	0.250
	机油	kg	19.66	0.150	0.300	0.450	0.600
	煤油	kg	3.73	0.500	1.000	1.500	1.500
	氧气	m³	3.63	0.150	0.200	0.200	0.200
	乙炔气	kg	10.45	0.100	0.100	0.120	0.140
	其他材料费占材料费	%	—	5.000	5.000	5.000	5.000
机械	交流弧焊机 21kV·A	台班	57.35	0.100	0.100	0.100	0.150
	汽车式起重机 8t	台班	763.67	0.050	0.050	0.070	0.110

445

定 额 编 号			A1-12-24	A1-12-25	A1-12-26	A1-12-27
项 目 名 称			设备重量(t以内)			
			5	8	10	15
基 价 （元）			2872.40	4457.26	5332.88	6685.17
其中	人 工 费 （元）		2674.70	3903.34	4578.28	5722.08
	材 料 费 （元）		48.77	60.23	69.17	85.92
	机 械 费 （元）		148.93	493.69	685.43	877.17
名 称	单位	单价（元）	消 耗 量			
人工 综合工日	工日	140.00	19.105	27.881	32.702	40.872
材料 低碳钢焊条	kg	6.84	0.200	0.300	0.300	0.300
镀锌铁丝 φ4.0～2.8	kg	3.57	0.300	0.300	0.300	0.300
钢板 δ4.5～10	kg	3.18	4.000	6.000	6.000	8.000
黄油	kg	16.58	0.350	0.400	0.500	0.600
机油	kg	19.66	0.700	0.800	1.000	1.200
煤油	kg	3.73	2.000	2.000	2.500	3.000
氧气	m³	3.63	0.600	0.750	0.900	1.200
乙炔气	kg	10.45	0.200	0.250	0.300	0.400
其他材料费占材料费	%	—	5.000	5.000	5.000	5.000
机械 交流弧焊机 21kV·A	台班	57.35	0.200	0.250	0.250	0.250
汽车式起重机 16t	台班	958.70	—	0.500	0.700	0.900
汽车式起重机 8t	台班	763.67	0.180	—	—	—

446

四、热泵机组

定 额 编 号			A1-12-28	A1-12-29	A1-12-30	A1-12-31
项 目 名 称			设备重量（t以内）			
			0.5	1	2	3
基 价（元）			667.06	943.15	1396.47	1812.26
其中	人 工 费（元）		605.22	874.16	1304.80	1682.52
	材 料 费（元）		17.92	25.07	32.48	37.13
	机 械 费（元）		43.92	43.92	59.19	92.61
名 称	单位	单价（元）	消 耗 量			
人工	综合工日	工日	140.00	4.323	6.244	9.320	12.018
材料	低碳钢焊条	kg	6.84	0.150	0.200	0.200	0.200
	镀锌铁丝 φ4.0~2.8	kg	3.57	0.300	0.300	0.300	0.300
	钢板 δ4.5~10	kg	3.18	2.000	2.000	2.000	3.000
	黄油	kg	16.58	0.100	0.200	0.250	0.300
	机油	kg	19.66	0.150	0.300	0.500	0.500
	煤油	kg	3.73	0.500	1.000	1.500	1.500
	氧气	m³	3.63	0.300	0.300	0.360	0.420
	乙炔气	kg	10.45	0.100	0.100	0.120	0.140
	其他材料费占材料费	%	—	5.000	5.000	5.000	5.000
机械	交流弧焊机 21kV·A	台班	57.35	0.100	0.100	0.100	0.150
	汽车式起重机 8t	台班	763.67	0.050	0.050	0.070	0.110

定 额 编 号			A1-12-32	A1-12-33	A1-12-34	A1-12-35
项 目 名 称			设备重量(t以内)			
			5	8	10	15
基 价（元）			2869.60	4447.18	5150.88	6456.13
其中	人 工 费（元）		2671.90	3893.26	4396.28	5493.04
	材 料 费（元）		48.77	60.23	69.17	85.92
	机 械 费（元）		148.93	493.69	685.43	877.17
名 称	单位	单价(元)	消 耗 量			
人工	综合工日	工日	140.00	19.085	27.809	31.402	39.236
材料	低碳钢焊条	kg	6.84	0.200	0.300	0.300	0.300
	镀锌铁丝 φ4.0～2.8	kg	3.57	0.300	0.300	0.300	0.300
	钢板 δ4.5～10	kg	3.18	4.000	6.000	6.000	8.000
	黄油	kg	16.58	0.350	0.400	0.500	0.600
	机油	kg	19.66	0.700	0.800	1.000	1.200
	煤油	kg	3.73	2.000	2.000	2.500	3.000
	氧气	m³	3.63	0.600	0.750	0.900	1.200
	乙炔气	kg	10.45	0.200	0.250	0.300	0.400
	其他材料费占材料费	%	—	5.000	5.000	5.000	5.000
机械	交流弧焊机 21kV·A	台班	57.35	0.200	0.250	0.250	0.250
	汽车式起重机 16t	台班	958.70	—	0.500	0.700	0.900
	汽车式起重机 8t	台班	763.67	0.180	—	—	—

五、溴化锂吸收式制冷机

计量单位：台

定　额　编　号			A1-12-36	A1-12-37	A1-12-38	A1-12-39
项　目　名　称			设备重量(t以内)			
			5	8	10	15
基　　　　价（元）			3289.62	5170.24	6214.25	8617.33
其中	人　工　费（元）		2240.84	3270.68	3881.22	5645.78
	材　料　费（元）		556.24	712.06	830.34	985.96
	机　械　费（元）		492.54	1187.50	1502.69	1985.59
名　　　称	单位	单价（元）	消　　耗　　量			
人工 综合工日	工日	140.00	16.006	23.362	27.723	40.327
材料 白漆	kg	5.47	0.100	0.100	0.100	0.100
道木	m³	2137.00	0.041	0.062	0.062	0.077
低碳钢焊条	kg	6.84	0.650	0.650	0.650	0.650
镀锌铁丝 φ4.0～2.8	kg	3.57	2.200	2.200	2.200	2.200
钢丝绳 φ14.1～15	kg	6.24	—	—	—	1.250
黄油钙基脂	kg	5.15	0.270	0.270	0.270	0.270
机油	kg	19.66	1.010	1.520	2.020	2.530
煤油	kg	3.73	1.500	2.000	2.000	2.000
木板	m³	1634.16	0.013	0.017	0.032	0.044
平垫铁	kg	3.74	25.700	29.570	36.300	45.280
汽油	kg	6.77	12.240	15.000	18.360	20.400
石棉橡胶板	kg	9.40	4.000	5.000	6.000	6.500
塑料布	kg	16.09	4.410	5.790	5.790	5.790
碳钢气焊条	kg	9.06	0.200	0.200	0.200	0.200
铁砂布	张	0.85	3.000	4.000	4.000	4.000
橡胶盘根 低压	kg	14.53	0.500	0.600	0.700	0.800
斜垫铁	kg	3.50	22.310	27.460	31.920	39.040
氧气	m³	3.63	0.520	0.520	1.071	1.071
乙炔气	kg	10.45	0.173	0.173	0.357	0.357
圆钉 φ5以内	kg	5.13	0.050	0.050	0.050	0.100
其他材料费占材料费	%	—	5.000	5.000	5.000	5.000
机械 电动空气压缩机 6m³/min	台班	206.73	0.500	0.700	0.900	1.100
交流弧焊机 21kV·A	台班	57.35	0.200	0.300	0.400	0.500
汽车式起重机 16t	台班	958.70	0.200	0.500	0.700	—
汽车式起重机 25t	台班	1084.16	—	—	—	0.900
汽车式起重机 8t	台班	763.67	0.100	0.500	0.600	0.700
载重汽车 10t	台班	547.99	0.200	0.300	0.300	0.400

定　额　编　号			A1-12-40	A1-12-41	A1-12-42
项　目　名　称			设备重量(t以内)		
			20	25	30
基　　　价（元）			11441.19	13958.54	16025.64
其中	人　工　费（元）		6638.24	7821.10	8652.84
	材　料　费（元）		1225.31	1451.34	1756.95
	机　械　费（元）		3577.64	4686.10	5615.85
名　　　称	单位	单价（元）	消　　耗　　量		
人工 综合工日	工日	140.00	47.416	55.865	61.806
材料 白漆	kg	5.47	0.300	0.300	0.400
道木	m³	2137.00	0.116	0.152	0.173
低碳钢焊条	kg	6.84	0.650	0.960	1.280
镀锌铁丝 φ4.0～2.8	kg	3.57	2.200	2.200	2.200
钢丝绳 φ14.1～15	kg	6.24	1.920	—	—
钢丝绳 φ16～18.5	kg	6.84	—	2.080	2.080
黄油钙基脂	kg	5.15	0.300	0.300	0.300
机油	kg	19.66	2.730	2.830	3.030
煤油	kg	3.73	3.000	3.000	3.000
木板	m³	1634.16	0.054	0.060	0.085
平垫铁	kg	3.74	50.920	60.370	83.000
汽油	kg	6.77	22.440	25.500	28.560
石棉橡胶板	kg	9.40	6.500	7.000	7.500
塑料布	kg	16.09	9.210	10.200	11.130
碳钢气焊条	kg	9.06	0.300	0.400	0.500
铁砂布	张	0.85	5.000	5.000	5.000
橡胶盘根 低压	kg	14.53	1.000	1.200	1.400
斜垫铁	kg	3.50	44.920	56.760	75.600
氧气	m³	3.63	1.071	1.071	1.612
乙炔气	kg	10.45	0.357	0.357	0.541
圆钉 φ5以内	kg	5.13	0.100	0.150	0.150
其他材料费占材料费	%	—	5.000	5.000	5.000
机械 电动空气压缩机 6m³/min	台班	206.73	2.500	2.500	2.500
交流弧焊机 21kV·A	台班	57.35	2.300	2.970	3.100
汽车式起重机 30t	台班	1127.57	1.000	1.600	—
汽车式起重机 50t	台班	2464.07	—	—	1.000
汽车式起重机 8t	台班	763.67	2.000	2.300	2.500
载重汽车 10t	台班	547.99	0.500	0.800	1.000

六、制冰设备

定 额 编 号			A1-12-43
项 目 名 称			快速制冰设备
			AJP15/24
			6.5
基 价（元）			11699.50
其中	人 工 费（元）		9729.58
	材 料 费（元）		614.50
	机 械 费（元）		1355.42
名 称	单位	单价（元）	消 耗 量
人工 综合工日	工日	140.00	69.497
材料 白漆	kg	5.47	0.480
道木	m³	2137.00	0.068
低碳钢焊条	kg	6.84	4.520
镀锌铁丝 φ4.0～2.8	kg	3.57	3.000
黄油钙基脂	kg	5.15	0.505
机油	kg	19.66	0.505
煤油	kg	3.73	8.000
木板	m³	1634.16	0.029
平垫铁	kg	3.74	12.240
汽油	kg	6.77	6.120
石棉橡胶板	kg	9.40	1.500
塑料布	kg	16.09	7.920
碳钢气焊条	kg	9.06	1.900
铁砂布	张	0.85	18.000
斜垫铁	kg	3.50	10.380
油浸石棉绳	kg	16.24	0.500
圆钉 φ5以内	kg	5.13	0.040
其他材料费占材料费	%	—	5.000
机械 交流弧焊机 21kV·A	台班	57.35	2.140
汽车式起重机 16t	台班	958.70	1.000
载重汽车 10t	台班	547.99	0.500

定 额 编 号				A1-12-44	A1-12-45
项 目 名 称				盐水制冰设备	
				倒冰架	
				0.5	1.0
基 价（元）				742.96	916.10
其中	人 工 费（元）			492.66	645.54
	材 料 费（元）			86.88	107.14
	机 械 费（元）			163.42	163.42
名 称		单位	单价（元）	消 耗 量	
人工	综合工日	工日	140.00	3.519	4.611
材 料	白漆	kg	5.47	0.080	0.080
	道木	m³	2137.00	—	0.008
	低碳钢焊条	kg	6.84	0.150	0.150
	镀锌铁丝 Φ4.0～2.8	kg	3.57	1.500	1.500
	机油	kg	19.66	0.101	0.101
	煤油	kg	3.73	1.000	1.000
	木板	m³	1634.16	0.010	0.010
	平垫铁	kg	3.74	5.820	5.820
	汽油	kg	6.77	0.510	0.820
	塑料布	kg	16.09	0.600	0.600
	铁砂布	张	0.85	2.000	2.000
	斜垫铁	kg	3.50	4.940	4.940
	圆钉 Φ5以内	kg	5.13	—	0.020
	其他材料费占材料费	%	—	5.000	5.000
机械	叉式起重机 5t	台班	506.51	0.300	0.300
	交流弧焊机 21kV·A	台班	57.35	0.200	0.200

定　额　编　号				A1-12-46	A1-12-47
项　目　名　称				盐水制冰设备	
				加水器	冰桶
				1.0	0.05
基　　　　　价（元）				1057.95	31.03
其中	人　工　费（元）			800.52	17.92
	材　料　费（元）			105.48	13.11
	机　械　费（元）			151.95	—
名　　　称		单位	单价（元）	消　　耗　　量	
人工	综合工日	工日	140.00	5.718	0.128
材料	白漆	kg	5.47	0.080	0.080
	道木	m³	2137.00	0.008	—
	低碳钢焊条	kg	6.84	0.150	—
	镀锌铁丝 φ4.0~2.8	kg	3.57	1.500	—
	黄油钙基脂	kg	5.15	0.101	—
	机油	kg	19.66	0.101	—
	煤油	kg	3.73	1.000	—
	木板	m³	1634.16	0.010	—
	平垫铁	kg	3.74	5.820	—
	汽油	kg	6.77	0.510	0.102
	塑料布	kg	16.09	0.600	0.600
	铁砂布	张	0.85	2.000	2.000
	斜垫铁	kg	3.50	4.940	—
	圆钉 φ5以内	kg	5.13	0.020	—
	其他材料费占材料费	%	—	5.000	5.000
机械	叉式起重机 5t	台班	506.51	0.300	—

定　额　编　号				A1-12-48	A1-12-49
项　目　名　称				盐水制冰设备	
				单层制冰	双层制冰
				池盖	
				0.03	
基　　　　　价（元）				167.18	177.61
其中	人　工　费（元）			31.78	39.20
	材　料　费（元）			135.40	138.41
	机　械　费（元）			—	—
名　　　称		单位	单价（元）	消　　耗　　量	
人工	综合工日	工日	140.00	0.227	0.280
材料	白漆	kg	5.47	0.080	0.080
	木板	m³	1634.16	0.068	0.068
	木螺钉 M6×100以下	10个	1.79	2.600	4.200
	塑料布	kg	16.09	0.600	0.600
	铁件	kg	4.19	0.330	0.330
	铁砂布	张	0.85	2.000	2.000
	其他材料费占材料费	%	—	5.000	5.000

定 额 编 号			A1-12-50
项 目 名 称			盐水制冰设备
			冰池盖
			包镀锌铁皮
基 价 （元）			184.73
其中	人 工 费（元）		109.34
	材 料 费（元）		75.39
	机 械 费（元）		—

	名 称	单位	单价（元）	消 耗 量
人工	综合工日	工日	140.00	0.781
材料	白漆	kg	5.47	0.080
	镀锌薄钢板 δ0.5～0.65	kg	3.79	13.000
	木螺钉 M6×100以下	10个	1.79	6.000
	塑料布	kg	16.09	0.600
	铁砂布	张	0.85	2.000
	其他材料费占材料费	%	—	5.000

定 额 编 号			A1-12-51
项 目 名 称			盐水制冰设备
			盐水搅拌器
			0.1
基 价（元）			**289.46**
其中	人 工 费（元）		171.92
	材 料 费（元）		55.42
	机 械 费（元）		62.12
名 称	单位	单价（元）	消 耗 量
人工	综合工日	工日	140.00	1.228
材料	白漆	kg	5.47	0.080
	道木	m³	2137.00	0.002
	低碳钢焊条	kg	6.84	0.210
	机油	kg	19.66	0.202
	煤油	kg	3.73	1.000
	木板	m³	1634.16	0.001
	平垫铁	kg	3.74	2.820
	汽油	kg	6.77	0.525
	石棉橡胶板	kg	9.40	0.120
	塑料布	kg	16.09	0.600
	铁砂布	张	0.85	2.000
	斜垫铁	kg	3.50	3.060
	其他材料费占材料费	%	—	5.000
机械	叉式起重机 5t	台班	506.51	0.100
	交流弧焊机 21kV·A	台班	57.35	0.200

定　额　编　号			A1-12-52	A1-12-53
项　目　名　称			盐水制冰设备	
			盐水搅拌器	
			0.2	0.3
基　　　价（元）			372.35	504.05
其中	人　工　费（元）		223.02	325.08
	材　料　费（元）		61.88	66.20
	机　械　费（元）		87.45	112.77
名　　　称	单位	单价（元）	消　　耗　　量	
人工	综合工日	工日	140.00	1.593	2.322
材料	白漆	kg	5.47	0.080	0.080
	道木	m³	2137.00	0.002	0.002
	低碳钢焊条	kg	6.84	0.210	0.210
	镀锌铁丝 φ4.0～2.8	kg	3.57	1.100	1.100
	黄油钙基脂	kg	5.15	0.212	0.313
	机油	kg	19.66	0.212	0.313
	煤油	kg	3.73	1.000	1.000
	木板	m³	1634.16	0.001	0.001
	平垫铁	kg	3.74	2.820	2.820
	汽油	kg	6.77	0.525	0.735
	石棉橡胶板	kg	9.40	0.220	0.240
	塑料布	kg	16.09	0.600	0.600
	铁砂布	张	0.85	2.000	2.000
	斜垫铁	kg	3.50	3.060	3.060
	其他材料费占材料费	%	—	5.000	5.000
机械	叉式起重机 5t	台班	506.51	0.150	0.200
	交流弧焊机 21kV·A	台班	57.35	0.200	0.200

七、冷风机

定　额　编　号				A1-12-54	A1-12-55	A1-12-56	A1-12-57
项　目　名　称				落地式冷风机			
				100	150	200	250
				1.0	1.5	2	2.5
基　　　　价（元）				945.10	1147.79	1462.78	1816.60
其中	人　工　费（元）			736.68	860.30	1095.50	1350.72
	材　料　费（元）			95.65	124.07	153.21	201.15
	机　械　费（元）			112.77	163.42	214.07	264.73
名　　　称		单位	单价(元)	消　　耗　　量			
人工	综合工日	工日	140.00	5.262	6.145	7.825	9.648
材料	白漆	kg	5.47	0.080	0.080	0.080	0.100
	道木	m³	2137.00	0.010	0.020	0.030	0.041
	低碳钢焊条	kg	6.84	0.210	0.210	0.210	0.210
	黄油钙基脂	kg	5.15	0.303	0.303	0.404	0.404
	机油	kg	19.66	0.100	0.100	0.100	0.100
	冷冻机油	kg	5.06	0.300	0.300	0.500	0.500
	煤油	kg	3.73	1.000	1.000	1.500	1.500
	木板	m³	1634.16	0.002	0.005	0.006	0.008
	平垫铁	kg	3.74	5.800	5.800	5.800	5.800
	汽油	kg	6.77	0.410	0.410	0.610	0.610
	热轧薄钢板 δ1.6～1.9	kg	3.93	0.800	1.000	1.000	1.400
	塑料布	kg	16.09	0.500	0.500	0.500	1.500
	铁砂布	张	0.85	2.000	2.000	2.000	3.000
	斜垫铁	kg	3.50	5.200	5.200	5.200	5.200
	圆钉 φ5以内	kg	5.13	0.050	0.050	0.050	0.100
	其他材料费占材料费	%	—	5.000	5.000	5.000	5.000
机械	叉式起重机 5t	台班	506.51	0.200	0.300	0.400	0.500
	交流弧焊机 21kV·A	台班	57.35	0.200	0.200	0.200	0.200

定　额　编　号			A1-12-58	A1-12-59	A1-12-60	A1-12-61
项　目　名　称			落地式冷风机			
			300	350	400	500
			3	3.5	4.5	5.5
基　　　　价（元）			2069.22	2223.82	2526.86	2876.75
其中	人　工　费（元）		1504.86	1583.12	1748.32	1804.04
	材　料　费（元）		237.51	240.88	248.92	333.09
	机　械　费（元）		326.85	399.82	529.62	739.62
名　　称	单位	单价（元）	消　　耗　　量			
人工	综合工日	工日	140.00	10.749	11.308	12.488	12.886

	名　　称	单位	单价（元）				
人工	综合工日	工日	140.00	10.749	11.308	12.488	12.886
材　　　　　　料	白漆	kg	5.47	0.100	0.100	0.100	0.100
	道木	m³	2137.00	0.041	0.041	0.041	0.062
	低碳钢焊条	kg	6.84	0.420	0.420	0.420	0.420
	黄油钙基脂	kg	5.15	0.505	0.505	0.505	0.707
	机油	kg	19.66	0.200	0.200	0.303	0.404
	冷冻机油	kg	5.06	0.800	0.800	1.000	1.200
	煤油	kg	3.73	1.500	1.500	1.500	1.500
	木板	m³	1634.16	0.009	0.010	0.012	0.015
	平垫铁	kg	3.74	10.300	10.300	10.300	13.010
	汽油	kg	6.77	0.820	0.820	1.020	1.220
	热轧薄钢板 δ1.6～1.9	kg	3.93	1.400	1.800	1.800	2.400
	塑料布	kg	16.09	1.500	1.500	1.500	1.500
	铁砂布	张	0.85	3.000	3.000	3.000	3.000
	斜垫铁	kg	3.50	7.860	7.860	7.860	11.430
	圆钉 φ5以内	kg	5.13	0.100	0.100	0.100	0.100
	其他材料费占材料费	%	—	5.000	5.000	5.000	5.000
机　　械	叉式起重机 5t	台班	506.51	0.600	—	—	—
	交流弧焊机 21kV·A	台班	57.35	0.400	0.400	—	—
	汽车式起重机 16t	台班	958.70	—	—	—	0.600
	汽车式起重机 8t	台班	763.67	—	0.350	0.550	—
	载重汽车 10t	台班	547.99	—	0.200	0.200	0.300

定　额　编　号				A1-12-62	A1-12-63	A1-12-64
项　目　名　称				吊顶式冷风机		
				100	150	200
				1	1.5	2
基　　　价（元）				1477.41	1900.69	2130.54
其中	人　工　费（元）			1084.58	1429.96	1576.68
	材　料　费（元）			92.31	93.85	100.61
	机　械　费（元）			300.52	376.88	453.25
名　　　称		单位	单价（元）	消　　耗　　量		
人工	综合工日	工日	140.00	7.747	10.214	11.262
材料	白漆	kg	5.47	0.080	0.080	0.080
	道木	m³	2137.00	0.010	0.010	0.010
	低碳钢焊条	kg	6.84	0.320	0.320	0.380
	镀锌铁丝　φ4.0～2.8	kg	3.57	2.000	2.000	2.000
	黄油钙基脂	kg	5.15	0.505	0.606	0.707
	机油	kg	19.66	0.101	0.101	0.202
	冷冻机油	kg	5.06	0.150	0.200	0.300
	煤油	kg	3.73	1.000	1.000	1.000
	木板	m³	1634.16	0.004	0.004	0.005
	汽油	kg	6.77	0.306	0.408	0.612
	双头螺栓带螺母 M16×100～125	套	3.68	8.000	8.000	8.000
	塑料布	kg	16.09	0.600	0.600	0.600
	其他材料费占材料费	%	—	5.000	5.000	5.000
机械	汽车式起重机 8t	台班	763.67	0.250	0.350	0.450
	载重汽车 10t	台班	547.99	0.200	0.200	0.200

八、冷凝器及蒸发器

1.立式管壳式冷凝器

计量单位：台

定　额　编　号			A1-12-65	A1-12-66	A1-12-67
项　目　名　称			设备冷却面积（m²以内）		
			50	75	100
			设备重量（t以内）		
			3	4	5
基　　　价（元）			1886.73	2500.69	3020.08
其中	人　工　费（元）		1392.72	1672.30	1965.46
	材　料　费（元）		229.28	243.38	256.73
	机　械　费（元）		264.73	585.01	797.89
名　　称	单位	单价（元）	消　　耗　　量		
人工 综合工日	工日	140.00	9.948	11.945	14.039
材料 白漆	kg	5.47	0.080	0.080	0.080
道木	m³	2137.00	0.041	0.041	0.041
低碳钢焊条	kg	6.84	0.210	0.210	0.210
镀锌铁丝 φ4.0～2.8	kg	3.57	1.330	1.500	2.000
黄油钙基脂	kg	5.15	0.131	0.162	0.202
机油	kg	19.66	0.303	0.404	0.505
煤油	kg	3.73	1.500	1.500	1.500
木板	m³	1634.16	0.010	0.013	0.015
平垫铁	kg	3.74	5.800	5.800	5.800
汽油	kg	6.77	0.510	0.714	0.816
热轧薄钢板 δ1.6～1.9	kg	3.93	1.400	1.800	2.300
石棉橡胶板	kg	9.40	1.800	2.100	2.400
塑料布	kg	16.09	1.680	1.680	1.680
铁砂布	张	0.85	3.000	3.000	3.000
斜垫铁	kg	3.50	5.200	5.200	5.200
圆钉 φ5以内	kg	5.13	0.040	0.040	0.040
其他材料费占材料费	%	—	5.000	5.000	5.000
机械 叉式起重机 5t	台班	506.51	0.500	—	—
交流弧焊机 21kV·A	台班	57.35	0.200	0.300	0.300
汽车式起重机 16t	台班	958.70	—	—	0.700
汽车式起重机 8t	台班	763.67	—	0.600	—
载重汽车 10t	台班	547.99	—	0.200	0.200

定 额 编 号			A1-12-68	A1-12-69	A1-12-70
项 目 名 称			设备冷却面积(m²以内)		
			125	150	200
			设备重量(t以内)		
			6	7	9
基 价（元）			3270.71	3690.01	4262.97
其中	人 工 费（元）		1998.78	2215.50	2466.10
	材 料 费（元）		317.63	328.47	363.22
	机 械 费（元）		954.30	1146.04	1433.65
名 称	单位	单价(元)	消 耗 量		
人工	综合工日	工日	140.00	14.277	15.825	17.615
材料	白漆	kg	5.47	0.080	0.080	0.100
	道木	m³	2137.00	0.062	0.062	0.062
	低碳钢焊条	kg	6.84	0.310	0.310	0.310
	镀锌铁丝 φ4.0～2.8	kg	3.57	2.400	2.670	2.670
	黄油钙基脂	kg	5.15	0.242	0.273	0.273
	机油	kg	19.66	0.808	0.808	0.808
	煤油	kg	3.73	1.500	1.500	1.500
	木板	m³	1634.16	0.017	0.021	0.025
	平垫铁	kg	3.74	5.800	5.800	5.800
	汽油	kg	6.77	0.918	1.020	1.224
	热轧薄钢板 δ1.6～1.9	kg	3.93	2.500	3.000	3.000
	石棉橡胶板	kg	9.40	2.400	2.400	3.200
	塑料布	kg	16.09	1.680	1.680	2.790
	铁砂布	张	0.85	3.000	3.000	3.000
	斜垫铁	kg	3.50	5.200	5.200	5.200
	圆钉 φ5以内	kg	5.13	0.060	0.060	—
	其他材料费占材料费	%	—	5.000	5.000	5.000
机械	交流弧焊机 21kV·A	台班	57.35	0.400	0.400	0.400
	汽车式起重机 16t	台班	958.70	0.800	1.000	1.300
	载重汽车 10t	台班	547.99	0.300	0.300	0.300

定 额 编 号			A1-12-71	A1-12-72	A1-12-73
项 目 名 称			设备冷却面积(m²以内)		
			250	350	450
			设备重量(t以内)		
			11	13	15
基 价 （元）			4969.90	5823.47	6602.55
其中	人 工 费 （元）		3157.98	3465.42	4099.76
	材 料 费 （元）		405.09	463.34	508.48
	机 械 费 （元）		1406.83	1894.71	1994.31
名 称	单位	单价(元)	消 耗 量		
人工	综合工日	工日	140.00	22.557	24.753	29.284
材料	白漆	kg	5.47	0.100	0.100	0.100
	道木	m³	2137.00	0.071	0.071	0.077
	低碳钢焊条	kg	6.84	0.420	0.420	0.520
	镀锌铁丝 φ4.0～2.8	kg	3.57	4.000	4.000	4.600
	黄油钙基脂	kg	5.15	0.333	0.333	0.404
	机油	kg	19.66	0.808	0.808	1.010
	煤油	kg	3.73	1.500	1.500	1.500
	木板	m³	1634.16	0.031	0.036	0.045
	平垫铁	kg	3.74	5.800	8.820	8.820
	汽油	kg	6.77	1.326	1.530	1.836
	热轧薄钢板 δ1.6～1.9	kg	3.93	4.000	4.000	4.600
	石棉橡胶板	kg	9.40	3.200	3.600	4.000
	塑料布	kg	16.09	2.790	4.410	4.410
	铁砂布	张	0.85	3.000	3.000	3.000
	斜垫铁	kg	3.50	5.200	6.573	6.573
	圆钉 φ5以内	kg	5.13	0.080	0.080	0.100
	其他材料费占材料费	%	—	5.000	5.000	5.000
机械	交流弧焊机 21kV·A	台班	57.35	0.500	0.500	0.600
	汽车式起重机 16t	台班	958.70	0.700	0.700	0.700
	汽车式起重机 25t	台班	1084.16	0.450	0.900	—
	汽车式起重机 30t	台班	1127.57			0.900
	载重汽车 10t	台班	547.99	0.400	0.400	0.500

2. 卧式管壳式冷凝器及卧式蒸发器

计量单位：台

定 额 编 号				A1-12-74	A1-12-75	A1-12-76
项 目 名 称				设备冷却面积(m²以内)		
				20	30	60
				设备重量(t以内)		
				1	2	3
基 价 （元）				1118.90	1296.69	1680.82
其中	人 工 费 （元）			780.22	879.62	1160.60
	材 料 费 （元）			175.26	203.00	255.49
	机 械 费 （元）			163.42	214.07	264.73
名 称		单位	单价(元)	消 耗 量		
人工	综合工日	工日	140.00	5.573	6.283	8.290
材料	白漆	kg	5.47	0.160	0.160	0.160
	道木	m³	2137.00	0.027	0.030	0.041
	低碳钢焊条	kg	6.84	0.210	0.210	0.210
	镀锌铁丝 φ4.0～2.8	kg	3.57	0.800	1.200	1.200
	黄油钙基脂	kg	5.15	0.088	0.101	0.101
	机油	kg	19.66	0.202	0.202	0.303
	煤油	kg	3.73	2.500	2.500	2.500
	木板	m³	1634.16	0.001	0.006	0.008
	耐酸橡胶板 δ3	kg	17.99	0.300	0.300	0.600
	平垫铁	kg	3.74	2.820	3.760	5.800
	汽油	kg	6.77	0.510	0.612	0.612
	铅油(厚漆)	kg	6.45	0.340	0.340	0.600
	热轧薄钢板 δ1.6～1.9	kg	3.93	0.800	1.000	1.400
	石棉橡胶板	kg	9.40	1.200	1.200	1.500
	塑料布	kg	16.09	2.280	2.280	2.280
	铁砂布	张	0.85	6.000	6.000	6.000
	斜垫铁	kg	3.50	3.060	4.590	5.200
	圆钉 φ5以内	kg	5.13	0.030	0.030	0.030
	其他材料费占材料费	%	—	5.000	5.000	5.000
机械	叉式起重机 5t	台班	506.51	0.300	0.400	0.500
	交流弧焊机 21kV·A	台班	57.35	0.200	0.200	0.200

定　额　编　号	A1-12-77	A1-12-78	A1-12-79
项　目　名　称	设备冷却面积（m²以内）		
	80	100	120
	设备重量（t以内）		
	4	5	6
基　　　价（元）	2248.09	2661.85	3052.50

其中	人　工　费（元）			1449.00	1731.24	1962.66
	材　料　费（元）			290.45	324.46	382.08
	机　械　费（元）			508.64	606.15	707.76

	名　　　称	单位	单价（元）	消　　耗　　量		
人工	综合工日	工日	140.00	10.350	12.366	14.019
材料	白漆	kg	5.47	0.160	0.180	0.180
	道木	m³	2137.00	0.041	0.041	0.062
	低碳钢焊条	kg	6.84	0.420	0.420	0.420
	镀锌铁丝 φ4.0～2.8	kg	3.57	1.200	1.600	1.600
	黄油钙基脂	kg	5.15	0.101	0.121	0.121
	机油	kg	19.66	0.404	0.505	0.505
	煤油	kg	3.73	3.000	3.000	3.000
	木板	m³	1634.16	0.011	0.014	0.018
	耐酸橡胶板 δ3	kg	17.99	0.600	0.750	0.750
	平垫铁	kg	3.74	5.800	5.800	5.800
	汽油	kg	6.77	0.714	0.816	0.816
	铅油（厚漆）	kg	6.45	0.700	0.800	0.900
	热轧薄钢板 δ1.6～1.9	kg	3.93	1.800	2.300	2.300
	石棉橡胶板	kg	9.40	1.800	1.800	2.100
	塑料布	kg	16.09	3.360	4.470	4.470
	铁砂布	张	0.85	6.000	6.000	6.000
	斜垫铁	kg	3.50	5.200	5.200	5.200
	圆钉 φ5以内	kg	5.13	0.030	0.030	0.030
	其他材料费占材料费	%	—	5.000	5.000	5.000
机械	交流弧焊机 21kV·A	台班	57.35	0.300	0.300	0.400
	汽车式起重机 16t	台班	958.70	—	0.500	0.600
	汽车式起重机 8t	台班	763.67	0.500	—	—
	载重汽车 10t	台班	547.99	0.200	0.200	0.200

定　额　编　号			A1-12-80	A1-12-81	A1-12-82
项　目　名　称			设备冷却面积(m²以内)		
			140	180	200
			设备重量(t以内)		
			8	9	12
基　　　　价（元）			3631.11	4099.55	4709.34
其中	人　工　费（元）		2168.74	2534.84	2701.86
	材　料　费（元）		412.20	418.67	521.35
	机　械　费（元）		1050.17	1146.04	1486.13
名　　　称		单位	单价（元）	消　耗　量	
人工	综合工日	工日	140.00	15.491	18.106	19.299
材料	白漆	kg	5.47	0.180	0.180	0.180
	道木	m³	2137.00	0.062	0.062	0.077
	低碳钢焊条	kg	6.84	0.420	0.420	0.420
	镀锌铁丝 φ4.0～2.8	kg	3.57	1.600	1.600	1.600
	黄油钙基脂	kg	5.15	0.121	0.121	0.121
	机油	kg	19.66	0.505	0.505	0.505
	煤油	kg	3.73	3.000	3.000	3.000
	木板	m³	1634.16	0.023	0.023	0.033
	耐酸橡胶板 δ3	kg	17.99	0.900	1.050	1.050
	平垫铁	kg	3.74	7.760	7.760	7.760
	汽油	kg	6.77	0.816	0.816	1.020
	铅油(厚漆)	kg	6.45	0.900	1.000	1.000
	热轧薄钢板 δ1.6～1.9	kg	3.93	3.000	3.000	4.000
	石棉橡胶板	kg	9.40	2.100	2.400	2.400
	塑料布	kg	16.09	4.470	4.470	7.200
	铁砂布	张	0.85	6.000	6.000	6.000
	斜垫铁	kg	3.50	7.410	7.410	7.410
	圆钉 φ5以内	kg	5.13	0.030	0.030	0.060
	其他材料费占材料费	%	—	5.000	5.000	5.000
机械	交流弧焊机 21kV·A	台班	57.35	0.400	0.400	0.500
	汽车式起重机 16t	台班	958.70	0.900	1.000	0.500
	汽车式起重机 25t	台班	1084.16	—	—	0.700
	载重汽车 10t	台班	547.99	0.300	0.300	0.400

3. 淋水式冷凝器

定　额　编　号			A1-12-83	A1-12-84	A1-12-85
项　目　名　称			设备冷却面积(㎡以内)		
			30	45	60
			设备重量(t以内)		
			1.5	2	2.5
基　　　　价（元）			1338.15	1565.92	1972.95
其中	人　工　费（元）		964.88	1117.20	1410.22
	材　料　费（元）		198.38	223.18	280.80
	机　械　费（元）		174.89	225.54	281.93
名　　称		单位	单价（元）	消　　耗　　量	
人工	综合工日	工日	140.00	6.892	7.980	10.073
材料	白漆	kg	5.47	0.160	0.160	0.160
	道木	㎥	2137.00	0.030	0.030	0.041
	低碳钢焊条	kg	6.84	0.420	0.420	0.630
	镀锌铁丝 φ4.0～2.8	kg	3.57	2.000	2.000	2.000
	黄油钙基脂	kg	5.15	0.202	0.202	0.202
	机油	kg	19.66	0.303	0.303	0.505
	煤油	kg	3.73	2.500	2.500	2.500
	木板	㎥	1634.16	0.004	0.004	0.006
	平垫铁	kg	3.74	5.780	8.680	11.580
	汽油	kg	6.77	0.510	0.612	0.714
	石棉橡胶板	kg	9.40	0.300	0.400	0.600
	塑料布	kg	16.09	2.280	2.280	2.280
	铁砂布	张	0.85	5.000	5.000	5.000
	斜垫铁	kg	3.50	6.270	9.410	12.000
	圆钉 φ5以内	kg	5.13	0.060	0.090	0.130
	其他材料费占材料费	%	—	5.000	5.000	5.000
机械	叉式起重机 5t	台班	506.51	0.300	0.400	0.500
	交流弧焊机 21kV·A	台班	57.35	0.400	0.400	0.500

定 额 编 号			A1-12-86	A1-12-87
项 目 名 称			设备冷却面积(m²以内)	
			75	90
			设备重量(t以内)	
			3.5	4
基 价 （元）			2267.19	2594.42
其中	人 工 费（元）		1631.98	1827.98
	材 料 费（元）		302.63	340.56
	机 械 费（元）		332.58	425.88
名 称		单位	单价(元)	消 耗 量	
人工	综合工日	工日	140.00	11.657	13.057
材料	白漆	kg	5.47	0.180	0.180
	道木	m³	2137.00	0.041	0.041
	低碳钢焊条	kg	6.84	0.630	0.630
	镀锌铁丝 φ4.0～2.8	kg	3.57	2.000	2.000
	黄油钙基脂	kg	5.15	0.202	0.202
	机油	kg	19.66	0.505	0.505
	煤油	kg	3.73	2.500	2.500
	木板	m³	1634.16	0.006	0.008
	平垫铁	kg	3.74	11.580	14.520
	汽油	kg	6.77	0.714	0.820
	石棉橡胶板	kg	9.40	0.900	1.500
	塑料布	kg	16.09	3.390	3.390
	铁砂布	张	0.85	5.000	5.000
	斜垫铁	kg	3.50	12.000	16.386
	圆钉 φ5以内	kg	5.13	0.130	0.160
	其他材料费占材料费	%	—	5.000	5.000
机械	叉式起重机 5t	台班	506.51	0.600	—
	交流弧焊机 21kV·A	台班	57.35	0.500	0.500
	汽车式起重机 16t	台班	958.70	—	0.300
	载重汽车 10t	台班	547.99	—	0.200

4. 蒸发式冷凝器

计量单位：台

定 额 编 号			A1-12-88	A1-12-89	A1-12-90	A1-12-91
项 目 名 称			设备冷却面积(m²以内)			
			20	40	80	100
			设备重量(t以内)			
			1	1.7	2.5	3
基 价（元）			1556.30	1919.34	2527.33	2647.36
其中	人 工 费（元）		1119.30	1388.66	1803.62	1857.80
	材 料 费（元）		273.58	310.87	447.51	462.71
	机 械 费（元）		163.42	219.81	276.20	326.85
名 称	单位	单价(元)	消 耗 量			
人工	综合工日	工日	140.00	7.995	9.919	12.883	13.270
材料	白漆	kg	5.47	0.560	0.560	0.560	0.560
	道木	m³	2137.00	0.027	0.030	0.041	0.041
	低碳钢焊条	kg	6.84	0.210	0.320	0.320	0.420
	镀锌铁丝 φ4.0~2.8	kg	3.57	2.000	2.000	2.000	2.000
	黄油钙基脂	kg	5.15	0.306	0.306	0.306	0.306
	机油	kg	19.66	0.306	0.306	0.510	0.510
	煤油	kg	3.73	10.500	10.500	11.000	11.000
	木板	m³	1634.16	0.003	0.006	0.010	0.010
	平垫铁	kg	3.74	2.820	3.760	5.600	5.600
	汽油	kg	6.77	1.020	1.530	2.040	2.550
	热轧薄钢板 δ1.6~1.9	kg	3.93	0.800	1.000	1.400	1.400
	石棉橡胶板	kg	9.40	1.100	2.200	3.400	4.500
	塑料布	kg	16.09	5.280	5.280	9.390	9.390
	铁砂布	张	0.85	15.000	15.000	16.000	16.000
	斜垫铁	kg	3.50	3.060	4.590	5.716	5.716
	圆钉 φ5以内	kg	5.13	0.040	0.040	0.060	0.060
	其他材料费占材料费	%	—	5.000	5.000	5.000	5.000
机械	叉式起重机 5t	台班	506.51	0.300	0.400	0.500	0.600
	交流弧焊机 21kV·A	台班	57.35	0.200	0.300	0.400	0.400

定　额　编　号			A1-12-92	A1-12-93	A1-12-94
项　目　名　称			设备冷却面积(m²以内)		
			150	200	250
			设备重量(t以内)		
			4	6	7
基　　　价（元）			3025.99	3693.30	4059.24
其中	人　工　费（元）		2055.06	2349.34	2603.30
	材　料　费（元）		497.11	575.67	610.95
	机　械　费（元）		473.82	768.29	844.99
名　　称	单位	单价(元)	消　　耗　　量		
人工	综合工日	工日	140.00	14.679	16.781	18.595
材料	白漆	kg	5.47	0.660	0.660	0.660
	道木	m³	2137.00	0.041	0.062	0.062
	低碳钢焊条	kg	6.84	0.530	0.530	0.530
	镀锌铁丝 Φ4.0～2.8	kg	3.57	2.000	3.000	3.000
	黄油钙基脂	kg	5.15	0.304	0.306	0.306
	机油	kg	19.66	0.510	0.510	0.510
	煤油	kg	3.73	11.500	11.500	11.500
	木板	m³	1634.16	0.013	0.017	0.021
	平垫铁	kg	3.74	5.800	5.800	8.820
	汽油	kg	6.77	3.060	3.060	3.570
	热轧薄钢板 δ1.6～1.9	kg	3.93	1.800	2.300	3.000
	石棉橡胶板	kg	9.40	4.500	4.500	5.000
	塑料布	kg	16.09	10.620	11.730	11.730
	铁砂布	张	0.85	17.000	17.000	17.000
	斜垫铁	kg	3.50	5.200	5.200	6.573
	圆钉 Φ5以内	kg	5.13	0.080	0.080	0.090
	其他材料费占材料费	%	—	5.000	5.000	5.000
机械	交流弧焊机 21kV·A	台班	57.35	0.500	0.500	0.500
	汽车式起重机 16t	台班	958.70	0.350	0.600	0.680
	载重汽车 10t	台班	547.99	0.200	0.300	0.300

5.立式蒸发器

定 额 编 号			A1-12-95	A1-12-96	A1-12-97
项 目 名 称			设备冷却面积(m²以内)		
			20	40	60
			设备重量(t以内)		
			1.5	3	4
基 价 （元）			1010.59	1374.93	1787.29
其中	人 工 费（元）		608.58	833.28	995.12
	材 料 费（元）		187.94	276.92	287.62
	机 械 费（元）		214.07	264.73	504.55
名 称	单位	单价（元）	消 耗 量		
人工	综合工日	工日	140.00	4.347	5.952	7.108

名 称	单位	单价（元）			
白漆	kg	5.47	0.160	0.180	0.180
道木	m³	2137.00	0.030	0.041	0.041
低碳钢焊条	kg	6.84	0.210	0.210	0.210
镀锌铁丝 φ4.0～2.8	kg	3.57	1.100	1.100	1.100
黄油钙基脂	kg	5.15	0.110	0.110	0.110
机油	kg	19.66	0.505	0.505	0.707
煤油	kg	3.73	2.500	2.500	2.500
木板	m³	1634.16	0.005	0.008	0.010
平垫铁	kg	3.74	3.760	5.800	5.800
汽油	kg	6.77	0.612	0.612	0.816
热轧薄钢板 δ1.6～1.9	kg	3.93	1.000	1.400	1.800
石棉橡胶板	kg	9.40	0.150	0.250	0.250
塑料布	kg	16.09	2.280	5.010	5.010
铁砂布	张	0.85	5.000	5.000	5.000
斜垫铁	kg	3.50	4.590	5.200	5.200
圆钉 φ5以内	kg	5.13	0.020	0.025	0.025
其他材料费占材料费	%	—	5.000	5.000	5.000

名 称	单位	单价（元）			
叉式起重机 5t	台班	506.51	0.400	0.500	—
交流弧焊机 21kV·A	台班	57.35	0.200	0.200	0.200
汽车式起重机 16t	台班	958.70	—	—	0.400
载重汽车 10t	台班	547.99	—	—	0.200

定 额 编 号			A1-12-98	A1-12-99	A1-12-100
项 目 名 称			设备冷却面积(m²以内)		
			90	120	160
			设备重量(t以内)		
			5	6	8
基 价 （元）			2057.38	2415.59	2961.97
其中	人 工 费 （元）		1145.62	1343.02	1609.02
	材 料 费 （元）		299.87	364.81	392.92
	机 械 费 （元）		611.89	707.76	960.03
名 称	单位	单价(元)	消 耗 量		
人工 综合工日	工日	140.00	8.183	9.593	11.493
材料 白漆	kg	5.47	0.180	0.180	0.180
道木	m³	2137.00	0.041	0.062	0.062
低碳钢焊条	kg	6.84	0.210	0.210	0.210
镀锌铁丝 φ4.0～2.8	kg	3.57	1.100	1.650	2.200
黄油钙基脂	kg	5.15	0.110	0.172	0.172
机油	kg	19.66	0.707	1.010	1.010
煤油	kg	3.73	2.500	2.500	2.500
木板	m³	1634.16	0.015	0.018	0.021
平垫铁	kg	3.74	5.800	5.800	8.820
汽油	kg	6.77	0.816	1.224	1.224
热轧薄钢板 δ1.6～1.9	kg	3.93	2.300	2.300	3.000
石棉橡胶板	kg	9.40	0.410	0.520	0.630
塑料布	kg	16.09	5.010	5.010	5.010
铁砂布	张	0.85	5.000	5.000	5.000
斜垫铁	kg	3.50	5.200	5.200	6.573
圆钉 φ5以内	kg	5.13	0.030	0.035	0.040
其他材料费占材料费	%	—	5.000	5.000	5.000
机械 交流弧焊机 21kV·A	台班	57.35	0.400	0.400	0.500
汽车式起重机 16t	台班	958.70	0.500	0.600	0.800
载重汽车 10t	台班	547.99	0.200	0.200	0.300

定　额　编　号			A1-12-101	A1-12-102
项　目　名　称			设备冷却面积(m²以内)	
			180	240
			设备重量(t以内)	
			9	12
基　　　价（元）			3250.94	3989.91
其中	人　工　费（元）		1701.14	2176.86
	材　料　费（元）		398.03	447.88
	机　械　费（元）		1151.77	1365.17
名　　称	单位	单价（元）	消　耗　量	
人工 综合工日	工日	140.00	12.151	15.549
材料 白漆	kg	5.47	0.180	0.180
道木	m³	2137.00	0.062	0.077
低碳钢焊条	kg	6.84	0.210	0.210
镀锌铁丝 φ4.0～2.8	kg	3.57	2.200	2.200
黄油钙基脂	kg	5.15	0.172	0.172
机油	kg	19.66	1.010	1.010
煤油	kg	3.73	2.500	2.500
木板	m³	1634.16	0.023	0.030
平垫铁	kg	3.74	8.820	8.820
汽油	kg	6.77	1.224	1.224
热轧薄钢板 δ1.6～1.9	kg	3.93	3.000	4.000
石棉橡胶板	kg	9.40	0.800	0.800
塑料布	kg	16.09	5.010	5.010
铁砂布	张	0.85	5.000	5.000
斜垫铁	kg	3.50	6.573	6.573
圆钉 φ5以内	kg	5.13	0.040	0.050
其他材料费占材料费	%	—	5.000	5.000
机械 交流弧焊机 21kV·A	台班	57.35	0.500	0.500
汽车式起重机 16t	台班	958.70	1.000	0.600
汽车式起重机 25t	台班	1084.16	—	0.500
载重汽车 10t	台班	547.99	0.300	0.400

九、立式低压循环贮液器和卧式高压贮液器(排液桶)

定 额 编 号			A1-12-103	A1-12-104
项 目 名 称			立式低压循环贮液器	
			设备容积(m³以内)	
			1.6	2.5
			设备重量(t以内)	
			1	1.5
基 价（元）			1268.17	1518.58
其中	人 工 费（元）		988.82	1168.16
	材 料 费（元）		166.58	181.26
	机 械 费（元）		112.77	169.16
名 称	单位	单价(元)	消 耗 量	
人工 综合工日	工日	140.00	7.063	8.344
材料 白漆	kg	5.47	1.160	1.160
道木	m³	2137.00	0.027	0.030
低碳钢焊条	kg	6.84	0.210	0.210
镀锌铁丝 φ4.0～2.8	kg	3.57	1.500	1.500
黄油钙基脂	kg	5.15	0.253	0.253
机油	kg	19.66	0.202	0.202
煤油	kg	3.73	2.500	2.500
木板	m³	1634.16	0.003	0.006
平垫铁	kg	3.74	2.820	2.820
热轧薄钢板 δ1.6～1.9	kg	3.93	0.800	1.000
石棉橡胶板	kg	9.40	0.300	0.500
塑料布	kg	16.09	2.280	2.280
铁砂布	张	0.85	5.000	5.000
斜垫铁	kg	3.50	3.060	3.060
圆钉 φ5以内	kg	5.13	0.030	0.030
其他材料费占材料费	%	—	5.000	5.000
机械 叉式起重机 5t	台班	506.51	0.200	0.300
交流弧焊机 21kV·A	台班	57.35	0.200	0.300

定 额 编 号			A1-12-105	A1-12-106
项 目 名 称			立式低压循环贮液器	
			设备容积(m³以内)	
			3.5	5.0
			设备重量(t以内)	
			2	3
基 价（元）			1884.75	2497.14
其中	人 工 费（元）		1469.58	1967.00
	材 料 费（元）		195.36	253.94
	机 械 费（元）		219.81	276.20
名 称		单位	单价（元）	消 耗 量
人工	综合工日	工日	140.00	10.497	14.050
材料	白漆	kg	5.47	1.160	1.180
	道木	m³	2137.00	0.030	0.041
	低碳钢焊条	kg	6.84	0.210	0.210
	镀锌铁丝 φ4.0～2.8	kg	3.57	1.500	1.500
	黄油钙基脂	kg	5.15	0.253	0.302
	机油	kg	19.66	0.303	0.303
	煤油	kg	3.73	2.500	2.500
	木板	m³	1634.16	0.007	0.008
	平垫铁	kg	3.74	3.760	5.800
	热轧薄钢板 δ1.6～1.9	kg	3.93	1.000	1.200
	石棉橡胶板	kg	9.40	0.600	0.800
	塑料布	kg	16.09	2.280	3.390
	铁砂布	张	0.85	5.000	5.000
	斜垫铁	kg	3.50	4.590	5.200
	圆钉 φ5以内	kg	5.13	0.030	0.030
	其他材料费占材料费	%	—	5.000	5.000
机械	叉式起重机 5t	台班	506.51	0.400	0.500
	交流弧焊机 21kV·A	台班	57.35	0.300	0.400

定 额 编 号			A1-12-107	A1-12-108	A1-12-109
项 目 名 称			卧式高压贮液器(排液桶)		
			设备容积(m³以内)		
			1.0	1.5	2.0
			设备重量(t以内)		
			0.7	1	1.5
基 价 （元）			831.11	1078.90	1217.25
其中	人 工 费（元）		502.74	696.92	768.74
	材 料 费（元）		164.95	167.91	183.78
	机 械 费（元）		163.42	214.07	264.73
名 称	单位	单价(元)	消 耗 量		
人工	综合工日	工日	140.00	3.591	4.978	5.491
材料	白漆	kg	5.47	1.160	1.160	1.160
	道木	m³	2137.00	0.027	0.027	0.030
	低碳钢焊条	kg	6.84	0.210	0.210	0.210
	镀锌铁丝 φ4.0～2.8	kg	3.57	1.100	1.100	1.100
	黄油钙基脂	kg	5.15	0.210	0.210	0.210
	机油	kg	19.66	0.200	0.200	0.200
	煤油	kg	3.73	2.500	2.500	2.500
	木板	m³	1634.16	0.001	0.001	0.005
	平垫铁	kg	3.74	2.820	2.820	2.820
	汽油	kg	6.77	0.510	0.510	0.714
	热轧薄钢板 δ1.6～1.9	kg	3.93	0.800	0.800	1.000
	石棉橡胶板	kg	9.40	0.300	0.600	0.600
	塑料布	kg	16.09	2.280	2.280	2.280
	铁砂布	张	0.85	5.000	5.000	5.000
	斜垫铁	kg	3.50	3.060	3.060	3.060
	圆钉 φ5以内	kg	5.13	0.020	0.020	0.020
	其他材料费占材料费	%	—	5.000	5.000	5.000
机械	叉式起重机 5t	台班	506.51	0.300	0.400	0.500
	交流弧焊机 21kV·A	台班	57.35	0.200	0.200	0.200

定　额　编　号			A1-12-110	A1-12-111
项　目　名　称			卧式高压贮液器(排液桶)	
			设备容积(m³以内)	
			3.0	5.0
			设备重量(t以内)	
			2	2.5
基　　　　价（元）			1431.97	1724.81
其中	人　工　费（元）		919.66	1101.52
	材　料　费（元）		196.93	257.26
	机　械　费（元）		315.38	366.03
名　　　称	单位	单价（元）	消　耗　　　量	
人工 综合工日	工日	140.00	6.569	7.868
材料 白漆	kg	5.47	1.160	1.180
道木	m³	2137.00	0.030	0.041
低碳钢焊条	kg	6.84	0.210	0.210
镀锌铁丝 φ4.0～2.8	kg	3.57	1.100	1.100
黄油钙基脂	kg	5.15	0.210	0.210
机油	kg	19.66	0.300	0.300
煤油	kg	3.73	2.500	2.500
木板	m³	1634.16	0.006	0.008
平垫铁	kg	3.74	3.760	5.800
汽油	kg	6.77	0.714	0.918
热轧薄钢板 δ1.6～1.9	kg	3.93	1.000	1.400
石棉橡胶板	kg	9.40	0.600	0.600
塑料布	kg	16.09	2.280	3.390
铁砂布	张	0.85	5.000	5.000
斜垫铁	kg	3.50	4.590	5.200
圆钉 φ5以内	kg	5.13	0.030	0.030
其他材料费占材料费	%	—	5.000	5.000
机械 叉式起重机 5t	台班	506.51	0.600	0.700
交流弧焊机 21kV·A	台班	57.35	0.200	0.200

十、分离器

1.氨油分离器

计量单位：台

定　额　编　号				A1-12-112	A1-12-113	A1-12-114
项　目　名　称				设备直径(mm以内)		
				325	500	700
				设备重量(t以内)		
				0.15	0.3	0.6
基　　　　价（元）				367.24	564.89	799.73
其中	人　工　费（元）			207.76	339.36	517.16
	材　料　费（元）			97.36	112.76	119.15
	机　械　费（元）			62.12	112.77	163.42
名　　　称		单位	单价（元）	消　　耗　　量		
人工	综合工日	工日	140.00	1.484	2.424	3.694
材料	白漆	kg	5.47	0.050	0.050	0.080
	道木	m³	2137.00	0.027	0.027	0.027
	低碳钢焊条	kg	6.84	0.210	0.210	0.210
	镀锌铁丝 φ4.0～2.8	kg	3.57	1.100	1.100	1.650
	黄油钙基脂	kg	5.15	0.202	0.212	0.212
	机油	kg	19.66	0.202	0.202	0.202
	煤油	kg	3.73	0.500	1.000	1.000
	木板	m³	1634.16	0.001	0.001	0.001
	平垫铁	kg	3.74	1.410	2.820	2.820
	热轧薄钢板 δ1.6～1.9	kg	3.93	0.400	0.400	0.800
	石棉橡胶板	kg	9.40	0.300	0.300	0.400
	塑料布	kg	16.09	0.200	0.390	0.480
	铁砂布	张	0.85	1.000	2.000	2.000
	斜垫铁	kg	3.50	2.040	3.060	3.060
	其他材料费占材料费	%	—	5.000	5.000	5.000
机械	叉式起重机 5t	台班	506.51	0.100	0.200	0.300
	交流弧焊机 21kV·A	台班	57.35	0.200	0.200	0.200

定　额　编　号				A1-12-115	A1-12-116	A1-12-117
项　目　名　称				设备直径（mm以内）		
				800	1000	1200
				设备重量（t以内）		
				1.2	1.75	2
基　　　　价（元）				1067.26	1221.50	1364.43
其中	人　工　费（元）			724.36	826.14	968.24
	材　料　费（元）			154.15	155.96	156.79
	机　械　费（元）			188.75	239.40	239.40
名　　称		单位	单价（元）	消　　耗　　量		
人工	综合工日	工日	140.00	5.174	5.901	6.916
材料	白漆	kg	5.47	0.080	0.080	0.080
	道木	m³	2137.00	0.030	0.030	0.030
	低碳钢焊条	kg	6.84	0.210	0.210	0.210
	镀锌铁丝 φ4.0～2.8	kg	3.57	1.650	1.650	1.650
	黄油钙基脂	kg	5.15	0.212	0.212	0.212
	机油	kg	19.66	0.202	0.202	0.202
	煤油	kg	3.73	1.500	1.500	1.500
	木板	m³	1634.16	0.004	0.004	0.004
	平垫铁	kg	3.74	2.820	2.820	2.820
	热轧薄钢板 δ1.6～1.9	kg	3.93	0.800	1.000	1.200
	石棉橡胶板	kg	9.40	0.400	0.500	0.500
	塑料布	kg	16.09	1.680	1.680	1.680
	铁砂布	张	0.85	3.000	3.000	3.000
	斜垫铁	kg	3.50	3.060	3.060	3.060
	其他材料费占材料费	%	—	5.000	5.000	5.000
机械	叉式起重机 5t	台班	506.51	0.350	0.450	0.450
	交流弧焊机 21kV·A	台班	57.35	0.200	0.200	0.200

2.氨液分离器

定　额　编　号			A1-12-118	A1-12-119	A1-12-120
项　目　名　称			设备直径(mm以内)		
			500	600	800
			设备重量(t以内)		
			0.3	0.4	0.6
基　　　　价（元）			468.89	587.65	741.82
其中	人　工　费（元）		342.16	425.32	543.20
	材　料　费（元）		70.34	80.62	91.58
	机　械　费（元）		56.39	81.71	107.04
名　　称	单位	单价（元）	消　　耗　　量		
人工	综合工日	工日	140.00	2.444	3.038	3.880
材料	白漆	kg	5.47	0.080	0.080	0.080
	低碳钢焊条	kg	6.84	0.210	0.210	0.210
	镀锌铁丝 φ4.0～2.8	kg	3.57	0.800	0.800	0.800
	黄油钙基脂	kg	5.15	0.182	0.182	0.182
	机油	kg	19.66	0.101	0.101	0.101
	煤油	kg	3.73	1.500	1.500	1.500
	平垫铁	kg	3.74	1.410	2.820	3.760
	热轧薄钢板 δ1.6～1.9	kg	3.93	0.400	0.400	0.800
	石棉橡胶板	kg	9.40	0.300	0.400	0.400
	双头螺栓 M16×150	套	1.84	4.000	4.000	4.000
	塑料布	kg	16.09	1.680	1.680	1.680
	铁砂布	张	0.85	3.000	3.000	3.000
	斜垫铁	kg	3.50	2.040	3.060	4.590
	其他材料费占材料费	%	—	5.000	5.000	5.000
机械	叉式起重机 5t	台班	506.51	0.100	0.150	0.200
	交流弧焊机 21kV·A	台班	57.35	0.100	0.100	0.100

定　额　编　号			A1-12-121	A1-12-122	A1-12-123
项　目　名　称			设备直径(mm以内)		
			1000	1200	1400
			设备重量(t以内)		
			0.7	1	1.2
基　　　　价（元）			884.45	1048.18	1124.02
其中	人　工　费（元）		651.70	784.56	833.98
	材　料　费（元）		94.65	100.20	101.29
	机　械　费（元）		138.10	163.42	188.75
名　　称	单位	单价（元）	消　　耗　　量		
人工	综合工日	工日	140.00	4.655	5.604	5.957

	名　　称	单位	单价（元）			
材料	白漆	kg	5.47	0.080	0.080	0.080
	低碳钢焊条	kg	6.84	0.210	0.210	0.210
	镀锌铁丝 φ4.0～2.8	kg	3.57	0.800	1.100	1.100
	黄油钙基脂	kg	5.15	0.182	0.182	0.202
	机油	kg	19.66	0.202	0.202	0.202
	煤油	kg	3.73	1.500	1.500	1.500
	木板	m³	1634.16	—	0.002	0.002
	平垫铁	kg	3.74	3.760	3.760	3.760
	热轧薄钢板 δ1.6～1.9	kg	3.93	0.800	0.800	0.800
	石棉橡胶板	kg	9.40	0.500	0.600	0.700
	双头螺栓 M16×150	套	1.84	4.000	4.000	4.000
	塑料布	kg	16.09	1.680	1.680	1.680
	铁砂布	张	0.85	3.000	3.000	3.000
	斜垫铁	kg	3.50	4.590	4.590	4.590
	其他材料费占材料费	%	—	5.000	5.000	5.000
机械	叉式起重机 5t	台班	506.51	0.250	0.300	0.350
	交流弧焊机 21kV·A	台班	57.35	0.200	0.200	0.200

3.空气分离器

定 额 编 号				A1-12-124	A1-12-125
项 目 名 称				冷却面积(m²以内)	
				0.45	1.82
				设备重量(t以内)	
				0.06	0.13
基 价（元）				196.11	242.37
其中	人 工 费（元）			128.94	173.88
	材 料 费（元）			55.70	57.02
	机 械 费（元）			11.47	11.47
名 称		单位	单价(元)	消 耗 量	
人工	综合工日	工日	140.00	0.921	1.242
材料	白漆	kg	5.47	0.080	0.080
	低碳钢焊条	kg	6.84	0.105	0.105
	煤油	kg	3.73	1.500	1.500
	木板	m³	1634.16	0.001	0.001
	平垫铁	kg	3.74	1.410	1.410
	热轧薄钢板 δ1.6~1.9	kg	3.93	0.200	0.400
	石棉橡胶板	kg	9.40	0.200	0.250
	塑料布	kg	16.09	1.680	1.680
	铁砂布	张	0.85	3.000	3.000
	斜垫铁	kg	3.50	2.040	2.040
	其他材料费占材料费	%	—	5.000	5.000
机械	交流弧焊机 21kV·A	台班	57.35	0.200	0.200

482

十一、过滤器

1.氨气过滤器

计量单位：台

定　额　编　号				A1-12-126	A1-12-127	A1-12-128
项　目　名　称				设备直径(mm以内)		
				100	200	300
				设备重量(t以内)		
				0.1	0.2	0.5
基　　　　价（元）				149.99	249.71	411.63
其中	人　工　费（元）			126.28	211.54	349.44
	材　料　费（元）			23.71	38.17	62.19
	机　械　费（元）			—	—	—
名　　称		单位	单价（元）	消　　耗　　量		
人工	综合工日	工日	140.00	0.902	1.511	2.496
材料	白漆	kg	5.47	0.050	0.050	0.080
	镀锌铁丝 φ4.0～2.8	kg	3.57	0.800	0.800	0.800
	黄油钙基脂	kg	5.15	0.101	0.404	0.606
	机油	kg	19.66	0.101	0.101	0.101
	冷冻机油	kg	5.06	0.200	0.250	0.250
	煤油	kg	3.73	1.000	1.000	1.500
	汽油	kg	6.77	0.501	1.002	2.040
	石棉橡胶板	kg	9.40	0.500	1.000	2.000
	塑料布	kg	16.09	0.150	0.390	0.600
	铁砂布	张	0.85	2.000	2.000	2.000
	其他材料费占材料费	%	—	5.000	5.000	5.000

2.氨液过滤器

定　额　编　号			A1-12-129	A1-12-130	A1-12-131
项　目　名　称			设备直径(mm以内)		
			25	50	100
			设备重量(t以内)		
			0.025		0.05
基　　　　　价（元）			83.16	183.60	244.17
其中	人　工　费（元）		70.28	165.76	187.60
	材　料　费（元）		12.88	17.84	56.57
	机　械　费（元）		—	—	—
名　　称	单位	单价(元)	消　　耗　　量		
人工 综合工日	工日	140.00	0.502	1.184	1.340
材料 白漆	kg	5.47	0.050	0.050	0.050
黄油钙基脂	kg	5.15	0.051	0.152	0.354
机油	kg	19.66	0.101	0.101	0.101
冷冻机油	kg	5.06	0.100	0.150	0.200
煤油	kg	3.73	0.500	0.500	0.500
汽油	kg	6.77	0.204	0.510	1.020
石棉橡胶板	kg	9.40	0.200	0.400	1.200
塑料布	kg	16.09	0.150	0.150	1.680
铁砂布	张	0.85	2.000	2.000	2.000
其他材料费占材料费	%	—	5.000	5.000	5.000

484

十二、中间冷却器

定　额　编　号			A1-12-132	A1-12-133	A1-12-134
项　目　名　称			设备冷却面积(m²以内)		
			2	3.5	5
			设备重量(t以内)		
			0.5	0.6	1
基　　　　　价（元）			605.87	696.58	920.88
其中	人　工　费（元）		397.74	458.08	644.42
	材　料　费（元）		101.09	106.14	113.04
	机　械　费（元）		107.04	132.36	163.42
名　　称		单位	单价（元）	消　耗　量	
人工	综合工日	工日	140.00	2.841	3.272	4.603
材料	白漆	kg	5.47	0.160	0.160	0.160
	低碳钢焊条	kg	6.84	0.105	0.105	0.210
	镀锌铁丝 φ4.0～2.8	kg	3.57	1.100	1.100	1.100
	黄油钙基脂	kg	5.15	0.212	0.212	0.212
	机油	kg	19.66	0.202	0.303	0.505
	煤油	kg	3.73	2.500	2.500	2.500
	木板	m³	1634.16	0.001	0.001	0.001
	平垫铁	kg	3.74	2.820	2.820	2.820
	热轧薄钢板 δ1.6～1.9	kg	3.93	0.800	0.800	0.800
	石棉橡胶板	kg	9.40	1.000	1.300	1.500
	塑料布	kg	16.09	2.280	2.280	2.280
	铁砂布	张	0.85	5.000	5.000	5.000
	斜垫铁	kg	3.50	3.060	3.060	3.060
	其他材料费占材料费	%	—	5.000	5.000	5.000
机械	叉式起重机 5t	台班	506.51	0.200	0.250	0.300
	交流弧焊机 21kV·A	台班	57.35	0.100	0.100	0.200

定　额　编　号			A1-12-135	A1-12-136	A1-12-137
项　目　名　称			设备冷却面积(m²以内)		
			8	10	16
			设备重量(t以内)		
			1.6	2	3
基　　　　价（元）			1185.96	1434.70	2090.28
其中	人　工　费（元）		785.82	996.24	1253.42
	材　料　费（元）		211.39	224.39	273.42
	机　械　费（元）		188.75	214.07	563.44
名　　称	单位	单价（元）	消　　耗　　量		
人工 综合工日	工日	140.00	5.613	7.116	8.953
材料 白漆	kg	5.47	0.180	0.180	0.180
道木	m³	2137.00	0.030	0.030	0.041
低碳钢焊条	kg	6.84	0.210	0.210	0.420
镀锌铁丝 φ4.0～2.8	kg	3.57	1.650	1.650	2.000
黄油钙基脂	kg	5.15	0.111	0.111	0.111
机油	kg	19.66	0.505	0.505	0.606
煤油	kg	3.73	2.500	2.500	2.500
木板	m³	1634.16	0.005	0.006	0.008
平垫铁	kg	3.74	2.820	3.760	5.800
热轧薄钢板 δ1.6～1.9	kg	3.93	1.000	1.000	1.200
石棉橡胶板	kg	9.40	1.800	2.000	2.500
塑料布	kg	16.09	3.390	3.390	3.390
铁砂布	张	0.85	5.000	5.000	5.000
斜垫铁	kg	3.50	3.060	4.590	5.200
其他材料费占材料费	%	—	5.000	5.000	5.000
机械 叉式起重机 5t	台班	506.51	0.350	0.400	—
交流弧焊机 21kV·A	台班	57.35	0.200	0.200	0.300
汽车式起重机 8t	台班	763.67	—	—	0.500
载重汽车 10t	台班	547.99	—	—	0.300

十三、玻璃钢冷却塔

定　额　编　号			A1-12-138	A1-12-139	A1-12-140
项　目　名　称			设备处理水量(m³/h以内)		
			30	50	70
基　　价　（元）			1415.65	1617.82	1988.43
其中	人　工　费（元）		968.52	1051.40	1186.36
	材　料　费（元）		235.93	307.28	385.40
	机　械　费（元）		211.20	259.14	416.67
名　　称	单位	单价（元）	消　　耗　　量		
人工	综合工日	工日	140.00	6.918	7.510	8.474
材料	405号树脂胶	kg	27.21	1.000	1.500	2.000
	白漆	kg	5.47	0.100	0.100	0.200
	道木	m³	2137.00	0.027	0.027	0.027
	低碳钢焊条	kg	6.84	0.210	0.210	0.260
	镀锌铁丝 φ4.0～2.8	kg	3.57	3.700	3.700	3.700
	黄油钙基脂	kg	5.15	0.576	0.576	0.576
	机油	kg	19.66	0.101	0.101	0.101
	煤油	kg	3.73	1.500	2.000	2.000
	木板	m³	1634.16	0.002	0.002	0.003
	平垫铁	kg	3.74	5.800	5.800	8.820
	汽油	kg	6.77	0.306	0.408	0.510
	热轧薄钢板 δ1.6～1.9	kg	3.93	0.200	0.400	0.800
	石棉橡胶板	kg	9.40	1.200	1.400	1.400
	塑料布	kg	16.09	2.790	5.790	8.130
	铁砂布	张	0.85	3.000	4.000	4.000
	斜垫铁	kg	3.50	7.860	7.860	9.880
	其他材料费占材料费	%	—	5.000	5.000	5.000
机械	交流弧焊机 21kV·A	台班	57.35	0.100	0.100	0.100
	汽车式起重机 16t	台班	958.70	0.100	0.150	0.200
	载重汽车 10t	台班	547.99	0.200	0.200	0.400

定 额 编 号				A1-12-141	A1-12-142	A1-12-143
项 目 名 称				设备处理水量（m³/h以内）		
				100	150	250
基 价（元）				2258.11	2557.48	3928.68
其中	人 工 费（元）			1296.96	1510.74	2097.34
	材 料 费（元）			436.01	473.66	724.12
	机 械 费（元）			525.14	573.08	1107.22
名 称		单位	单价（元）	消 耗 量		
人工	综合工日	工日	140.00	9.264	10.791	14.981
材料	405号树脂胶	kg	27.21	2.500	3.000	4.000
	白漆	kg	5.47	0.300	0.300	0.600
	草袋	条	0.85	—	—	1.500
	道木	m³	2137.00	0.027	0.030	0.041
	低碳钢焊条	kg	6.84	0.260	0.320	0.320
	镀锌铁丝 φ4.0～2.8	kg	3.57	4.800	4.800	4.800
	黄油钙基脂	kg	5.15	0.576	0.576	0.576
	机油	kg	19.66	0.101	0.101	0.202
	煤油	kg	3.73	3.000	6.000	6.000
	木板	m³	1634.16	0.006	0.006	0.008
	平垫铁	kg	3.74	8.820	8.820	11.640
	汽油	kg	6.77	0.714	1.224	2.040
	热轧薄钢板 δ1.6～1.9	kg	3.93	0.800	1.000	1.400
	石棉橡胶板	kg	9.40	1.600	1.600	1.800
	水	t	7.96	—	—	1.540
	塑料布	kg	16.09	9.210	9.210	18.420
	铁砂布	张	0.85	5.000	5.000	10.000
	斜垫铁	kg	3.50	9.880	9.880	8.572
	其他材料费占材料费	%	—	5.000	5.000	5.000
机械	交流弧焊机 21kV·A	台班	57.35	0.200	0.200	0.200
	汽车式起重机 16t	台班	958.70	0.250	0.300	0.800
	载重汽车 10t	台班	547.99	0.500	0.500	0.600

定　额　编　号			A1-12-144	A1-12-145	A1-12-146
项　目　名　称			设备处理水量(m³/h以内)		
			300	500	700
基　　　　价（元）			5253.45	6136.06	6756.07
其中	人　工　费（元）		2566.76	2760.10	3203.20
	材　料　费（元）		1012.19	1394.38	1523.36
	机　械　费（元）		1674.50	1981.58	2029.51
名　　称		单位	单价（元）	消　耗　量	
人工	综合工日	工日	140.00	18.334	19.715	22.880
材料	405号树脂胶	kg	27.21	5.000	6.000	7.000
	白漆	kg	5.47	0.900	1.500	1.500
	草袋	条	0.85	5.000	5.000	5.000
	道木	m³	2137.00	0.041	0.041	0.062
	低碳钢焊条	kg	6.84	0.420	0.420	0.630
	镀锌铁丝 φ4.0～2.8	kg	3.57	4.800	5.550	7.400
	黄油钙基脂	kg	5.15	0.576	0.576	0.646
	机油	kg	19.66	0.202	0.303	0.303
	煤油	kg	3.73	9.000	12.000	17.000
	木板	m³	1634.16	0.017	0.017	0.017
	平垫铁	kg	3.74	14.820	15.800	15.800
	汽油	kg	6.77	2.550	3.570	5.100
	热轧薄钢板 δ1.6～1.9	kg	3.93	1.800	1.800	4.000
	石棉橡胶板	kg	9.40	2.000	2.500	3.000
	水	t	7.96	5.900	5.900	5.900
	塑料布	kg	16.09	27.630	46.000	46.000
	铁砂布	张	0.85	15.000	23.000	23.000
	斜垫铁	kg	3.50	11.430	11.430	11.430
	其他材料费占材料费	%	—	5.000	5.000	5.000
机械	交流弧焊机 21kV·A	台班	57.35	0.400	0.500	0.500
	汽车式起重机 16t	台班	958.70	0.700	0.900	0.950
	汽车式起重机 25t	台班	1084.16	0.500	0.500	0.500
	载重汽车 10t	台班	547.99	0.800	1.000	1.000

十四、集油器、油视镜、紧急泄氨器

定　额　编　号			A1-12-147	A1-12-148	A1-12-149
项　目　名　称			集油器		
			设备直径(mm以内)		
			219	325	500
基　　　　　价（元）			154.00	200.06	277.20
其中	人　工　费（元）		111.58	157.64	234.78
	材　料　费（元）		36.68	36.68	36.68
	机　械　费（元）		5.74	5.74	5.74
名　　称	单位	单价（元）	消　　耗　　量		
人工	综合工日	工日	140.00	0.797	1.126	1.677
材料	低碳钢焊条	kg	6.84	0.105	0.105	0.105
	机油	kg	19.66	0.202	0.202	0.202
	煤油	kg	3.73	0.500	0.500	0.500
	木板	m³	1634.16	0.001	0.001	0.001
	平垫铁	kg	3.74	2.820	2.820	2.820
	热轧薄钢板 δ1.6～1.9	kg	3.93	0.200	0.200	0.200
	石棉橡胶板	kg	9.40	0.500	0.500	0.500
	斜垫铁	kg	3.50	3.060	3.060	3.060
	其他材料费占材料费	%	—	5.000	5.000	5.000
机械	交流弧焊机 21kV·A	台班	57.35	0.100	0.100	0.100

定 额 编 号				A1-12-150	A1-12-151	A1-12-152
项 目 名 称				油视镜		紧急泄氨器
				设备直径(mm以内)		
				50	100	108
单 位				支		台
基 价（元）				124.81	172.49	138.87
其中	人 工 费（元）			110.32	153.72	122.64
	材 料 费（元）			14.49	18.77	16.23
	机 械 费（元）			—	—	—
名 称	单位	单价（元）		消 耗 量		
人工	综合工日	工日	140.00	0.788	1.098	0.876
材料	机油	kg	19.66	0.101	0.101	0.101
	煤油	kg	3.73	0.500	0.500	0.500
	木板	m³	1634.16	—	—	0.001
	石棉橡胶板	kg	9.40	0.200	0.500	0.200
	双头螺栓带螺母 M10×30	套	0.38	8.000	8.000	2.000
	铁件	kg	4.19	1.200	1.500	1.750
	其他材料费占材料费	%	—	5.000	5.000	5.000

十五、制冷容器单体试密与排污

定　额　编　号				A1-12-153	A1-12-154	A1-12-155
项　目　名　称				设备容量（m³以内）		
				1	3	5
基　　价（元）				398.37	598.90	808.47
其中	人　工　费（元）			277.34	368.20	463.12
	材　料　费（元）			11.93	18.23	29.52
	机　械　费（元）			109.10	212.47	315.83
名　　称		单位	单价（元）	消　　耗　　量		
人工	综合工日	工日	140.00	1.981	2.630	3.308
材　　　　　　料	低碳钢焊条	kg	6.84	0.050	0.070	0.100
	镀锌铁丝 φ4.0～2.8	kg	3.57	0.200	0.200	0.200
	黄油钙基脂	kg	5.15	0.250	0.400	0.500
	六角螺栓带螺母 M12×50	套	0.60	4.000	4.000	4.000
	铅油（厚漆）	kg	6.45	0.100	0.150	0.200
	石棉橡胶板	kg	9.40	0.240	0.540	0.960
	碳钢气焊条	kg	9.06	0.010	0.010	0.010
	无缝钢管 φ22×2	m	3.42	0.200	0.200	0.200
	无缝钢管 φ25×2	m	3.85	0.200	—	—
	无缝钢管 φ38×2.25	m	9.23	—	0.200	—
	无缝钢管 φ57×3	m	27.15	—	—	0.200
	氧气	m³	3.63	0.306	0.428	0.734
	乙炔气	kg	10.45	0.102	0.143	0.245
	其他材料费占材料费	%	—	5.000	5.000	5.000
机械	电动空气压缩机 6m³/min	台班	206.73	0.500	1.000	1.500
	交流弧焊机 21kV·A	台班	57.35	0.100	0.100	0.100

第十三章 其他机械安装及设备灌浆

说　　明

一、本章定额适用范围如下：

1.润滑油处理设备包括：压力滤油机、润滑油再生机组、油沉淀箱。

2.制氧设备包括：膨胀机、空气分馏塔及小型制氧机械配套附属设备（洗涤塔、干燥器、碱水拌和器、纯化器、加热炉、加热器、储氧器、充氧台）。

3.其他机械包括：柴油机、柴油发电机组、电动机及电动发电机组、空气压缩机配套的储气罐、乙炔发生器及其附属设备、水压机附属的蓄势罐。

4.设备灌浆包括：地脚螺栓孔灌浆、设备底座与基础间灌浆。

二、本章定额包括下列内容：

1.设备整体、解体安装。

2.整体安装的空气分馏塔包括本体及本体第一个法兰内的管道、阀门安装；与本体联体的仪表、转换开关安装；清洗、调整、气密试验。

3.设备带有的电动机安装；主机与电动机组装联轴器或皮带机。

4.储气罐本体及与本体联体的安全阀、压力表等附件安装，气密试验。

5.乙炔发生器本体及与本体联体的安全阀、压力表、水位表等附件安装；附属设备安装、气密试验或试漏。

6.水压机蓄势罐本体及底座安装；与本体联体的附件安装，酸洗、试压。

三、本章定额不包括下列内容：

1.各种设备本体制作以及设备本体第一个法兰以外的管道、附件安装。

2.平台、梯子、栏杆等金属构件制作、安装（随设备到货的平台、梯子、栏杆的安装除外）。

3.空气分馏塔安装前的设备、阀门脱脂、试压；冷箱外的设备安装；阀门研磨、结构、管件、吊耳临时支撑的制作。

4.其他机械安装不包括刮研工作；与设备本体非同一底座的各种设备、起动装置、仪表盘、柜等的安装、调试。

5.小型制氧设备及其附属设备的试压、脱脂、阀门研磨；稀有气体及液氧或液氮的制取系统安装。

6.电动机及其他动力机械的拆装检查、配管、配线、调试。

四、计算工程量时应注意下列事项：

1.乙炔发生器附属设备、水压机蓄水罐、小型制氧机械配套附属设备及解体安装空气分馏塔等设备重量的计算应将设备本体及与设备联体的阀门、管道、支架、平台、梯子、保护罩等的重量计算在内。

2. 乙炔发生器附属设备是按"密闭性设备"考虑的。如为"非密闭性设备"时，则相应定额的人工、机械乘以系数0.8。

3. 润滑处理设备、膨胀机、柴油机、电动机及电动发电机组等设备重量的计算方法：在同一底座上的机组按整体总重量计算；非同一底座上的机组按主机、辅机及底座的总重量计算。

4. 柴油发电机组定额的设备重量，按机组的总重量计算。

5. 以"型号"作为项目时，应按设计要求的型号执行相同的项目。新旧型号可以互换。相近似的型号，如实物的重量相差在10%以内时，可以执行该定额。

6. 当实际灌浆材料与本标准中材料不一致时，根据设计选用的特殊灌浆材料，替换本标准中相应材料，其他消耗量不变。

7. 本册所有设备地脚螺栓灌浆、设备底座与基础间灌浆套用本章相应子目。

工程量计算规则

一、润滑油处理设备以"台"为计量单位，按设备名称、型号及重量（t）选用定额项目。

二、膨胀机以"台"为计量单位，按设备重量（t）选用定额项目。

三、柴油机、柴油发电机组、电动机及电动发电机组以"台"为计量单位，按设备名称和重量（t）选用定额项目。大型电机安装以"t"为计量单位。

四、储气罐以"台"为计量单位，按设备容量（m³）选用定额项目。

五、乙炔发生器以"台"为计量单位，按设备规格（m³/h）选用定额项目。

六、乙炔发生器附属设备以"台"为计量单位，按设备重量（t）选用定额项目。

七、水压机蓄水罐以"台"为计量单位，按设备重量（t）选用定额项目。

八、小型整体安装空气分馏塔以"台"为计量单位，按设备型号规格选用定额项目。

九、小型制氧附属设备中，洗涤塔、加热炉、加热器、储氧器及充氧台以"台"为计量单位，干燥器和碱水拌和器以"组"为计量单位，纯化器以"套"为计量单位，以上附属设备均按设备名称及型号选用定额项目。

十、设备减震台座安装以"座"为计量单位，按台座重量（t）选用定额项目。

十一、地脚螺栓孔灌浆、设备底座与基础间灌浆，以"m³"为计量单位，按一台备灌浆体积（m³）选用定额项目。

十二、座浆垫板安装以"墩"为计量单位，按垫板规格尺寸（mm）选用定额项目。

一、滑油处理设备

定　额　编　号				A1-13-1	A1-13-2	A1-13-3
项　目　名　称				压力滤油机		
				LY-50	LY-100	LY-150
				0.2	0.23	0.25
基　　　价（元）				556.35	615.10	665.22
其中	人　工　费（元）			388.78	431.62	461.02
	材　料　费（元）			85.86	86.57	92.10
	机　械　费（元）			81.71	96.91	112.10
名　　称		单位	单价（元）	消　　耗　　量		
人工	综合工日	工日	140.00	2.777	3.083	3.293
材料	白漆	kg	5.47	0.080	0.080	0.080
	草袋	条	0.85	0.500	0.500	0.500
	道木	m³	2137.00	0.008	0.008	0.008
	低碳钢焊条	kg	6.84	0.105	0.105	0.105
	镀锌铁丝 φ4.0～2.8	kg	3.57	1.100	1.100	1.100
	黄油钙基脂	kg	5.15	0.202	0.202	0.202
	机油	kg	19.66	0.202	0.202	0.303
	煤油	kg	3.73	1.000	1.000	1.000
	木板	m³	1634.16	0.004	0.004	0.004
	平垫铁	kg	3.74	1.936	1.936	1.936
	汽油	kg	6.77	0.510	0.610	0.710
	热轧薄钢板 δ1.6～1.9	kg	3.93	0.400	0.400	0.400
	石棉橡胶板	kg	9.40	0.200	0.200	0.240
	水	t	7.96	0.680	0.680	0.960
	塑料布	kg	16.09	0.600	0.600	0.600
	铁砂布	张	0.85	2.000	2.000	2.000
	斜垫铁	kg	3.50	3.708	3.708	3.708
	其他材料费占材料费	%	—	5.000	5.000	5.000
机械	叉式起重机 5t	台班	506.51	0.150	0.180	0.210
	交流弧焊机 21kV·A	台班	57.35	0.100	0.100	0.100

定 额 编 号				A1-13-4	A1-13-5
项 目 名 称				润滑油再生机组	油沉淀箱
				CY-120 0.25	0.2
基 价（元）				806.26	499.36
其中	人 工 费（元）			599.06	329.70
	材 料 费（元）			95.10	87.95
	机 械 费（元）			112.10	81.71
名 称		单位	单价（元）	消 耗 量	
人工	综合工日	工日	140.00	4.279	2.355
材料	白漆	kg	5.47	0.080	0.080
	草袋	条	0.85	1.000	0.500
	道木	m³	2137.00	0.008	0.008
	低碳钢焊条	kg	6.84	0.105	0.105
	镀锌铁丝 Φ4.0～2.8	kg	3.57	1.100	1.100
	黄油钙基脂	kg	5.15	0.202	0.202
	机油	kg	19.66	0.303	0.303
	煤油	kg	3.73	1.000	1.000
	木板	m³	1634.16	0.005	0.004
	平垫铁	kg	3.74	1.936	1.936
	汽油	kg	6.77	0.710	0.510
	热轧薄钢板 δ1.6～1.9	kg	3.93	0.400	0.400
	石棉橡胶板	kg	9.40	0.240	0.200
	水	t	7.96	1.060	0.680
	塑料布	kg	16.09	0.600	0.600
	铁砂布	张	0.85	2.000	2.000
	斜垫铁	kg	3.50	3.708	3.708
	其他材料费占材料费	%	—	5.000	5.000
机械	叉式起重机 5t	台班	506.51	0.210	0.150
	交流弧焊机 21kV·A	台班	57.35	0.100	0.100

二、膨胀机

定　额　编　号			A1-13-6	A1-13-7	A1-13-8
项　目　名　称			设备重量（t以内）		
			1	1.5	2.5
基　　　　价（元）			4030.80	4507.60	5206.44
其中	人　工　费（元）		2456.58	2803.50	3294.48
	材　料　费（元）		631.53	710.76	791.60
	机　械　费（元）		942.69	993.34	1120.36
名　　　称	单位	单价（元）	消　　耗　　量		
人工 综合工日	工日	140.00	17.547	20.025	23.532
材料 白漆	kg	5.47	0.080	0.080	0.100
道木	m³	2137.00	0.077	0.080	0.080
低碳钢焊条	kg	6.84	0.840	1.050	1.050
甘油	kg	10.56	0.200	0.200	0.350
合成树脂密封胶	kg	34.84	2.000	2.000	2.000
机油	kg	19.66	1.515	1.515	1.515
煤油	kg	3.73	5.250	8.400	10.500
木板	m³	1634.16	0.010	0.018	0.018
平垫铁	kg	3.74	14.820	14.820	14.820
汽轮机油	kg	8.61	3.000	5.000	6.000
汽油	kg	6.77	5.100	5.100	6.120
铅板 δ3	kg	31.12	0.300	0.300	0.500
热轧薄钢板 δ1.6～1.9	kg	3.93	2.000	2.500	3.500
热轧厚钢板 δ8.0～20	kg	3.20	4.500	6.000	7.000
石棉橡胶板	kg	9.40	3.060	4.000	5.000
四氯化碳	kg	4.25	6.000	8.000	10.000
塑料布	kg	16.09	1.680	1.680	2.790
铁砂布	张	0.85	3.000	3.000	3.000
斜垫铁	kg	3.50	12.770	12.770	12.770
氧气	m³	3.63	1.561	1.765	2.081
乙炔气	kg	10.45	0.520	0.589	0.694
圆钉 φ5以内	kg	5.13	0.050	0.050	0.050
紫铜板 δ0.08～0.2	kg	59.50	0.100	0.100	0.110
其他材料费占材料费	%	—	5.000	5.000	5.000
机械 叉式起重机 5t	台班	506.51	0.500	0.600	0.700
交流弧焊机 21kV·A	台班	57.35	1.000	1.000	1.000
汽车式起重机 16t	台班	958.70	0.500	0.500	0.500
汽车式起重机 8t	台班	763.67	0.200	0.200	0.300

計量单位：台

定　额　编　号			A1-13-9	A1-13-10
项　目　名　称			设备重量(t以内)	
			3.5	4.5
基　　价（元）			6668.75	7857.93
其中	人　工　费（元）		4539.78	5457.90
	材　料　费（元）		936.44	1152.70
	机　械　费（元）		1192.53	1247.33
名　称	单位	单价（元）	消　耗　量	
人工	综合工日	工日	140.00	32.427	38.985
材料	白漆	kg	5.47	0.100	0.100
	道木	m³	2137.00	0.091	0.149
	低碳钢焊条	kg	6.84	1.575	2.100
	甘油	kg	10.56	0.350	0.400
	合成树脂密封胶	kg	34.84	2.000	2.000
	机油	kg	19.66	1.717	1.717
	煤油	kg	3.73	12.600	14.700
	木板	m³	1634.16	0.022	0.026
	平垫铁	kg	3.74	22.680	22.680
	汽轮机油	kg	8.61	7.000	8.000
	汽油	kg	6.77	7.140	7.140
	铅板 δ3	kg	31.12	0.500	0.800
	热轧薄钢板 δ1.6~1.9	kg	3.93	4.500	5.500
	热轧厚钢板 δ8.0~20	kg	3.20	8.000	10.000
	石棉橡胶板	kg	9.40	6.000	7.000
	四氯化碳	kg	4.25	12.000	14.000
	塑料布	kg	16.09	2.790	2.790
	铁砂布	张	0.85	3.000	3.000
	斜垫铁	kg	3.50	17.820	21.380
	氧气	m³	3.63	2.601	3.121
	乙炔气	kg	10.45	0.867	1.040
	圆钉 φ5以内	kg	5.13	0.050	0.050
	紫铜板 δ0.08~0.2	kg	59.50	0.130	0.150
	其他材料费占材料费	%	—	5.000	5.000
机械	交流弧焊机 21kV·A	台班	57.35	1.000	1.000
	汽车式起重机 16t	台班	958.70	0.500	0.500
	汽车式起重机 8t	台班	763.67	0.500	0.500
	载重汽车 10t	台班	547.99	0.500	0.600

三、柴油机

定 额 编 号				A1-13-11	A1-13-12	A1-13-13	A1-13-14
项 目 名 称				设备重量(t以内)			
				0.5	1	1.5	2
基 价 （元）				914.73	1343.27	1790.70	2219.43
其中	人 工 费 （元）			566.44	798.98	883.26	1101.52
	材 料 费 （元）			241.25	284.52	470.00	492.33
	机 械 费 （元）			107.04	259.77	437.44	625.58
名 称		单位	单价(元)	消 耗 量			
人工	综合工日	工日	140.00	4.046	5.707	6.309	7.868
材料	白漆	kg	5.47	0.080	0.080	0.080	0.080
	柴油	kg	5.92	18.260	24.480	42.540	42.540
	道木	m³	2137.00	0.008	0.008	0.030	0.038
	低碳钢焊条	kg	6.84	0.158	0.158	0.242	0.242
	镀锌铁丝 φ4.0～2.8	kg	3.57	2.000	2.000	3.000	3.000
	黄油钙基脂	kg	5.15	0.202	0.202	0.202	0.202
	机油	kg	19.66	0.566	0.586	0.606	0.626
	聚酯乙烯泡沫塑料	kg	26.50	0.121	0.132	0.132	0.132
	煤油	kg	3.73	1.964	2.079	2.310	2.436
	木板	m³	1634.16	0.008	0.010	0.013	0.015
	平垫铁	kg	3.74	3.760	3.760	5.640	5.640
	铅油(厚漆)	kg	6.45	0.050	0.050	0.050	0.050
	塑料布	kg	16.09	1.680	1.680	1.680	1.680
	铁砂布	张	0.85	3.000	3.000	3.000	3.000
	斜垫铁	kg	3.50	4.590	4.590	6.120	6.120
	圆钉 φ5以内	kg	5.13	0.020	0.022	0.027	0.034
	其他材料费占材料费	%	—	5.000	5.000	5.000	5.000
机械	叉式起重机 5t	台班	506.51	0.200	0.200	0.400	0.500
	交流弧焊机 21kV·A	台班	57.35	0.100	0.100	0.100	0.500
	汽车式起重机 8t	台班	763.67	—	0.200	0.300	0.450

定　额　编　号			A1-13-15	A1-13-16	A1-13-17
项　目　名　称			设备重量(t以内)		
			2.5	3	3.5
基　　　价（元）			2497.68	2756.11	3908.15
其中	人　工　费（元）		1232.42	1383.62	1593.90
	材　料　费（元）		573.78	655.69	1582.25
	机　械　费（元）		691.48	716.80	732.00
名　　　称	单位	单价（元）	消	耗	量
人工	综合工日	工日	140.00	8.803	9.883	11.385

	名　　　称	单位	单价（元）	消耗量		
人工	综合工日	工日	140.00	8.803	9.883	11.385
材料	白漆	kg	5.47	0.080	0.100	0.100
	柴油	kg	5.92	47.580	51.000	65.400
	道木	m³	2137.00	0.040	0.041	0.410
	低碳钢焊条	kg	6.84	0.242	0.323	0.323
	镀锌铁丝 φ4.0～2.8	kg	3.57	3.000	3.000	3.000
	黄油钙基脂	kg	5.15	0.202	0.202	0.202
	机油	kg	19.66	0.646	0.657	0.667
	聚酯乙烯泡沫塑料	kg	26.50	0.132	0.154	0.154
	煤油	kg	3.73	2.678	3.000	3.500
	木板	m³	1634.16	0.019	0.021	0.025
	平垫铁	kg	3.74	11.640	15.520	15.520
	铅油(厚漆)	kg	6.45	0.050	0.050	0.050
	塑料布	kg	16.09	1.680	2.790	2.790
	铁砂布	张	0.85	3.000	3.000	3.000
	斜垫铁	kg	3.50	9.880	14.820	14.820
	圆钉 φ5以内	kg	5.13	0.041	0.047	0.054
	其他材料费占材料费	%	—	5.000	5.000	5.000
机械	叉式起重机 5t	台班	506.51	0.600	0.650	—
	交流弧焊机 21kV·A	台班	57.35	0.100	0.100	0.200
	汽车式起重机 8t	台班	763.67	0.500	0.500	0.800
	载重汽车 10t	台班	547.99	—	—	0.200

定 额 编 号			A1-13-18	A1-13-19	A1-13-20
项 目 名 称			设备重量(t以内)		
			4	4.5	5
基 价（元）			3408.50	3805.81	4084.21
其中	人 工 费（元）		1749.58	1933.40	2078.30
	材 料 费（元）		790.01	899.05	939.57
	机 械 费（元）		868.91	973.36	1066.34
名 称	单位	单价（元）	消 耗 量		
人工	综合工日	工日	140.00	12.497	13.810	14.845
材料	白漆	kg	5.47	0.100	0.100	0.100
	柴油	kg	5.92	70.200	75.200	80.200
	道木	m³	2137.00	0.041	0.041	0.041
	低碳钢焊条	kg	6.84	0.323	0.323	0.323
	镀锌铁丝 φ4.0～2.8	kg	3.57	3.000	4.000	4.000
	黄油钙基脂	kg	5.15	0.202	0.202	0.202
	机油	kg	19.66	0.687	0.707	0.737
	聚酯乙烯泡沫塑料	kg	26.50	0.165	0.165	0.165
	煤油	kg	3.73	3.500	4.000	4.500
	木板	m³	1634.16	0.028	0.030	0.034
	平垫铁	kg	3.74	15.520	21.340	21.340
	铅油(厚漆)	kg	6.45	0.050	0.050	0.050
	塑料布	kg	16.09	2.790	4.410	4.410
	铁砂布	张	0.85	3.000	3.000	3.000
	斜垫铁	kg	3.50	14.820	19.760	19.760
	圆钉 φ5以内	kg	5.13	0.061	0.067	0.067
	其他材料费占材料费	%	—	5.000	5.000	5.000
机械	交流弧焊机 21kV·A	台班	57.35	0.300	0.500	0.500
	汽车式起重机 8t	台班	763.67	0.900	0.950	1.000
	载重汽车 10t	台班	547.99	0.300	0.400	0.500

四、柴油发电机组

定 额 编 号			A1-13-21	A1-13-22	A1-13-23
项 目 名 称			设备重量(t以内)		
			2	2.5	3.5
基 价 （元）			1944.35	2330.36	3098.88
其中	人 工 费 （元）		1284.92	1430.24	1846.18
	材 料 费 （元）		399.66	513.33	574.50
	机 械 费 （元）		259.77	386.79	678.20
名 称	单位	单价(元)	消 耗 量		
人工 综合工日	工日	140.00	9.178	10.216	13.187
材 料 白漆	kg	5.47	0.080	0.080	0.100
柴油	kg	5.92	31.080	43.620	45.600
道木	m³	2137.00	0.030	0.040	0.040
低碳钢焊条	kg	6.84	0.242	0.242	0.326
镀锌铁丝 φ4.0～2.8	kg	3.57	2.000	3.000	3.000
黄油钙基脂	kg	5.15	0.202	0.202	0.202
机油	kg	19.66	0.586	0.606	0.646
聚酯乙烯泡沫塑料	kg	26.50	0.143	0.143	0.154
煤油	kg	3.73	3.320	3.450	3.700
木板	m³	1634.16	0.015	0.020	0.025
平垫铁	kg	3.74	5.640	5.640	7.530
铅油(厚漆)	kg	6.45	0.050	0.050	0.050
塑料布	kg	16.09	1.680	1.680	2.790
斜垫铁	kg	3.50	6.120	6.120	9.170
圆钉 φ5以内	kg	5.13	0.034	0.040	0.054
其他材料费占材料费	%	—	5.000	5.000	5.000
机 械 叉式起重机 5t	台班	506.51	0.200	0.300	0.400
交流弧焊机 21kV·A	台班	57.35	0.100	0.100	0.100
汽车式起重机 8t	台班	763.67	0.200	0.300	0.400
载重汽车 10t	台班	547.99	—	—	0.300

计量单位：台

定　额　编　号				A1-13-24	A1-13-25	A1-13-26
项　目　名　称				设备重量(t以内)		
				4.5	5.5	13
基　　　　价（元）				3848.20	4605.31	9992.66
其中	人　工　费（元）			2264.78	2664.34	6282.22
	材　料　费（元）			706.44	871.34	1906.99
	机　械　费（元）			876.98	1069.63	1803.45
名　　　称		单位	单价（元）	消　　耗　　量		
人工	综合工日	工日	140.00	16.177	19.031	44.873
材料	白漆	kg	5.47	0.100	0.100	0.100
	柴油	kg	5.92	55.800	65.400	98.500
	道木	m³	2137.00	0.041	0.062	0.087
	低碳钢焊条	kg	6.84	0.326	0.410	1.040
	镀锌铁丝 φ4.0～2.8	kg	3.57	4.000	4.000	4.000
	黄油钙基脂	kg	5.15	0.202	0.303	0.303
	机油	kg	19.66	0.667	0.707	22.018
	聚酯乙烯泡沫塑料	kg	26.50	0.165	0.176	0.220
	麻丝	kg	7.44	—	—	0.100
	煤	t	650.00	—	—	0.080
	煤油	kg	3.73	3.960	4.220	6.400
	木板	m³	1634.16	0.030	0.038	0.084
	木柴	kg	0.18	—	—	17.500
	平垫铁	kg	3.74	15.520	21.340	32.340
	汽油	kg	6.77	—	—	0.204
	铅油(厚漆)	kg	6.45	0.050	0.050	0.050
	石棉绳	kg	3.50	—	—	0.250
	塑料布	kg	16.09	2.790	2.790	4.410
	橡胶板	kg	2.91	—	—	0.100
	斜垫铁	kg	3.50	14.820	19.760	28.220
	圆钉 φ5以内	kg	5.13	0.067	0.080	0.135
	重铬酸钾 98%	kg	14.03	—	—	5.250
	其他材料费占材料费	%	—	5.000	5.000	5.000
机械	叉式起重机 5t	台班	506.51	0.600	—	—
	交流弧焊机 21kV·A	台班	57.35	0.200	0.500	0.500
	汽车式起重机 16t	台班	958.70	0.300	0.800	1.000
	汽车式起重机 25t	台班	1084.16	—	—	0.500
	载重汽车 10t	台班	547.99	0.500	0.500	0.500

五、电动机及电动发电机组

定　额　编　号			A1-13-27	A1-13-28	A1-13-29
项　目　名　称			设备重量(t以内)		
			0.5	1	3
基　　　　价（元）			749.34	995.36	2409.57
其中	人　工　费（元）		290.08	440.86	1078.42
	材　料　费（元）		142.32	161.19	697.27
	机　械　费（元）		316.94	393.31	633.88
名　　称	单位	单价（元）	消　　耗　　量		
人工	综合工日	工日	140.00	2.072	3.149	7.703

名　　称	单位	单价（元）			
综合工日	工日	140.00	2.072	3.149	7.703
白漆	kg	5.47	0.080	0.100	0.100
道木	m³	2137.00	0.010	0.010	0.041
低碳钢焊条	kg	6.84	0.210	0.210	0.370
镀锌铁丝 φ4.0～2.8	kg	3.57	2.000	2.000	2.500
黄油钙基脂	kg	5.15	0.202	0.202	0.404
机油	kg	19.66	0.606	0.606	0.808
煤油	kg	3.73	3.000	3.000	3.300
木板	m³	1634.16	0.013	0.013	0.250
平垫铁	kg	3.74	3.760	3.760	11.640
塑料布	kg	16.09	1.680	2.790	2.790
铁砂布	张	0.85	3.000	3.000	3.000
斜垫铁	kg	3.50	4.590	4.590	9.880
圆钉 φ5以内	kg	5.13	0.012	0.012	0.015
其他材料费占材料费	%	—	5.000	5.000	5.000
交流弧焊机 21kV·A	台班	57.35	0.200	0.200	0.400
汽车式起重机 8t	台班	763.67	0.400	0.500	0.800

定 额 编 号			A1-13-30	A1-13-31	A1-13-32
项 目 名 称			设备重量(t以内)		
			5	7	10
基 价 （元）			3073.38	4146.23	5752.55
其中	人 工 费（元）		1778.42	2478.42	3314.08
	材 料 费（元）		485.60	487.36	635.00
	机 械 费（元）		809.36	1180.45	1803.47
名 称		单位	单价（元）	消 耗 量		
人工	综合工日	工日	140.00	12.703	17.703	23.672
材料	白漆	kg	5.47	0.240	0.240	0.240
	道木	m³	2137.00	0.062	0.062	0.062
	低碳钢焊条	kg	6.84	0.420	0.420	0.630
	镀锌铁丝 φ4.0～2.8	kg	3.57	3.000	3.000	4.000
	黄油钙基脂	kg	5.15	0.505	0.505	0.657
	机油	kg	19.66	0.960	0.960	1.111
	煤油	kg	3.73	4.000	4.000	4.000
	木板	m³	1634.16	0.025	0.025	0.050
	平垫铁	kg	3.74	21.340	21.340	34.500
	塑料布	kg	16.09	5.040	5.040	5.040
	铁砂布	张	0.85	9.000	9.000	9.000
	斜垫铁	kg	3.50	19.760	19.760	32.100
	圆钉 φ5以内	kg	5.13	0.024	0.350	0.075
	其他材料费占材料费	%	—	5.000	5.000	5.000
机械	交流弧焊机 21kV·A	台班	57.35	0.500	1.000	1.000
	汽车式起重机 16t	台班	958.70	0.700	1.000	0.500
	汽车式起重机 8t	台班	763.67	—	—	1.300
	载重汽车 10t	台班	547.99	0.200	0.300	0.500

定 额 编 号			A1-13-33	A1-13-34	A1-13-35
项 目 名 称			设备重量(t以内)		大型电机
			20	30	每t
基 价 （元）			9876.22	14680.87	754.79
其中	人 工 费 （元）		6225.10	8889.86	282.52
	材 料 费 （元）		1018.02	1442.38	223.11
	机 械 费 （元）		2633.10	4348.63	249.16
名 称	单位	单价（元）	消	耗	量
人工 综合工日	工日	140.00	44.465	63.499	2.018
材 料	白漆	kg	5.47	0.560	0.800	—
	道木	m³	2137.00	0.097	0.154	—
	低碳钢焊条	kg	6.84	0.840	0.950	0.050
	镀锌铁丝 φ4.0～2.8	kg	3.57	5.000	5.000	—
	钢板垫板	kg	5.13	—	—	40.000
	钢丝绳 φ14.1～15	kg	6.24	1.920	—	—
	钢丝绳 φ19～21.5	kg	7.26	—	2.080	—
	黄油钙基脂	kg	5.15	0.808	0.808	—
	机油	kg	19.66	1.313	1.313	0.160
	煤油	kg	3.73	6.000	7.000	—
	木板	m³	1634.16	0.075	0.075	—
	平垫铁	kg	3.74	48.290	78.480	—
	塑料布	kg	16.09	11.760	16.800	—
	铁砂布	张	0.85	21.000	3.000	—
	斜垫铁	kg	3.50	45.860	72.910	—
	氧气	m³	3.63	—	—	0.120
	乙炔气	kg	10.45	—	—	0.040
	圆钉 φ5以内	kg	5.13	0.100	0.110	—
	紫铜板（综合）	kg	58.97	—	—	0.050
	其他材料费占材料费	%	—	5.000	5.000	5.000
机 械	交流弧焊机 21kV·A	台班	57.35	1.500	2.000	0.060
	汽车式起重机 30t	台班	1127.57	1.000	—	—
	汽车式起重机 50t	台班	2464.07	—	1.000	—
	汽车式起重机 8t	台班	763.67	1.500	1.600	0.250
	载重汽车 10t	台班	547.99	0.500	1.000	0.100

六、储气罐

定 额 编 号				A1-13-36	A1-13-37	A1-13-38	A1-13-39
项 目 名 称				设备容量(m³以内)			
				1	2	3	5
基 价（元）				1069.52	1512.00	1939.34	2734.76
其中	人 工 费（元）			485.38	787.92	1051.68	1619.10
	材 料 费（元）			186.05	210.44	229.82	330.12
	机 械 费（元）			398.09	513.64	657.84	785.54
名 称		单位	单价（元）	消 耗 量			
人工	综合工日	工日	140.00	3.467	5.628	7.512	11.565
材料	白漆	kg	5.47	0.072	0.080	0.092	0.100
	道木	m³	2137.00	0.038	0.042	0.048	0.060
	低碳钢焊条	kg	6.84	0.540	0.600	0.690	1.170
	镀锌铁丝 φ4.0～2.8	kg	3.57	1.980	2.200	2.530	3.300
	钢板 δ4.5～7	kg	3.18	0.900	3.060	1.150	2.000
	六角螺栓带螺母 M20×80	10套	21.37	0.540	0.600	0.690	1.000
	煤油	kg	3.73	1.890	2.100	2.415	2.700
	木板	m³	1634.16	0.001	0.001	0.001	0.001
	平垫铁	kg	3.74	2.820	2.820	2.820	8.820
	石棉橡胶板	kg	9.40	0.666	0.740	0.851	1.310
	塑料布	kg	16.09	1.512	1.680	1.932	2.790
	铁砂布	张	0.85	2.700	3.000	3.450	3.000
	斜垫铁	kg	3.50	3.060	3.060	3.060	6.573
	氧气	m³	3.63	1.065	1.183	1.361	1.499
	乙炔气	kg	10.45	0.358	0.398	0.458	0.500
	其他材料费占材料费	%	—	5.000	5.000	5.000	5.000
机械	电动空气压缩机 6m³/min	台班	206.73	0.350	0.630	0.850	1.000
	交流弧焊机 21kV·A	台班	57.35	0.150	0.200	0.300	0.300
	汽车式起重机 16t	台班	958.70	—	—	—	0.300
	汽车式起重机 8t	台班	763.67	0.200	0.200	0.250	—
	载重汽车 10t	台班	547.99	0.300	0.400	0.500	0.500

定 额 编 号			A1-13-40	A1-13-41	A1-13-42
项 目 名 称			设备容量(m³以内)		
			8	11	15
基 价 （元）			3312.09	4195.36	5190.63
其中	人 工 费 （元）		1907.78	2471.28	3318.28
	材 料 费 （元）		369.61	470.77	506.41
	机 械 费 （元）		1034.70	1253.31	1365.94
名 称	单位	单价（元）	消 耗 量		
人工	综合工日	工日	140.00	13.627	17.652	23.702
材料	白漆	kg	5.47	0.100	0.100	0.100
	道木	m³	2137.00	0.065	0.079	0.081
	低碳钢焊条	kg	6.84	1.420	1.790	2.210
	镀锌铁丝 φ4.0～2.8	kg	3.57	4.400	4.950	5.500
	钢板 δ4.5～7	kg	3.18	3.000	4.000	5.000
	六角螺栓带螺母 M20×80	10套	21.37	1.200	1.400	1.600
	煤油	kg	3.73	3.000	3.500	4.000
	木板	m³	1634.16	0.003	0.003	0.004
	平垫铁	kg	3.74	8.820	11.640	11.640
	石棉橡胶板	kg	9.40	2.110	3.140	4.270
	塑料布	kg	16.09	2.790	4.410	4.410
	铁砂布	张	0.85	3.000	3.000	3.000
	斜垫铁	kg	3.50	6.573	7.860	7.860
	氧气	m³	3.63	1.765	2.030	2.489
	乙炔气	kg	10.45	0.592	0.673	0.826
	其他材料费占材料费	%	—	5.000	5.000	5.000
机械	电动空气压缩机 6m³/min	台班	206.73	1.250	1.380	1.500
	交流弧焊机 21kV·A	台班	57.35	0.400	0.400	0.400
	汽车式起重机 16t	台班	958.70	0.500	0.700	—
	汽车式起重机 25t	台班	1084.16	—	—	0.700
	载重汽车 10t	台班	547.99	0.500	0.500	0.500

512

七、乙炔发生器

定 额 编 号			A1-13-43	A1-13-44	A1-13-45
项 目 名 称			设备规格（m³/h以内）		
			5	10	20
基 价 （元）			1767.89	2386.90	3169.44
其中	人 工 费（元）		960.26	1217.44	1649.62
	材 料 费（元）		100.10	188.98	250.32
	机 械 费（元）		707.53	980.48	1269.50
名 称	单位	单价（元）	消 耗 量		
人工	综合工日	工日	140.00	6.859	8.696	11.783
材料	白漆	kg	5.47	0.080	0.080	0.100
	道木	m³	2137.00	—	0.008	0.008
	低碳钢焊条	kg	6.84	0.320	0.420	0.740
	钢板垫板	kg	5.13	1.500	1.800	2.000
	机油	kg	19.66	0.100	0.150	0.180
	煤油	kg	3.73	2.500	2.500	3.000
	木板	m³	1634.16	0.001	0.001	0.001
	平垫铁	kg	3.74	5.800	10.300	11.640
	铅油（厚漆）	kg	6.45	0.100	0.150	0.200
	石棉绳	kg	3.50	0.200	0.250	0.300
	石棉橡胶板	kg	9.40	0.960	2.640	3.970
	塑料布	kg	16.09	0.600	1.680	2.790
	铁砂布	张	0.85	2.000	3.000	3.000
	橡胶板 δ5	m²	7.65	0.200	0.300	0.400
	斜垫铁	kg	3.50	5.200	7.860	9.880
	氧气	m³	3.63	1.244	1.663	2.917
	乙炔气	kg	10.45	0.418	0.551	0.969
	圆钉 φ5以内	kg	5.13	0.011	0.013	0.016
	其他材料费占材料费	%	—	5.000	5.000	5.000
机械	电动空气压缩机 6m³/min	台班	206.73	0.750	0.850	1.000
	交流弧焊机 21kV·A	台班	57.35	0.200	0.300	0.500
	汽车式起重机 16t	台班	958.70	0.450	0.650	0.850
	载重汽车 10t	台班	547.99	0.200	0.300	0.400

定　额　编　号			A1-13-46	A1-13-47
项　目　名　称			设备规格（m³/h以内）	
			40	80
基　　　　　价（元）			3939.29	5035.57
其中	人　工　费（元）		1973.86	2739.80
	材　料　费（元）		349.78	388.76
	机　械　费（元）		1615.65	1907.01
名　　　称	单位	单价（元）	消　　耗　　量	
人工	综合工日	工日	140.00	14.099	19.570
材料	白漆	kg	5.47	0.100	0.100
	道木	m³	2137.00	0.027	0.030
	低碳钢焊条	kg	6.84	0.840	1.050
	钢板垫板	kg	5.13	2.500	2.800
	机油	kg	19.66	0.200	0.250
	煤油	kg	3.73	4.000	4.500
	木板	m³	1634.16	0.003	0.004
	平垫铁	kg	3.74	11.640	13.580
	铅油（厚漆）	kg	6.45	0.250	0.300
	石棉绳	kg	3.50	0.400	0.500
	石棉橡胶板	kg	9.40	4.740	5.350
	塑料布	kg	16.09	4.410	4.410
	铁砂布	张	0.85	3.000	3.000
	橡胶板 δ5	m²	7.65	0.500	0.600
	斜垫铁	kg	3.50	9.880	12.350
	氧气	m³	3.63	3.325	4.162
	乙炔气	kg	10.45	1.663	1.387
	圆钉 φ5以内	kg	5.13	0.017	0.023
	其他材料费占材料费	%	—	5.000	5.000
机械	电动空气压缩机 6m³/min	台班	206.73	1.250	1.500
	交流弧焊机 21kV·A	台班	57.35	0.500	0.500
	汽车式起重机 16t	台班	958.70	1.100	1.350
	载重汽车 10t	台班	547.99	0.500	0.500

八、乙炔发生器附属设备

定　额　编　号			A1-13-48	A1-13-49	A1-13-50
项　目　名　称			设备（t以内）		
			0.3	0.5	0.8
基　　　　价（元）			782.47	1289.22	1806.61
其中	人　工　费（元）		394.66	571.62	878.36
	材　料　费（元）		62.33	99.86	142.60
	机　械　费（元）		325.48	617.74	785.65
名　　称	单位	单价（元）	消　　耗　　量		
人工	综合工日	工日	140.00	2.819	4.083	6.274
材料	白漆	kg	5.47	0.080	0.080	0.100
	低碳钢焊条	kg	6.84	0.210	0.530	0.840
	钢板垫板	kg	5.13	1.500	3.000	3.500
	机油	kg	19.66	0.200	0.300	0.400
	煤油	kg	3.73	1.200	1.800	1.900
	木板	m³	1634.16	0.001	0.001	0.001
	平垫铁	kg	3.74	2.820	2.820	4.700
	铅油（厚漆）	kg	6.45	0.600	0.800	1.000
	石棉绳	kg	3.50	0.200	0.300	0.400
	石棉橡胶板	kg	9.40	0.200	0.300	0.400
	塑料布	kg	16.09	0.600	1.680	2.790
	铁砂布	张	0.85	2.000	3.000	3.000
	斜垫铁	kg	3.50	3.060	3.060	4.590
	氧气	m³	3.63	0.102	0.204	0.316
	乙炔气	kg	10.45	0.031	0.071	0.102
	圆钉 φ5以内	kg	5.13	—	0.010	0.013
	其他材料费占材料费	%	—	5.000	5.000	5.000
机械	电动空气压缩机 6m³/min	台班	206.73	0.250	0.500	0.650
	交流弧焊机 21kV·A	台班	57.35	0.200	0.400	0.500
	汽车式起重机 8t	台班	763.67	0.200	0.500	0.600
	载重汽车 10t	台班	547.99	0.200	0.200	0.300

定　额　编　号				A1-13-51	A1-13-52
项　目　名　称				设备(t以内)	
				1	1.5
基　　　价　（元）				2141.28	2860.57
其中	人　工　费（元）			1022.84	1449.00
	材　料　费（元）			204.74	235.85
	机　械　费（元）			913.70	1175.72
名　　称		单位	单价(元)	消　耗　量	
人工	综合工日	工日	140.00	7.306	10.350
材料	白漆	kg	5.47	0.100	0.100
	道木	m³	2137.00	0.008	0.008
	低碳钢焊条	kg	6.84	1.050	1.580
	钢板垫板	kg	5.13	4.000	5.000
	机油	kg	19.66	0.600	0.800
	煤油	kg	3.73	2.100	2.300
	木板	m³	1634.16	0.003	0.003
	平垫铁	kg	3.74	4.700	5.640
	铅油(厚漆)	kg	6.45	1.200	1.500
	石棉绳	kg	3.50	0.500	0.600
	石棉橡胶板	kg	9.40	0.500	0.800
	塑料布	kg	16.09	4.410	4.410
	铁砂布	张	0.85	3.000	3.000
	斜垫铁	kg	3.50	4.590	6.120
	氧气	m³	3.63	0.520	0.836
	乙炔气	kg	10.45	0.173	0.275
	圆钉 φ5以内	kg	5.13	0.015	0.017
	其他材料费占材料费	%	—	5.000	5.000
机械	电动空气压缩机 6m³/min	台班	206.73	0.900	1.000
	交流弧焊机 21kV·A	台班	57.35	0.500	0.800
	汽车式起重机 8t	台班	763.67	0.700	0.850
	载重汽车 10t	台班	547.99	0.300	0.500

九、水压机蓄势罐

定 额 编 号				A1-13-53	A1-13-54	A1-13-55
项 目 名 称				设备重量(t以内)		
				10	15	20
基 价（元）				6700.45	9879.51	11834.71
其中	人 工 费（元）			3918.04	5118.68	6802.74
	材 料 费（元）			1132.46	1891.98	2071.85
	机 械 费（元）			1649.95	2868.85	2960.12
名 称		单位	单价（元）	消 耗 量		
人工	综合工日	工日	140.00	27.986	36.562	48.591
材料	白漆	kg	5.47	0.080	0.100	0.100
	道木	m³	2137.00	0.187	0.452	0.485
	低碳钢焊条	kg	6.84	2.630	3.150	3.360
	镀锌铁丝 φ4.0～2.8	kg	3.57	4.000	5.000	6.000
	钢板垫板	kg	5.13	50.000	55.000	65.000
	煤油	kg	3.73	3.000	3.300	3.500
	木板	m³	1634.16	0.031	0.036	0.046
	平垫铁	kg	3.74	7.530	15.520	15.520
	生石灰	kg	0.32	8.000	10.000	12.000
	塑料布	kg	16.09	1.680	2.790	2.790
	铁砂布	张	0.85	8.000	8.000	8.000
	斜垫铁	kg	3.50	6.120	9.880	9.880
	盐酸	kg	12.41	18.000	22.000	24.000
	氧气	m³	3.63	2.601	3.121	3.386
	乙炔气	kg	10.45	0.867	1.040	1.132
	其他材料费占材料费	%	—	5.000	5.000	5.000
机械	电动空气压缩机 6m³/min	台班	206.73	0.500	0.500	1.000
	交流弧焊机 21kV·A	台班	57.35	1.500	0.620	1.000
	汽车式起重机 16t	台班	958.70	1.200	1.500	1.300
	汽车式起重机 25t	台班	1084.16	—	0.900	—
	汽车式起重机 30t	台班	1127.57	—	—	1.000
	试压泵 60MPa	台班	24.08	1.500	1.750	2.000
	载重汽车 10t	台班	547.99	0.500	0.500	0.500

定 额 编 号			A1-13-56	A1-13-57	A1-13-58
项 目 名 称			设备重量(t以内)		
			30	40	55
基 价（元）			17032.54	22039.00	27361.37
其中	人 工 费（元）		9391.48	11879.70	16227.26
	材 料 费（元）		2653.87	3026.96	3431.84
	机 械 费（元）		4987.19	7132.34	7702.27
名 称	单位	单价（元）	消 耗 量		
人工 综合工日	工日	140.00	67.082	84.855	115.909
材料 白漆	kg	5.47	0.100	0.100	0.100
道木	m³	2137.00	0.571	0.669	0.776
低碳钢焊条	kg	6.84	3.680	3.940	4.460
镀锌铁丝 φ4.0～2.8	kg	3.57	6.500	7.000	7.500
钢板垫板	kg	5.13	80.000	90.000	100.000
煤油	kg	3.73	4.000	4.500	5.500
木板	m³	1634.16	0.073	0.111	0.139
平垫铁	kg	3.74	41.400	41.400	41.400
生石灰	kg	0.32	13.000	14.000	15.000
塑料布	kg	16.09	4.410	4.410	5.790
铁砂布	张	0.85	8.000	8.000	10.000
斜垫铁	kg	3.50	36.690	36.690	36.690
盐酸	kg	12.41	26.000	28.000	30.000
氧气	m³	3.63	3.641	3.907	4.162
乙炔气	kg	10.45	1.214	1.306	1.387
其他材料费占材料费	%	—	5.000	5.000	5.000
机械 电动空气压缩机 6m³/min	台班	206.73	1.000	1.500	1.500
交流弧焊机 21kV·A	台班	57.35	1.000	1.000	1.500
汽车式起重机 16t	台班	958.70	1.500	1.850	2.050
汽车式起重机 50t	台班	2464.07	1.200	0.500	—
汽车式起重机 75t	台班	3151.07	—	1.000	1.500
试压泵 60MPa	台班	24.08	2.250	2.500	2.750
载重汽车 10t	台班	547.99	0.500	1.000	1.000

十、小型空气分馏塔

定 额 编 号			A1-13-59	A1-13-60	A1-13-61
项 目 名 称			型号规格		
			FL-50/200	140/660-1	FL-300/300
基 价（元）			9470.14	12779.27	18799.56
其中	人 工 费（元）		6310.64	8220.10	12083.40
	材 料 费（元）		1892.85	2624.85	3917.95
	机 械 费（元）		1266.65	1934.32	2798.21
名 称	单位	单价(元)	消 耗 量		
人工	综合工日	工日	140.00	45.076	58.715	86.310
材料	白漆	kg	5.47	0.080	0.100	0.100
	道木	m³	2137.00	0.454	0.562	0.707
	低碳钢焊条	kg	6.84	3.150	4.200	5.250
	低温密封膏	kg	3.42	1.200	1.400	2.600
	镀锌铁丝 Φ4.0～2.8	kg	3.57	3.000	5.000	10.000
	肥皂	块	3.56	2.500	4.000	6.000
	甘油	kg	10.56	0.500	0.700	1.000
	钢板垫板	kg	5.13	15.000	21.000	35.000
	焊锡	kg	57.50	1.100	1.600	2.700
	黄油钙基脂	kg	5.15	0.300	0.400	0.800
	酒精	kg	6.40	10.000	14.000	30.000
	锯条(各种规格)	根	0.62	6.000	8.000	15.000
	煤油	kg	3.73	5.000	6.000	6.500
	木板	m³	1634.16	0.031	0.043	0.063
	平垫铁	kg	3.74	9.880	14.820	19.760
	水	t	7.96	0.170	2.770	3.420

续前

定额编号				A1-13-59	A1-13-60	A1-13-61
项目名称				型号规格		
				FL-50/200	140/660-1	FL-300/300
名称		单位	单价(元)	消耗量		
材料	四氯化碳	kg	4.25	15.000	20.000	50.000
	塑料布	kg	16.09	1.680	2.790	4.410
	碳钢气焊条	kg	9.06	2.000	2.500	4.000
	铁砂布	张	0.85	8.000	10.000	15.000
	斜垫铁	kg	3.50	11.640	17.460	21.340
	锌	kg	23.93	0.220	0.320	0.550
	型钢	kg	3.70	52.000	103.000	170.000
	氧气	m^3	3.63	12.485	15.606	31.212
	乙炔气	kg	10.45	4.162	5.202	10.404
	紫铜电焊条 T107 Φ3.2	kg	61.54	0.350	0.600	1.100
	其他材料费占材料费	%	—	5.000	5.000	5.000
机械	电动空气压缩机 6m^3/min	台班	206.73	0.750	1.000	1.250
	交流弧焊机 21kV·A	台班	57.35	1.500	2.000	2.500
	汽车式起重机 16t	台班	958.70	0.500	0.600	—
	汽车式起重机 25t	台班	1084.16	—	—	0.800
	汽车式起重机 8t	台班	763.67	0.500	1.000	1.500
	载重汽车 10t	台班	547.99	0.300	0.500	0.700

十一、小型制氧机械附属设备

定 额 编 号	A1-13-62
项 目 名 称	名称及型号
	洗涤塔,XT-90
基 价（元）	3225.49

其中	人 工 费（元）	1921.50
	材 料 费（元）	459.52
	机 械 费（元）	844.47

	名 称	单位	单价（元）	消 耗 量
人工	综合工日	工日	140.00	13.725
材料	白漆	kg	5.47	0.080
	道木	m³	2137.00	0.105
	低碳钢焊条	kg	6.84	0.300
	镀锌铁丝 φ4.0～2.8	kg	3.57	4.000
	钢板垫板	kg	5.13	5.000
	黄油钙基脂	kg	5.15	0.202
	机油	kg	19.66	0.404
	煤油	kg	3.73	2.500
	木板	m³	1634.16	0.016
	平垫铁	kg	3.74	10.300
	石棉橡胶板	kg	9.40	4.590
	水	t	7.96	1.300
	塑料布	kg	16.09	0.600
	铁砂布	张	0.85	2.000
	斜垫铁	kg	3.50	6.573
	其他材料费占材料费	%	—	5.000
机械	交流弧焊机 21kV·A	台班	57.35	0.250
	汽车式起重机 8t	台班	763.67	0.800
	载重汽车 10t	台班	547.99	0.400

定 额 编 号	A1-13-63
项 目 名 称	名称及型号
	干燥器(170×2)，碱水拌和器(1.6)
基 价（元）	2095.97

其中	人 工 费（元）	1371.58
	材 料 费（元）	450.59
	机 械 费（元）	273.80

	名 称	单位	单价(元)	消 耗 量
人工	综合工日	工日	140.00	9.797
材料	白漆	kg	5.47	0.080
	道木	m³	2137.00	0.080
	低碳钢焊条	kg	6.84	0.300
	镀锌铁丝 φ4.0～2.8	kg	3.57	3.000
	钢板垫板	kg	5.13	5.600
	黄油钙基脂	kg	5.15	0.202
	机油	kg	19.66	0.404
	煤油	kg	3.73	4.500
	木板	m³	1634.16	0.018
	平垫铁	kg	3.74	10.300
	石棉橡胶板	kg	9.40	4.080
	水	t	7.96	1.300
	四氯化碳	kg	4.25	5.000
	塑料布	kg	16.09	1.680
	铁砂布	张	0.85	3.000
	斜垫铁	kg	3.50	6.573
	其他材料费占材料费	%	—	5.000
机械	交流弧焊机 21kV·A	台班	57.35	0.200
	汽车式起重机 8t	台班	763.67	0.200
	载重汽车 10t	台班	547.99	0.200

定　额　编　号	A1-13-64
项　目　名　称	名称及型号
	纯化器,HXK-300/59 HX-1800/15
基　　　价（元）	4679.29

其中	人　工　费（元）	2705.22
	材　料　费（元）	825.77
	机　械　费（元）	1148.30

	名　　　称	单位	单价（元）	消　耗　量
人工	综合工日	工日	140.00	19.323
材料	白漆	kg	5.47	0.100
	道木	m³	2137.00	0.166
	低碳钢焊条	kg	6.84	0.700
	镀锌铁丝 φ4.0～2.8	kg	3.57	5.000
	钢板垫板	kg	5.13	10.500
	黄油钙基脂	kg	5.15	0.303
	机油	kg	19.66	0.505
	煤油	kg	3.73	3.500
	木板	m³	1634.16	0.040
	平垫铁	kg	3.74	17.460
	石棉橡胶板	kg	9.40	5.610
	水	t	7.96	2.770
	四氯化碳	kg	4.25	8.000
	塑料布	kg	16.09	2.790
	铁砂布	张	0.85	3.000
	斜垫铁	kg	3.50	12.350
	其他材料费占材料费	%	—	5.000
机械	交流弧焊机 21kV·A	台班	57.35	0.200
	汽车式起重机 16t	台班	958.70	0.900
	载重汽车 10t	台班	547.99	0.500

計量单位：台

定　额　编　号	A1-13-65
项　目　名　称	名称及型号
	加热炉(器)，1.55型JR-13 JR-100
基　　价（元）	1117.72

其中	人　工　费（元）	379.96
	材　料　费（元）	137.34
	机　械　费（元）	600.42

	名　　称	单位	单价（元）	消　耗　量
人工	综合工日	工日	140.00	2.714
材料	白漆	kg	5.47	0.080
	低碳钢焊条	kg	6.84	0.300
	镀锌铁丝 φ4.0~2.8	kg	3.57	3.000
	黄油钙基脂	kg	5.15	0.202
	机油	kg	19.66	0.202
	煤油	kg	3.73	2.000
	木板	m³	1634.16	0.013
	平垫铁	kg	3.74	5.800
	石棉橡胶板	kg	9.40	3.060
	水	t	7.96	0.380
	塑料布	kg	16.09	0.600
	铁砂布	张	0.85	3.000
	斜垫铁	kg	3.50	5.200
	其他材料费占材料费	%	—	5.000
机械	交流弧焊机 21kV·A	台班	57.35	0.200
	汽车式起重机 16t	台班	958.70	0.500
	载重汽车 10t	台班	547.99	0.200

524

定 额 编 号	A1-13-66
项 目 名 称	名称及型号
	储氧器或充氧台,50 1-1GC-24
基 价 （元）	992.07

其中	人 工 费（元）	638.12
	材 料 费（元）	124.85
	机 械 费（元）	229.10

	名 称	单位	单价（元）	消 耗 量
人工	综合工日	工日	140.00	4.558
材料	白漆	kg	5.47	0.080
	镀锌铁丝 φ4.0～2.8	kg	3.57	8.000
	甘油	kg	10.56	0.300
	煤油	kg	3.73	1.500
	木板	m³	1634.16	0.013
	四氯化碳	kg	4.25	8.000
	塑料布	kg	16.09	0.600
	铁砂布	张	0.85	2.000
	氧气	m³	3.63	2.040
	乙炔气	kg	10.45	0.683
	其他材料费占材料费	%	—	5.000
机械	汽车式起重机 8t	台班	763.67	0.300

十二、地脚螺栓孔灌浆

定　额　编　号				A1-13-67	A1-13-68	A1-13-69
项　目　名　称				一台设备的灌浆体积(m³以内)		
				0.03	0.05	0.10
基　　　　价（元）				1044.48	931.08	796.82
其中	人　工　费（元）			684.46	571.06	436.80
	材　料　费（元）			360.02	360.02	360.02
	机　械　费（元）			—	—	—
名　　称		单位	单价(元)	消　　耗　　量		
人工	综合工日	工日	140.00	4.889	4.079	3.120
材料	水泥 32.5级	kg	0.29	438.000	438.000	438.000
	碎石	t	106.80	1.178	1.178	1.178
	中(粗)砂	t	87.00	1.035	1.035	1.035
	其他材料费占材料费	%	—	5.000	5.000	5.000

定　额　编　号			A1-13-70	A1-13-71
项　目　名　称			一台设备的灌浆体积(m³以内)	
			0.30	＞0.30
基　　　　价（元）			702.88	588.22
其中	人　工　费（元）		342.86	228.20
	材　料　费（元）		360.02	360.02
	机　械　费（元）		—	—
名　　　称	单位	单价（元）	消　　耗　　量	
人工 综合工日	工日	140.00	2.449	1.630
材料 水泥 32.5级	kg	0.29	438.000	438.000
碎石	t	106.80	1.178	1.178
中(粗)砂	t	87.00	1.035	1.035
其他材料费占材料费	%	—	5.000	5.000

十三、设备底座与基础间灌浆

计量单位：m³

定　额　编　号				A1-13-72	A1-13-73	A1-13-74
项　目　名　称				一台设备的灌浆体积（m³以内）		
				0.03	0.05	0.10
基　　　价（元）				1433.33	1263.71	1091.43
其中	人　工　费（元）			936.04	783.58	628.46
	材　料　费（元）			497.29	480.13	462.97
	机　械　费（元）			—	—	—
名　　　称		单位	单价（元）	消　　耗　　量		
人工	综合工日	工日	140.00	6.686	5.597	4.489
材料	木板	m³	1634.16	0.080	0.070	0.060
	水泥 32.5级	kg	0.29	438.000	438.000	438.000
	碎石	t	106.80	1.178	1.178	1.178
	中(粗)砂	t	87.00	1.035	1.035	1.035
	其他材料费占材料费	%	—	5.000	5.000	5.000

定　额　编　号			A1-13-75	A1-13-76
项　目　名　称			一台设备的灌浆体积(m³以内)	
			0.30	＞0.30
基　　　　　价（元）			928.81	780.83
其中	人　工　费（元）		483.00	335.02
	材　料　费（元）		445.81	445.81
	机　械　费（元）		—	—
名　　称	单位	单价(元)	消　耗　量	
人工	综合工日	工日	140.00	3.450	2.393
材料	木板	m³	1634.16	0.050	0.050
	水泥 32.5级	kg	0.29	438.000	438.000
	碎石	t	106.80	1.178	1.178
	中(粗)砂	t	87.00	1.035	1.035
	其他材料费占材料费	%	—	5.000	5.000

十四、设备减震台座

定 额 编 号				A1-13-77	A1-13-78	A1-13-79
项 目 名 称				台座重量(t以内)		
				0.1	0.2	0.3
基 价（元）				81.57	159.80	221.91
其中	人 工 费（元）			53.62	106.40	142.66
	材 料 费（元）			2.62	2.75	3.27
	机 械 费（元）			25.33	50.65	75.98
名 称		单位	单价（元）	消 耗 量		
人工	综合工日	工日	140.00	0.383	0.760	1.019
材料	钢板	kg	3.17	0.600	0.600	0.700
	煤油	kg	3.73	0.160	0.192	0.240
	其他材料费占材料费	%	—	5.000	5.000	5.000
机械	叉式起重机 5t	台班	506.51	0.050	0.100	0.150

定　额　编　号				A1-13-80	A1-13-81
项　目　名　称				台座重量(t以内)	
				0.5	1
基　　　　价（元）				295.58	483.38
其中	人　工　费（元）			189.70	349.86
	材　料　费（元）			4.58	6.89
	机　械　费（元）			101.30	126.63
名　　　称		单位	单价（元）	消　　耗　　量	
人工	综合工日	工日	140.00	1.355	2.499
材料	钢板	kg	3.17	1.000	1.600
	煤油	kg	3.73	0.320	0.400
	其他材料费占材料费	%	—	5.000	5.000
机械	叉式起重机 5t	台班	506.51	0.200	0.250

十五、座浆垫板

定　额　编　号			A1-13-82	A1-13-83	A1-13-84
项　目　名　称			座浆垫板安装面积(mm²)		
			150×80	200×100	280×160
基　　　价（元）			36.42	41.91	49.85
其中	人　工　费（元）		10.92	15.12	21.00
	材　料　费（元）		3.68	4.97	7.03
	机　械　费（元）		21.82	21.82	21.82
名　　称	单位	单价（元）	消　　耗		量
人工 综合工日	工日	140.00	0.078	0.108	0.150
材料 无收缩水泥	kg	1.03	1.580	2.630	4.290
型钢	kg	3.70	0.460	0.500	0.570
氧气	m³	3.63	0.022	0.022	0.022
乙炔气	m³	11.48	0.008	0.008	0.008
其他材料费占材料费	%	—	5.000	5.000	5.000
机械 电动空气压缩机 10m³/min	台班	355.21	0.046	0.046	0.046
载重汽车 10t	台班	547.99	0.010	0.010	0.010

定 额 编 号			A1-13-85	A1-13-86
项 目 名 称			座浆垫板安装面积(mm²)	
			360×180	500×220
基 价 （元）			66.99	77.89
其中	人 工 费 （元）		30.52	34.72
	材 料 费 （元）		9.32	13.18
	机 械 费 （元）		27.15	29.99
名 称		单位	单价（元）	消 耗 量
人工	综合工日	工日	140.00	0.218	0.248
材料	无收缩水泥	kg	1.03	6.040	9.200
	型钢	kg	3.70	0.670	0.770
	氧气	m³	3.63	0.022	0.030
	乙炔气	m³	11.48	0.008	0.010
	其他材料费占材料费	%	—	5.000	5.000
机械	电动空气压缩机 10m³/min	台班	355.21	0.061	0.069
	载重汽车 10t	台班	547.99	0.010	0.010